Coagulants and Flocculants
Second Edition

# 混凝剂与絮凝剂

## （第二版）

李风亭 著

化学工业出版社
·北京·

**内容简介**

本书介绍了目前使用的各种水处理剂的生产和使用技术，详细介绍了各种铁盐和铝盐水处理剂的生产工艺、质量指标、使用特性、应用条件、应用工艺控制，以及国内外市场的情况。本书共分九章，包括水与混凝、无机低分子混凝剂的制备与质量控制、无机高分子混凝剂的制备与质量控制、聚丙烯酰胺类聚合物、微生物絮凝剂、天然高分子絮凝剂、脱色剂、吸附剂、混凝剂或絮凝剂的选择与配置方法。

本书可供从事水处理相关领域的研究人员和工程技术人员阅读参考，也可供高等学校环境科学、环境工程、给水排水专业师生学习使用。

**图书在版编目（CIP）数据**

混凝剂与絮凝剂 / 李风亭著． — 2 版． — 北京 ：化学工业出版社，2025．3． — ISBN 978-7-122-47422-3

Ⅰ．TQ437；TQ047.1

中国国家版本馆 CIP 数据核字第 2025KT5055 号

---

责任编辑：董　琳　　　　装帧设计：韩　飞
责任校对：宋　玮

---

出版发行：化学工业出版社
　　　　　（北京市东城区青年湖南街 13 号　邮政编码 100011）
印　　装：北京印刷集团有限责任公司
787mm×1092mm　1/16　印张 16¾　字数 372 千字
2025 年 8 月北京第 2 版第 1 次印刷

---

购书咨询：010-64518888　　　售后服务：010-64518899
网　　址：http://www.cip.com.cn

---

# 前　言

　　水处理剂在各种水处理工艺中都发挥着重要作用，尤其是混凝剂和絮凝剂。在水处理工艺中，混凝无论是作为主体澄清工艺，还是作为生化的预处理或者后序强化处理，以及膜的预处理手段，都是一个必不可少的步骤。在混凝过程中水处理剂的投加量与胶体或者污染物质之间没有一个定量的关系，因此在针对不同水质的时候，水处理剂的选择就成为一个棘手的问题。本书详细介绍了混凝原理、铁盐和铝盐以及其他多种水处理剂的生产工艺、质量指标、使用特性、应用条件、应用工艺控制，并对国内外市场的情况进行了全面的论述。希望此拙著能够对从事水处理工程设计、水处理剂的研究人员和生产工程师都能有所裨益。

　　本书主要内容自 1999 年开始一直在同济大学环境科学、环境工程和市政工程三个专业作为研究生教材，已经连续使用多年，取得了良好的效果。

　　在此特别感谢两位前辈的提携和支持，是他们的引领，使我从高分子材料专业和化学工程专业转到市政工程和环境工程专业。他们是前山东建筑大学的陈辅君教授和中国科学院生态环境研究中心的汤鸿霄院士，他们的谆谆教诲我谨记心头，使我在水处理化学领域不断地努力探索。在水处理化学领域研究过程中，也多次得到深圳市中润水工业技术发展有限公司李润生先生的指导。将我国先进的水处理技术推广到非洲和"一带一路"国家的过程中，在科技部支持下，我得到了中国科学院生态环境研究中心和清华大学曲久辉院士的大力支持，在此衷心表示感谢。

　　随着过去 20 多年国家经济的高速发展和产业结构的升级，水处理剂产业和混凝技术也得到了快速的发展，中国已经成为全球最大的水处理剂制造国家。在过去 20 多年中，伴随着水处理技术提升和标准修订及再版，著者努力参与其中。在此感谢中海油天津化工研究设计院有限公司和中国化工学会工业水处理专业委员会滕厚开、朱传俊、杨玉琪、杨玉梅、明云峰、李琳、白莹、郑书忠、方艳平等老师的大力支持。

　　本书介绍了目前使用的各种水处理剂的生产和使用技术，希望这一专著的出版能够对水处理行业的进步有所裨益。本书可以作为从事水处理研究和工程技术人员的参考书，也适合高等学校环境科学、环境工程等相关专业本科生和研究生作为教材使用。

著者本人修订了多数原有的章节，同济大学乔俊莲副教授和顾逸凡研究员负责修订了第六章天然高分子絮凝剂和第七章脱色剂，中国矿业大学杨虹副教授修订了第五章微生物絮凝剂，上海大学李杰副教授修订了第八章吸附剂并参与部分其他章节的修订。有些成果是本团队毕业的学生在校期间研究的部分成果，他们是陆雪飞、欧阳清华、赵艳、王铮、王海峰、陶孝平、王晓敏、徐猛、杨茜、李志美、刘扬、李杰、花保侣、李泽坤、马小亮、卢志衡、秦念巧等同学，这些学生和著者一起在不少企业参与了新技术调试，我们一起在企业度过了不知道多少日日夜夜，有些成果依然在很多水处理剂和水处理行业中采用，有些成果应用已经拓展到新能源行业，例如电池行业和光伏行业特殊原料的清洁生产及水处理工程。本团队的李泽坤、李子晨、宋婷婷、闫江毅、李春灵、李从炜、耿昊越、郝万乐等同学参与文字校对与插图整理。在此一并致谢。

限于时间，书中可能有不妥或者不完善之处，敬请读者不吝指出，以便修正。

著者
2024 年 8 月

# 目 录

# 第一章

# 水与混凝

## 第一节　天然水的组成和性质

### 一、水的分布

天然水分为地表水、地下水和降水三大类。

天然水体是江、河、湖、海等水体的总称。地球上的水资源总量约为 13.8 亿立方千米，其中 97.5% 是海水（约 13.45 亿立方千米）。淡水只占 2.5%，其中绝大部分为极地冰雪冰川和地下水，适宜人类享用的仅为 0.01%。世界上许多国家正面临水资源危机：12 亿人用水短缺，30 亿人缺乏用水卫生设施，每年有 300 万~400 万人死于和水有关的疾病。到 2025 年，水危机将蔓延到 48 个国家，35 亿人为水所困。到 2040 年，33 个国家将面临极高的水资源压力。水资源危机带来的生态系统恶化和生物多样性破坏，也将严重威胁人类生存。与能源一样，水资源已经成为一个国家的战略资源。

### 二、天然水体的组成

天然水体由于其存在或者流经的环境不同，天然水体中除水以外，还有其他各种物质，根据它们在水中存在的状态不同，可将这些物质分为三类，即悬浮物质、胶体物质、溶解物质。

#### 1. 主要离子

天然水体中的主要阳离子有 $Ca^{2+}$、$Mg^{2+}$、$Na^+$、$K^+$ 等。这些离子来自矿物，如钙长石（$CaAl_2Si_2O_8$）、白云石 [$CaMg(CO_3)_2$]、钠长石（$NaAlSi_3O_8$）、钾长石（$KAlSi_3O_8$）等。天然水对钙长石和方解石（$CaCO_3$）的溶解过程：

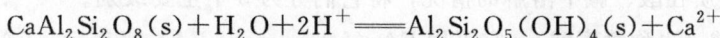

$$CaAl_2Si_2O_8(s)+H_2O+2H^+ \rule[0.5ex]{1.5em}{0.4pt} Al_2Si_2O_5(OH)_4(s)+Ca^{2+}$$

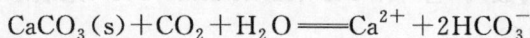

$$CaCO_3(s)+CO_2+H_2O \rule[0.5ex]{1.5em}{0.4pt} Ca^{2+}+2HCO_3^-$$

水体中的主要阴离子有 $Cl^-$、$SO_4^{2-}$、$HCO_3^-$、$CO_3^{2-}$ 等。4 种阳离子和 4 种阴离

子构成了水体中主要成分，常称其为八大离子。一般天然水体中八大离子构成了水体中离子总量的 95%～99%。

河水与湖水中，$HCO_3^-$ 的含量一般不超过 250mg/L，少数情况可达 800mg/L。各种天然水中的 $Cl^-$ 的含量差别很大，河水中氯离子含量为 1～35mg/L，而海水中高达 19.35g/L。

### 2. 营养物质

营养物质是指与生物生长有关的元素，包括氮、磷、硅等非金属元素，以及某些微量元素（锰、铁、铜等）。这些元素的含量一般在 $\mu g/L$～mg/L 之间。它们存在的形态与水体的酸碱性、氧化还原性有关。

（1）氮、磷

氮、磷是水生生物生长和繁殖所必要的营养元素。但对湖泊、水库、内海、河口等水流缓慢的水体来讲，当其中氮、磷增多时，将导致各种藻类大量繁殖，从而使水中溶解氧减少，甚至耗尽，危害水生生物的生存，这种现象称为水体的富营养化（eutrophi-cation）。此时水面往往呈现蓝色或红色、棕色、乳白色等，视占优势的藻类的颜色而异。这种现象在江河湖泊中称为水花或水华（water bloom），在海中叫作赤潮或红潮（red tide）。污水排放后，将大量氮磷污染物排放到受纳水体，每年在淡水湖和沿海地区都会发生数百起水华和赤潮现象。2007 年我国太湖、滇池和巢湖大面积水华暴发，严重影响了周边城市的饮用水安全，近期国内很多作为水源地的湖泊多数都存在富营养化问题。

（2）铁、硅

天然水中铁是一种常见的矿物元素。地表水由于溶解氧充足，铁常以 Fe(Ⅲ) 形态存在，但含量较小。由简化计算可明显看出在大多数接近中性的天然水体中，Fe(Ⅲ) 的水合离子可以忽略，$Fe(OH)^{2+}$ 为 Fe(Ⅲ) 的主要存在形态。

$Si(OH)_4$ 也可以形成如下多核配合物：

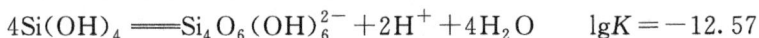

$$4Si(OH)_4 \Longrightarrow Si_4O_6(OH)_6^{2-} + 2H^+ + 4H_2O \qquad lgK = -12.57$$

中性或弱酸性条件下，根据以上公式计算得知，单分子正硅酸是硅存在的主要形态。当正硅酸的含量较高时，单分子正硅酸可以聚合成无机硅高分子化合物，以至形成胶体微粒。

### 3. 有机物质

天然水体中有机物的种类繁多。通常将水体中有机物分为两大类：非腐殖物质和腐殖物质。非腐殖质包括碳水化合物、脂肪、蛋白质、维生素及其他低分子量有机物等。水体中大部分有机物是呈褐色或黑色无定形的腐殖物。它们的分子量范围为几百至几万。腐殖质的组成和结构目前尚未完全搞清楚，分类和命名也不统一。

根据腐殖质在酸、碱中溶解的情况，将它们分为 3 个主要级别。

① 富里酸（也称黄腐酸）。它可用 FA（fulvic acid，FA）来表示。FA 的分子量为几百至几千，可溶于碱和酸。

② 腐殖酸（也称棕腐酸）。它可用 HA（humic acid，HA）来表示。HA 的分子量

为几千至几万,它可溶于碱,但不溶于酸。

③ 胡敏素(也称腐黑物)。它是不溶于酸和碱的组分。

现有资料表明,3种腐殖质在结构上是相似的,它们共同的特点是除含有大量苯环外,还含有大量羟基(—OH)、羧基(—COOH)、羰基(—C═O)等活性基团。

由于富里酸的分子量较小,故其单位质量的含氧官能团较高。正是由于这些活性基团决定了腐殖质具有弱酸性、离子交换性、配位分配化合及氧化还原等化学活性。因而具有使水体中的金属离子形成稳定的水溶性或水不溶性化合物的能力,以及具有与水体中有机物(包括有毒物)相互作用的能力等。

**4. 悬浮物**

在水体中以非分子或者离子状态分散的物质统称为悬浮物。无机泥沙、水力冲灰、洗煤、冶金、屠宰、化肥、化工、建筑等工业废水和生活污水中都含有的悬浮状的污染物,排入水体后除了会使水体变得浑浊,影响水生植物的光合作用以外,还会吸附有机毒物、重金属、农药等。

由于悬浮物粒径的差异其在水体中的性质有非常大的差别。对于粒径较大的颗粒,依靠重力作用很容易从水体中分离出来,但是对于小粒径颗粒则很难沉降。颗粒大小和沉淀之间的关系如表 1-1 所列。

表 1-1 颗粒大小和沉淀之间的关系

| 粒径/cm | 近似大小 | 自然沉淀 | |
| --- | --- | --- | --- |
| | | 速度/(cm/s) | 沉降 1m 所需要的时间 |
| 0.05 | 沙 | 10.4 | 10s |
| 0.01 | 细沙 | 0.42 | 4min |
| 0.001 | 污泥(淤泥、黏土) | 0.0042 | 7h |
| 0.0001(1μm) | 细菌 | 0.000042 | 28d |
| 0.00001 | 胶体 | 0.00000042 | 8a |

在胶体化学中一般人们习惯将粒径范围在 $10^{-9} \sim 10^{-7}$ m($1 \sim 100$nm)的颗粒称为胶体。最近发现在水环境中长期存在的颗粒,实际是表面都吸附了几个到几十个微米的有机层,使其实际半径增加了一定的百分比,同时赋予其表面一定的柔性,从而增加了其亲水性和分散性。在混凝过程中,往往由于这个缓冲层的存在会增加药剂的消耗量。

长江和黄河是我国最大的泥沙输海河流,长江每年输入东海的泥沙量为 6.78 亿吨,最小年输沙量 3.41 亿吨,年平均输沙量大约有 4.66 亿吨,这一趋势随着三峡大坝的竣工,输沙量逐渐减少。2023年长江水利委员会水文局检测长江干流上的主要水文控制站点:青海直门达、云南石鼓、四川攀枝花、向家坝、重庆朱沱、寸滩,中游的湖北宜昌、沙市、汉口,以及下游的安徽大通水文站,发现其年均含沙分别为 1.03kg/m³、0.369kg/m³、0.032kg/m³、0.005kg/m³、0.056kg/m³、0.080kg/m³、0.006kg/m³、0.016kg/m³、0.065kg/m³、0.066kg/m³,国内部分水文控制站相关数据如表 1-2 所列。

表 1-2　国内部分水文控制站相关数据

| 水文控制站 | | 直门达 | 石鼓 | 攀枝花 | 向家坝 | 朱沱 | 寸滩 | 宜昌 | 沙市 | 双口 | 大通 |
|---|---|---|---|---|---|---|---|---|---|---|---|
| 年输沙量的比较 | 2023 年与多年平均 | 135% | -37% | -96% | -100% | -95% | -94% | -99% | -98% | -89% | -87% |
| | 2023 年与近 10 年平均值对比 | 74% | -45% | -40% | -54% | -67% | -66% | -85% | -78% | -47% | -58% |
| | 2023 年与 2012 年对比 | 201% | 146% | 125% | 65% | 52% | -25% | -29% | -16% | -6% | -33% |
| 年输沙量/×10⁸ t | 多年平均 | 0.100 (1957~2020) | 0.268 (1958~2020) | 0.430 (1956~2020) | 2.06 (1956~2020) | 2.51 (1956~2020) | 3.53 (1953~2020) | 3.76 (1960~2020) | 3.26 (1956~2020) | 3.17 (1954~2020) | 3.51 (1961~2020) |
| | 近 10 年平均 | 0.135 | 0.307 | 0.030 | 0.013 | 0.375 | 0.656 | 0.133 | 0.235 | 0.641 | 1.06 |
| | 2022 年 | 0.078 | 0.069 | 0.008 | 0.008 | 0.074 | 0.145 | 0.028 | 0.062 | 0.363 | 0.665 |
| | 2023 年 | 0.235 | 0.170 | 0.018 | 0.006 | 0.122 | 0.221 | 0.020 | 0.052 | 0.340 | 0.445 |
| 年平均含沙量/(kg/m³) | 多年平均 | 0.745 (1957~2020) | 0.631 (1958~2020) | 0.754 (1966~2020) | 1.440 (1956~2020) | 0.946 (1956~2020) | 1.030 (1956~2020) | 0.869 (1953~2020) | 0.831 (1950~2020) | 0.448 (1954~2020) | 0.392 (1951~2020) |
| | 2022 年 | 0.503 | 0.157 | 0.014 | 0.006 | 0.032 | 0.051 | 0.008 | 0.018 | 0.060 | 0.086 |
| | 2023 年 | 1.03 | 0.369 | 0.032 | 0.005 | 0.056 | 0.080 | 0.006 | 0.016 | 0.065 | 0.066 |
| 年平均中数粒径/mm | 多年平均 | — | 0.016 (1987~2020) | 0.013 (1987~2020) | 0.013 (1987~2020) | 0.011 (1987~2020) | 0.010 (1987~2020) | 0.008 (1987~2020) | 0.019 (1987~2020) | 0.012 (1987~2020) | 0.011 (1987~2020) |
| | 2022 年 | — | 0.012 | 0.008 | 0.018 | 0.012 | 0.013 | 0.012 | 0.035 | 0.012 | 0.021 |
| | 2023 年 | — | 0.009 | 0.011 | 0.017 | 0.012 | 0.012 | 0.011 | 0.022 | 0.013 | 0.012 |
| 输沙模数/[t/(a·km²)] | 多年平均 | 72.6 (1957~2020) | 125 (1958~2020) | 166 (1966~2020) | 449 (1956~2020) | 361 (1966~2020) | 407 (1950~2020) | 374 (1950~2020) | — (1987~2020) | 213 (1954~2020) | 166 (1961~2020) |
| | 2022 年 | 56.6 | 32.4 | 2.98 | 1.81 | 10.7 | 16.7 | 2.74 | — | 24.4 | 39.0 |
| | 2023 年 | 171 | 79.4 | 7.10 | 1.42 | 17.6 | 25.5 | 1.94 | — | 22.8 | 26.1 |

天然水体中颗粒物的去除相对比较容易，但是很多水体既是水源地也是污水的受纳水体，例如长江的每年径流量约 9700 亿立方米，长江流域的年排污量约 300 亿立方米。污水的排入对于原水的处理带来了很大的难度。同济大学曾于 2004 年对于长江下游上海地区几个水厂的长江原水和黄浦江原水中颗粒物的分布情况做过调查，2004 年长江原水的颗粒物分布情况如表 1-3 所列，黄浦江原水的某水厂颗粒物分布情况如表 1-4 所列。

**表 1-3 2004 年长江原水的颗粒物分布情况**

| 粒径分布/μm | 原水 | | 消毒水 | |
| --- | --- | --- | --- | --- |
| | 颗粒浓度/(个/mL) | 百分率/% | 颗粒浓度/(个/mL) | 百分率/% |
| 1~2 | 24115 | 27.58 | 1358 | 89.00 |
| 2~5 | 54704 | 61.80 | 153 | 10.02 |
| 5~10 | 8717 | 9.85 | 10 | 0.66 |
| 10~15 | 593 | 0.67 | 2 | 0.15 |
| 15~20 | 73 | 0.08 | 1 | 0.09 |
| 20~25 | 8 | 0.01 | 1 | 0.09 |
| 25~30 | 1 | 0.00 | 0 | 0.00 |
| >30 | 0 | 0.00 | 0 | 0.00 |
| 合计 | 88511 | 100.00 | 1526 | 100.00 |

**表 1-4 黄浦江原水的某水厂颗粒物分布情况**

| 粒径分布/μm | 原水 | | 消毒水 | |
| --- | --- | --- | --- | --- |
| | 颗粒浓度/(个/mL) | 百分率/% | 颗粒浓度/(个/mL) | 百分率/% |
| 1~2 | 143229 | 52.90 | 4934 | 79.32 |
| 2~5 | 113110 | 41.78 | 1090 | 17.53 |
| 5~10 | 13039 | 4.82 | 172 | 2.77 |
| 10~15 | 1172 | 0.43 | 19 | 0.30 |
| 15~20 | 168 | 0.06 | 4 | 0.06 |
| 20~25 | 19 | 0.01 | 1 | 0.01 |
| 25~30 | 2 | 0.00 | 0 | 0.00 |
| >30 | 2 | 0.00 | 0 | 0.00 |
| 合计 | 270741 | 100.00 | 6220 | 100.00 |

从表中可以看出原水中粒径小于 5μm 的颗粒物总量为颗粒物总量的 90%。由于水中病原体的尺寸也在此范围内，一次颗粒物的去除具有重要的意义。尤其是近几年人们对于贾第虫（7~11μm）、贾第虫孢囊（1~5μm）、阴孢子虫（4~7μm）的关注，更引起了人们对于颗粒物去除的关注。现在通常以浊度概念来衡量水质，但由于浊度并不能完全反映处理后水中颗粒物的量，有些国家已经尝试用颗粒物数量衡量水质。

**5. 溶解气体**

天然水中一般存在的气体有氧气、氮气、二氧化碳、硫化氢和甲烷等，这些气体来自大气中各种气体的溶解、水生动植物的活动和化学反应等。在水体没有化学反应的情况下，一定温度时，气体溶解达到平衡，气体在液体中的溶解度和气相中该气体的分压成正比。可用数学式表示：

$$c = Kp \tag{1-1}$$

式中 $c$——气体在液体中溶解度，一般是指 1kg 水中溶解气体的质量，g；

$p$——液面上气体的平衡分压，Pa；

$K$——亨利常数，是该气-液体系的特征常数。

在温度为定值的情况下，气体的溶解度与其气相分压成正比；在气相压力为定值的情况下，温度升高，亨利常数 $K$ 降低，溶解度降低。气体的溶解度通常用 1 体积液体中所能溶解气体的体积表示。气体在压强为 101.3kPa 时不同温度下水中的溶解度如表1-5 所列。

表 1-5　气体在压强为 101.3kPa 时不同温度下水中的溶解度（体积比）

| 温度/℃ | $O_2$ | $N_2$ | $CO_2$ |
| --- | --- | --- | --- |
| 0 | 0.0489 | 0.0235 | 1.713 |
| 20 | 0.0310 | 0.0155 | 0.878 |
| 30 | 0.0261 | 0.0134 | 0.665 |
| 35 | 0.0244 | 0.0126 | 0.592 |

（1）溶解氧

溶解在水中的氧称为溶解氧。溶解氧以分子状态存在于水中，主要来自空气中的氧和水生植物光合作用所产生的氧。天然水体中溶解氧的数量，除与水体中的生物数量和有机物的数量有关外，还与水深有关。在水体表面气液交换相对较容易，液面下气体浓度较高，随水深加大，溶解气体尤其是氧气浓度降低，逐渐由富氧区过渡到缺氧区。在正常情况下地表水中溶解氧为 5～10mg/L。

在水体充分曝气的情况下水体也会处于过饱和状态，例如三峡大坝下游水体处于过饱和状态。在水藻繁生的水体中，由于光合作用使放氧量增加，也可能使水中的氧达到过饱和状态。

水中的溶解氧主要消耗于生物的呼吸作用和有机物的氧化过程。当水体受到有机物的严重污染时，水中溶解氧量甚至可接近零，这时有机物在缺氧条件下分解就出现腐败发酵现象，使水质严重恶化。

（2）二氧化碳

在大多数天然水体中都含有溶解的二氧化碳。它的主要来源是水体或土壤中有机物氧化时的分解产物。空气中的二氧化碳也能溶于水中。通常情况下二氧化碳以游离和碳酸盐的形式存在，尤其是水体在偏弱碱性状态时以碳酸盐和碳酸氢盐形式存在。

（3）硫化氢

由于水体的有机污染，在缺氧条件下含硫有机物的分解及硫酸盐会还原成硫化氢，使水体中还有硫化氢气体存在。在不同 pH 值下，水中硫化氢各种形态之间的比例不同。当 pH<7 时，水中硫化氢存在形式以分子态为主；当 pH<5 时，在水中硫、氢离子实际上已不存在，只有硫化氢；当 pH>7 时，主要存在形态为硫氢根离子；当 pH>9 时，水中以硫化物盐的形态存在。

## 三、天然水的性质

### 1. 天然水的 pH 值

对于大多数天然水体来说，其 pH 值变化在 5～9 之间，由于河流流经区域和接纳水体的不同，其 pH 值区别较大，即使在不同时间段也有所变化。

**2. 碱度**

碱度是指水中所含能与强酸发生中和作用的全部物质，即能接受质子的物质总量。构成天然水的碱度的物质也可归纳为 3 类。

① 强碱。如氢氧化钠、氢氧化钙等。

② 弱碱。如氨、苯胺等。

③ 强碱弱酸盐。如碳酸盐、碳酸氢盐、硅酸盐、磷酸盐、硫化物、腐殖酸盐等。强碱弱酸盐的水解可产生氢氧根离子或直接接受质子。

碱度是由氢氧化物、碳酸盐和酸式碳酸盐等各种成分组成。按离子状态又可分为 3 类。

① 氢氧化物碱度即氢氧根离子含量。

② 碳酸盐碱度即碳酸根离子含量。

③ 酸式碳酸盐碱度即碳酸氢根离子含量。天然水体的碱度主要以后两者为主。

水体中碳酸根离子的含量，对某些金属离子（例如钙、镁、锶、钡等）的迁移和转化起着重要作用。水体中存在的阴离子有：$OH^-$、$HCO_3^-$、$CO_3^{2-}$。阳离子有：$H^+$ 和构成碱度的各类金属离子。若这些金属离子的总当量数等于总碱度的当量数，则根据电中性的原则，其阳离子和阴离子的当量数相等，即可列出溶液电中性方程：

$$[碱]+[H^+]=[HCO_3^-]+[OH^-]+2[CO_3^{2-}]$$

$$或\quad [碱]=[HCO_3^-]+[OH^-]+2[CO_3^{2-}]-[H^+]$$

$$则\quad 总碱度(CTC)=\alpha([碱]+[H^+]-[OH^-])$$

$$总碱度(CTC)=\alpha[碱]$$

**3. 酸度**

天然水体的酸度是指水体中所含能与强碱发生中和作用的物质总量，也即能放出质子，或者经过水解能产生氢离子的物质总量。组成水中酸度的物质可归纳为 3 类。

① 强酸。如盐酸、硝酸、硫酸等。中和前呈离子状态的氢离子数量称离子酸度。对于强酸，离子浓度等于酸度。

② 弱酸。如碳酸、硫化氢、各种有机酸类。

③ 强酸弱碱盐。如氯化铁、硫酸铝等。

## 四、水中污染物

水体中的无毒污染物包括酸、碱、盐等无机物，蛋白质、油类、脂肪以及各种工业生产中产生的化学品等有机物。有些化学品虽无生物毒性，但含量过高会对水生态系统产生不良影响。例如生活污水和工业冷却水排放水体后，引起水体中磷含量升高，进一步会引起藻类暴发，造成水体中溶解氧急剧下降，在缺氧状态下，藻类死亡后又产生大量的藻毒素，威胁饮用水安全。水中污染物的含量还会对工业用水产生不利影响，例如水体中含有大量氯离子和铵离子时，对循环冷却水系统中的碳钢和铜等材料发生腐蚀。饮用水中如果氨氮超标，会引发胃炎等一系列疾病。水体污染物分类如表 1-6 所列。

表 1-6  水体污染物分类

| 类别 | | 举例 |
|---|---|---|
| 化学物质 | 有机物 | 卤代烃、酚、羧酸、糖类、油、染料、合成洗涤剂、多环芳烃、杂环物质、抗生素 |
| | 无机物 | 酸、碱、氯、重金属盐、硝酸盐、磷酸盐、氰化物、放射性物质 |
| 物理性污染物 | 悬浮物 | 泡沫、腐烂植物、粉砂、砂粒、细菌尸体 |
| 生物性污染物 | 微生物类 | 细菌、原生动物、真菌、藻类、病毒 |

有毒污染物是指进入生物体后，累积到一定数量能使体液或组织发生生化和生理的变化，引起暂时或持久的病理状态，甚至产生危及生命的物质。目前人类合成的化学品已经超过一千万种，商业化生产的也已经超过了十万种，但是做过生命周期和毒理特性评估的不超过 1%，因此很多化学品的毒性是未知的，需要深入的研究。很多化学品和制品在使用多年后才发现其毒性，例如杀虫剂六六六，以及现在人们都非常关注的微塑料污染。

**1. 有毒的无机污染物**

汞、铅、铬等重金属，砷、硒、硼、氟等非金属，铀、钷等放射性物质等都属于有毒的无机污染物。根据污染物的性质、存在形态和毒性可将有毒的无机污染物分为：重金属污染物、无机阴离子（如 $NO_3^-$、$F^-$、$CN^-$）和放射性物质。它们对人类及生态系统可以产生直接损害或长期累积性损害。汞、镉、铅、铬、砷的毒性显著，其次是铍、铜、硒、锌、镍、锡、锰、钴、银、钒等，铍、砷、硒虽非重金属，但考虑到砷、硒的毒性和某些性质类似于重金属，铍与人体健康关系密切，因此常把这三种元素列入重金属范畴一起讨论。

重金属污染有其本身的特点。首先，重金属在地壳中含量虽然均低于 0.1%，但分布广泛，生产和应用较广，在局部地区可能出现高浓度污染。其次，重金属污染物具有潜在的危害性，它不仅不被微生物所分解，相反能在生物体内富集，并在生物体内可将某些重金属转为毒性更大的金属有机化合物。如甲基汞、苯基汞等烷基化物。再次，重金属污染物的毒害不仅与其摄入机体内的数量有关，而且与其存在形态有着密切的关系，同形态的毒性可以有很大差异，如烷基汞毒性显著大于 $Hg^{2+}$ 盐，$Cr(Ⅵ)$ 的毒性比 $Cr(Ⅲ)$ 大得多。此外，某些重金属的毒性还受到其他共存物质的影响，即所谓协同作用、拮抗作用和相加作用。

协同作用是指两种以上污染物共存时，一种污染物能促使另一种污染物的毒性急剧增加的作用。如铜、锌共存时，其毒性为它们单独存在时的数十倍。拮抗作用是指两种以上污染物共存时，其毒性可以互相抵消一部分或大部分的作用。如锌能抑制镉的毒性，硒能对抗铅、汞、镉、砷等有害元素对人体的危害。相加作用即两种以上的重金属污染物共存时，其毒性大致是各成分毒性的加和。

**2. 有毒的有机污染物**

有毒的有机物主要包括酸类化合物、有机农药、多氯联苯、多环芳烃类等有机物。有毒有机污染物的共同特点是化学性质稳定，残留时间长而积重难返；因易溶于脂肪，蓄积性强而在水生物体内富集可达水中浓度的数十万倍，不但影响水生生物繁衍，而且可以通过食物链危害人体健康。这类物质也是目前人们普遍关心的内分泌干扰物，或者环境激素。

我国根据地表水质状况将水分成五类，其主要指标基本项目标准限值如表 1-7 所列。根据我国饮用水水源要求，Ⅰ类、Ⅱ类和Ⅲ类水可以作为饮用水原水，但是由于东部地区地表水的普遍污染，很多地区以Ⅳ类水为原水。

**表 1-7　地表水环境质量标准（主要指标）基本项目标准限值**　单位：mg/L

| 序号 | 标准分类项目 | Ⅰ类 | Ⅱ类 | Ⅲ类 | Ⅳ类 | Ⅴ类 |
|---|---|---|---|---|---|---|
| 1 | 水温/℃ | 人为造成的环境水温变化应限制在周平均最大温升≤1,周平均最大温降≤2 | | | | |
| 2 | pH 值(无量纲) | 6～9 | | | | |
| 3 | 溶解氧≥ | 7.5 | 6 | 5 | 3 | 2 |
| 4 | 高锰酸盐指数≤ | 2 | 4 | 6 | 10 | 15 |
| 5 | 化学需氧量(COD)≤ | 15 | 15 | 20 | 30 | 40 |
| 6 | 五日生化需氧量(BOD$_5$)≤ | 3 | 3 | 4 | 6 | 10 |
| 7 | 氨氮(NH$_3$-N)≤ | 0.15 | 0.5 | 1.0 | 1.5 | 2.0 |
| 8 | 总磷(以 P 计)≤ | 0.02 | 0.1 | 0.2 | 0.3 | 0.4 |
| 9 | 总氮(湖、库以 N 计)≤ | 0.2 | 0.5 | 1.0 | 1.5 | 2.0 |
| 10 | 铜≤ | 0.01 | 1.0 | 1.0 | 1.0 | 1.0 |

注：湖泊水库中总磷含量在 0～0.2mg/L。

# 第二节　化学处理与混凝过程

## 一、混凝过程

鉴于地表水的特性，混凝过程是强化去除直径在 $10^{-9} \sim 10^{-7}$ m（1～100nm）范围内的胶体物质和尽可能多的溶解性有机物。对于直径小于 1nm 的颗粒物，现在广泛采用吸附或者膜过滤的方法去除（图 1-1）。

胶体表面一般带有负电荷，相互排斥，呈现出布朗运动的特征，形成稳定的悬浮液。如果加入胶体或者带有正电荷的物质，可以中和胶体表面电荷，物理吸附力（范德华力）超过上述排斥力，从而引发胶体物质的凝聚。同时在无机盐水解过程中形成的矾花的巨大比表面积，吸附水体中的溶解性物质，达到净化水体的目的。

混凝过程中加入的药剂大体上可分为无机混凝剂和有机高分子絮凝剂。使用无机混凝剂的历史可追溯到古埃及。那时人们使用铝盐（用硫酸铝、碱金属等制备的复盐）来处理饮用水，今天铝盐仍然是一种最通用的混凝剂。无机混凝剂的主要品种仍然是铁盐和铝盐。有机絮凝剂以聚丙烯酰胺最具有代表性。

近几十年来随着技术的进步，混凝剂和絮凝剂的界限日益模糊，尤其是无机有机复合混凝剂，例如聚氯化铝-聚二烯丙基二甲基氯化铵复合物、聚胺-聚氯化铝复合物，不仅具有无机混凝剂的性能，同时絮凝效果也非常突出，可以避免了使用过程中分别投加的烦琐。

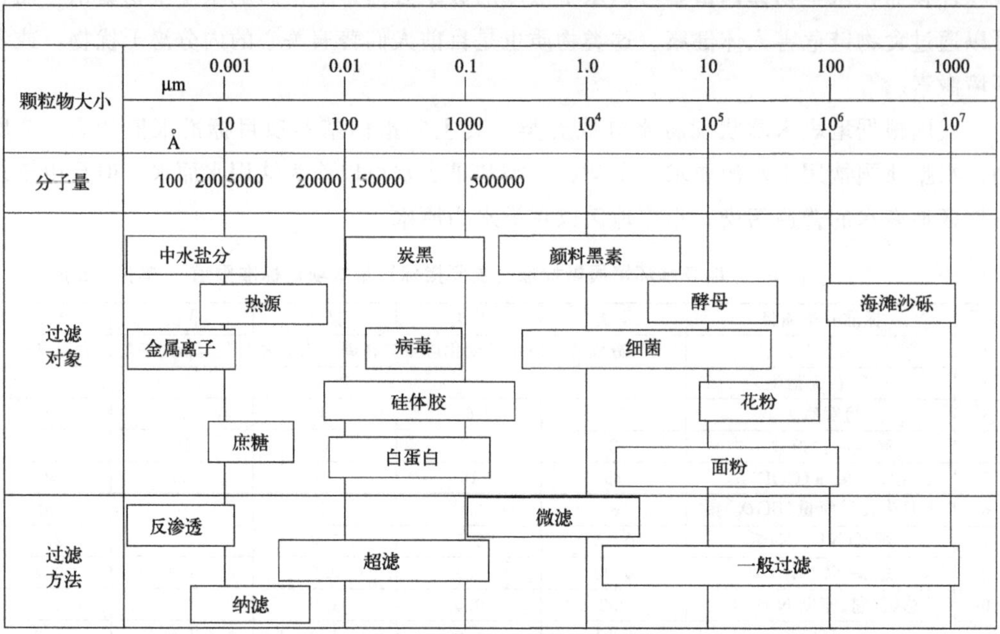

| 颗粒物大小 | μm | 0.001 | 0.01 | 0.1 | 1.0 | 10 | 100 | 1000 |
|---|---|---|---|---|---|---|---|---|
| | Å | 10 | 100 | 1000 | $10^4$ | $10^5$ | $10^6$ | $10^7$ |

分子量　100　200 5000　20000 150000　　500000

过滤对象：中水盐分、炭黑、颜料黑素、热源、酵母、海滩沙砾、金属离子、病毒、细菌、硅体胶、花粉、庶糖、白蛋白、面粉

过滤方法：反渗透、微滤、超滤、一般过滤、纳滤

图 1-1　颗粒物大小与过滤方法

## 二、混凝原理

分散体系是两种或两种以上的物质混合在一起而组成的体系。其中分散的物质称为分散相。在分散相周围连续的物质称为分散介质。根据颗粒的大小，水和水中分布的颗粒所组成的分散体系，可分为 3 类。

① 悬浮液。颗粒直径 $>10^{-7}$ m，也称粗分散体系。

② 胶体溶液。颗粒直径在 $10^{-9} \sim 10^{-7}$ m 之间，也称溶胶。

③ 真溶液。颗粒直径 $<10^{-9}$ m。

胶体分子聚合而成的胶体微粒称为胶核，其表面因吸附了某种离子而带有电荷，从而可以吸引溶液中的异号离子（counter-ions）。这些异号离子同时受到两种力的影响：一种是微粒表面的静电引力，它吸引异号离子贴近微粒；另一种是异号离子本身热运动的扩散作用力以及液体对其的溶剂化作用力。由此而形成微粒表面的阴、阳离子层即称为双电层。

胶体表面双电层结构（图 1-2）主要由贴近胶体表面的内层和扩散层组成。前者主要取决于吸附离子，后者取决于静电力和无规则热运动（random thermal motion）。双电层的定量描述非常复杂，不同的假设条件往往得到不同的结果。

人们对于胶体表面及周围电荷分布的认识是逐渐深入的。至今为止，有多种模型描述胶体表面电荷的分布结构，其中 Helmholtz、Gouy-Chapman 和 Stern 是 3 个比较典型的模型。

### 1. Helmholtz 模型

Helmholtz 早在 1879 年指出双电层的内部结构类似一个平行电容器。但是，这个

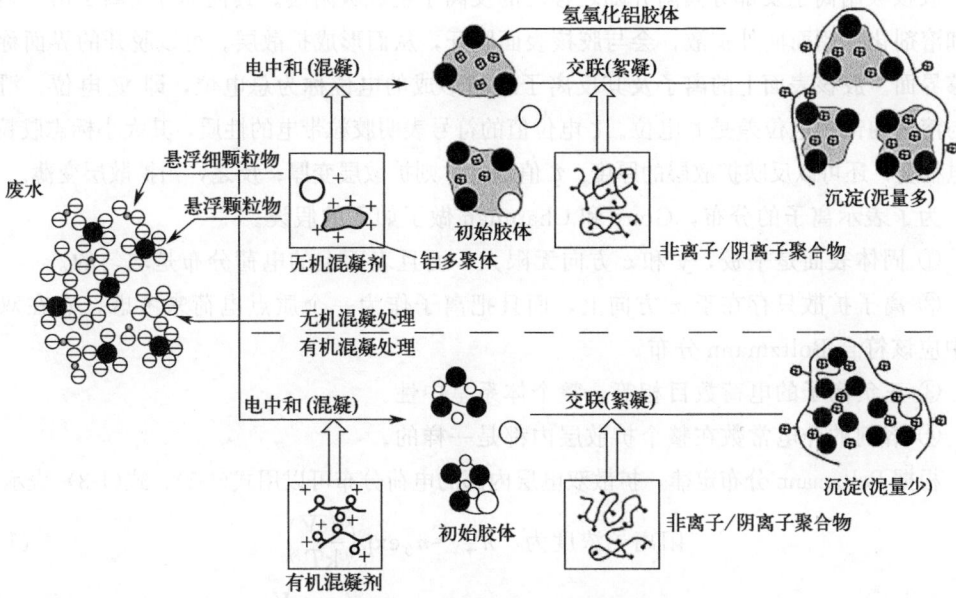

图 1-2 胶体表面双电层结构

模型没能区分表面电位和电动电位。后来的研究表明，根据 Helmholtz 模型，根本不会有双电层之间的相对运动发生，因为双电层整体是呈电中性的。

### 2. Gouy-Chapman 模型

Gouy 和 Chapman 指出，溶液中的反离子受到两个相反的作用力，一是静电力；二是热力学力。这两个力达到平衡的时候，反离子不是规整地束缚于胶体表面，而是呈扩散型分布的，且随着离开表面的距离增大，反离子过剩的程度逐渐减弱，直至某个距离，反离子浓度同离子浓度相等，扩散层内离子的分布如图 1-3 所示。

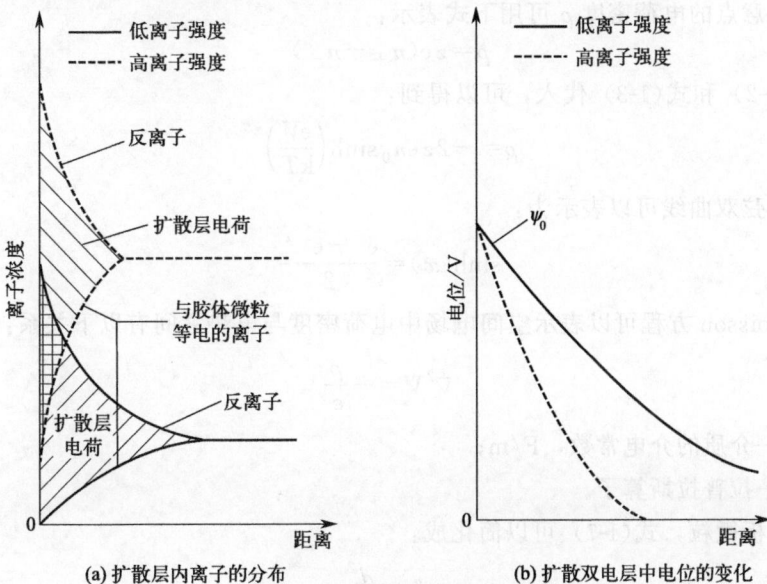

(a) 扩散层内离子的分布　　(b) 扩散双电层中电位的变化

图 1-3 扩散层内离子的分布

　　胶核吸附离子及部分紧附并随之移动的反离子组成吸附层。其他部分反离子由于热运动和溶剂化作用而向外扩散，会与胶核表面脱开，从而形成扩散层。可以脱开的界面称为滑移界面。胶核表面上的离子及其反离子之间形成的电位称为总电位，即 $\Psi$ 电位。滑移面与溶液内部的电位差是 ζ 电位。ζ 电位值的符号表明胶粒带电的性质，其大小标志胶粒的带电程度，还可以反映扩散层的厚度。ζ 值增大，则扩散层变厚；反之，则扩散层变薄。

　　为了表示离子的分布，Gouy 和 Chapman 做了如下的假设。

　　① 固体表面是平板，$y$ 和 $z$ 方向无限大，而且表面上的电荷分布是均匀的。

　　② 离子扩散只存在于 $x$ 方向上，而且把离子作为一个质点电荷来考虑，它在双电层中应该符合 Boltzmann 分布。

　　③ 正负离子的电荷数目相等，整个体系呈中性。

　　④ 溶剂的介电常数在整个扩散层内都是一样的。

　　根据 Boltzmann 分布定律，扩散双电层内部的电荷分布可以用式(1-2)、式(1-3) 表示：

$$阳离子浓度为 \quad n_+ = n_0 \exp\left(\frac{z\,\mathrm{e}V}{\mathrm{k}T}\right) \tag{1-2}$$

$$阴离子浓度为 \quad n_- = n_0 \exp\left(\frac{-z\,\mathrm{e}V}{\mathrm{k}T}\right) \tag{1-3}$$

式中　$n_0$——溶液中离子浓度，mol/L；

　　　$n_+$——溶液中阳离子浓度，mol/L；

　　　$n_-$——溶液中阴离子浓度，mol/L；

　　　$z$——离子带电数；

　　　e——单位电荷量，$1.602 \times 10^{-19}$ C；

　　　$V$——溶液中任意点的电势，V；

　　　k——Boltzmann 常数，$\mathrm{k} = 1.380649 \times 10^{-23}$ J/K；

　　　$T$——绝对温度，K。

空间任意点的电荷密度 $\rho$ 可用下式表示：

$$\rho = z\mathrm{e}(n_+ - n_-) \tag{1-4}$$

将式(1-2) 和式(1-3) 代入，可以得到：

$$\rho = -2z\mathrm{e}n_0 \sinh\left(\frac{\mathrm{e}V}{\mathrm{k}T}\right) \tag{1-5}$$

由于正弦双曲线可以表示为：

$$\sinh(x) = \frac{\mathrm{e}^x - \mathrm{e}^{-x}}{2} \tag{1-6}$$

利用 Poisson 方程可以表示空间电场中电荷密度与电势之间有以下关系：

$$\nabla^2 V = -\frac{\rho}{\varepsilon} \tag{1-7}$$

式中　$\varepsilon$——介质的介电常数，F/m；

　　　$\nabla^2$——拉普拉斯算子。

对于平板微粒，式(1-7) 可以简化成：

$$\nabla^2 = \frac{d^2}{dx^2} \tag{1-8}$$

结合式(1-5)～式(1-8)，Poisson-Boltzmann 方程可以表示：

$$\nabla^2 V = \left(\frac{2zen_0}{\varepsilon}\right) \sinh\left(\frac{eV}{kT}\right) \tag{1-9}$$

当表面电位很低，即 $eV \ll kT$，可以把式(1-6)简化成：

$$\sinh(x) \approx x \tag{1-10}$$

这样，式(1-9)就简化成线性方程：

$$\nabla^2 V = \kappa^2 V \tag{1-11}$$

$$\kappa^2 = \frac{2ze^2n_0}{\varepsilon kT} (\text{Debye-Huckel 理论})$$

式(1-11)可以用于计算弱电解溶液中单个离子的电势。这种情况下的溶液电势为：

$$V = V_0 \exp(-\kappa x) \tag{1-12}$$

式中  $1/\kappa$——德拜长度，即扩散双电层厚度，nm。

注意在此扩散层厚度 $1/\kappa$ 处对应的电势仅仅是表面电势的 $1/e$，也就是说扩散层厚度并不代表从表面电势为 $V_0$ 到本体电势为零的距离，即整个扩散层的全部厚度。扩散层厚度一般在 $1 \sim 1000$nm 非常窄的范围内，而与胶体表面面积大小无关。

扩散双电层厚度计算公式：

$$x_{DL} = \frac{1}{\kappa} = \left(\frac{\varepsilon kT}{2n_0 z^2 e^2}\right)^{\frac{1}{2}} \tag{1-13}$$

式中  $x_{DL}$——扩散双电层厚度，nm；

　　　$\varepsilon$——水的介电常数；

　　　$n_0$——单位体积内电解质粒子数。

当考虑溶液中所有离子浓度总和时，而扩散双电层厚度（$x_{DL}$）则可以通过德拜长度（$1/\kappa$）表示：

$$\frac{1}{x_{DL}} = \kappa = \left(\frac{e^2 \sum n_{i0} z_i^2}{\varepsilon \varepsilon_0 kT}\right)^{\frac{1}{2}} \tag{1-14}$$

式中  $n_{i0}$——溶液中 $i$ 离子的离子数目；

　　　$z_i$——$i$ 离子的电荷；

　　　$\varepsilon$——介电常数，纯水和大部分的稀释液为 80F/m；

　　　$\varepsilon_0$——自由空间的电容率，$8.854 \times 10^{-12} \text{C}^2/(\text{J} \cdot \text{m})$。

对于 25℃的水溶液，在将离子浓度转化为摩尔浓度的条件下，扩散层双电厚度表示为：

$$\frac{1}{x_{DL}} = \kappa = 2.32 \times 10^9 (c_i z_i^2)^{\frac{1}{2}} \tag{1-15}$$

式中  $c_i$——离子浓度，mol/dm$^3$。

对于电荷绝对值 $|z|$ 相等，电性相反的两类离子构成的双电层，Gouy-Chapman 理论认为，其电位随着距离 $x$ 的增加而下降，其公式为：

$$d/dx = -\frac{2kT}{ze} \kappa \sinh\left(\frac{ze}{2kT}\right) \tag{1-16}$$

对于均匀电解质，其表面电荷密度（$C/m^2$）为：

$$\sigma_0 = (8n_0 \varepsilon \varepsilon_0 kT)^{\frac{1}{2}} \sinh\left(\frac{ze\Psi_0}{2kT}\right) \tag{1-17}$$

对于 1-1 型电解质，在较低表面电势 $\Psi_0$（约 25mV），方程式(1-16) 可以简化为：

$$\Psi(x) = \Psi_0 \exp(-kx) \tag{1-18}$$

式中　$\Psi(x)$——扩散双电层中距离为 $x$ 时的电势，V；

　　　$\Psi_0$——表面电势，V；

　　　$x$——离子与胶体表面的距离，m。

方程式(1-15) 表明了离子强度对双电层的影响。随着离子强度的增加，$\kappa$ 也增加。方程式(1-18) 说明当表面电势（$x$）为表面初始值的 $1/e$（约 $1/2.72$）时，其双电层厚度为 $1/\kappa$。电解质溶液中非导体表面与胶体颗粒之间的双电层模型示意图及电位下降与胶体颗粒的距离之间以及德拜长度 $1/\kappa$ 的关系曲线如图 1-4 所示。

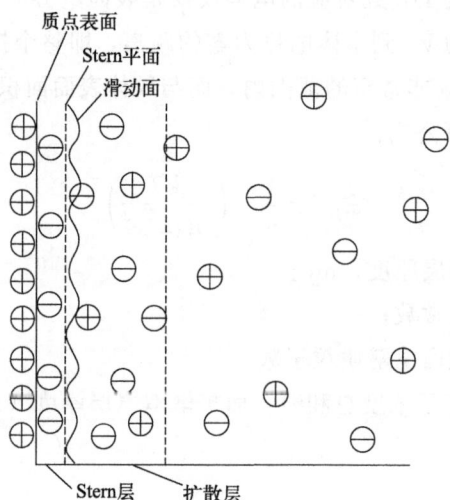

(a) 电解质溶液中非导体表面与胶体颗粒之间的双电层模型示意图

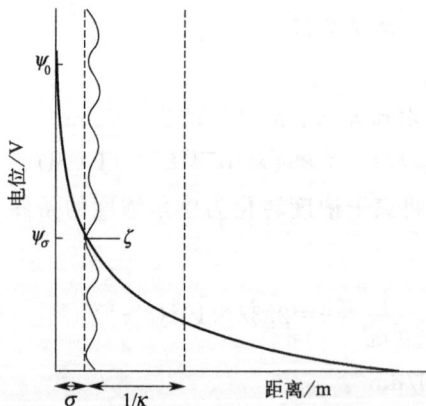

(b) 电位下降与胶体颗粒的距离之间以及德拜长度 $1/\kappa$ 的关系曲线

图 1-4　电解质溶液中非导体表面与胶体颗粒之间的双电层模型示意图及

电位下降与胶体颗粒的距离之间以及德拜长度 $1/\kappa$ 的关系曲线

由图 1-4 可以看出，$1/\kappa$ 并不是全部扩散层的厚度，只是全部厚度的 $1/e$（$\sim 1/2.72$）。在图 1-4 中平板表面假定为净负电荷，$\delta$ 为补偿离子到表面电荷的最近点，$\Psi$ 轴表示电势绝对值，$\Psi_0$ 为表面电势，$\Psi_\delta$ 为 Stern 电势，$z$ 为 Zeta 电位。假定剪切面处于扩散层中，从表面（$\Psi = \Psi_0$）到溶液中（$\Psi = 0$）的电位降曲线非常明显。垂直虚线表明了剪切面与电位曲线相交的位置所在，即 Zeta 电位，$\zeta$（mV）。这个电位是通过动电学分析测量出来的，并且它可以决定 Smoluchowski 方程中颗粒和胶体的电泳淌度。

$$\mu_e = \varepsilon\varepsilon_0 \zeta / \eta \tag{1-19}$$

式中  $\mu_e$——电泳淌度，$cm^2/(V \cdot s)$；

　　　$\eta$——黏度，$g/(cm \cdot s)$。

为方便起见，将不同类型电解质对应的扩散层厚度，根据方程式（1-15）所示的关系式绘制曲线，$\varepsilon = 80F/m$ 的水介质中电解质摩尔浓度及化合价与扩散层厚度或德拜长度（$1/\kappa$）的对应关系曲线如图 1-5 所示。电解质类型分别为：阳离子电荷：阴离子电荷分别为 1:1、1:2、2:1、1:3。这些电解质的加入会减少双电层厚度（这种现象被认为是电荷屏蔽），使得溶液离子更加容易接近胶体双电层内表面，使得胶粒黏附力增加（并能会减少电泳或者电渗迁移速率）。

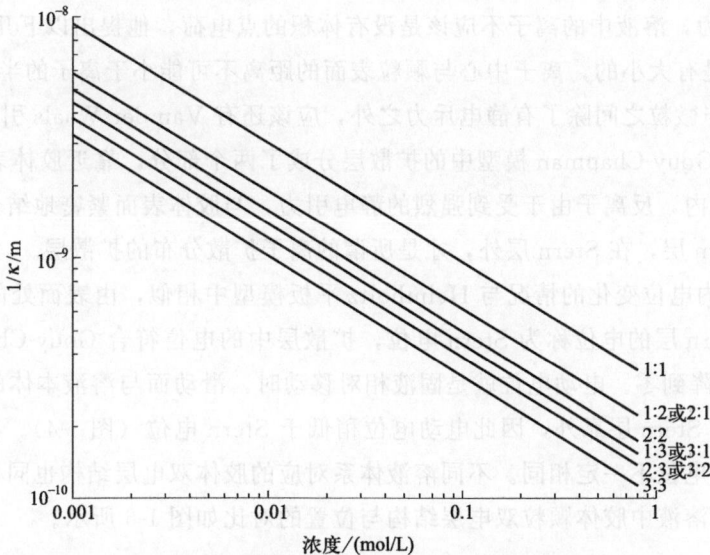

图 1-5　27℃时 $\varepsilon = 80$ 的水介质中电解质摩尔浓度及化合价与
扩散层厚度或德拜长度（$1/\kappa$）的对应关系曲线

当把扩散双电层看作平板时，可以了解平板电荷密度 $\sigma$ 与平板间距离 $\delta$ 的关系。平板表面电荷密度：

$$\sigma = \varepsilon \frac{V_0}{\delta} \tag{1-20}$$

式中  $V_0$——表面电势，V；

　　　$\delta$——平板间的距离，m。

根据电中性原理，固体表面上电荷数与在扩散双电层内的异号电荷数相等，在固体的单位面积上的电荷数就等于从固体表面到无穷远时，在液相内那部分体积中的过剩反离子数，那么平板表面电荷密度为：

$$\sigma = -\int_0^\infty \rho \mathrm{d}x \tag{1-21}$$

结合式(1-7)，微分可得：

$$\sigma = \varepsilon \kappa V_0 \tag{1-22}$$

比较式(1-20) 和式(1-22)，可以看出 $1/\kappa$ 相当于平板模型中的厚度 $\delta$，所以通常把 $1/\kappa$ 作为扩散双电层的一种量度。

扩散层内的电位随着离开胶体表面的距离增大而下降，如图 1-4 所示，下降的快慢由 $1/\kappa$ 的大小决定。电解质浓度或价数的增大会使得 $1/\kappa$ 值减小，双电层变薄，电位随着离开胶体表面的距离增大而下降得更快。

### 3. Stern 模型

Gouy-Chapman 模型区分了表面电位和电动电位，电动电位随离子浓度增加而减小，永远与表面的电位同号，其极限为零。但通过实验发现，电动电位会随着离子浓度增加而增加，甚至有时会与表面电位异号。

Stern 认为，溶液中的离子不应该是没有体积的点电荷，他提出以下几点。

① 离子是有大小的，离子中心与颗粒表面的距离不可能小于离子的半径。

② 离子与微粒之间除了有静电斥力之外，应该还有 Van der Waals 引力。

Stern 将 Gouy-Chapman 模型中的扩散层分成了两个部分，靠近胶体表面的一两个分于厚的区域内，反离子由于受到强烈的静电引力，与胶体表面紧密地结合在一起，构成所谓的 Stern 层，在 Stern 层外，才是所谓的离子扩散分布的扩散层。

Stern 层内电位变化的情况与 Helmholtz 平板模型中相似，由表面处的电位下降到 Stern 层，Stern 层的电位称为 Stern 电位，扩散层中的电位符合 Gouy-Chapman 模型，从 Stern 电位降到零。电动电位就是固液相对移动时，滑动面与溶液本体的电位差。由于滑动面略比 Stern 层靠外，因此电动电位稍低于 Stern 电位（图 1-4）。$\zeta$ 电位相同的情况下，表面电位不一定相同。不同溶液体系对应的胶体双电层结构也同样有差别，其中盐水和纯水溶液中胶体颗粒双电层结构与位置的对比如图 1-6 所示。

### 4. DLVO 理论

20 世纪 30 年代 Deryagin 与 Landau 合作，Verwey 与 Overbeek 合作，各自独立完成了憎液溶胶（lyophobic sols）的稳定性理论，简称 DLVO 理论。该理论对电解质与胶体稳定性的相关性做出了定量的描述。根据这一理论，胶体之间的作用力 $V(d)$ 包括静电排斥力 $\psi_R$ 式和 Van der Waals 引力 $\psi_A$ 式构成。

$$\psi(d) = \psi_R - \psi_A = \exp[-\kappa(d-2R_s)] - \frac{AR_s}{12d} \tag{1-23}$$

式中 $A$——Hamaker 常数，其范围一般为 $10^{-20} \sim 10^{-19}$ J。

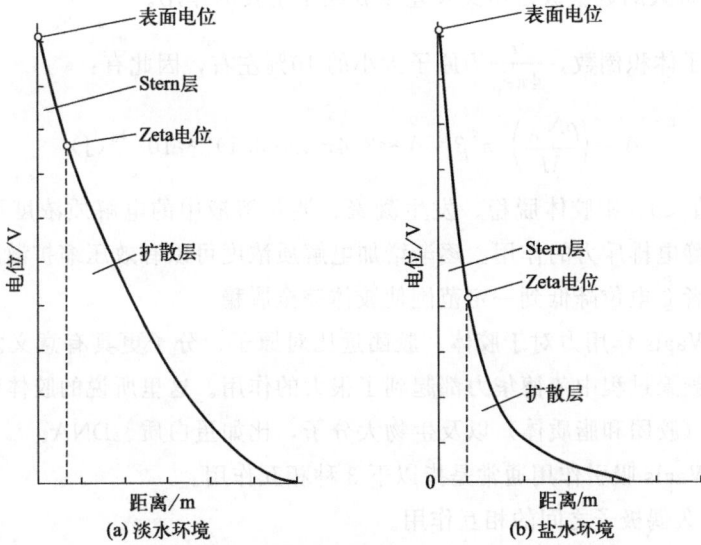

图 1-6　盐水和纯水溶液中胶体颗粒双电层结构与位置的对比

对于氧化物，$A$ 一般为 $2 \times 10^{-20} \sim 4 \times 10^{-20}$。一些材料的 Hamaker 常数如表 1-8 所列。

表 1-8　一些材料的 Hamaker 常数　　　单位：$\times 10^{-20}$ J

| 材料 | 真空 | 水 |
|---|---|---|
| 金 | 40 | 30 |
| 银 | 50 | 40 |
| 氧化铝 | 16.75 | 4.44 |
| 铜 | 40 | 30 |
| 戊烷 | 3.8 | 0.34 |
| 癸烷 | 4.8 | 0.46 |
| 十六烷 | 5.2 | 0.54 |
| 水 | 3.7 | — |
| 熔融后石英 | 6.5 | 0.83 |
| 晶体态石英 | 8.8 | 1.70 |
| 方解石 | 10.1 | 2.23 |
| 氟化钙 | 7.2 | 1.04 |
| 蓝宝石 | 15.6 | 5.32 |
| 聚甲基丙烯酸甲酯 | 7.1 | 1.05 |
| 聚氯乙烯 | 7.8 | 1.03 |
| 聚苯乙烯 | 7.9 | 1.3 |
| 聚四氟乙烯 | 3.8 | 0.33 |

Hamaker 常数是由 Van der Waal 积分方程式的前因子组成：

$$A = \left(\frac{\rho N_A}{M}\right)^2 \pi^2 \beta \qquad \beta = \frac{3}{4} h\nu \left(\frac{\alpha}{4\pi\varepsilon_0}\right)^2$$

Hamaker 常数的数量级是由交互差量 $\beta$ 起了主要的作用。

$\dfrac{\rho N_A}{M}$ 是分子体积倒数，$\dfrac{\alpha}{4\pi\epsilon_0}$ 为原子大小的 10% 左右，因此有：

$$A=\left(\frac{\rho N_A}{M}\right)^2\pi^2\beta=A\approx 3/4\pi^2h\nu(0.1)^2\approx 10^{-18}(J)$$

如果 $\psi_d$ 值 $<0$，则胶体脱稳、发生凝聚。调整溶液中的电解质浓度可以起到压缩双电层，降低静电排斥力的作用。逐渐增加电解质浓度可以有效压缩扩散层的厚度，直至表面电位或者 $\zeta$ 电位降低到一定范围使胶体完全脱稳。

Van der Waals 作用力对于胶体、胶团远比对原子、分子更具有意义。在胶体和聚合物的黏附、凝聚过程中范德华力都起到了很大的作用。这里所说的胶体和聚合物包括了表面活性剂（胶团和脂质体）以及生物大分子，比如蛋白质、DNA。

Van der Waals 吸引作用通常是指以下 3 种相互作用。

① 两个永久偶极子之间的相互作用。

② 永久偶极子与诱导偶极子之间的相互作用。

③ 分子之间的色散力的相互作用。

Van der Waals 引力位能可以用下式计算：

$$V_A=\frac{AR_s}{12d} \tag{1-24}$$

式中  $d$——胶粒之间的距离，m；

  $R_s$——颗粒的粒径，m。

Van der Waals 引力和固液界面的双电层斥力同时存在于胶体上，颗粒间总的相互作用能如图 1-7 所示。

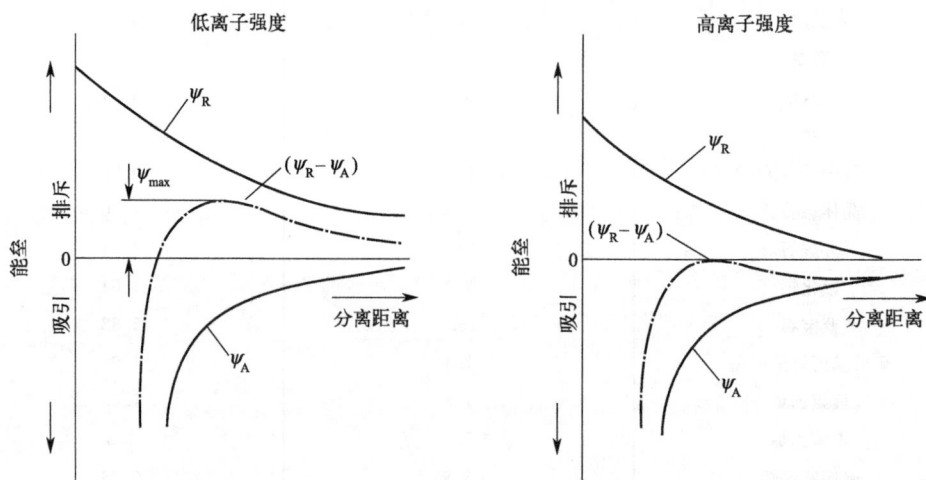

图 1-7　颗粒间总的相互作用能

正的能量之和，即能垒，会造成颗粒之间相互排斥，而负的能量之和则引起颗粒互相吸引，导致体系的不稳定。在水处理中，就是要通过使用不同措施，克服能垒，使得胶体脱稳，从而达到将这些悬浮颗粒去除的目的。在胶体溶液中加入电解质只能改变颗粒之间的排斥力，而对于 Van der Waals 分子吸引力没有影响。

胶体表面电荷与稳定性关系如表 1-9 所列，列出了去除天然水体中胶体的 ζ 电位控制范围。

**表 1-9　胶体表面电位与稳定性关系**

| 稳定性 | 平均胶体表面电位/mV |
| --- | --- |
| 稳定性极佳 | $-100 \sim -60$ |
| 稳定性较佳 | $-60 \sim -40$ |
| 稳定性适中 | $-40 \sim -30$ |
| 轻度分散 | $-30 \sim -15$ |
| 凝聚 | $-15 \sim -10$ |
| 强烈凝聚或沉淀 | $-5 \sim +5$ |

表面电位或电荷密度受溶液中电解质影响的规律基本遵守 Schulze Hardy 规则（Schulze-Hardy rule），临界凝聚浓度（critical coagulation concentration）对于反离子的价态非常敏感，高价反离子具有更强的凝聚能力。对于同样的胶体溶液，最小混凝剂投加量（聚沉值）遵循下列比值关系，$Na^+ : Ca^{2+} : Al^{3+} = 1 : 0.1 : 0.001$（摩尔比）。这也是水处理过程中选择高价铁盐和铝盐的原因。在混凝过程中为了达到脱稳胶体的目的，一般不需要将胶体表面电位完全降低到零，表面电位或者 ζ 电位在一定范围内就可以达到脱稳聚沉效果。

胶体表面电位取决于表面电荷密度和双电层厚度。而表面电荷密度又取决于溶液中影响电位的离子（即与表面有密切关系的离子）的浓度。对氧化铝胶体，$H^+$ 可决定 ζ 电位，因此胶体表面 ζ 电位由 pH 值决定。氧化铝胶体表面 ζ 电位与 pH 值关系如图 1-8 所示。

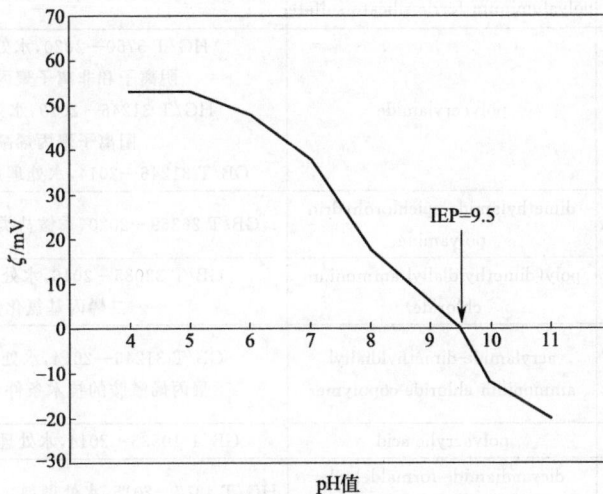

图 1-8　氧化铝胶体表面 ζ 电位与 pH 值关系

ζ 电位随 pH 值的升高而降低，当 pH 值为 9.5 时达到等电点（isoelectric point, IEP）。ζ 电位受表面电位和溶液电解质浓度的影响。ζ 电位相同的情况下，表面电位不一定相同。

# 第三节　铝盐铁盐的水解机理

## 一、混凝药剂的分类

目前混凝剂和絮凝剂的种类很多，无机混凝剂以铁盐和铝盐为主，有机絮凝剂以各种聚丙烯酰胺、聚胺等为主。表 1-10 列出了目前市场上常见的混凝剂或絮凝剂。

表 1-10　混凝剂与絮凝剂的类型

| 类别 | 名称 | 英文名称 | 国家标准或者行业标准 |
|---|---|---|---|
| 无机低分子混凝剂 | 硫酸铝 | alum,aluminum sulfate | GB/T 31060—2014,水处理剂　硫酸铝[S] |
| | 氯化硫酸铁 | ferric sulfate chloride | — |
| | 硫酸铁 | ferric sulfate | GB/T 14591—2016,水处理剂　聚合硫酸铁[S] |
| | 硫酸亚铁 | ferrous sulfate | GB/T 10531—2016,水处理剂　硫酸亚铁[S] |
| | 氯化铁 | ferric chloride | GB/T 4482—2018,水处理剂　氯化铁[S] |
| 无机高分子混凝剂 | 聚氯化铝 | polyaluminum chloride | GB 15892—2020,生活饮用水用聚氯化铝[S]<br>GB/T 22627—2022,水处理剂　聚氯化铝[S] |
| | 聚硫酸铝 | polyaluminum sulfate | HG/T 5006—2016,水处理剂　聚硫酸铝[S] |
| | 聚氯化铝铁 | polyaluminum ferric chloride | HG/T 5359—2018,水处理剂　聚氯化铝铁[S] |
| | 聚硫酸铁 | polyferric sulfate | GB/T 14591—2016,水处理剂　聚合硫酸铁[S] |
| | 聚氯化铁 | polyferric chloride | HG/T 4672—2022,水处理剂　聚氯化铁[S] |
| | 聚硫酸铁铝 | polyaluminum ferric sulfate | HG/T 5565—2019,水处理剂　硫酸铝铁[S] |
| | 聚硅氯化铝 | polyaluminum silicate chloride | GB/T 22627—2014,水处理剂　聚氯化铝[S] |
| | 聚硅硫酸铝 | polyaluminum silicate sulfate | HG/T 4537—2013,水处理剂　聚硅硫酸铝[S] |
| | 聚硅氯化铝铁 | polyaluminum ferric silicate chloride | — |
| | 聚硅硫酸铁 | polyferric silicate sulfate | — |
| | 聚硅硫酸铝铁 | polyaluminum ferric silicate sulfate | — |
| 合成高分子絮凝剂 | 聚丙烯酰胺 | polyacrylamide | HG/T 5750—2020,水处理剂　乳液型<br>阴离子和非离子聚丙烯酰胺[S]<br>HG/T 31246—2019,水处理剂　乳液型<br>阳离子聚丙烯酰胺[S]<br>GB/T 31246—2014,水处理剂　聚丙烯酰胺[S] |
| | 表氯醇二甲胺聚胺 | dimethylamide-epichlorohydrin polyamine | GB/T 26369—2020,季铵盐类消毒剂卫生要求[S] |
| | 聚二烯丙基二甲基氯化铵 | poly(dimethyldiallyl ammonium chloride) | GB/T 33085—2016,水处理剂　聚二甲基二烯丙基氯化铵[S] |
| | 丙烯酰胺-二烯丙基二甲基氯化铵共聚物 | acrylamide-dimethyldiallyl ammonium chloride copolymer | GB/T 31246—2014,水处理剂　阳离子型聚丙烯酰胺的技术条件和试验方法[S] |
| | 聚丙烯酸 | polyacrylic acid | GB/T 10533—2014,水处理剂　聚丙烯酸[S] |
| | 双氰胺-甲醛缩聚物 | dicyandiamide-formaldehyde condense | HG/T 4817—2015,水处理剂　双氰胺甲醛缩聚物[S] |
| 天然高分子絮凝剂 | 改性阳离子淀粉 | modified cationic starch | — |
| | 壳聚糖 | chitosan | — |
| | 改性木质素 | modified lignin | HG/T 3507—2008,木质素磺酸钠分散剂[S] |

## 二、铝盐、铁盐的水解机理

所有离子在水体中都会发生不同程度的水解。$Al^{3+}$ 和 $Fe^{3+}$ 可以与六个水分子发生配合反应形成正八面体结构，例如 $Al(H_2O)_6^{3+}$。这种正八面体结构可以进一步水解，即氢氧根取代水分子，或者称其为配合水分子的脱质子过程。为了表示方便往往省略掉水化层（hydration shell），只表示金属离子和氢氧根：

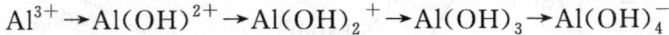

$$Al^{3+} \rightarrow Al(OH)^{2+} \rightarrow Al(OH)_2^+ \rightarrow Al(OH)_3 \rightarrow Al(OH)_4^-$$

在水解过程中，上述反应的每一步都脱去一个质子，从而引起平衡向右移动。由于氢氧化铝的溶解度很低，因此在中等 pH 值范围内就会发生沉淀。如果进一步提高 pH 值，会形成溶解性的铝酸钠。对于铁盐同样存在此类反应，但是氢氧化铁的溶解度要低得多。

由于形成不溶性氢氧化物，往往又是多核聚合物，因此测定水解常数（hydrolysis constant）就非常困难，而且现在发表的数据有很大的差异。水解常数可通过如下的过程来确定：

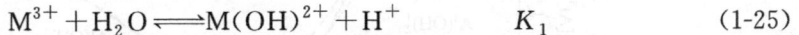

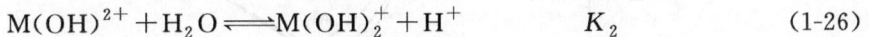

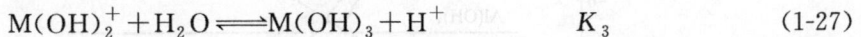

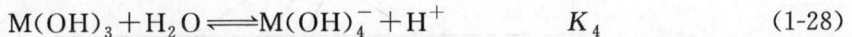

$$M^{3+} + H_2O \Longleftrightarrow M(OH)^{2+} + H^+ \qquad K_1 \qquad (1\text{-}25)$$

$$M(OH)^{2+} + H_2O \Longleftrightarrow M(OH)_2^+ + H^+ \qquad K_2 \qquad (1\text{-}26)$$

$$M(OH)_2^+ + H_2O \Longleftrightarrow M(OH)_3 + H^+ \qquad K_3 \qquad (1\text{-}27)$$

$$M(OH)_3 + H_2O \Longleftrightarrow M(OH)_4^- + H^+ \qquad K_4 \qquad (1\text{-}28)$$

$$M(OH)_3 \Longleftrightarrow M^{3+} + 3OH^- \qquad K_5 \qquad (1\text{-}29)$$

对于铝和铁的水解物，其最稳定的固体形式分别是三水铝石（gibbsite）和针铁矿（goethite），但是形成上述物质所要达到的平衡时间非常长（几个月甚至更长）。对无定型沉淀物（amorphous precipitates）的溶解平衡常使用溶解度常数 $K_{Sam}$ 来表示，在混凝剂的实际使用中更加快速和方便。但是目前还未得到无定型氢氧化物的溶解度常数的准确值，只有估计值。表 1-11 列出了 $Al^{3+}$ 和 $Fe^{3+}$ 的水解常数和溶解度常数（pK 值）。

**表 1-11 $Al^{3+}$ 和 $Fe^{3+}$ 的水解常数及溶解度常数（25℃，离子强度为 0）**

| 项目 | p$K_1$ | p$K_2$ | p$K_3$ | p$K_4$ | p$K_{Sam}$ |
|---|---|---|---|---|---|
| $Al^{3+}$ | 4.95 | 5.6 | 6.7 | 5.6 | 31.5 |
| $Fe^{3+}$ | 2.2 | 3.5 | 6 | 10 | 38 |

一般认为铝的水解常数范围比铁的要窄，这主要是由水合分子数目不同而引起的。水解过程中铝的配位数由 6 下降到 4，而铁的配位数始终为 6。溶解态水合铁离子和水合铝离子与无定型氢氧化物的平衡如图 1-9 所示。$Fe_T$ 和 $Al_T$ 分别为溶解态总铁和总铝量，虚线为 $Fe(OH)_3$ 和 $Al(OH)_3$ 的溶度积（$K_{sp}$）对应的浓度。

从图 1-9 可以看出，在铝盐溶液中主要离子种类由 $Al^{3+}$ 变化到 $Al(OH)_4^-$，pH 值范围变化只有 1 个单位。而对于水合铁离子，由 $Fe(OH)^{2+}$ 变化到 $Fe(OH)_3$ 却跨越了 8 个 pH 值单位。

高电荷的金属离子水解除了能形成简单的单体外，还可以形成一系列多核聚合物。如在单体铝离子到氢氧化铝之间存在一系列的阳离子多聚体，或者聚合物。

(a)

(b)

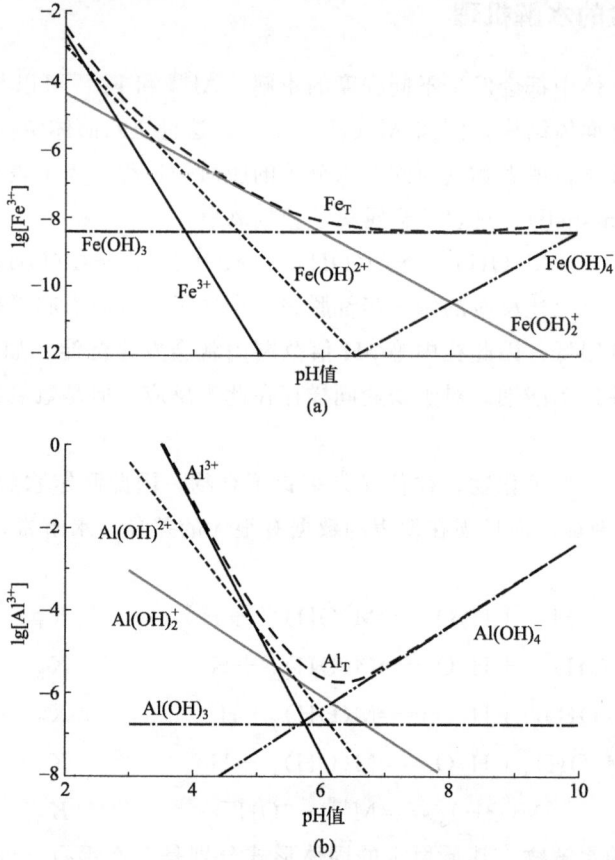

图 1-9  溶解态水合铁离子和水合铝离子与无定型氢氧化物的平衡

使用硫酸铝作混凝剂时，电中和是主要的混凝机理，那么进行有效的快速搅拌对于混凝过程成功是至关重要的。pH 值对硫酸铝的混凝过程也非常关键，因为在不同的 pH 值下铝盐各形态的溶解度不同，铝盐溶解性与 pH 值的关系曲线见图 1-10。

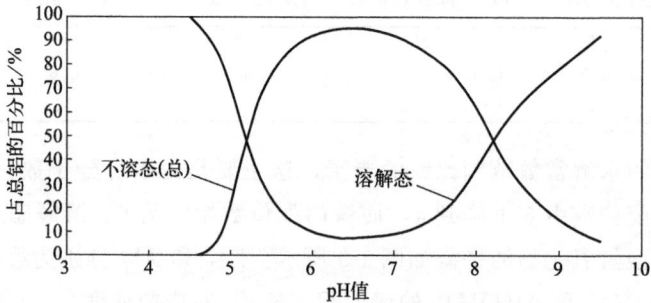

图 1-10  铝盐溶解性与 pH 值的关系曲线

如果混合液的 pH 值在 4～5 之间，铝盐主要以 $Al(OH)^{2+}$、$Al_8(OH)_4^{4+}$ 和 $Al^{3+}$ 为主要形态。但是当水中铝盐以负电形态为主时，才有最佳的卷扫絮凝作用，而此时 pH 值在 6～8。

Amixthaxjah 曾对硫酸铝盐的混凝过程进行深入研究。他认为铝盐在混凝过程中，主要的混凝机理有两种：一是铝盐水解形成的溶解性聚合物吸附于胶体上，利用电中和使得胶体脱稳，即所谓的吸附；二是胶体颗粒被氢氧化铝沉淀物网捕，即所谓的卷扫捕集。图 1-11 为硫酸铝的絮凝机理及其与 Zeta 电势的关系。

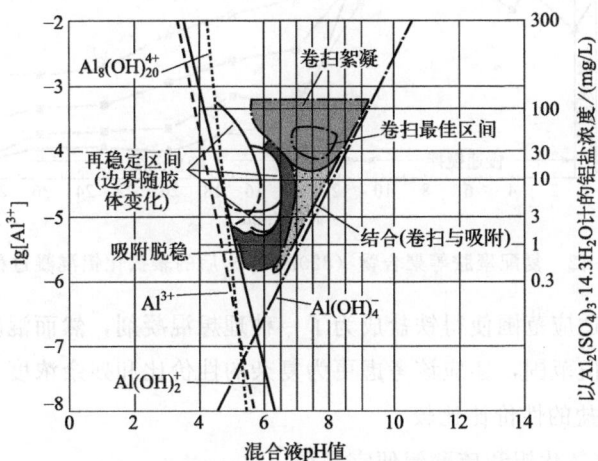

图 1-11　硫酸铝的絮凝机理及其与 Zeta 电势的关系

$Al^{3+}$ 及其各种水解形态都与沉淀 Al (OH)$_3$ 有着溶解-沉淀的平衡关系，在饱和溶液中，各种形态的离子的饱和浓度直接取决于溶液的 pH 值。图 1-11 中的直线分别表示在饱和溶液中各种溶解性化合态在不同 pH 值时的饱和浓度，超过这些浓度，溶解态就变为沉淀。即在直线右侧，随着 pH 值的升高，Al (OH)$_3$ 的溶解度也升高，升高到一定的程度时，会出现最低溶解度。

从图 1-11 可以看出，铝盐作为混凝剂的时候，溶液的 pH 值对于它的混凝过程起着很重要的作用。当 pH 值在 4～5 之间的时候，铝盐以阳离子形式存在，例如 $Al^{3+}$、$Al(OH)^{2+}$、$Al_8(OH)_{20}^{4+}$。当 pH 值在 6～8 之间的时候，铝以负离子的形式出现，比如 $Al(OH)_4^-$，会出现最佳卷扫混凝区。最佳卷扫混凝区的范围是铝矾的投加量为 20～50mg/L，pH 值为 6.8～8.2。在这个范围内，可以用最低的混凝剂投加量产生最佳的混凝沉降效果。上述分析均是基于硫酸铝溶液的水解特征获得的水解区域图。实际上，$Al^{3+}$ 的水解过程很大程度上是受到阴离子助凝剂的影响。最明显的对比就是聚氯化铝和硫酸铝的混凝效果差异。在相同的铝含量的投加量下，前者的混凝效果远远好于后者。一般对于同一种水，聚氯化铝（polyalumium chloride，PAC）的纯铝投加量为硫酸铝投加量的 1/3～1/2 时，就可以达到相同的混凝效果。这种巨大的差异是由于阴离子的存在而产生的，但目前阴离子的助凝机理研究比较少。

同样在铝盐或铁盐中加入水溶性甲壳素、聚胺等，也可以影响铝盐的水解图。另外，图 1-11 并不能反映混凝的动力学过程，不同的混凝剂混凝区域和混凝动力学有很大的差异。图 1-12 为复配聚胺等聚合物（820A～C）后的聚氯化铝混凝过程图。

从图 1-12 可知，加入聚合物后，水解凝聚速度和絮体平均粒径远远高于普通的聚氯化铝，尤其是对于低温低浊水，加入聚合物的聚氯化铝形成矾花的时间均可以比常规聚氯化铝提前 2～5min。

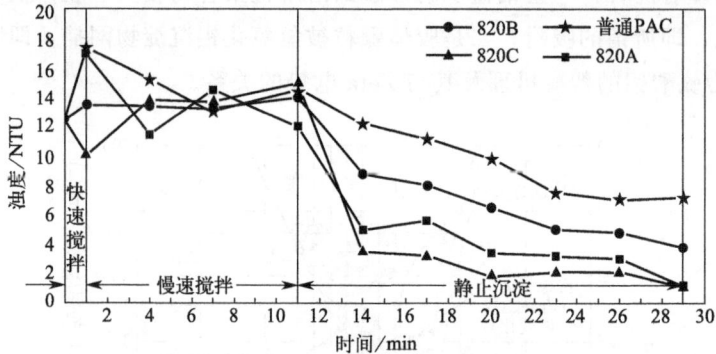

图 1-12　复配聚胺等聚合物（820A～C）后的聚氯化铝混凝过程图

较宽的 pH 值适应范围使得铁盐成为了一种理想混凝剂，然而混凝剂的选择不仅仅要考虑简单的 pH 值范围，还应该考虑更为复杂的性价比和残余浓度。影响因素如下。

（1）铝盐与铁盐的性价比比较

① 铝盐中的聚氯化铝和硫酸铝便宜易得。

② 铝盐处理效果好，最终浊度低，这是铁盐难以达到的。由于冬季水的黏度和浊度很低，铁盐的密度更大一些，铁盐和铝盐的复配效果更好一些。

③ 铁盐相对于铝盐，COD 的去除率更高一些。

④ 在低 pH 值范围时，铁盐混凝剂性能不好。

⑤ 在原水 pH 值比较高时，会增加偏铝酸盐的残留。

（2）铝盐与铁盐的残余物比较

铁盐在水体中的残余物相对于铝盐来说，对人体的健康更有利。因此，铝盐已经广泛应用于饮用水处理，我国饮用水处理超过 95％企业采用聚氯化铝，少量企业采用硫酸铝。

# 第四节　混凝动力学

## 一、混凝动力学

### 1. 混凝目的

混凝的目的是中和颗粒表面电荷使之脱稳，凝聚形成大的絮体，从而沉降出来。初混凝絮体一般都是分子颗粒大小的不溶物，絮凝的过程就是将中和的胶体物质和这些不溶物聚集在一起形成大的颗粒絮体，并能够通过沉淀和过滤的方法除去。混凝过程中所形成的絮体对环境中的小颗粒也有捕捉作用，能通过共沉淀把它们从水体中分离出来。因此，混凝工艺可以非常有效地去除混浊水样中的小颗粒，包括病原体、细菌等。

悬浮胶体颗粒的运动是由布朗运动、流体流动和外加力引起的。胶体颗粒运动使胶体颗粒间的相对速度产生差异，从而造成胶体颗粒间的碰撞。在一个稳定的悬浮系统中，胶体颗粒间的静电斥力阻止颗粒间的碰撞。胶体颗粒的聚集可以通过加入混凝剂或絮凝剂来实现，在此条件下，相互碰撞的颗粒间就会形成一种连接，从而可以达到颗粒聚集的目的。

混凝包括凝聚和絮凝两个阶段。凝聚是指胶体的脱稳阶段，而絮凝则是指胶体脱稳后结成大颗粒絮体的阶段。由布朗运动引起的絮凝作用称为异向絮凝作用，由水力作用引起的絮凝作用称为同向絮凝作用。另外，两种尺寸不同的颗粒之间，大的颗粒以较快的速度下降过程中能赶上沉速较小的颗粒，因而发生碰撞，产生的絮凝叫差降絮凝。

### 2. 异向絮凝（perikinetic flocculation）

粒径<1μm 的颗粒不能增长为较为明显的大絮体，此时发生异向絮凝，将产生一种微细絮体。

单一分散相的颗粒浓度，由于布朗运动相碰撞而减少的速率可以表示为：

$$-\frac{\mathrm{d}n}{\mathrm{d}t}=k_\mathrm{p}n^2 \tag{1-30}$$

20 世纪初 Smoluchowski 得出了 $k_\mathrm{p}=a_\mathrm{B}8D_\mathrm{b}\pi a$，其中 $D_\mathrm{b}=\frac{kT}{6\pi\mu a}$（Einstein-Stokes 公式）

式中 $k_\mathrm{p}$——有效碰撞率常数；

$D_\mathrm{b}$——扩散系数，$\mathrm{m^2/s}$；

$\mu$——水的黏度，$\mathrm{N\cdot s/m^2}$；

$a$——球体的半径，m。

将以上两式代入式(1-30) 可得：

$$-\frac{\mathrm{d}n}{\mathrm{d}t}=\frac{4a_\mathrm{B}kT}{3\mu}n^2 \tag{1-31}$$

式中 $n$——颗粒浓度，个$/\mathrm{m^3}$；

$a_\mathrm{B}$——颗粒间黏附效率因数。

通过积分可得下列公式：

$$\frac{1}{n}-\frac{1}{n_0}=\frac{4ka_\mathrm{B}T}{3\mu}t \tag{1-32}$$

以 $n=\frac{n_0}{2}$ 代入上式，可得半衰期：

$$t_{\frac{1}{2}}=\frac{3\mu}{4a_\mathrm{B}kTn_0} \tag{1-33}$$

上式表明：温度越高，沉降时间越短，絮凝效果越好，因为异向絮凝是由布朗运动引起的，而温度与布朗运动有密切联系。假定 $a_\mathrm{B}=1$，表示颗粒碰后即黏住，并以 $T=293\mathrm{K}$，$k=1.38\times10^{-23}\mathrm{J/K}$ 和 $\mu=1\times10^{-3}\mathrm{N\cdot s/m^2}$ 代入上式得：

$$t_{\frac{1}{2}}=\frac{2\times10^{11}}{N(0)} \tag{1-34}$$

假定 $N(0)=10^6$ 个$/\mathrm{cm^3}$，计算得 $t_{\frac{1}{2}}=2\times10^5\mathrm{s}$，约 2.3d。因此，靠布朗运动产生

絮凝效果有限。

### 3. 同向絮凝（orthokinetic flocculation）

当细小颗粒依靠布朗运动凝聚后，颗粒粒度逐渐变大。但很快，布朗运动就会停止，相碰的机会就会降得很低。因此在这个阶段，借水力或外力搅拌使胶体颗粒相碰后的同向絮凝就发挥了主要作用。有关同向絮凝的理论至今尚无统一认识。最初的理论公式是在层流状态下导出的，显然与实际处于紊流状态的絮凝过程不符。而近年，也有不少专家学者直接从紊流理论出发来探讨同向絮凝过程。同向絮凝过程中产生大而容易分离的絮体。在沉降过程中絮体很容易在砂滤过程中捕获。同向絮凝过程中也会发生网捕和卷扫絮凝（sweep flocculation）。以下对层流和紊流的情况分别作一些简要介绍。

（1）层流条件下的同向絮凝

层流条件下颗粒碰撞示意图见图 1-13。

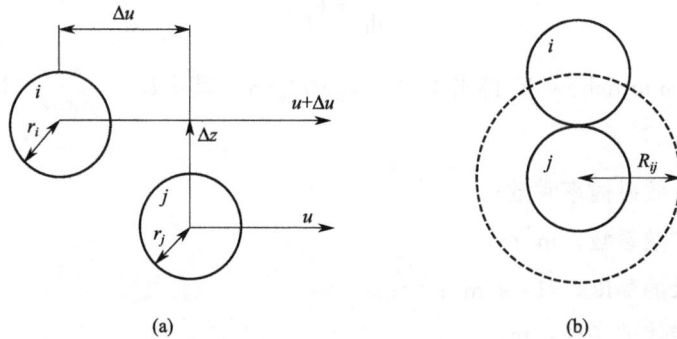

图 1-13　层流条件下颗粒碰撞示意图

图 1-13（a）表示两相邻颗粒，半径分别为 $r_i$ 及 $r_j$，由于受到搅拌作用而在某一时刻朝同一方向运动。在垂直于运动方向上，两颗粒距离为 $\Delta z$，运动速度分别为 $u+\Delta u$ 及 $u$。即在两颗粒间存在一个速度梯度 $\dfrac{\mathrm{d}u}{\mathrm{d}z}=\dfrac{\Delta u}{\Delta z}$。

图 1-13（b）表示一个以 $r_j$ 球为中心，$R_{ij}$ 为半径的圆柱体断面，为运动方向上的剖视图。以 $R_{ij}$ 为半径的范围内的所有颗粒均会发生碰撞。先假定 $r_j$ 不动，可以计算通过这圆柱断面积的流量 $q$ 为：

$$q=2\int_0^{R_{rj}} x\,\frac{\mathrm{d}u}{\mathrm{d}z}\left[2(R_{ij}^2-x^2)^{\frac{1}{2}}\right]\mathrm{d}x=\frac{4}{3}R_{rj}^3\,\frac{\mathrm{d}u}{\mathrm{d}z} \tag{1-35}$$

设颗粒 $r_j$ 及 $r_i$ 在水中的浓度为 $n_j$ 和 $n_i$，并考虑两颗粒为同一种颗粒，则两颗粒的碰撞次数 $J$ 应为：

$$J=\frac{4}{3}n^2R_{ij}^3\,\frac{\mathrm{d}u}{\mathrm{d}z} \tag{1-36}$$

假定一部分颗粒相碰后永远黏结在一起，以 $a_0$ 代表这部分黏结在一起的次数在相碰总次数中所占的分数，可得颗粒数相碰而减少的速率 $\dfrac{\mathrm{d}n}{\mathrm{d}t}$ 为：

$$-\frac{\mathrm{d}n}{\mathrm{d}t}=J=a_0\,\frac{4}{3}n^2R_{ij}^3\,\frac{\mathrm{d}u}{\mathrm{d}z} \tag{1-37}$$

令 $\phi$ 为 $t=0$ 时，$n$ 个直径为 $d$ 的颗粒的总体积，则上式可改写为：

$$-\frac{\mathrm{d}n}{\mathrm{d}t}=a_0\,\frac{8}{\pi}\phi\,\frac{\mathrm{d}u}{\mathrm{d}z}n \tag{1-38}$$

积分可得：

$$n=n_0\exp\left(-a_0\,\frac{8}{\pi}\phi\,\frac{\mathrm{d}u}{\mathrm{d}z}t\right) \tag{1-39}$$

式中　$n_0$——$t=0$ 时的颗粒数。

以 $n=\dfrac{n_0}{2}$ 代入上式，可得其半衰期为：

$$t_{\frac{1}{2}}=\frac{0.693}{a_0\,\dfrac{8}{\pi}\phi\,\dfrac{\mathrm{d}u}{\mathrm{d}z}} \tag{1-40}$$

由半衰期公式可看出以下几点。

① 加大速度梯度可缩短沉降时间，但速度梯度过大又会使絮体破碎，因而实际应用中，速度梯度值又受到限制。

② 同样数目的大颗粒与小颗粒相比，其沉降半衰期相差的数量级为 $(d_{大}/d_{小})^3$，这可以从 $\phi$ 因子得出。

实际情况中，水流并非层流，而总是处于紊流状态。为此 Camp 和 Stein 通过一个瞬间受剪切而扭转的单位体积水流所耗功率来计算 $G$ 值以替代 $G=\dfrac{\Delta u}{\Delta z}$，其推导过程如下。在被搅动的水流中，考虑一个瞬息受剪而扭转的隔离体 $\Delta x\Delta y\Delta z$，速度梯度计算见图 1-14。

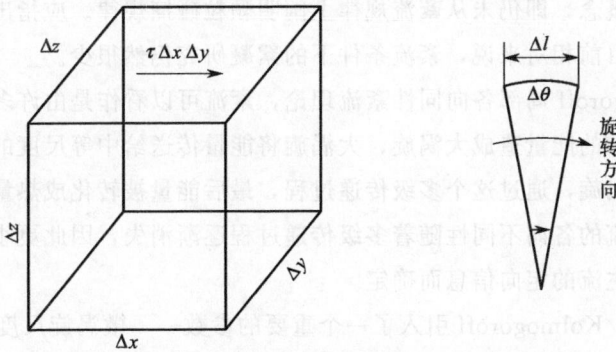

图 1-14　速度梯度计算

在隔离体受剪而扭转过程中，剪力做了扭转功。设在 $\Delta t$ 时间内，隔离体扭转了 $\theta$ 角度，于是角速度 $\Delta\omega$ 为：

$$\Delta\omega=\frac{\Delta\theta}{\Delta t}=\frac{\Delta l}{\Delta t}\times\frac{1}{\Delta z}=\frac{\Delta u}{\Delta z}=G \tag{1-41}$$

式中　$\Delta u$——扭转线速度；

$\qquad l$——边长，m；

$\qquad G$——速度梯度。

转矩 $\Delta M$：

$$\Delta M = (\tau \Delta x \Delta y)\Delta z \tag{1-42}$$

式中　$\tau$——剪应力，Pa；

$\tau \Delta x \Delta y$——作用在隔离体上的剪力，Pa。

隔离体扭转所耗功率等于转矩与角速度的乘积，于是单位体积水流所耗功率 $p$ 为：

$$p = \frac{\Delta M \Delta \omega}{\Delta x \Delta y \Delta z} = \frac{G\tau \Delta x \Delta y \Delta z}{\Delta x \Delta y \Delta z} = \tau G \tag{1-43}$$

根据牛顿内摩擦定律，$\tau = \mu G$，代入式(1-42) 可得：

$$G = \sqrt{\frac{p}{\mu}} \tag{1-44}$$

式中　$\mu$——水的动力黏度，Pa·s；

$p$——单体体积流体所耗功率，W/m³。

上式中的 $p$ 视实际情况而定。当用机械搅拌时，由机械搅拌器提供。当采用水力絮凝池时，$p$ 应为水流本身能量耗，$pV = \rho g Q h$，$V = QT$。将两者代入式(1-43) 可得：

$$G = \sqrt{\frac{gh}{\nu T}} \tag{1-45}$$

式中　$h$——混凝设备中的水头损失，m；

$\nu$——水的运动黏滞系数，m²/s；

$T$——水流在混凝设备中的停留时间，s。

（2）紊流条件下的同向絮凝

虽然 Camp 和 Stein 将瞬间受剪切而扭转的单位体积水流所耗功率来代替 $G$ 值，但仍未避开层流的概念，即仍未从紊流规律上阐明颗粒碰撞规律。应指出的是，与同向和异向絮凝相比，目前相对来说，紊流条件下的絮凝研究仍然很少。

根据 Kolmogoroff 局部各向同性紊流理论，紊流可以看作是由许多不同大小的涡旋组成的。外部施加的能量造成大涡旋，大涡旋将能量传送给中等尺度的涡旋，最后能量再传送给更小的涡旋，通过这个多级传递过程，最后能量被转化成热量。在一个充分发展的紊流里，主流的各向不同性随着多级传递过程逐渐消失，因此更小尺度涡旋的统计性质可以不依靠主流的定向信息而确定。

在此基础上，Kolmogoroff 引入了一个重要的参数——微涡旋尺度 $\lambda$ 以描述一个能量耗散涡旋的大小。

$$\lambda = \nu^{\frac{3}{4}} \varepsilon^{-\frac{1}{4}} \tag{1-46}$$

式中　$\lambda$——微涡旋尺度，m；

$\varepsilon$——单位质量流体的能量消耗速度，W/m³。

如果某一区域的尺度$<\lambda$，则紊流可以被看作为各向同性的，$\lambda$ 的大小为 30～100μm。微涡旋尺度与矾花颗粒尺度相近时絮凝反应最充分，大涡旋只携带胶体颗粒运动不会使其发生相互碰撞，而尺度过小则不足以推动颗粒碰撞，因此只有微涡旋尺度与胶体颗粒直径大小相近或相等时，才会引起颗粒间的碰撞。因此若要提高絮凝效果，必

须要有效地增加紊流中微涡旋尺度的比例。

各向同性紊流条件下颗粒碰撞速率 $N_0$ 可表达为：

$$N_0 = 8\pi dD n^2 \tag{1-47}$$

式中　$D$——紊流扩散和布朗扩散系数之和。

但在紊流中，布朗扩散远小于紊流扩散，故 $D$ 可近似作为扩散系数。紊流扩散系数可表示为：$D = \lambda\mu_\lambda$。$\mu_\lambda$ 为相应于 $\lambda$ 尺度的脉动速度，可表示为：

$$\mu_\lambda = \frac{1}{\sqrt{15}}\sqrt{\frac{\varepsilon}{\nu}\lambda} \tag{1-48}$$

设涡旋尺度与颗粒直径相等，即 $\lambda = d$，将上面两式代入得：

$$N_0 = \frac{8\pi}{\sqrt{15}}\sqrt{\frac{\varepsilon}{\nu}}d^3 n^2 a_0 \tag{1-49}$$

虽然上式按紊流条件导出，理论上更合理，但也存在很多问题。

① 实际过程中涡旋尺度是随机变化的，而水中的颗粒大小不等且在混凝过程中不断增大，这就使上述公式的推导前提受到质疑。

② 式(1-48)只适用于处于黏性区（受水的黏性影响的所有小涡旋群）的小涡旋。这些都使公式的应用受到很大的局限。

**4. 差降絮凝**

以图 1-13 分析，设 $r_i > r_j$，它们的 Stokes 沉速分别为 $v_i$ 和 $v_j$，颗粒浓度分别为 $n_i$ 和 $n_j$。以颗粒 $r_j$ 为参考，颗粒 $r_i$ 在半径为 $R_{ij}$ 的圆柱体内的颗粒流量 $J_i$ 可表示为：

$$J_i = \pi R_{ij}^2 (v_i - v_j) n_i \tag{1-50}$$

由于有 $n_j$ 颗粒 $r_j$，故颗粒总流量为：

$$J = \pi R_{ij}^2 (v_i - v_j) n_i n_j \tag{1-51}$$

将 Stokes 公式 $v_p = \dfrac{\rho_p - \rho_1}{18\mu} g d_p^2$ 代入上式，可得颗粒因差降碰撞凝聚而减少的速率：

$$-\frac{dn}{dt} = \frac{2\pi g}{9\mu}(\rho_p - \rho_1)(r_i + r_j)^3 (r_i - r_j) a_s n_i n_j \tag{1-52}$$

式中　$\rho_p$——颗粒密度，$g/cm^3$；

　　　$\rho_1$——水的密度，$g/cm^3$；

　　　$a_s$——黏附效率因数；

　　　$d_p$——颗粒直径，$cm$。

## 二、混凝参数

**1. 速度梯度（velocity gradient）**

在混凝过程初期中需要一个适宜的速度梯度，使颗粒相互碰撞形成絮体，混合过程中一般保持速度梯度在 $20\sim200s^{-1}$。过高或者过低的速度梯度都不利于絮体的形成。

如果处理水的浊度比较高，可以保持速度梯度高些；如果处理水的浊度很低，可以保持速度梯度低些，避免絮体在剪切作用下破裂。

在实际应用过程中可以采用逐渐降低梯度的方法，例如可以采用 2 段或者 3 段絮凝的方式，逐步降低梯度，保持絮体不断成长。

### 2. 反应时间（detention time）

从絮体颗粒大小随时间变化关系图 1-15 可以看出，絮体成长到 1mm 大概需要 4min 的时间，大概在 8min 絮体达到最大。增加反应时间往往不能进一步提高絮体的尺寸和密度，一般反应时间控制在 20min。对于低温低浊度水往往需要更长的反应时间，但是对于固定的设施，可以通过提高混凝剂性能的方法，提高反应效率。

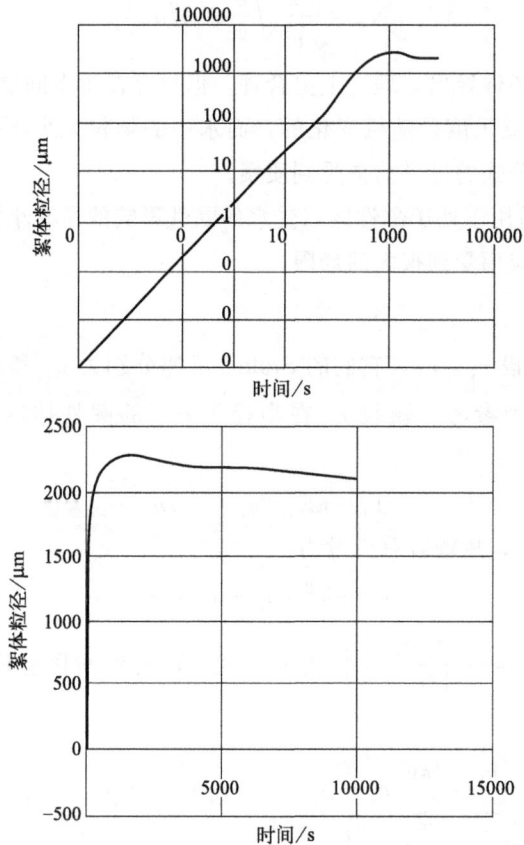

图 1-15　絮体颗粒大小随时间变化关系

### 3. G-T 值（Camp 数，Camp number）

在工程设计中经常使用 $G\text{-}T$ 值或者 Camp 数这个参数。20 世纪 30 年代麻省理工大学 Thomas R. Camp 教授对 40 多个水处理厂反应池的数据总结后提出了这一常数。

$$G\text{-}T = Gt \tag{1-53}$$

式中　$G$——速度梯度，$s^{-1}$；

　　$t$——时间，s。

例如在一良好的混凝过程中

混合池：$G=150/s$，$t=8min=480s$

$$则\quad G\text{-}T=150×480=72000$$

絮凝池 1：$G=100/s$，$t=10min$

絮凝池 2：$G=30/s$，$t=10min$

$$则\quad G\text{-}T=100×600＋30×600=78000$$

一般 $G\text{-}T$ 值在 25000～100000 范围内。

### 4. 絮凝池（flocculator types）

实际应用中有两种絮凝池，即水力搅拌和机械搅拌。

水力搅拌絮凝池（hydraulic flocculators）又称作混合井（mixing columns），在混合井的侧面安装水平折板，水体在下降和上升过程中不断混合。在进水端折板间距比较小，出水端折板间距比较多，从而保证混合梯度逐渐降低（tapered mixing），促进絮体不断成长，提高混合效率。

### 5. 计算举例

水厂进水速度：$120m^3/h$

混合井：2 套，直径 1220mm，进水端和出水端高差 3.7m

通过混合井后水头损失：100mm

时间：260s

水流速度 $=120m^3/h=2m^3/min$

混合井容积 $=2×(1.22×1.22×\pi/4)×3.7=8.65(m^3)$

水利停留时间 $=8.65/2=4.33(min)=260(s)$

能量 $=2m^3/min=2000kg/min≈33.33kg/s$

上述水量在重力（$9.81m/s^2$）作用下，下降 0.1m 产生能量

$$P=33.33×9.81×0.1=32.7(W)$$

速度梯度

$$G=\left(\frac{P}{\mu V}\right)^{\frac{1}{2}}=\left(\frac{32.7}{0.0013×8.65}\right)^{\frac{1}{2}}$$

$$=[2907.7]^{\frac{1}{2}}=53.9(s^{-1})$$

$$G\text{-}T=Gt=53.9×260=14020$$

上述计算表明，水体停留时间短，速度梯度小，因而 $G\text{-}T$ 值非常低，无法形成良好的絮体。建议增加混合井的容积，同时缩短折板间距，增强混合强度增大混合水头损失，即提高能量输入。如果使水头损失加倍，则 $G$ 为 76.3/s，$G\text{-}T$ 值达到 20000，仍然很低。

### 6. 温度对于混凝的影响

温度对于处理的黏度影响非常大，这就意味着在低温下要达到与高温下相同的混合效果，必须输入更多的能量。同样，由于黏度增大，在低温下絮体的沉降速度和过滤的水头损失都会增大。表 1-12 列出了不同温度下水的黏度。

表 1-12　不同温度下水的黏度

| 温度/℃ | 黏度/mPa·s |
| --- | --- |
| 0 | 1.79 |
| 20 | 1.00 |
| 40 | 0.65 |
| 100 | 0.28 |

① 当颗粒很小时，异向絮凝起作用。粒径越小，这种作用越明显。

② 当颗粒增大到一定程度时，布朗运动不足以推动颗粒运动发生碰撞，这时水力或外力引起的同向絮凝起主导作用，并且这一阶段兼有差降絮凝在起作用，粒径越大，这两种作用越明显。

③ 在实际过程中，绝大部分是紊流条件下的同向絮凝，但目前这方面的研究，尤其国内做得还远不够深入。Kolmogoroff 的微涡旋理论虽然早在 20 世纪 60 年代就已出现，但由于它没有对混凝动力学成因进行深入解释，也没有建立与速度梯度理论的关系，直到近 10 年才有研究者根据其做一些研究工作。紊流条件下的同向絮凝仍待进一步的定论。

# 第五节　混凝的影响因素

阳离子聚合物可以与水体中的阴离子发生反应，形成化学键，从而阻挡聚合物活性基团吸附水体中的胶体。因此对于含有阴离子的水体，要达到相同的絮凝效果，消耗的阳离子聚合物的量更高，这种情况对于污水处理更为严重。例如水体中的氯离子、酚、硫化氢等都会降低阳离子聚合物的效果，pH 值的影响也是非常明显的，因为每种聚合物都只能在一定的 pH 值范围内表现良好。酚对阳离子聚合物的影响见图 1-16。pH 值对阳离子聚合物剂的影响见图 1-17。

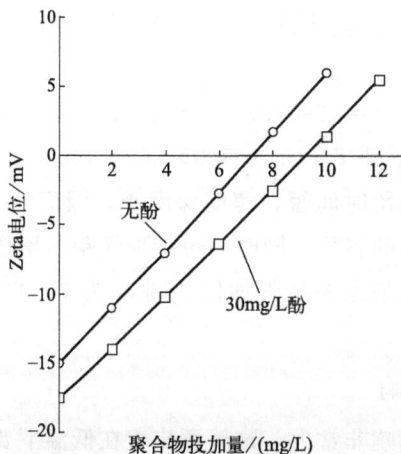

图 1-16　酚对阳离子聚合物的影响

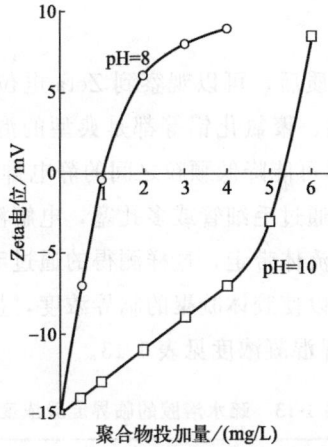

图 1-17 pH 值对阳离子聚合物的影响

在工业循环冷却水浊环水处理中往往加入大量的阴离子缓蚀剂，如有机磷酸盐、丙烯酸类聚合物等，都使混凝剂使用量提高。利用 Zeta 电位还可以评定阳离子聚合物对于 pH 值变化的敏感性。有些聚合物对于溶液 pH 值变化非常明显。pH 值既影响胶体表面性质，也影响聚合物的性质。

## 第六节 Zeta 电位的测定方法

根据前面的分析，已经了解胶体在水中带有电荷，颗粒由于电场作用力的作用而在电场中移动，溶液颗粒间电场的应用如图 1-18 所示。

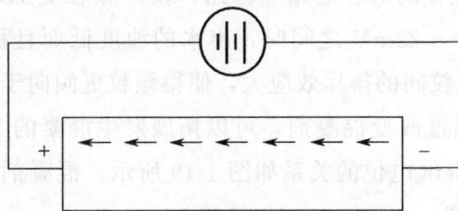

图 1-18 溶液颗粒间电场的应用

如果对含有胶体颗粒的溶液施加电场，则颗粒在电场中的运动速度与电场强度相关。一般可以在市场上购到测定这种运动速度与电场强度相关性的仪器，也就是 Zeta 电位仪。通过显微镜来观测和测量颗粒的运动速度，观测到的速度 $V_E$ 与 Zeta 电位存在下列关系。

$$V_E = \frac{\varepsilon E \zeta}{4\pi\mu} \tag{1-54}$$

式中 $\varepsilon$——流体的介电常数，F/m；

$E$——外电场强度，V/m；

$\zeta$——Zeta 电位，mV；

$\mu$——介质黏度，Pa·s。

当在胶体溶液中加入电解质后，可以观察到 Zeta 电位的变化趋势。一般投加混凝剂量为 $10\sim400\text{mg/L}$，硫酸铝、聚氯化铝等都是典型的混凝剂。在水处理过程中，希望将 Zeta 电位变成零，以便尽可能降低颗粒之间的静电排斥力。

流动电位的测量：当强制通过毛细管或多孔塞，电解液由于压力梯度的作用，颗粒周围或颗粒壁上的剩余电荷被流体带走，这样测得的通过毛细管两端的电位差称为流动电位。在试验中一般有一个可以使胶体凝聚的临界浓度，盐类物质引起混凝时所需要的最小浓度 $C_f$。疏水溶胶的临界混凝浓度见表 1-13。

**表 1-13　疏水溶胶的临界混凝浓度**　　　　单位：$\text{mmol/dm}^3$

| $As_2S_3$ | | $AgI$ | | $Al_2O_3$ | |
|---|---|---|---|---|---|
| LiCl | 58 | $LiNO_3$ | 165 | NaCl | 43.5 |
| NaCl | 51 | $NaNO_3$ | 140 | KCl | 46 |
| KCl | 49.5 | $KNO_3$ | 136 | $KNO_3$ | 60 |
| $KNO_3$ | 50 | $RbNO_3$ | 126 | $K_2SO_4$ | 0.3 |
| $CH_3COOK$ | 110 | $Ca(NO_3)_2$ | 2.40 | $K_2Cr_2O_7$ | 0.63 |
| $CaCl_2$ | 0.65 | $Mg(NO_3)_2$ | 2.60 | $K_2C_2O_4$ | 0.69 |
| $MgCl_2$ | 0.72 | $Pb(NO_3)_2$ | 2.43 | $K_3[Fe(CN)_6]$ | 0.08 |
| $MgSO_4$ | 0.81 | $Al(NO_3)_3$ | 0.067 | | |
| $AlCl_3$ | 0.093 | $La(NO_3)_3$ | 0.069 | | |
| $1/2Al_2(SO_4)_3$ | 0.096 | $Ce(NO_3)_3$ | 0.69 | | |
| $Al(NO_3)_3$ | 0.095 | | | | |

## 一、　Zeta 电位与沉淀

Zeta 电位能影响所形成絮体的大小和密度。密度增大可以使颗粒更快速地沉淀。Zeta 电位低，则会降低颗粒间的静电相互作用，使得颗粒更加靠近从而形成更紧密的絮体。当 Zeta 电位在 $3\sim-22\text{mV}$ 之间时，出水的浊度低而且稳定。当 Zeta 电位低于 $-22\text{mV}$ 时，由于悬浮颗粒间的排斥效应大，使得颗粒更倾向于稳定在水中，从而导致出水的浊度快速上升。通过改变混凝剂，可以拓展发生混凝的 Zeta 电位范围。天然有机物混凝沉淀后浊度与 Zeta 电位的关系如图 1-19 所示。混凝剂的电荷密度越高，可以混凝的 Zeta 电位范围越宽。

Zeta 绝对值低并不能完全保证良好的混凝效果。由于混凝对应的 Zeta 电位是在一个区域内，因此在胶体脱稳后必须有良好的混凝动力学条件，才能保证絮体的长大和沉降。例如混凝过程中混合条件太激烈，絮体虽然已经形成，但是由于颗粒物太小，包容的水含量比较高，仍然达不到良好的去除效果。另外在相同的原水和动力学条件下，选用不同的混凝剂形成絮体后，Zeta 电位绝对值低的并不一定混凝效果好。因为如果混凝剂中掺有高分子絮凝剂，虽然高分子絮凝剂降低 Zeta 的能力不及无机混凝剂，但是高分子的桥联作用远远超过降低 Zeta 的作用。也就是说，Zeta 电位 $-10\text{mV}$ 的絮体比 Zeta 电位 $-8\text{mV}$ 的絮体凝聚和沉降的更高。最典型的案例是掺混高分子聚合物的聚氯化铝，比常规聚氯化铝处理长江下游低温低浊度水的效果好。

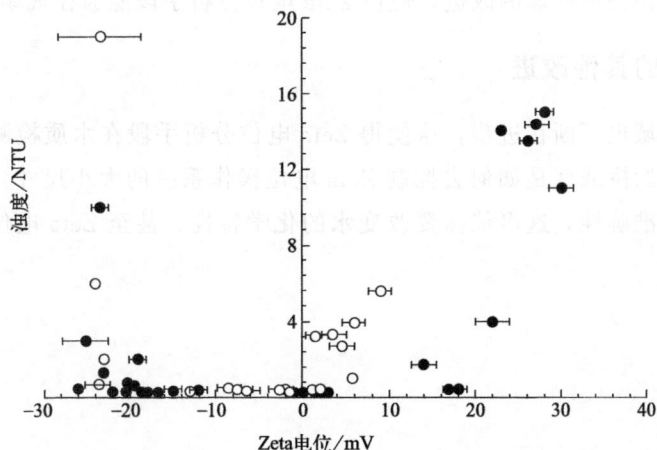

图 1-19 天然有机物混凝沉淀后浊度与 Zeta 电位的关系
（空心圆表示使用低电荷密度的混凝剂，实心圆表示使用高电荷密度的混凝剂）

## 二、 Zeta 电位和浮选过程

气浮过程与气泡和絮体的密度密切相关。气浮过程中 Zeta 电位影响气泡和颗粒的黏附性能。一般测定固相的 Zeta 电位就足够了，但实验证明气浮过程同时受气泡和颗粒两方面的 Zeta 电位影响。图 1-20 显示了在混凝气浮高浊度原水时浊度去除率和 Zeta 电位的关系。

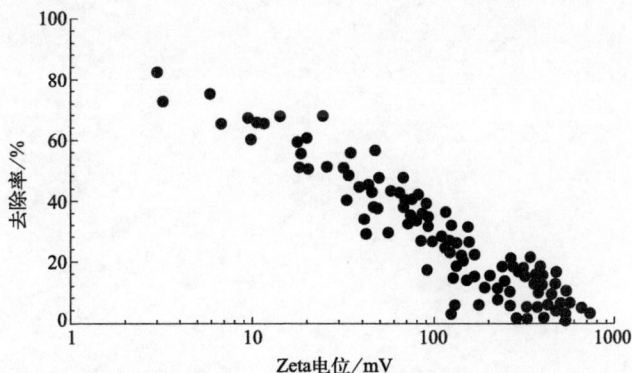

图 1-20 在混凝气浮高浊度原水时浊度去除率和 Zeta 电位的关系

实验数据表明气泡和颗粒物两者 Zeta 电位乘积越低，浊度的去除率越高。而当出水的 Zeta 电位乘积升高时，则浊度去除率下降。这表明颗粒或气泡表面的电荷升高，混凝或气浮的效率就降低。在混凝气浮的初始阶段，由于颗粒粒径非常小，并带有残留的多余电荷，此阶段的处理效果并不好。

## 三、 Zeta 电位分析手段的改进

现代实验方法的有效性、测量技术的可靠性和准确性的提高巩固了 Zeta 电位在判断和处理物理过程方面的应用。Zeta 电位参数的有序使用已经变得更加切实可行，特

别是随着技术方面物理性能的改进，使得 Zeta 电位分析手段能够在现场进行测量。

## 四、水质特性的其他改进

水质分析领域也不断在进步，这使得 Zeta 电位分析手段在水质检测方面有了更广泛的应用。当前的挑战就是如何去控制 Zeta 电位操作系统的大小尺寸，以及怎样操作来提高其分析的准确性，这可能需要改变水的化学特性，甚至 Zeta 电位与水本身的物理作用。

## 第二章

# 无机低分子混凝剂的制备与
# 质量控制

## 第一节　硫酸铝

### 一、硫酸铝生产概况

自美国 1884 年发明硫酸铝以来，至今已有一百多年的历史。不同国家生产硫酸铝的原料不同，日本全部用氢氧化铝为原料，美国以铝矾土和黏土（高岭土）为原料。我国以铝矾土为主，其次是氢氧化铝，个别厂用黏土、铝灰生产。铝灰是熔炼精致铝材过程中产生的溶渣和浮皮，我国部分有色金属加工企业每年产生约 400 万吨铝灰。

硫酸铝分为饮用水级别（Ⅰ类）和工业水用级别（Ⅱ类）。Ⅰ类和Ⅱ类的区别主要在于重金属含量的不同（表 2-1）。

表 2-1　国家标准《水处理剂　硫酸铝》（GB/T 31060—2014）

| 指标项目 | | 指标 | | | |
| --- | --- | --- | --- | --- | --- |
| | | Ⅰ类 | | Ⅱ类 | |
| | | 固体 | 液体 | 固体 | 液体 |
| 氧化铝($Al_2O_3$)的质量分数/% | ≥ | 15.60 | 7.80 | 15.60 | 6.50 |
| 铁(Fe)的质量分数/% | ≤ | 0.20 | 0.05 | 1.00 | 0.50 |
| 水不溶物的质量分数/% | ≤ | 0.10 | 0.05 | 0.20 | 0.10 |
| pH 值(1%水溶液) | ≥ | 3.0 | | | |
| 砷(As)的质量分数/% | ≤ | 0.0002 | 0.0001 | 0.001 | 0.0005 |
| 铅(Pb)的质量分数/% | ≤ | 0.0006 | 0.0003 | 0.005 | 0.002 |
| 镉(Cd)的质量分数/% | ≤ | 0.0002 | 0.0001 | 0.003 | 0.001 |
| 汞(Hg)的质量分数/% | ≤ | 0.00002 | 0.00001 | 0.001 | 0.00005 |
| 铬(Cr)的质量分数/% | ≤ | 0.0005 | 0.0003 | 0.005 | 0.002 |

一般饮用水产品的重金属含量是工业水用产品的一半左右。外观形式有液体和固体之分。固体硫酸铝含 $Al_2O_3$ 14%～17.5%（有块状、粉状），液体硫酸铝含 $Al_2O_3$ 6%～8.5%，它们有多种浓度规格的产品。日本液体硫酸铝浓度为 8%～8.2%，美国则是

7.5%～8.5%。当 $Al_2O_3$ 的浓度高于 8.0% 时，温度降低常常会产生结晶。

硫酸铝广泛用于造纸、水处理、制革、油脂澄清、石油脱色，以及制备其他铝盐等。国内外生产硫酸铝所用的原料因产品的级别不同而异，工业级硫酸铝以铝矾土矿和黏土矿为主，其次是氢氧化铝。生产工艺一般是生粉加压连续溶出法。

硫酸铝生产企业的分布主要集中在山东、河南、四川、辽宁、江苏、湖南、云南各省。液体品种首先出现在我国造纸、净水工业比较发达的上海市。液体品种出现以后，就显示了极大的优越性。对硫酸铝生产企业来说，省去了溶液蒸发浓缩、冷凝固化、粉碎包装等工序，缩短了生产工艺过程，节省了大量能源消耗，提高了劳动生产率，改善了劳动条件，特别是与用户之间利用铁路、槽车或者船舶运输，容易实现机械化作业，非常方便；而对用户来说，使用时泵直接输送至应用工序，根据使用要求浓度稍经稀释即可使用。

硫酸铝是我国 20 世纪 50～70 年代广泛使用的混凝剂，可在广泛的 pH 值范围中形成絮体。不同浓度硫酸铝溶液对应的 Zeta 电位见图 2-1，不同浓度的硫酸铝溶液对应的 pH 值见图 2-2。

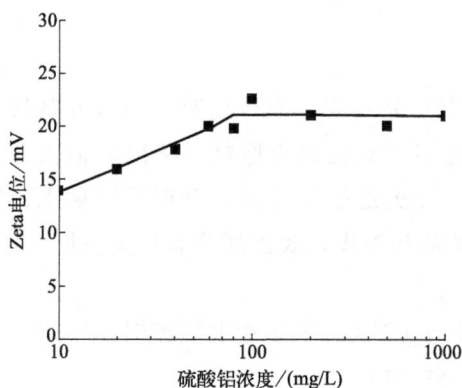

图 2-1　不同浓度硫酸铝溶液对应的 Zeta 电位

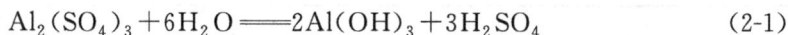

$$Al_2(SO_4)_3 + 6H_2O \Longrightarrow 2Al(OH)_3 + 3H_2SO_4 \qquad (2-1)$$

在硫酸铝的水解过程中，1 个铝离子水解释放 3 个氢离子，因此使用过程中往往消耗水体的碱度较大，导致 pH 值下降幅度较快。而且其净水效果一般为聚氯化铝投加量的 1/2～1/3（均为液体），因此市场份额比较小。但是在欧美和非洲国家硫酸铝的使用比例更高一些，这也和我国混凝剂原料的结构相关。目前国内使用硫酸铝比较多的是上海的一些水厂，在夏季处理长江水时大量采用硫酸铝进行混凝，而冬季采用复合的聚氯化铝和聚硫酸铝等。

## 二、硫酸铝生产原料

尽管从理论上说，可供生产硫酸铝的含铝原料种类很多，但实际上，具有实际应用价值的含铝原料仅有如下几种：铝矾土、明矾石、氢氧化铝、煤矸石等。据了解，我国约 90% 以上是采用铝矾土（包括硬质和软质）为原料，仅有极少数铝矾土资源欠缺的地区采用煤矸石（含 $Al_2O_3$ 一般 <30%）为原料，也有如新疆淖毛湖地区富产天然硫

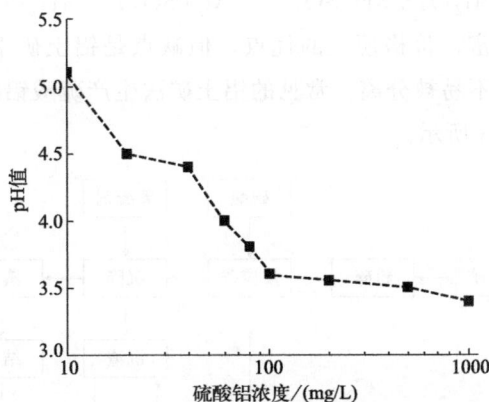

图 2-2　不同浓度的硫酸铝溶液对应的 pH 值

酸铝。生产硫酸铝的最理想含铝原料是氢氧化铝，但为合理利用资源和降低生产成本，除生产特种硫酸铝外，一般品种不会利用氢氧化铝。

我国目前应用最多的是一水与三水杂生硬质铝矾土。山西、河南部分厂家因当地无硬质矿源，而采用氧化铝含量低且固液分离困难的软质矿。其他含铝原料，如铝屑、铝灰等也可以制造硫酸铝。我国硫酸铝生产用的铝土矿主要是山东淄博的高岭石—水软铝石铝土矿，四川的低铁—水软铝石也属优质原料之一。

在我国，煤矸石也是一种生产硫酸铝的丰富资源。煤矸石中主要含高岭石，其他矿物如水白云母、石英等含量较少。

## 三、硫酸铝生产工艺与设备

就工艺技术路线而言，我国目前硫酸铝总产量的 90% 是以硫酸-铝矾土法生产。20世纪 50～60 年代，全部为熟料铝矾土-加压反应。现在多采用生粉加压反应。具体工艺过程是：块状铝矾土经两级粉碎后细度达 60 目以下，与浓度为 50% 左右的稀硫酸在 0.3MPa 的压力下反应，反应后的浆液经过稀释，依重力沉降原理、逆洗增浓的方式将不溶于硫酸的残渣反复洗涤，以提高其氧化铝的收率。其半成品溶液经蒸发浓缩，达到氧化铝含量要求的浓缩液经冷凝固化粉碎包装。各厂的工艺设备基本一致，只有关键设备的规格材质有所不同。

## 四、硫酸铝制备方法

### 1. 铝土矿法生产硫酸铝

目前国内制备硫酸铝（AS）主要采用两种方法：酸化铝土矿原料法和酸化氢氧化铝原料法。以往生产硫酸铝往往采用铝矾土与硫酸直接反应，通过沉淀分离获得硫酸铝溶液，然后再进一步浓缩，冷却后得到硫酸铝的晶体。由于矿石中重金属元素和亚铁离子比较多，往往生产得到的产品为黄色至淡蓝色。目前这种方法仍被用于生产含铁的硫酸铝。

铝土矿可用硫酸在反应釜中直接反应而制得硫酸铝，如下式：

$$Al_2O_3 + 3H_2SO_4 =\!=\!= Al_2(SO_4)_3 + 3H_2O \tag{2-2}$$

该工艺具有原料丰富、价格便宜的优点，但缺点是铝土矿中含有铁元素等杂质较多，而且这些杂质离子不易被分离。常见的铝土矿法生产硫酸铝的过程为间歇式反应工艺，其生产工艺如图 2-3 所示。

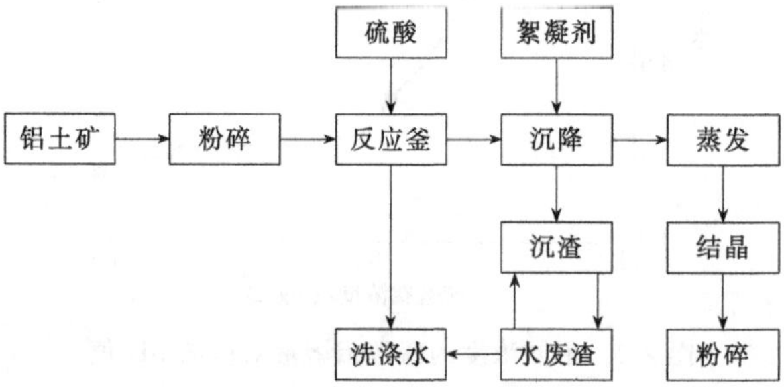

图 2-3　间歇式铝土矿法硫酸铝生产工艺

### 2. 煤矸石法生产硫酸铝

煤矸石中的主要有用矿物高岭石约占 86%，最高可达 95%，最低为 82%。其他一些含量少的矿物有：水白云母（1%～2%），呈细小鳞片状和次棱角状与片状高岭石呈互层出现；石英（3%～5%），呈次棱角状和次滚圆状。生产硫酸铝煤矸石化学成分见表 2-2。

表 2-2　生产硫酸铝煤矸石化学成分

| 物质 | $Al_2O_3$ | $TiO_2$ | $Fe_2O_3$ | $SiO_2$ |
|---|---|---|---|---|
| 原料/% | 33.68～36.73 | 0.83～1.32 | 1.10～1.85 | 47.12～48.13 |
| 物质 | $MgO$ | $Na_2O$ | $K_2O$ | 烧失量 |
| 原料/% | 0.12～0.23 | 0.10～0.16 | 0.12～0.18 | 13.10～14.15 |

硫酸铝生产工艺过程主要分 3 个工段。

（1）原料工段

该工段主要是原矿磨粉、配浆，并将浆液送至反应釜供反应工段使用。即将原矿（要求 $Al_2O_3$ 含量不得<34.0%，$Fe_2O_3$ 含量不得超过 2.0%，用于生产低铁含量的硫酸铝）送至破碎机，破碎至粒度<20mm，然后由雷蒙机磨粉，磨碎细度要求在 100 目左右。磨好的煤矸石粉装在混浆罐内配浆，其矿浆浓度控制在 50%～55%，配好后的矿浆送至反应釜。另外也可以采用湿法粉碎的工艺，可以降低粉尘飞扬，并且可以大幅度提高生产效率。原材料消耗及能耗对照表见表 2-3。

表 2-3　原材料消耗及能耗对照表（每吨固体产品）

| 物料名称 | 主要规格 | 单位 | 干法 | 湿法 | 湿法比干法节约 | 备注 |
|---|---|---|---|---|---|---|
| 铝矿 | $Al_2O_3$38.7% | t/t | 0.570 | 0.534 | 6.28 | 综合测定 |
| 硫酸 | 98% | t/t | 0.624 | 0.568 | 8.97 | 综合测定 |
| 电 | — | kW·h/t | 49.56 | 26.54 | 46.45 | 统计数 |

（2）反应工段

该工段主要是反应浸取、稀释、沉降分离，并将合格的硫酸铝溶液送至结晶工段高位溶液罐，沉渣进入沉渣池。反应条件如下：反应温度（140±2）℃；压力（0.3±0.10）MPa；时间 4～5h。如果是生产液体产品，硫酸铝直接进入成品池。

（3）浓缩结晶工段

该工段主要是将反应工段送来的硫酸铝液体进行浓缩、结晶、包装。该工段要严格控制浓缩液的密度达到 1.7g/cm³，温度为 110℃时，再进入结晶池进行结晶。另外，很多生产固体硫酸铝的厂家采用滚筒干燥器、钢带干燥器结晶的工艺和喷雾干燥工艺。

**3. 铝箔铝制品刻蚀以及含铝箔废纸的综合利用**

在电子行业和手机行业往往需要刻蚀金属铝制品，如果是纯粹的刻蚀，没有着色过程，这样获得的硫酸铝铝箔酸或者盐酸铝箔酸及中和后的沉降物的纯度非常高，可以满足饮用水制品甚至化妆品对于铝盐的要求。

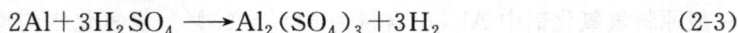

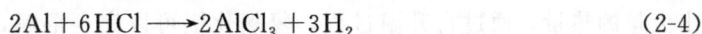

$$2Al+3H_2SO_4 \longrightarrow Al_2(SO_4)_3+3H_2 \tag{2-3}$$
$$2Al+6HCl \longrightarrow 2AlCl_3+3H_2 \tag{2-4}$$

对于浓度比较高的刻蚀酸，可以制备硫酸铝溶液。对于盐酸刻蚀液，可以继续铝箔反应得到氯化铝或者高纯度的聚氯化铝（氧化铝含量超过 20%，盐基度＞80%）。如果刻蚀酸中含有其他杂质，无法满足生产高纯度聚氯化铝的要求，可以进一步铝酸钙反应，得到高盐基度的聚氯化铝。

含铝箔废纸的综合利用如图 2-4 所示。

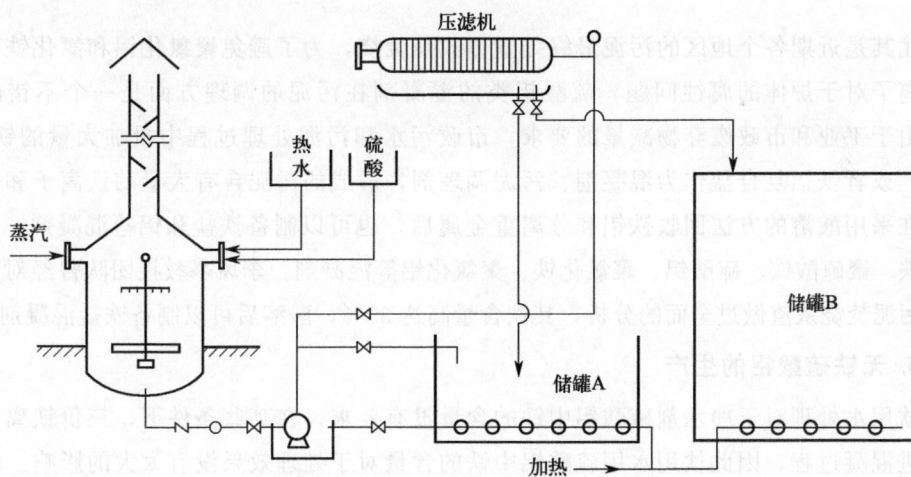

图 2-4　含铝箔废纸的综合利用

废纸经粉碎、冲洗，在高温回转炉中加热，分两步升温，分别进行干燥（低于300℃）和高温分解（350～500℃）。由高温炉产生的热气经除尘器除尘后，进入蒸汽锅或加热炉加热。由高温分解产生的含有铝的固体投入反应器中，并与硫酸、热水、蒸汽混合。通过搅拌器对混合物进行机械搅拌。同时温度控制在 80～100℃。反应器中发生的反应为：

$$2Al+3H_2SO_4+18H_2O \longrightarrow Al_2(SO_4)_3 \cdot 18H_2O+3H_2 \tag{2-5}$$

硫酸铝溶液（温度为 80～100℃）经压滤机过滤分离少量含碳滤渣，液体可用以净化溶液。可向压滤机中加入活性炭。

将滤液加入储罐A，储罐带有加热装置或其他加热蒸发装置，以加热滤液得到浓度适合（约27%）的溶液。接着将溶液加入储罐B。若欲制备无水硫酸铝，则需加热装置。

### 4. 氢氧化铝法生产硫酸铝

使用氢氧化铝作原料与适宜浓度的硫酸反应，直接一步法生产无铁硫酸铝晶体，是目前广泛采用的方法。反应化学式为：

$$2Al(OH)_3 + 3H_2SO_4 \Longrightarrow Al_2(SO_4)_3 + 6H_2O \tag{2-6}$$

该法优点是原料氢氧化铝出厂已脱铁，铁含量低，产品纯度高。硫酸铝有固体和液体两种形式，固体硫酸铝的$Al_2O_3$含量为15%～17%，液体$Al_2O_3$含量为6%～8%。一般原料氢氧化铝中$Al_2O_3$含量为64%～65%。氢氧化铝与适当浓度的硫酸反应，放出大量的热量，通过自升温过程，氢氧化铝可以完全溶解，形成高温黏稠的硫酸铝液体，然后流淌在运动的不锈钢带上面，降温形成雾白透亮的片状固体，通过破碎，就可以得到白色的晶体产品。采用酸化氢氧化铝原料制备工艺简单，质量容易控制，与铝矾土为原料的生产工艺相比，其生产成本略低。

国内造纸行业是硫酸铝的最大用户，另外国内大量的硫酸铝出口到非洲国家作为饮用水的混凝剂，与石灰联合使用。硫酸铝的价格在非洲内陆地区基本是国内价格的3～4倍。

尤其是近期各个地区的污泥最终处置方式是焚烧，为了避免聚氯化铝和氯化铁带来的氯离子对于炉体的腐蚀问题，硫酸铝类的混凝剂在污泥的调理方面是一个不错的选择。由于工业和市政废弃物减量的要求，市政污水和污泥处理过程中投加大量的铁盐、铝盐，或者铁铝复合盐作为混凝剂、污泥调理剂，形成的污泥含有大量的铁离子和铝离子。在采用酸溶的方法回收铁铝和分离重金属后，也可以制备铁盐和铝盐混凝剂，包括硫酸铁、聚硫酸铁、硫酸铝、聚氯化铁、聚氯化铝等混凝剂。李凤亭教授团队曾经对于浙江某污泥焚烧灰渣做过全面的分析，其铁含量高达30%，酸溶后可以制备铁盐混凝剂。

### 5. 无铁硫酸铝的生产

饮用水处理对于净水剂硫酸铝中铁的含量没有要求，在某些条件下，三价铁离子可以促进混凝过程，因此饮用水用硫酸铝中铁的含量对于处理效果没有太大的影响。但是在造纸工业中由于硫酸铝作为助留剂使用，形成的絮体与纸浆直接进入成品纸中，微量的铁会使纸张着色，因此必须严格限制硫酸铝中铁离子的含量。

我国铝土矿除大型矿外尚有大批中小矿，多数为低铝高铁矿（铝铁比<35），采用常规方法生产的产品含铁量过高，难以制备低铁含量产品。目前国内外生产硫酸铝时，通常采用硫化物沉淀法、氧化剂氧化法、离子交换等方法除铁，这几种方法或因成本高，或因生产中控制复杂而难以被接受。硫酸溶出的硫酸亚铁在酸性条件下很难氧化，但是在提高溶液pH值的条件下投加强氧化剂，例如氯酸钾（钠）、过氧化氢等，可以很容易地将亚铁离子氧化成为三价铁离子，在pH=3.5～4.5范围内使之水解形成氢氧化铁胶体，再经沉淀过滤分离可以去除铁离子。另外也可以在生产过程中通过调整料液

配比的方法，使反应最终产物的 pH 值较高，以利于亚铁离子的氧化，但是这种方法的氧化速度相对较慢。为了加快悬浮颗粒与硫酸铝液体的分离，可以加入一定量的聚丙烯酰胺。

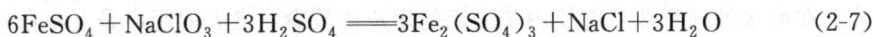

$$6FeSO_4 + NaClO_3 + 3H_2SO_4 \Longrightarrow 3Fe_2(SO_4)_3 + NaCl + 3H_2O \tag{2-7}$$

另外，也有报道采用伯胺萃取铁离子的方法，其工艺见图 2-5。

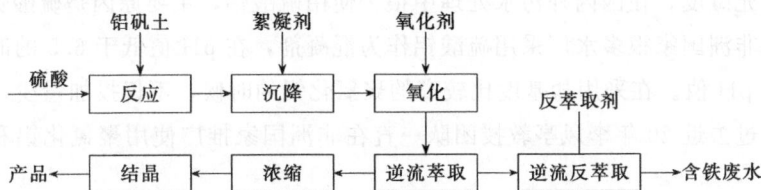

图 2-5　伯胺萃取铁离子工艺

反应机理如下：首先将硫酸亚铁氧化成硫酸铁，然后加入伯胺。伯胺具有碱性，在硫酸介质中，伯胺先与硫酸作用生成胺的硫酸盐，然后与硫酸浸取液中的硫酸铁络合形成硫酸铵，进入有机相。

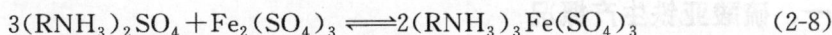

$$3(RNH_3)_2SO_4 + Fe_2(SO_4)_3 \Longrightarrow 2(RNH_3)_3Fe(SO_4)_3 \tag{2-8}$$

在萃取液中加入萃取剂氯化钠，使硫酸铵解析出来。

$$2(RNH_3)_3Fe(SO_4)_3 + 6NaCl \Longrightarrow 3(RNH_3)_2SO_4 + 2FeCl_3 + 3Na_2SO_4 \tag{2-9}$$

萃取后硫酸铝溶液经过浓缩结晶得到成品，铁含量可以达到 0.0038%。

### 6. 粉煤灰法生产硫酸铝

粉煤灰是燃煤锅炉中煤燃烧后所剩余的固体残渣，主要来自于燃煤电厂的副产物，其主要成分有二氧化硅（20%～40%）、氧化铝（25%～45%）和氧化铁（4%～20%），以及各种其他杂质，如氧化钙（1%～12%）、氧化镁（1%～2%）、钛氧化物、氧化钠和氧化钾，以及微量的其他金属，如锂、镓、钪、锶、铬、铜等。我国鄂尔多斯和乌海地区的粉煤灰中氧化铝含量一般超过 40%，而且溶出率比较高，是生产硫酸铝、氯化铝和聚氯化铝的优质原料。国内不少研究机构在这方面做了一些研究，主要目的是制备氢氧化铝、氧化铝，替代铝土矿，给电解铝行业提供原料。盐酸酸溶的方法面临的主要问题是大量的铁离子和钙离子进入溶液，分离铁离子和钙离子的成本相对比较高。粉煤灰资源化的技术同时面临国际铝矾土的价格竞争，虽然粉煤灰成本比较低，但是杂质的分离成本相对比较高。

利用粉煤灰生成硫酸铝的工艺流程如下：将粉煤灰经过机械粉碎后加入水充分搅拌，经过浮选除去未燃净的炭黑，再通过磁选除铁工艺，得到磁铁矿粉。将经过浮选去炭黑（也可以不分离）、磁选去铁之后的粉煤灰残液与浓硫酸配成混合溶液，在耐酸反应设备中进行加热加压反应。将反应后的物质进行固液分离，通过抽滤即可得到硫酸铝粗液。将硫酸铝粗液高温蒸发浓缩，冷却后即可得到硫酸铝的浓缩液。

为了得到高纯度的硫酸铝产品，可利用有机醇醇化洗酸除铁。将有机醇与硫酸铝浓缩液按一定体积比混合，充分搅拌，过滤烘干后即可得到高纯度的硫酸铝。

### 五、硫酸铝在水处理行业的使用状况

目前我国生产硫酸铝的工艺都是间歇式，最大的企业已经达到年产固体产品 20 万吨。在给水处理行业目前使用硫酸铝的用户比较少，最大的用户是上海自来水公司（使用 $Al_2O_3$ 含量 7.8％溶液）。使用硫酸铝做混凝剂要求处理水的碱度比较大，如果碱度不够需要补充碱度。在国内外污水处理中很少使用硫酸铝，主要原因是硫酸铝产生的泥量比较大。非洲国家很多水厂采用硫酸铝作为混凝剂，在 pH 值低于 6.5 的时候，再投加石灰回调 pH 值。在采用盐基度比较高的聚氯化铝的时候，不仅投加量少，而且避免二次加药，过去近 20 年李风亭教授团队一直在非洲国家推广使用聚氯化铝和复合聚氯化铝技术。

## 第二节　硫酸亚铁

### 一、硫酸亚铁生产概况

国内目前硫酸亚铁的主要来源有两个，一是钛白粉生产过程中的副产物，二是钢铁工业和机械工业中钢铁件表面在酸洗工序中的副产物硫酸亚铁和硫酸的混合物。20 世纪 50 年代曾经使用以硫酸亚铁为主的两步法混凝工艺，首先将硫酸亚铁投加到处理水中，然后加氯气，使亚铁离子氧化成铁离子并发挥混凝作用。由于采用两步法处理工艺比较烦琐，因此这一工艺逐步被一步法工艺取代。在给水处理中目前已经很少使用硫酸亚铁作混凝剂。但在废水处理中，尤其是在含氰废水、印染废水处理中仍然广泛使用硫酸亚铁作混凝剂和脱色剂。

### 二、硫酸亚铁合成方法

#### 1. 钛白粉副产硫酸亚铁

我国有丰富的钛资源，约占世界储量的 50％（3.4 亿吨）。钛矿主要以钛铁矿的形式存在，它是分布最广、储量最大，也是最有价值的矿石。我国钛铁矿主要产于海南、广西和广东等省，而且是风化形成的砂矿。钛铁矿的化学结构比较复杂，其分子式为 $FeO \cdot TiO_2$（或 $FeTiO_3$）。风化的钛铁矿分子式为 $Fe_2O_3 \cdot TiO_2$。钛铁矿是一种黑色或者钢灰色有金属光泽的沙矿，精选过的矿石一般含有 46％～60％ $TiO_2$，35％～45％总铁，还含有少量的锰、钒、铌、钪等微量元素。海南矿指标见表 2-4。

表 2-4　海南矿指标　　　　　　　　　　　　　　　单位：％

| 物质 | $TiO_2$ | TFe | $Fe_2O_3$ | $SiO_2$ | $Al_2O_3$ | MgO | CaO | $Cr_2O_3$ | MnO | $V_2O_5$ | $P_2O_5$ |
|---|---|---|---|---|---|---|---|---|---|---|---|
| 指标 | 51.15 | 34.7 | — | 0.86 | 0.17 | 0.31 | 0.23 | 0.009 | 1.9 | 0.36 | 0.10 |

在硫酸法生产锐钛型钛白钛铁矿粉过程中产生硫酸亚铁（绿矾）的来源一是钛铁矿本身含有的三价铁和二价铁，二是在还原三价铁过程中加入的铁屑。一般生产 1t 钛白

粉会副产 3.5~4t 硫酸亚铁。钛白粉产业技术创新战略联盟秘书处和国家化工生产力促进中心钛白粉中心统计汇总，2022 年我国钛白粉行业 41 家全流程企业钛白粉产量达到 386.1 万吨，全行业生产的金红石型和锐钛型钛白粉及其他相关产品的总产量，同比增加了 7.1 万吨。最近几年由于新能源电池的需求巨大，尤其是磷酸铁锂电池的需求，从而带动了硫酸亚铁转向了磷酸锂铁的生产，造成硫酸亚铁的市场和价格的波动比较大。按照钛白粉行业相关的统计，2022 年我国硫酸亚铁的产量在 1400 万吨左右。

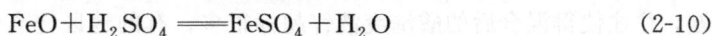

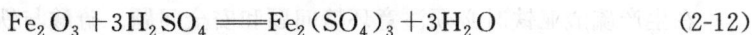

$$FeO + H_2SO_4 \longrightarrow FeSO_4 + H_2O \tag{2-10}$$

$$TiO_2 + H_2SO_4 \longrightarrow TiOSO_4 + H_2O \tag{2-11}$$

$$Fe_2O_3 + 3H_2SO_4 \longrightarrow Fe_2(SO_4)_3 + 3H_2O \tag{2-12}$$

$$Fe_2(SO_4)_3 + Fe \longrightarrow 3FeSO_4 \tag{2-13}$$

硫酸亚铁主要是在冷冻硫酸亚铁与硫酸氧钛溶液时产生的。结晶形成的硫酸亚铁晶体主要杂质是硫酸氧钛，因此必须再经水洗，回收晶体表面的钛液。钛液的回收程度反映了钛白粉的生产技术水平，如果钛液流失过大，钛白粉的生产成本将会有很大的上升。一般经过冷冻结晶后，硫酸亚铁的含量在 90% 左右。在水处理方面，硫酸亚铁主要用于印染废水的脱色和作为生产氯化硫酸铁和聚硫酸铁的原料。生产钛白粉副产硫酸亚铁的质量一般可以满足生产聚硫酸铁净水剂的要求，重金属含量较低。

### 2. 钢铁酸洗废液生产硫酸亚铁

酸洗在材料保护和加工中是一个很重要的处理过程，一般常规钢铁部件的酸洗通常采用硫酸酸洗和盐酸酸洗，酸洗过程副产大量的含硫酸和硫酸亚铁或者含盐酸和氯化亚铁的溶液。以前很多企业采用石灰乳中和沉淀的方法处理这部分废液，不仅增加了处理成本，而且没能使这部分宝贵的物质资源化。另外还有些企业任意将其排放，不仅造成了很大的环境污染，而且也造成了很大的浪费。这些废液是生产硫酸亚铁、氯化亚铁、聚硫酸铁和聚氯化铁的良好资源。例如硫酸酸洗废液中一般含有 $FeSO_4 \cdot 7H_2O$ 15%~20%，游离酸 7%~10%，充分利用酸洗废液可以直接生产聚硫酸铁，从而可以达到治理污染和废料利用的目的，同时又为废水治理提供了良好的水处理剂。

由于一般使用的铁屑是从不同的机械加工单位收集的，因此铁屑的来源非常复杂，往往含有大量的合金钢，酸溶后溶液中含有大量的重金属离子，例如铅、锰、镍、铜、铬、镉等，还含有氮磷等物质。生产工艺如下。

将酸洗废液加入反应釜中，将液体加热到 90~100℃，然后加入铁屑，也可以在加热前加入铁屑。一般在生产过程中不计量铁屑的投加量。在反应过程中当液体中的气泡很少时，就可以得到硫酸亚铁的饱和溶液。将液体过滤后，放入结晶池中。随着温度的降低，溶液中析出大量的晶体，当温度降低到室温时，不再析出晶体。将母液用泵抽出，可以得到粗结晶的硫酸亚铁。将此晶体经过离心机干燥，就可以得到硫酸亚铁。

目前也有将反应后溶液放入露天结晶池中，让其自然蒸发干燥的方法。这种方法占用土地比较多，而且生产周期比较长。对于热的母液也可以采用冷冻快速结晶的方法。

如果母液在低温下放置时间比较长，细小晶体会重新溶解，再在大的晶体表面析出，成长为更大的晶体。形成的大颗粒晶体的纯度相对来讲比较高。如果在结晶前不过滤，那么在结晶池底部会产生大量黑色的固体。在结晶前，可以加入非离子聚丙烯酰胺絮凝硫酸亚铁溶液，过滤后再晶体，这样就可以分离这些碳粉。通过多次结晶的方法，可以获得高纯度硫酸亚铁晶体。酸洗溶液中金属离子的比例基本上与所洗钢铁的成分一致，尤其是碳钢。在所获得的硫酸亚铁用作工业水处理剂时，重金属指标多数能够达到行业标准的要求，但是酸洗过程后，如果有热镀锌工艺，由于不合格产品的酸洗退锌问题，往往使得混合后的酸洗废液锌超标很多，有的地区锌离子高达 $4×10^5$ mg/L。对于盐酸酸洗工艺，也有此问题。

在生产硫酸亚铁时必须注意环境问题和安全问题。硫酸与铁屑反应过程中会产生大量的氢气，因此必须保证良好的通风，使氢气迅速排放，防止集聚、爆炸。另外，在加热和大量氢气挥发过程中会产生大量的酸雾、含硫、含磷气体，这些气体有非常难闻的气味，必须经过吸收处理。

### 3. 食品级硫酸亚铁的生产（$FeSO_4·7H_2O$ 和 $FeSO_4·H_2O$）

硫酸亚铁是广泛使用的食品添加剂。钛白粉副产物硫酸亚铁中含有一定量的重金属离子，必须经过精制工艺，才能得到食品级和医药级的产品。一般可以通过活泼性铁粉还原的方法，使活性低于铁的金属离子都可以还原出来，例如铬、铅、铜、镍等。而且这种方法同样可以适用于氯化亚铁、酸洗废液硫酸亚铁溶液中重金属的去除过程。

对于钛白粉副产物硫酸亚铁中的氧化钛同样可以采用水解还原的方式去除。钛白粉副产物硫酸亚铁的精制工艺按以下步骤进行：将钛白粉副产物热水、硫酸亚铁按 1：1.25(L) 的比例依次加入容器升温搅拌溶解；加入浓硫酸，其加入量视溶液的 pH 值而定，制得产品纯度可达 99% 以上，而钛含量仅为 $3.9×10^{-6}$ mg/L（以 20% Fe 计）。结合还原铁粉的处理，其他各种重金属含量也显著降低，可以获得高纯度的硫酸亚铁溶液，结晶后的产品纯度更高，可直接用于制造磁粉、高纯度氧化铁、氧化铁各类颜料、医药品、化学领域的助剂和催化剂，以及目前需求量比较大的磷酸铁锂等。

### 4. 重金属离子的去除

影响硫酸亚铁的最关键因素是重金属离子。某单位使用铁屑和钢铁酸洗废液生产硫酸亚铁的指标见表 2-5。

**表 2-5　使用铁屑和钢铁酸洗废液生产硫酸亚铁的指标**　　　　单位：%

| 项目 | $FeSO_4·7H_2O$ | $MgSO_4·7H_2O$ | $MnSO_4·5H_2O$ | $Al_2(SO_4)_3$ | $CaSO_4·H_2O$ | $TiOSO_4$ | 水不溶物 | 其他 |
|---|---|---|---|---|---|---|---|---|
| 江西 | 88.12 | 6.24 | 0.32 | 0.29 | 0.18 | 0.52 | 4.03 | 0.30 |
| 南京 | 93.17 | 3.32 | 1.26 | 0.41 | 0.19 | 0.15 | 1.14 | 0.36 |
| 上海 | 95.24 | 1.51 | 1.30 | 0.31 | 0.17 | 0.16 | 1.03 | 0.28 |

从表 2-5 可以看出，利用酸洗废液生产的硫酸亚铁中重金属含量远远高于国家标准，因此采用上述工艺生产的硫酸亚铁，以及利用它生产的聚硫酸铁也达不到国家饮用水净水剂的标准。

为了降低硫酸亚铁中重金属的含量，可以采取重结晶的方法，也可以采用化学还原析出的方法。另外，可以在硫酸亚铁溶液中加入还原铁粉，使活性差的镍、铜、铬、镉、汞等离子沉积出来。操作方法如下：将 $30\% \sim 40\%$ 的硫酸亚铁溶液加热到 $80 \sim 100℃$，在搅拌条件下加入 $1\% \sim 2\%$ 的还原铁粉，反应持续 $1 \sim 4h$，处理后总重金属离子可以降到 $20 \times 10^{-6}$ mg/L 以下。对于氯化亚铁也可以采取同样的方法。钛含量也可以降到 $10 \times 10^{-6}$ mg/L。

硫酸亚铁非常容易氧化，尤其是 pH 值很高的时候。在结晶离心滤干的过程中可以用浓度低的硫酸洗涤晶体，这样可以得到蓝绿色的晶体。

### 三、硫酸亚铁主要性能

硫酸亚铁混凝效果良好，具有很好的脱色能力，还有去除重金属离子、去油、除磷、杀菌等功能，尤其对印染废水的脱色和去除 COD、电镀废水的铁氧体共沉淀等效果明显，且价格便宜，特别适用于印染、电镀等废水处理。硫酸亚铁技术要求：外观呈淡绿色或淡黄绿色结晶。

水处理剂硫酸亚铁指标应符合表 2-6 要求。

表 2-6　国家标准《水处理剂　硫酸亚铁》（GB/T 10531—2016）

| 项目 | | 指标 | |
|---|---|---|---|
| | | I 类 | II 类 |
| 硫酸亚铁（$FeSO_4 7H_2O$）的质量分数 $w_1$/% | ≥ | 90.0 | 87.0 |
| 二氧化钛（$TiO_2$）的质量分数 $w_2$/% | ≤ | 0.75 | 1.00 |
| 不溶物的质量分数 $w_3$/% | ≤ | 0.50 | 0.50 |
| 游离酸（以 $H_2SO_4$ 计）的质量分数 $w_4$/% | ≤ | 1.00 | 2.00 |
| 砷（As）的质量分数 $w_5$/% | ≤ | 0.0002 | 0.001 |
| 铅（Pb）的质量分数 $w_6$/% | ≤ | 0.0004 | 0.002 |
| 镉（Cd）的质量分数 $w_7$/% | ≤ | 0.0001 | 0.0005 |
| 汞（Hg）的质量分数 $w_8$/% | ≤ | 0.00002 | 0.0001 |
| 铬（Cr）的质量分数 $w_9$/% | ≤ | 0.001 | 0.005 |

本产品 I 类产品用于生产饮用水用水处理剂的原料时，应符合相关法律法规要求。

## 第三节　氯化亚铁

### 一、氯化亚铁合成方法

目前国内有大量的钢铁盐酸酸洗废液和线路板刻蚀废液，它们都是生产氯化铁和聚氯化铝铁的良好原料。

在电子工业中，电子线路板的刻蚀常常使用氯化铁溶液，当其含量达到 2% 的浓度时，氯化铁的腐蚀性降低，一般不再使用，以废液的形式排放，排出的废液中含有大量的镍、铜等重金属离子。然而有些厂商将这种含重金属的有害废液以氯化铁水处理剂的形式出售，如果长期如此，势必对水体环境造成极大的危害。对于这种含有重金属的氯化铁溶液，如果通过加工处理去除镍、铜等重金属离子，使其达到刻蚀剂或水处理剂的要求，则为该种废液应用提供了广阔的前景。

从氯化铁废液分离镍、铜金属可用中和反应分步沉淀和铁粉还原的方法，中和反应方法的缺陷是盐酸和碱的消耗量大，生成的氢氧化铁再用酸溶解，处理工艺复杂，劳动量大，处理成本较高。对于年处理量达数千立方米溶液的厂家来说，从经济和运行可靠性分析有一定难度。将还原铁粉与含镍 0.005%～2% 的氯化铁刻蚀或酸洗废液混合，在 40～95℃ 下，搅拌反应 1～4h，使废液中的镍沉积在还原铁粉表面形成含镍铁粉，废液中的镍含量大幅度降低至 10mg/L 以下，同时氯化铁被还原为氯化亚铁，而去除镍和其他重金属离子的废液经过氧化得到氯化铁溶液，用于饮用水或废水处理，也可以再用作刻蚀剂。

华东地区某厂家提供氯化铁废液的主要物理特征参数见表 2-7。

**表 2-7　氯化铁废液主要物理特征参数**

| 项目 | 镍含量/% | 铁含量/% | 沸点/℃ | 密度/(g/cm³) |
|---|---|---|---|---|
| 氯化铁废液 | 1.9 | 45 | 105 | 1.495 |

对该氯化铁废液，采取了以下两种方法去除镍离子、制取混凝剂。

**1. 浓缩结晶法**

（1）试验原理和方法

将盐酸蒸气通入试验用的氯化铁溶液中，并加热使温度保持在 35℃，反应过程中有淡黄色结晶析出。过滤分离结晶和母液。其机理是随着共有的氯离子增多，氯化镍溶解度变得很小而结晶析出。

经测试，滤出液含氯化铁约 60%，含氯化镍 0.3%～0.5%；结晶体中含氯化铁 55%～60%，含镍 3%～4%。采用结晶的方法可以达到氯化铁溶液再用于刻蚀的目的，分离出的母液再与铁屑反应，使镍还原、沉积，还能进一步降低镍含量，从而达到饮用水净水剂重金属含量的要求。

（2）实验原理和方法浓缩结晶工艺的影响因素

① 未处理的氯化铁溶液浓度对结晶效果的影响。将含铁为 45% 的未经处理的氯化铁溶液减压蒸馏，浓缩至含铁 60%～70%，冷却并保持 30～35℃ 的平均温度，通入盐酸蒸气，有大量淡黄色结晶析出。试验表明，浓缩液与未经浓缩的溶液相比较可以节省用于吸收的氯化氢量，特别适用于含氯化亚铁的废液。

② 结晶温度对结晶效果的影响。经试验，氯化铁废液与氯化氢气体接触时废液的平均温度保持在 15～35℃ 为宜。当温度低于 15℃ 时，冷却动力费用增大，温度超过 35℃ 时氯化镍的溶解度变大，不易析出。

**2. 铁粉还原法**

（1）反应原理

该方法利用铁粉的还原性，将氯化铁废液中的重金属离子置换析出并分离。主要反应方程式为：

$$Fe + NiCl_2 = FeCl_2 + Ni \tag{2-14}$$

$$Fe + 2FeCl_3 = 3FeCl_2 \tag{2-15}$$

为了制取不含镍的氯化铁溶液，可用氯气为氧化剂将亚铁离子氧化。反应方程式为：

$$2FeCl_2 + Cl_2 \Longrightarrow 2FeCl_3 \qquad\qquad (2\text{-}16)$$

（2）试验方法

采用铁粉还原的方法，在废液中加入铁粉，加热到 40～60℃，使某些金属离子沉积出来，但同时三价铁离子也被还原。经过滤分离，得到沉积镍的金属析出物和母液。经分析，金属析出物中含镍 10%～20%，母液含镍量低于 40mg/L，达到国家饮用水净水剂要求。

（3）影响因素分析

① 温度的影响。随着温度的升高，镍的去除效果提高。取未经处理的氯化铁废液 100g，投加铁粉 20g，搅拌，反应 4h，改变反应温度。分别恒温于 40℃、60℃、80℃，反应完毕，冷却过滤分离。试验表明氯化铁溶液于 80℃反应 4h 后，滤后有大量残渣，母液 pH 值为 5.5～6.0。可能由于温度过高，水解反应进行剧烈，生成氢氧化亚铁沉淀且母液浑浊。故在以后试验中取反应温度为 40～60℃。

② 搅拌速度的影响。研究发现，剧烈的搅拌可以加大固液接触面积，加快反应速度，使铁粉与氯化铁溶液充分反应。

③ 反应时间的影响。取未经处理的氯化铁溶液 200g，加入 30g 铁粉，搅拌速度为 1000r/min，温度控制在 40～60℃，改变反应时间，分别反应 0.5h、1h、2h、4h。取未经处理的氯化铁溶液 200g，加入 40g 铁粉，温度控制在 40～60℃，在搅拌条件下，分别反应 0.5h、1h、2h、4h。

两种铁粉投加量的反应都表明：随着反应时间的增加，铁粉与氯化铁溶液中的镍离子反应越充分，过滤分离后母液中的镍离子浓度越低。反应 4h 后母液中镍离子浓度已很低，过长的反应时间势必增加反应器容积。因此选定反应时间为 2～4h 是合适的。

④ 铁粉投加量的影响。取未经处理的氯化铁溶液 200g，温度保持在 40～60℃，反应 4h，改变铁粉投加量。分别加入铁粉 20g、25g、30g、35g、40g。铁粉投加量对镍离子去除量的影响结果如图 2-6 所示。

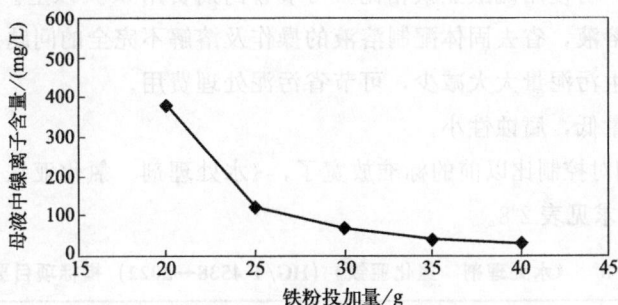

图 2-6　铁粉投加量对镍离子去除量的影响

随着加入的铁粉量的增加，镍离子的去除率增加。根据反应机理计算得出投加铁粉量的理论值稍过量时，在上述反应条件下，镍离子浓度已有显著下降，过量铁粉不能完全参与反应，沉积在析出物中，分离困难。

⑤ 铁粉投加方式的影响。在上述选定的反应条件下，分离出镍后的母液中再加入

少量铁粉，恒温搅拌，反应 1h。过滤分离，测得母液镍离子浓度仅为 3.8mg/L，已低于氯化铁混凝剂标准镍含量。故认为分批投加铁粉比一次投加铁粉除镍效果好。

根据以上两种方法的实验结果，可得出以下结论。

① 浓缩结晶法处理后的氯化铁溶液可再用于刻蚀，但分离母液需再与铁粉反应，进一步使镍还原沉积才能达到一般工业用水处理剂重金属含量标准的要求。采用结晶法的优点是由于结晶过程中析出镍盐和氯化铁，使后续废液的处理量降低。

② 铁粉还原法处理含镍的氯化铁废液，母液含镍量低于 40mg/L，达到水处理剂氯化铁处理污水和工业用水的标准要求。其特点是反应过程容易控制，与结晶法相比成本稍低。但是如果处理 5t 废液，则会回收 7～7.5t 氯化亚铁溶液，需通氯气氧化制得不含镍的氯化铁混凝剂。

③ 用铁粉等还原剂置换析出分离重金属的方法，镍等金属混在析出物中，使后续分离析出金属非常复杂。而目前市场上镍盐价格较贵，若能将镍单独分离提纯，将具有很高的经济价值。将金属析出物后续处理并分离析出金属可作为一个有开发价值的研究方向。

④ 铁粉还原法处理含镍的氯化铁废液，分步投加过量于理论值的铁粉，反应温度在 40～60℃，在搅拌下反应时间为 4h，可以达到去除镍离子的最佳效果。

⑤ 上述方法适于溶液中铜的去除，适于大规模生产。

## 二、氯化亚铁主要性能

氯化亚铁（液体）：外观呈浅绿色液体。

用途：用于水处理，产品品质稳定、成本低廉，属目前市场上较经济实用的工业废水处理剂，特别适用于印染废水、含铬废水及含镉废水的处理，具有显著的沉淀重金属及硫化物、脱色、脱臭、除油等功效。

氯化亚铁与其他污水处理剂相比，主要特点如下。

① 成本低廉，与使用硫酸亚铁相比，可节省药剂费用 30% 以上。
② 本身为水溶液，省去固体配制溶液的操作及溶解不完全的问题。
③ 处理后产生污泥量大大减少，可节省污泥处理费用。
④ 游离酸含量低，腐蚀性小。

重金属目前相对控制比以前的标准放宽了，《水处理剂 氯化亚铁》（HG/T 4538—2022）指标项目要求见表 2-8。

表 2-8 《水处理剂 氯化亚铁》（HG/T 4538—2022）指标项目要求

| 项目 | | 指标 | |
| --- | --- | --- | --- |
| | | 固体 | 液体 |
| 氯化亚铁(以 $FeCl_2$ 计)的质量分数/% | ≥ | 60.2 | 22.7 |
| 酸不溶物的质量分数/% | ≤ | 0.50 | 0.20 |
| 硫酸盐($SO_4^{2-}$)的质量分数/% | ≤ | 0.5 | 0.5 |
| 游离酸(以 HCl 计)的质量分数/% | ≤ | 0.5 | 3.0[a] |
| 氨氮(以 N 计)的质量分数/% | ≤ | 0.01 | 0.05 |
| 铁(Fe)(Ⅲ)的质量分数/% | ≤ | 0.60 | 0.40 |

续表

| 项目 | | 指标 | |
|---|---|---|---|
| | | 固体 | 液体 |
| 砷(As)的质量分数/% | ≤ | 0.0005 | |
| 铅(Pb)的质量分数/% | ≤ | 0.002 | |
| 汞(Hg)的质量分数/% | ≤ | 0.00002 | |
| 镉(Cd)的质量分数/% | ≤ | 0.0005 | |
| 铬(Cr)的质量分数/% | ≤ | 0.005 | |
| 锌(Zn)的质量分数/% | ≤ | 0.05 | |
| 铜(Cu)的质量分数/% | ≤ | 0.01 | |
| 镍(Ni)的质量分数/% | ≤ | 0.005 | |
| 总有机碳(TOC)/(mg/L) | ≤ | 400 | |

[a] 或根据供需协商，特殊要求的可以≤5%。

综上所述，我国混凝剂生产技术在不断进步，但是混凝相关理论仍旧没有较大变革，工程经验相较于理论对水处理剂行业发展的影响有更为现实、更为重要的作用，理论研究有待进一步发展。另外，危险废物处理行业的规范化，将引导含铁铝废酸废渣，以及大量的副产物盐酸进入水处理剂行业，从而造成产能过剩和激烈竞争。

近期污水和污泥产业的提标改造也为水处理剂行业提供了新的契机，开发无机-无机复合、无机-有机复合，甚至颗粒与无机、有机絮凝剂的复合，都有巨大的潜力，更能满足不同的需求。对于各类复杂成分的水处理，无机高分子混凝剂适用性强，但用药量大、絮体小、污泥产量大，有机高分子混凝剂正好可填补上述缺陷，再加上吸附剂的高吸附性能，三者结合使用的效果远远好于单独使用，因此这也是混凝剂未来发展的一个方向。另外，对于广大水处理用户应该避免一个根深蒂固的误区，也就是药剂纯度越高净水效果越好。

## 第四节 氯化铁

### 一、氯化铁主要性能

氯化铁是一个应用非常广泛的水处理剂，氯化铁对于饮用水处理厂来说并不是新药剂。由于铁盐絮体的密度大于铝盐，因此在水处理过程中，尤其是在低温低浊度的水处理过程中，往往采用铝盐和铁盐配合使用的方法。过去一段时间不管是饮用水处理，还是污水污泥处理，人们逐渐重视起来，这很大程度上是由于产品的质量、经济性和可用性的极大改善。

20世纪90年代后，人们对氯化铁和聚硫酸铁的兴趣日益提高，不仅可用于处理浊度，还可去除原水中的色度、天然有机物及砷等，对于去除工业废水的COD和除磷效果远远好于聚氯化铝，因此铁盐混凝剂在水处理药剂市场的份额逐年提升。从氯化铁混凝效果来看，其综合性能应该优于聚氯化铝，但是最大的问题在于腐蚀问题。目前生产氯化铁的主要原料是钢铁和线路板的刻蚀废液，有些区域往往采用含氟废盐酸或者含氟副产盐酸，使用后这部分氟离子仍然存在刻蚀或者酸洗废液中，因此对于后续的生产设备和使用设备提出了更苛刻的要求。另外，在刻蚀过程中金属构件表面的锌、铜、镍、铅等依据组分不同，进入刻蚀废液。因此在生产氯化铁过程中必须分离上述重金属离子，达到净化的目的。

最近几年污泥脱水的需求量非常大，广泛采用的是氯化铁与石灰配合的方法，这是污泥脱水的最高效的方法，虽然全有机基于聚胺、二烯丙基均聚物和共聚物也在逐步扩大市场，单纯从混凝效果来看，氯化铁和石灰配合的效果是比较理想的。由于氯离子在焚烧过程中形成盐酸，其腐蚀性远远超过硫酸，因此很多垃圾焚烧企业限制使用含氯的混凝剂，包括氯化铁和聚氯化铝，而更倾向于使用复合或者全有机的污泥脱水剂。

氯化铁溶液在不同浓度时对应的 Zeta 电位分布如图 2-7 所示。氯化铁溶液在不同浓度时对应的 pH 值如图 2-8 所示。

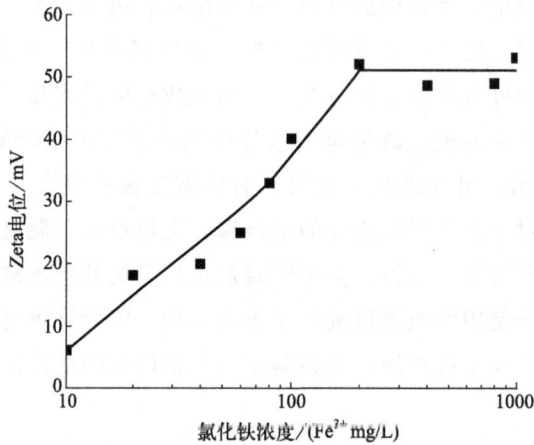

图 2-7　氯化铁溶液在不同浓度时对应的 Zeta 电位分布

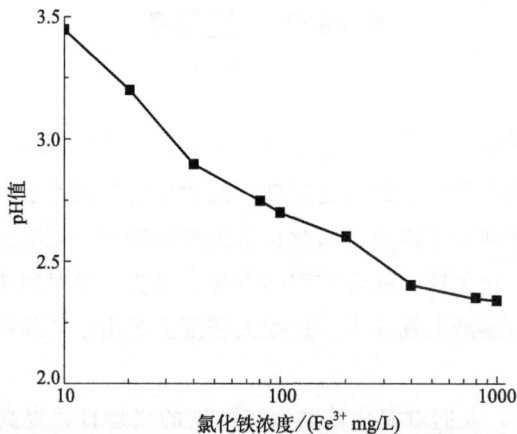

图 2-8　氯化铁溶液在不同浓度时对应的 pH 值

氯化铁的另一个特点是可在广泛的 pH 范围中形成絮体。图 2-7 和图 2-8 也表明与氢氧化铝相比，氢氧化铁具有更低的溶解度，这一特性使氯化铁可在一个非常广泛的

pH 值范围内发挥作用。铁盐，包括氯化铁，还有一个无法避免的缺陷是色度问题。无论生产企业，还是使用企业，如果采用的混凝剂是以铁为主，使用设施和环境都有溅落造成的色度问题。如果在处理水体中投加过量，更是有色度和铁腥味问题。对于污水和污泥处理，这一问题相对不是很严重。

## 二、氯化铁合成方法

氯化亚铁的氧化可以采用多种氧化剂，例如过氧化氢、铝酸钠、氯酸钾、次氯酸钠、硝酸、臭氧等，通过近 30 年的研究和工业界的实际运行，目前广为接受的是氯气和氧气两种氧化方法。这两种氧化工艺生产工艺简单、氧化速度快，尤其是采用氧气氧化，在氧化速度快的同时，安全性也非常高，已经在多个生产企业得到广泛的应用。

### 1. 氯气氧化原理

$$2FeCl_2 + Cl_2 \overline{\qquad} 2FeCl_3 \qquad\qquad (2-17)$$

氯气溶于水后部分生成盐酸和次氯酸，另一部分仍以氯气分子的形式存在。$Cl_2$ 在水中存在下列平衡：

$$Cl_2 + H_2O \overline{\qquad} HClO + HCl \qquad\qquad (2-18)$$

氯在水中的溶解度为 0.091mol/L，其中以 $Cl_2$ 形式存在的为 0.061mol/L，以 HClO、HCl 形式存在的为 0.03mol/L，则游离酸含量（以 HCl 计）为 $2 \times 0.03 \times 36.5 = 2.171(g/L)$。

（1）氯气过量达到饱和时，游离酸的含量

生产时氧化釜中 $FeCl_2$ 投料量为 $1m^3$，浓度为 35%，密度为 $1.375g/cm^3$，加氯气 390kg，得产品 $FeCl_3$，密度 $1.44g/cm^3$、浓度 41%。假定通入氯气过量，达到饱和，则成品中游离酸的含量为：$2.171 \times 1 \times 10^3 / 1.44 \times 10^6 = 0.15\%$，达到一级品标准。

$$Cl_2 \text{ 过量} = 0.091 \times 1 \times 10^3 \times 36.5 \times 10^{-3} = 3.3(kg)$$

（2）据产品指标所允许氯气过量的最大限度

一级品要求游离酸含量 $\leqslant 0.4\%$，产品中含 HClO、HCl 为：

$$\frac{1 \times 1.44 \times 0.4\% \times 10^3}{36.5 \times 10^{-3} \times 10^3 \times 2} = 0.0789(mol/L)$$

相当于氯气过量 0.2393mol/L。氧化 $1m^3$ 氯化亚铁，氯气过量 $0.239 \times 10^3 \times 36.5 \times 10^{-3} = 8.73$（kg）。

实际上当氯气过量 8.73kg 时，只有 3.3kg 溶于水中，其余的则以气体形式逸出反应液。

以上计算是以 25℃ 的情况计算的，在实际生产中，反应液的温度为 65℃，溶于反应液的氯气将更少。

（3）根据产品指标，氯气所允许不足的最大值

当氯气通入量不足时，将有部分 $FeCl_2$ 不能充分氧化，影响产品最终指标。$FeCl_3$ 一等品要求 $FeCl_2$ 含量 $\leqslant 0.30\%$，若投 $FeCl_2$ $1m^3$ 时：

$$2FeCl_2 \quad + \quad Cl_2 \Longrightarrow 2FeCl_3 \qquad (2\text{-}19)$$
$$2\times127 \qquad\qquad 71 \qquad 4\times162.5$$
$$1\times1.375\times35\%\times10^3 \quad 134 \qquad 615$$

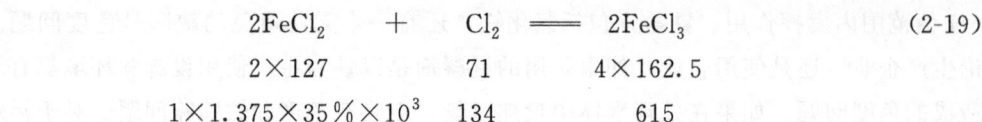

得到产品 1506kg，允许有 $FeCl_2$ 为 $1506\times0.30\%=4.518(kg)$，氯气可以少通 1.26kg，即通入氯气量不能低于化学计算量的百分比为 $1.26/134-0.9\%$。

以氯化亚铁为原料生产计量：取 1000L 氯化亚铁溶液，密度为 $1.33g/cm^3$，浓度 31%。放入反应釜中，升温至 $60\sim65℃$。通入氯气反应，反应结束后，氯化铁溶液的浓度为 36%，酸度检测不出。由此类推，当氯化亚铁溶液投料的浓度为 35% 时，终产品氯化铁溶液的浓度为 41%。

另外，也可以铁屑为主要原料生产。将铁屑浸在水中，向水中通入氯气，直接将铁氧化成氯化铁。

$$Fe+Cl_2 \Longrightarrow FeCl_2 \qquad\qquad (2\text{-}20)$$
$$Cl_2+2FeCl_2 \Longrightarrow 2FeCl_3 \qquad\qquad (2\text{-}21)$$

国内目前仍然有不少企业采用这一工艺。产品用于给水和污水处理。如果采用铁屑生产，其最大的缺陷就是重金属含量严重超标。关于重金属的去除方法请见本书硫酸亚铁部分。

**2. 氧气氧化原理**

氯气氧化速度是比较快的方法，但是在有些工业园和厂区由于担心泄漏的问题，无法使用氯气。20 世纪 90 年代李风亭教授的团队最早提出了氧气催化氧化氯化亚铁的方法，这一方法借鉴了氮氧化物催化硫酸亚铁的方法，其氧化机理如下：

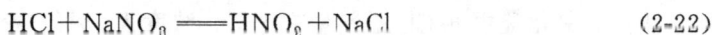

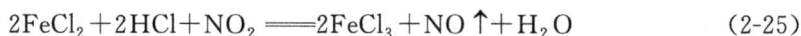

$$HCl+NaNO_2 \Longrightarrow HNO_2+NaCl \qquad\qquad (2\text{-}22)$$
$$HCl+HNO_2+FeCl_2 \Longrightarrow FeCl_3+NO+H_2O \qquad\qquad (2\text{-}23)$$
$$2NO+O_2 \Longrightarrow 2NO_2 \qquad\qquad (2\text{-}24)$$
$$2FeCl_2+2HCl+NO_2 \Longrightarrow 2FeCl_3+NO\uparrow+H_2O \qquad\qquad (2\text{-}25)$$

同样这一机理适用于聚氯化铁的生产。由于氧化剂采用氧气，在生产过程中如果控制好氮氧化物的处理，就可以在低压甚至负压条件下，实现高速氧化反应。采用 $25m^3$ 反应釜，在低压下，可以实现每个氧化周期 $1\sim2h$，每批产量可以达到 20t 左右。也可以实现连续进料与出料，实现氮氧化物的循环利用，避免浪费和催化剂气体的二次处理和污染。由于氧化过程中氧气转化为水，因此生产高浓度产品的时候，必须浓缩，以提高铁的含量。对于生产聚氯化铁和 38% 浓度的氯化铁，则不需要浓缩过程。


# 第五节　氯化硫酸铁


## 一、氯化硫酸铁合成方法

在 20 世纪 50 年代，我国普遍使用硫酸亚铁作为混凝剂，由于硫酸亚铁本身的水解倾向非常低，必须在投加后用氯气进一步将亚铁离子氧化成三价铁，才能发挥混凝作用。生产氯化硫酸铁一般是以硫酸亚铁为原料，向硫酸亚铁溶液中充氯气，当亚铁离子的浓度达到要求后，就可以得到产品。这种生产工艺非常简单，而且常常采用反应釜或者反应塔作生产设备。

$$2FeSO_4 + Cl_2 \Longrightarrow 2FeSO_4Cl \tag{2-26}$$

上述反应中可以适当控制酸与铁的比值，可以制备聚氯化硫酸铁。

另外，也可以硫酸亚铁为主要原料，辅以盐酸，通过氧气催化氧化，避免使用氯气，也可以得到氯化硫酸铁。

## 二、氯化硫酸铁主要性能

氯化硫酸铁为红棕色液体或固体产品。与普通聚铁相比，含铁量高，沉降速度快，泥渣密实，污泥易浓缩及脱水干化，处理成本低，且无毒害，广泛用于给水处理、城市污水及工业废水处理，特别适用于电厂脱硫废水处理。

第三章

# 无机高分子混凝剂的制备与质量控制

## 第一节　聚氯化铝

我国从 20 世纪 70 年代开始研究聚氯化铝，中国科学院汤鸿霄院士、曲久辉院士，深圳中润公司李润生先生是这一领域的开拓者和奠基人，对于这一聚合物的结构、性能和合成工艺做了大量的研究工作，推动了这一行业的进步。

聚氯化铝是目前国内外广泛使用的高效混凝剂，具有用量少、污泥少、对出水 pH 值影响小等优点，广泛用于各种水处理的混凝过程，在饮用水市场的份额超过 95%。

### 一、Al（Ⅲ）在溶液中的形态分布

高分子铝盐是一种高效的无机混凝剂，一般是指 $Al^{3+}$ 到 $Al(OH)_3$ 之间的一系列准稳态物质，即二铝到氢氧化铝之间的羟基络合物，其中可能出现共享羟基络合物或共享氧基配位的结构特征。关于铝盐的水解有许多研究。有证据表明，以氯化铝为计算基础，简单铝盐的水溶液可用六水合离子来准确描述。当铝盐溶液缺乏酸时，即形成碱式盐，可形成一种更为复杂的体系，即多种多核聚合体。这种多核体的性质和结构已成为长期以来争论的焦点。关于其结构有两种截然不同的模型。

**1. core links 模型（核-链模型）或 gibbsite fragment 模型（六元环连续分布模型）**

在此类模型中，多核聚体由一个或多个六边形环组成，环由带羟基的并列八面体铝原子组成。在高度水解的情况下，这些环结构进一步聚合和成长，可解释最终 gibbsite 表面或相关的结晶固体相。这种模型令人感兴趣的部分在于，在整个多核压缩过程中维持 gibbsite 的双八面体结构，能充分解释当溶液熟化时具有酸或复杂配体的多核的活性降低。然而，值得注意的是，研究者们并没有获得关于这种多核体存在的确切证据，尤其是在室温下的稀溶液中。

关于铝化合态的传统研究方法是化学分析法和电位滴定法。除 $Al^{3+}$、$Al(OH)_2^+$、

$Al(OH)^{2+}$、$Al(OH)_3$、$Al(OH)_4^-$ 等单体外,不同的研究者陆续提出了 $Al_2(OH)_2^{4+}$、$Al_2(OH)_5^+$、$Al_3(OH)_{15}^{5+}$、$Al_4(OH)_8^{4+}$、$Al_6(OH)_{15}^{3+}$、$Al_7(OH)_{16}^{5+}$、$Al_8(OH)_{20}^{4+}$、$Al_{10}(OH)_{22}^{8+}$ 等聚合形态,而其中不同的优势形态将随条件而演变。特别是提出水解形态的连续变化分布系列,认为其羟基化合态由单体到聚合体,按六元环的模式发展。有人提出其水溶形态可达到 $Al_{54}(OH)_{144}^{18+}$,直到生成沉淀物 $Al_x(OH)_{3x}$。

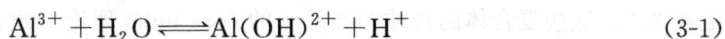
$$Al^{3+} + H_2O \Longleftrightarrow Al(OH)^{2+} + H^+ \qquad (3-1)$$

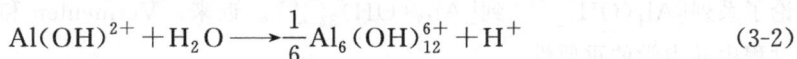
$$Al(OH)^{2+} + H_2O \longrightarrow \frac{1}{6}Al_6(OH)_{12}^{6+} + H^+ \qquad (3-2)$$

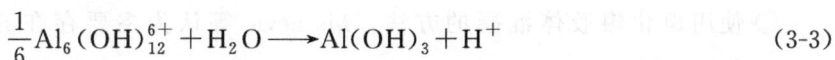
$$\frac{1}{6}Al_6(OH)_{12}^{6+} + H_2O \longrightarrow Al(OH)_3 + H^+ \qquad (3-3)$$

### 2. Al₁₃ 聚阳离子模型

该模型认为铝溶液只集中存在某几种形态的铝,而且它们可以相互直接转化,单体及二聚体(oligomer)以外,只有 $Al_{13}O_4(OH)_{24}^{7+}$($Al_{13}$)及高聚物等几类形态。这主要是以核磁共振$^{27}$Al NMR 法和小角度 X 射线衍射法鉴定及推断的结果。$Al_{13}$ 作为占主导地位的水解体,首先由 Johansson 阐明了二聚体 $[Al_2(OH)_2(H_2O)_8]^{4+}$ 和具有 Keggin 形态结构的聚合阳离子 $[Al_{13}O_4(OH)_{24}(H_2O)_{12}]^{7+}$ 的存在。前者由两个并列的以铝原子为中心,并通过一条公共边连接的八面体组成;后者的结构在 Al-NMR 光谱中通过特殊的共振移动来进行描述。中心铝原子为四面体结构,周围是 12 个八面体结构的铝原子。$Al_{13}$ 的 Keggin 结构如图 3-1 所示。

图 3-1　Al₁₃ 的 Keggin 结构

另外,到目前为止,已发现的最大的阳离子聚合物是 $[Al_{30}O_8(OH)_{56}(H_2O)_{24}]^{18+}$,被称为 δ-Tauelle$^{18+}$。其结构由 2 个 δ-$Al_{13}$ Keggin 单元组成,这两个单元通过 4 个 $AlO_6$ 八面体键合。聚合阳离子 $[Al_{13}(OH)_{24}(H_2O)_{24}]^{15+}$ 的结构见图 3-2。

$Al_{30}$ 可以通过下列过程形成:在 $Al_{13}$ 的热处理中,一些与 $AlO_6$ 分离的单体加入未分离的 ε-$Al_{13}$ 中。这些带有 1~3 个 $AlO_6$ 单元的 ε-$Al_{13}$ 与 δ 形式异构化。一旦异构化完成,$Al_{30}$ 可充分稳定聚合。

众所周知,铝盐溶液中 $Al(H_2O)_6^{3+}$ 仅在低 pH 值下存在。在 pH>3 时,铝离子水解并或多或少产生水溶性的多核形成物,称为羟基复合物、聚合阳离子或羟基络合物。这种水解物种可以用多种方法制备和表征。

① 电位滴定法。Brosset 等用 0.5mol/L 的氯化铝和 NaOH 溶液来获得铝浓度为 0.1mol/L 的溶液。具体过程如下：在 20℃并用氮气冲洗的情况下，将 50mL 0.5mol/L 的 $AlCl_3$ 溶液加到一个容器中，在不断搅拌的条件下加入 NaOH 溶液，控制（OH）/（Al）的比值。在对所制备的溶液进行研究的基础上，提出下列变异体：$Al[Al_2 (OH)_{5n}]^{(3+n)+}$ 或更简单的 $[Al_6(OH)_{15}]^{3+}$ 和 $[Al_8(OH)_{20}]^{4+}$，比率 $r=$（OH）/（Al）限定在 2.5。这些复合体的性质与 Sillen 的 core links 理论一致。而 Van Cauwelaert 等讨论了系列 $[Al_4(OH)_8]^{4+}$ 到 $[Al_{13}(OH)_{32}]^{7+}$。近来，Vermeulen 和 Stol 等强调了水解过程中动力学的重要性。

② 使用卤化银胶体混凝的方法。Matijevic 等认为主要存在的形成物是 $[Al_8 (OH)_{20}]^{4+}$。

③ 化学法。在经过一系列实验[通过加碱控制 $r=$（OH）/（Al）的比值在 1.5～2.5]分析之后，Hsu 和 Bates 提出了一个连续的聚合物系列，其基本单元是环状的 $[Al_6 (OH)_{12}(H_2O)_{12}]^{6+}$，随着 $r$ 的增大，环在边缘处结合，两环为 $[Al_{10}(OH)_{22} (H_2O)_{16}]^{8+}$；七环为 $[Al_{24}(OH)_{60}(H_2O)_{24}]^{12+}$；等，因而得出结晶的氢氧化物的双围结构。Hem 等从 Ferron 试剂络合实验中也得出了类似的结论。Ferron 试剂与 Al（Ⅲ）中的单体及不同聚合物有不同的反应速率，从而采用 Ferron 逐时络合分光光度法能把它们分为三类，即：$Al_a$ 包括单体及初聚物（$Al_{1\sim3}$）；$Al_b$ 包括低聚物（如 $Al_{6\sim8}$）和中聚物（$Al_{13}$）；$Al_c$ 包括高聚物（$Al_{>13}$）和溶胶态。

④ 小角度 X 射线散射。将水解溶液在 70℃加热 1h，$r=$（OH）/（Al）在 1.5～2.25 的条件下，Raush 和 Bale 等发现了一种回转半径为 4.3Å（$1Å=10^{-10}$ m）的聚合物，他们猜测是 $[Al_{13}O_4(OH)_{24}(H_2O)_{12}]^{7+}$，Johanson 也提出了同样结构。

⑤ 核磁共振。Akitt 等认为随着 pH 值变化存在下列形态：$[Al(H_2O)_6]^{3+}$、$[Al_2 (OH)_2(H_2O)_8]^{4+}$、$[Al_{13}O_4(OH)_{24}(H_2O)_{12}]^{7+}$，可能有 $[Al_8(OH)_{20}(H_2O)_{12}]^{4+}$。

## 二、 $Al_{13}$ 的形态

铝盐溶液中水解产物为多元的羟基络合物及聚合物，有的学者认为聚十三铝（$Al_{13}$）是聚合铝中的最佳混凝成分，其含量可以反映制品的有效性，但目前对此还有很大的争议，众多研究者对 $Al_{13}$ 进行了详细的研究。

在 $AlCl_3$ 溶液中，除了前面提到的单聚体、二聚体和三聚体外，还存在非聚体和多聚体阳离子。到目前为止，仅有关于其大小和形状的模糊说明。从浓 $AlCl_3$ 溶液（Al/Cl=0.7）中非常缓慢地蒸发水分后，除了形成巨大的 $AlCl_3 \cdot 6H_2O$ 晶体外，也有其他结晶相形成。所形成的单晶体的晶胞参数可通过单晶 X 射线衍射来测定。以所获得的晶胞参数为基础，Breuil 报道了 $5AlCl_3 \cdot 8Al(OH)_3 \cdot 37.5H_2O$ 的粉末数据。Willhelm 等通过对其进行 X 射线结构分析证实了这种晶相的存在，尽管不是所有的 H 原子的位置都能被测定。然而在晶胞中，发现其含水量比所报道的略低，是 $5AlCl_3 \cdot 8Al(OH)_3 \cdot 37H_2O$。晶胞中含有 4 个单元，在结构分析中所测定的原子位置表明了有两种相似的类型单元，由 $AlO_6$ 八面体构成。

每种类型中有两个在晶胞单元中存在，Cl 原子位于这种复杂单元的外部。考虑到所带电荷（$Al^{3+}$，$Cl^-$），这种巨大的单元被认为是聚合阳离子。每种聚合阳离子都是由 13 个八面体组成（图 3-2）。

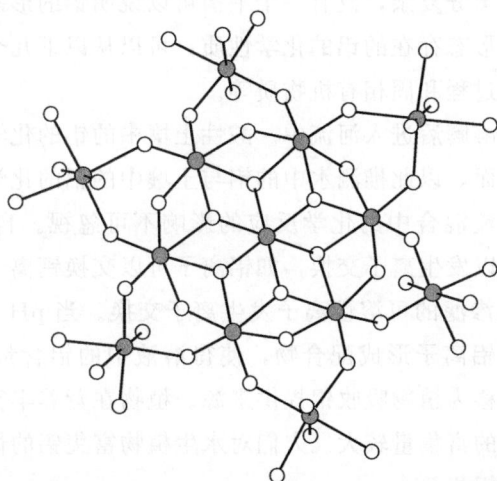

图 3-2　聚合阳离子 $[Al_{13}(OH)_{24}(H_2O)_{24}]^{15+}$ 的结构
●—铝原子；○—氧

1 个位于中心，6 个通过公共边围绕在其周围，最后外围 6 个铝原子每个都通过 2 个氧原子形成的公共键而与内部环相连。中心八面体中的 $Al^{3+}$ 位于空间基团的转化中心。因此聚合阳离子是中心对称的。中心 Al 和环上的 6 个 Al 处于同一平面，形成一个六边形。O 的位置随变形程度的变化而与八面体相对应。在中心八面体中，Al—O 的距离几乎相等（188～189nm），O—Al—O 键角也几乎相等（97 度），但不同于理想八面体的键角（90°）。八面体环有某种程度的变形，外围八面体在六边形环上面或下面占据了可取代的位置。因此，它们也具有某种程度的变形，Al—O 到自由角的距离显然比到公共角的距离长。既然并不是所有的 H 原子的位置都能够测定，那么关于氢原子和氧原子的分配以形成 $OH^-$ 和 $H_2O$ 的问题仍然存在。电荷数能阐明这个问题。在聚合阳离子中，13 个 $Al^{3+}$ 带有 39 个正电荷。另外，有 15 个 $Cl^-$，带 15 个负电荷，这样在聚合阳离子中还剩下 24 个负电荷，这个数目与氧原子键的数目对应。因此可猜测氧原子是属于 $OH^-$ 的。那么在外围八面体的 24 个自由角上一定存在水分子。另外 13 个水分子位于聚合阳离子的外部。因此，氯化铝水解产物的分子式为 $Al_{13}(OH)_{24}$ $(H_2O)_{24}Cl_{15} \cdot 13H_2O$。但是这种模型和前述的 Keggin 模型也有所区别。

聚氯化铝的形态研究取得了一些成果，例如对于聚合物阳离子聚合体的结构和性能之间的关系、絮凝形态学方面。铝聚合体的混凝作用机理介于传统混凝剂和阳离子有机絮凝剂之间，属于多核羟基络合物的表面络合、表面水解及表面沉淀过程，有特异的机理模型和定量计算模式，有待进一步的研究。

## 三、聚合铝的环境效应

在地下水和地表水系统中，存在着铝的溶解平衡。溶解态和固定态铝之间的转化主要依于 pH 值，酸性或弱碱性环境中平衡移动，溶解增加。pH 值低于 5 时，铝以三价离子存在。pH 值高于 6.2 时，为水合阳离子，这也是铝可溶的最高 pH 值。自然水体中铝的浓度是 pH 值的函数，可以通过热力学计算得出其最大值。

但是铝的化学迁移十分复杂，没有一个平衡可以说明铝的形态改变和迁移过程。酸性土壤和河水中以无机形态存在的铝的化学性质，可以从以下几个方面考虑：矿物溶解性、离子交换、水混合过程和固相有机物质等。

土壤中的铝很容易溶解后进入河流中。酸性土壤中的铝的化学性质，如溶解性，都与地表水中的相似。然而，以此推测水中的铝与土壤中的铝化学性质相似却是行不通的，因为水利条件和水流混合中的化学反应的影响不可忽视。自然酸化导致溶解铝增多，在中性环境中铝可以发生离子交换，如铝离子可以交换钙离子。酸性土壤中存在大量铝离子，可与经土壤渗滤的可溶性离子发生离子交换。当 pH 值在 5~7 之间时，氯离子或有机阴离子可与铝离子形成配合物，使得溶液中的铝含量远远高出所预计的水平。酸性环境下铝的迁移为植物吸收铝提供来源。植物在营养丰富的溶液可将铝富集于自身，尤其在根部，铝的富集量较大。人们对水生植物富集铝的情况进行了研究，生物体富集与生物可获得的铝相关。

不同环境中铝的浓度与铝的形态和迁移情况相关。铝是土壤颗粒和煤灰颗粒中的一个重要元素。地表水和土壤水系中的铝的浓度十分稳定，与物理化学和地质因素有关。水中铝有几种不同的存在形式，或悬浮或溶解，也可与有机的或无机的配体形成配合物，或以游离铝离子存在。铝盐可以单体的形式存在于水中，但随着时间的推移会形成聚合体。铝的形态由 pH 值、溶解的有机碳、氯离子、硫酸根离子及悬浮颗粒所决定。通常情况下，水体中溶解的铝很少，浓度为 1~50μg/L。在酸性条件下，浓度可达到 500~1000μg/L。在极度的酸性条件下，溶解的铝的浓度可达 90mg/L。在中性条件下，铝因沉淀或沉降而富集在沉淀物中，浓度可达到 20000~80000mg/kg。铝是土壤中含量最丰富的元素之一，浓度的变化也很大（700~100000mg/kg），这一变化区间曾被美国地理调查杂志引用。因此，环境中存在铝的量相当大。然而，铝在生态系统中存在的量很少，这是因为在一般条件下，铝的存在形态对生物体而言是无法吸收的。

人们关于饮用水中毒性较强的物质如硝酸盐、氟化物、铅等所做的限定标准往往是有争议的。实际上确立这些标准的过程是一个涵盖技术判断、公共和标准制定者及经济水平等的复杂的过程。如果人们一直认为生物体对铝的利用度确实极低，饮用水中含有铝也不会引起人们的太大关注，铝的标准的制定就相当复杂。

铝在环境中广泛存在，随着含铝的容器、食物添加剂、药的增多，人们接触的铝也越来越多。对于动物实验，铝的半数致死量（$LD_{50}$）从几百到 1000mg/kg。尽管铝与DNA 联合体的形态复杂、毒性试验的老鼠出现了染色体变异，但一直没有迹象显示铝有致癌作用。铝对于人体的危害，以及铝与阿尔茨海默病之间的关系目前仍没有定论，这也是铝的毒理性研究的热点。

环境中铝暴露对生物体的影响十分复杂。因为环境中铝的浓度受到热力学因素和pH 值的影响，根据实验室研究来推测环境中的真实情况往往不可行，可以肯定的是生物体长时间受到不同形态铝的影响会出现病态或死亡。铝与其他化学污染物不同，环境暴露不仅指铝的释放和浓度，还包括其生物利用度和影响其存在形态的因素问题。

20 世纪 80 年代初期之前，饮用水的限定标准中，没有将铝含量作为一个质量参数。目前各国普遍采用 WHO 标准，限定总铝为 0.2mg/L。

无机单核铝配合物对水生植物和陆生植物的毒性大于有机配合物。在酸性或缓冲能力差的环境中，铝对水生植物和陆生植物都有多方面的影响。钙和有机酸可以减少由无机铝浓度的提高而产生的生物影响。酸性水体中毒性铝的增加使得水中的生物种类减少，即使在营养丰富的条件下也是如此。

## 四、聚氯化铝的合成方法

聚氯化铝的生成原料很多，包括氢氧化铝、铝屑、铝灰、铝土矿、铝酸钙矿粉等。

### 1. 氢氧化铝酸溶法

（1）合成方法

以氢氧化铝为原料生产聚氯化铝是 20 世纪 80 年代国内和目前国外普遍采用的一种工艺。氢氧化铝一般是通过拜耳法，利用氢氧化钠碱溶铝矾土，得到铝酸钠溶液，再用二氧化碳中和、沉淀烘干，得到白色的氢氧化铝晶体。由于很多重金属都不是碱溶性的，因此碱溶过程就可以把矿石中的重金属分离出去。行业标准把水处理剂用氢氧化铝分为两类，Ⅰ型和Ⅱ型，主要差别是氧化铝溶出率的不同（表 3-1）。Ⅰ型产品氧化铝的溶出率要高于 94%。两者都可以用于饮用水聚氯化铝的生产。

表 3-1　《水处理剂用氢氧化铝》（HG/T 5567—2019）指标项目要求

| 项目 | Ⅰ型 | Ⅱ型 |
|---|---|---|
| 氧化铝(以 $Al_2O_3$ 计)质量分数/% ≥ | 64.0 | |
| 氧化铝溶出率/% ≥ | 95.0 | — |
| 水分质量分数/% ≤ | 12.0 | 6.0 |
| 总铁(以 $Fe_2O_3$ 计)质量分数/% ≤ | 0.01 | |
| 铅(Pb)质量分数/% ≤ | 0.001 | |
| 汞(Hg)质量分数/% ≤ | 0.00002 | |
| 铬(Cr)质量分数/% ≤ | 0.001 | |
| 砷(As)质量分数/% ≤ | 0.0002 | |
| 镉(Cd)质量分数/% ≤ | 0.0002 | |

聚氯化铝铝盐专用氢铝又名易溶氢铝，其产品以其优越的易溶解性能被广泛应用于各类铝盐、催化剂、填料生产等，是以上产品良好原料。特别是在聚铝净水剂行业，具有比普通氢铝无可比拟的优势：在同样条件下，原料消耗低、反应速度快、设备使用寿命长，产品白度、透明度高，生产成本低。因此，铝盐专用氢铝的出现，给净水剂行业带来一场新的技术革命。在常压、110℃下就能将酸溶羟基铝溶出率提高到 97% 以上，解决了"一步法"高温、高压腐蚀损坏搪瓷反应釜的问题，并缩短了化学反应流程及时间，提高了生产率和确保 PAC 产品的合格率。中铝山东有限公司水处理剂专用氢氧化铝企业标准如表 3-2 所列。

表 3-2　中铝山东有限公司水处理剂专用氢氧化铝企业标准

| 牌号 | $Al_2O_3$/% | $Na_2O$/% | $Fe_2O_3$/% | $SiO_2$/% | 水分/% | 酸溶率/% |
|------|-------------|-----------|-------------|-----------|--------|----------|
| HY-01 | ≥64.5 | ≤0.50 | ≤0.02 | ≤0.02 | ≤20 | ≥96 |

通过铝盐专用氢铝与普通氢氧化铝的电镜图片对比分析看（图 3-3），铝盐专用氢铝结晶松散，比表面积大，与盐酸充分接触，同样条件下加快盐酸与氢氧化铝反应速度，酸溶率高达 99%。普通氢氧化铝结晶密实，比表面积小，需加压才能反应，反应时间长，同等条件下，酸溶率只有 65%。

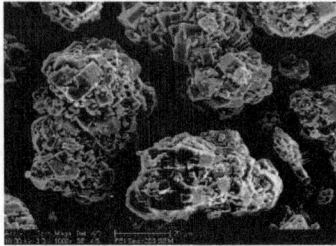

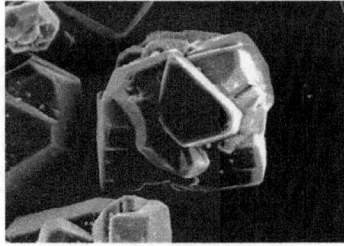

(a) 铝盐专用氢铝　　　　　　　　　　　　(b) 普通氢氧化铝
图 3-3　铝盐专用氢铝与普通氢氧化铝电镜图片对比

铝盐专用氢铝可从 4 个方面降低聚氯化铝生产成本。

① 环保。90℃不沸腾，可全部溶解，酸气排放少。

② 能源。少用新蒸汽，降低新蒸汽用量。

③ 生产。酸溶率高，缩短反应时间。

④ 设备。不用反应釜，不加压可生产。

铝盐专用氢氧化铝重金属含量为零，是目前国际放心使用的聚氯化铝原料，重金属指标达到食品卫生标准。

氢氧化铝纯度高，生产产品重金属含量非常低，但是由于氢氧化铝的酸溶性比较差，一般采用加热加压酸溶的生产工艺。这种工艺相对比较简单，但是生产的聚氯化铝的盐基度往往比较低，一般在 30%～50% 范围内，这也是国外标准中盐基度低限到 40% 的主要原因。近年来日本公司在我国申请的专利仍沿用这一方法。已经有很多专利和论文对提高盐基度的方法作了报道，一般可在低盐基度产品中投加铝屑、铝酸钠、碳酸钙、碳酸铝、氢氧化铝凝胶、石灰等。为了保证这种产品的重金属含量低的优势，又不引入其他杂质，一般采用加铝酸钠的方法。添加铝酸钠的方法成本要高于铝酸钙。目前国内对于饮用水混凝剂要求严格的企业都是采用氢氧化铝酸溶-铝酸钙调整的方法。由于氢氧化铝的成本比较高，对于非饮用水处理国内很少采用这种工艺。

采用氢氧化铝加温加压或者常压酸溶和铝酸钙矿粉中和聚合等两道工序，氢氧化铝两步法生产聚氯化铝工艺流程图见图 3-4。

氢氯化铝在高温高压（或者常压）下酸溶时，生成低盐基度氯化铝，反应式如下：

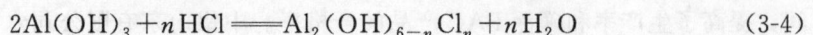

$$2Al(OH)_3 + nHCl \Longrightarrow Al_2(OH)_{6-n}Cl_n + nH_2O \qquad (3-4)$$

一般 $n$ 值低于 3，也就是盐基度低于 50%。在采用铝酸钙和氢氧化铝凝胶等调整盐基度时，可以将盐基度控制得更低，这样可以加强氢氧化铝的溶解，减少不溶性氢氧化铝的量。生产过程中可以将盐基度控制在 10%～20%。这样也可以加强调整剂中铝的溶出率。反应条件如下：温度 110～130℃，压力 0.4MPa，反应时间 3～5h。物料的消耗和反应基本上是按照化学计量值进行。如果在常压下反应，往往得到氯化铝溶液，或者盐基度低于 20% 的中间产品，后续再调整研究度。

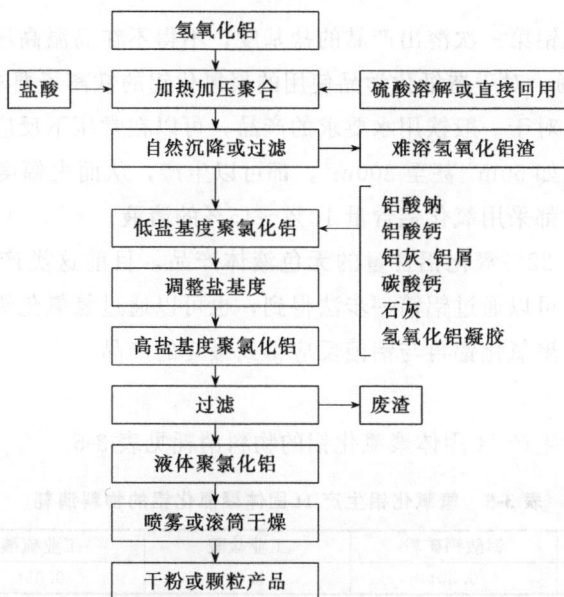

图 3-4　氢氧化铝两步法生产聚氯化铝工艺流程图

上述反应中盐酸的浓度可以在 20% 以上，酸的浓度越大氢氧化铝的溶解效果越好。实际生产过程中可以将盐基度控制得更低（10%～30%），这样不但可以使氢氧化铝全溶，而且容易调整盐基度。反应配料比为 $Al(OH)_3$：铝酸钙矿粉＝(0.6～0.9)：1（质量比）。具体操作：在常规氢氧化铝酸溶液中按比例投入铝酸钙矿粉，常压于 80～105℃反应 3～4h，过滤即得液体聚氯化铝产品，烘干即得固体产品。如果采用易溶氢氧化铝，这样在常压下就可以很容易溶解得到氯化铝溶液，而且可以大幅度降低生产成本，减小酸溶过程对设备的腐蚀。易溶氢氧化铝的溶解率可以达到 95% 左右，原料的利用率已经很高。

（2）盐基度的调整

常规氢氧化铝酸溶配比与溶出率及盐基度的关系见表 3-3。

表 3-3　常规氢氧化铝酸溶配比与溶出率及盐基度的关系

| 项目 | $Al_2O_3$ 转化率/% | 盐基度/% | pH 值 |
|---|---|---|---|
| $Al(OH)_3$：HCl＝0.6：1 | 88.8 | ≤20.0 | 1.8 |
| $Al(OH)_3$：HCl＝0.9：1 | 70.8 | ≥20.0 | 2.2 |

实际生产过程中，第一步可以不追求高的盐基度，盐基度控制到零，通过后续铝酸钙的调整，提高盐基度。这样可以做到氢氧化铝尽可能高的溶出率，达到 90% 甚至 95%，同时反应条件可以不是很苛刻，可以在常压下进行。氧化铝溶出率与反应压力的关系见表 3-4。

表 3-4　氧化铝溶出率与反应压力的关系

| 反应压力/MPa | $Al_2O_3$ 溶出率/% | 盐基度/% | pH 值 |
|---|---|---|---|
| 0.3 | 80.0 | 15 | 1.8 |
| 0.4 | 88.0 | 20.0 | 2.2 |
| 0.45 | 90.5 | 21.5 | 1.5 |

为了提高氢氧化铝第一次溶出产品的盐基度，不得不在高温高压下进行反应，盐基度可以达到接近50%。对于造纸化学品使用的聚氯化铝的铁离子要求低于50mg/L，不得不采用这种方法。对于一般饮用水要求的产品，可以在常压下反应，这样可以使得反应容器体积很大，比如50m³甚至300m³，都可以生产，从而大幅度提高生产效率。目前在自来水行业几乎都采用氧化铝含量10%～15%的溶液。

国内有企业生产22%氧化铝含量的无色液体产品，目前这类产品主要用于化妆品的添加剂。这种产品可以通过铝箔一步法得到，也可以通过氢氧化铝与酸反应后，得到适中浓度的低盐基度聚氯化铝再与铝箔反应得到最终的产品。

（3）物料消耗

用常规氢氧化铝生产1t固体聚氯化铝的物料消耗见表3-5。

表 3-5　氢氧化铝生产1t固体聚氯化铝的物料消耗

| 氢氧化铝(无水) | 铝酸钙矿粉 | 工业盐酸 | 工业硫酸 | 沉淀剂 |
|---|---|---|---|---|
| 0.18～0.2t | 0.30t | 1.0t | 0.05t | 2～3kg |

（4）蒽醌酸制备聚氯化铝

在苯或多元芳烃的磺化过程中，往往采用无水氯化铝作为催化剂，反应副产物含有氯化铝的溶液，有时候含有少量的硫酸，业内常常称这类酸为蒽醌酸。它的氧化铝含量在3%～5%，游离酸低于5%，具有很好的活性，可以用来生产聚氯化铝。一般在废酸液中加入一定量的铝酸钙，控制反应温度在90～100℃之间，搅拌2h。趁热过滤就可以得到液体聚氯化铝，也可加入沉淀剂或絮凝剂，分离上清液和沉渣。反应过程中可以根据游离盐酸、铝和最终产品的盐基度确定铝酸钙投加量。新的聚氯化铝国家标准实施后，对于重金属的要求极为严格。产品中的重金属往往来自于铝酸钙酸溶。为了控制重金属含量，多数企业不得不控制铝酸钙的使用，这也影响了最终产品盐基度的提升和在一些区域的水处理效果。如果蒽醌酸中含有苯类有机物，则必须使用前进行预处理，吸附其中的有机物，或者采用高级氧化的方法降解有机物。

**2. 碱溶法高纯聚氯化铝的制备**

（1）合成方法

首先用铝酸钙矿粉与纯碱溶液反应得到偏铝酸钠溶液，在偏铝酸钠溶液中通入二氧化碳气体制得氢氧化铝沉淀，然后在所得的氢氧化铝沉淀中加入适量盐酸，制得聚氯化铝液体产品，烘干后得到固体聚氯化铝产品。具体反应如下：

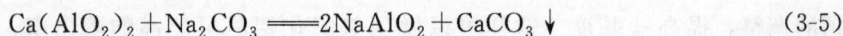

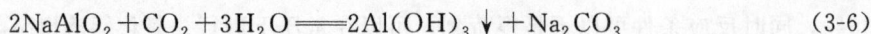

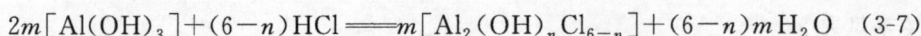

$$Ca(AlO_2)_2 + Na_2CO_3 =\!=\!= 2NaAlO_2 + CaCO_3 \downarrow \tag{3-5}$$

$$2NaAlO_2 + CO_2 + 3H_2O =\!=\!= 2Al(OH)_3 \downarrow + Na_2CO_3 \tag{3-6}$$

$$2m[Al(OH)_3] + (6-n)HCl =\!=\!= m[Al_2(OH)_nCl_{6-n}] + (6-n)mH_2O \tag{3-7}$$

① 偏铝酸钠的生成。将碳酸钠配成适量浓度的溶液，与铝酸钙矿粉中的 $Al_2O_3$ 进行等量反应，得到偏铝酸钠溶液。反应温度为 $100\sim110$ ℃，达到所需温度后再反应 $3\sim4h$。

② 氢氧化铝的生成。在得到的铝酸钠溶液中通入二氧化碳气体，当反应体系的 pH 值为 $6\sim8$ 时，形成大量氢氧化铝凝胶，停止反应。反应过程整个体系温度不能超过 40℃，否则会形成老化的难溶胶体。将所得氢氧化铝进行水洗、分离、过滤。

③ 聚氯化铝的生成。在所生成的氢氧化铝中加入一定浓度的盐酸加热溶解，得到无色、透明、黏稠状液体聚氯化铝，干燥后得到固体聚氯化铝。

采用碱溶的方法可以有效提高氧化铝的提出率，而且非两性的重金属离子无法进入浸出液，因此产品中重金属含量很低。但是由于生产过程中大量使用碳酸钠或者氢氧化钠（烧碱），再用盐酸中和过量的碱，从而产生了大量副产物氯化钠，同时氢氧化铝凝胶黏性很大，过滤困难，这些因素导致生产成本较高。但是作为一种能够生产高纯聚氯化铝的方法却是比较理想的，尤其是生产化妆品用聚氯化铝，可以达到日本 1990—4534 号公开专利《药品及日用化妆品级聚氯化铝溶液制备》的质量要求。

（2）盐基度的调整

为了提高聚合铝离子的含量（盐基度），必须降低聚氯化铝中的盐酸含量，因此必须加入碱性物质或者铝屑等物质。单纯加入碱性物质，例如石灰、烧碱等，只能提高盐基度，并不能提高溶液的铝含量，而采用铝屑、铝酸钙、铝酸钠等就可以达到双重目的。

铝酸钠和铝酸钙都是含铝弱碱，与低盐基度聚氯化铝有非常好的反应活性。

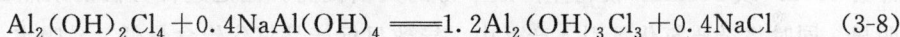

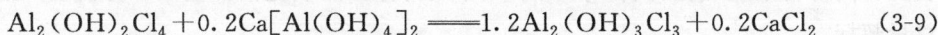

$$Al_2(OH)_2Cl_4+0.4NaAl(OH)_4 = 1.2Al_2(OH)_3Cl_3+0.4NaCl \tag{3-8}$$
$$Al_2(OH)_2Cl_4+0.2Ca[Al(OH)_4]_2 = 1.2Al_2(OH)_3Cl_3+0.2CaCl_2 \tag{3-9}$$

从上列方程式可以看出，采用铝酸盐调整时消耗的碱量更低，并且可以提高聚氯化铝的产量。

目前使用的铝酸钙成本很低，与高铝水泥相近，尤其是在河南巩义、贵州凯里等地，铝酸钙的价格在 1200 元/t 左右。因此，使用铝酸钙调整盐基度的成本比采用铝酸钠时更低。但是铝酸钠都是通过碱溶的方式生产的，不会在调整过程中带入重金属离子，如果采用铝酸钙调整则会引入一定量的重金属。这也是目前饮用水用聚氯化铝采用氢氧化铝酸溶-铝酸钙调整的一个重要原因。

（3）调整过程中铝酸钠溶液或者铝酸钙投加量的计算

铝酸钠溶液是铝酸钠与氢氧化钠的混合物，在与低盐基度聚合铝混合过程中，可以看作铝酸钠溶液中的氢氧根取代了聚氯化铝的氯离子，形成高盐基度产品。调整后聚氯化铝的盐基度等于低盐基度聚氯化铝中的氢氧根与铝酸钠溶液中氢氧根含量之和与铝酸钠和低盐基度聚合铝中总铝量 3 倍的摩尔比。调整后盐基度表达式为：

$$B=\frac{6B_0G_3n_3/M_{Al_2O_3}+G_1n_1/M_{NaOH}+4G_1n_2/M_{NaAl(OH)_4}}{3[G_1n_2/M_{NaAl(OH)_4}+2G_3n_3/M_{Al_2O_3}]} \tag{3-10}$$

式中　$G_1$——铝酸钙溶液的投加量，kg；

$G_3$——调整前聚氯化铝量，kg；

$n_1$——铝酸钠溶液中氢氧化钠百分含量，%；

$n_2$——铝酸钠溶液中铝酸钠百分含量，%；

$n_3$——调整前聚氯化铝中氧化铝的百分含量，%；

$B_0$——调整前聚氯化铝的盐基度，%；

$B$——调整后聚氯化铝的盐基度，%；

$M_{Al_2O_3}$——$Al_2O_3$ 的摩尔质量，g/mol；

$M_{NaOH}$——NaOH 的摩尔质量，g/mol；

$M_{NaAl(OH)_4}$——NaAl（OH）$_4$ 的摩尔质量，g/mol。

生产中所需铝酸钠的量 $G_1$ 为：

$$G_1 = \frac{6G_3 n_3 (B-B_0)/M_{NaAl(OH)_4}}{n_1/M_{NaOH} + n_2(4-3B)/M_{NaAl(OH)_4}} \tag{3-11}$$

调整好盐基度的聚氯化铝溶液可以直接加入改性聚丙烯酰胺沉淀剂，分离上清液，也可以直接压滤。

### 3. 铝酸钙一步法和铝矾土-铝酸钙两步法

铝酸钙酸溶一步法利用高铝水泥即铝酸钙生产聚氯化铝的工艺，在 20 世纪 90 年代初出现于郑州巩义地区。由于铝酸钙本身是高活性物质，通过调整盐酸的浓度和铝酸钙的投加量，室温下即可反应，同时伴随大量放热，进一步加速反应进行。这一技术是我国混凝剂行业的一个巨大进步，由于反应条件变得宽松，反应器的容积可以进行扩大设计为 100m³ 或 300m³，使得生产效率得到大幅提高。但是这种方法的缺点是盐酸消耗明显，同时将杂质氯化钙引入产品中，导致目标产品氧化铝含量低、易吸水，且重金属总量超标。

20 世纪 80 年代末和 90 年代末期，铝矾土-铝酸钙两步法出现于工业生产中，为了降低盐酸消耗并充分利用铝酸钙原料生产方面的技术优势，有些企业采用焙烧过的铝矾土与盐酸反应，生成氯化铝溶液，稀释后再与铝酸钙反应。这种方法成为我国绝大部分生产企业所使用的工艺路线，因为其不仅可以充分利用我国铝矿资源丰富的优势，又提高了经济效益。目前河南巩义和山东淄博 90% 的聚氯化铝产品都是采用这一方法生产的，可以很好地满足工业水和饮用水的处理，但是随着新的国家标准的实施，这一工艺在重金属方面无法满足新的饮用水标准中聚氯化铝的要求，从而不得不退出饮用水行业。

$$Al_2O_3 + 6HCl \Longrightarrow 2AlCl_3 + 3H_2O \tag{3-12}$$

$$AlCl_3 + Ca(AlO_2)_2 \longrightarrow Al_2(OH)_n Cl_{6-n} + xH_2O + CaCl_2 \tag{3-13}$$

上述方程式中，铝矾土与盐酸反应形成氯化铝，然后再和铝酸钙反应，得到聚氯化铝溶液。上面使用的铝酸钙以前称为高铝水泥，由于净水剂行业的快速发展和巨大需求，目前铝酸钙已经成为一个针对这一行业的单独产品。由于矿石的原因，铝酸钙中往往也有重金属的问题。重金属离子随着铝酸钙的溶解，进入聚氯化铝溶液，往往使得重金属超标。针对这一问题欧卫华先生 2010 年采用隧道窑的焙烧方法，以氧化铝与高纯青石作为原料，得到了白色铝酸钙，从而大幅度降低了铝酸钙中重金属的含量。而且这种铝酸钙保持了常规铝酸钙的活性，可以与盐酸在 100℃ 以下、常压条件下反应，就可以得到无色透明溶液，而且盐基度可以超过 70%。这一技术达到的质量标准远远超过了国家标准《饮用水用聚氯化铝》（GB 15892—2020）。白色铝酸钙产品的应用是这一行业的一个里程碑，极大提升我国聚氯化铝的产品质量并简化生产工艺。

### 4. 氢氧化铝酸溶一步法和两步法

20 世纪 80 年代，汤鸿霄院士的团队和李润生教授的团队都独立做了大量的研究工作，进一步实现了技术产业化。汤鸿霄院士在河北唐山首次将喷雾干燥技术应用于聚氯化铝固体的生产，得到白色固体干粉产品。这一技术奠定了目前在本行业内广泛使用的聚氯化铝干燥技术的基础。

结晶氢氧化铝酸溶一步法的工艺比较简单，盐酸和氢氧化铝在密闭容器中反应，就可以得到盐基度在 50% 以下的产品，工艺条件在 0.4MPa 和 150℃ 就可以实现。工业界广泛采用的铝矾土碱溶拜耳法得到铝酸钠和氢氧化铝，因此重金属含量比较低，产品满足饮用水的要求。由于反应条件苛刻，操作安全性差，这一方法在 90 年代后期使用得比较少，但是随着近几年国家对废弃物监管力度加大和对饮用水用聚氯化铝质量要求的提升，这一方法又逐渐使用得更加广泛。

$$2Al(OH)_3 + (6-n)HCl \Longrightarrow Al_2(OH)_nCl_{6-n} + (6-n)H_2O \qquad (3-14)$$

上述一步法得到的聚氯化铝的盐基度一般很难超过 50%（盐基度 $B = 40\% \sim 50\%$），因此需要调整盐基度到 80% 以上。

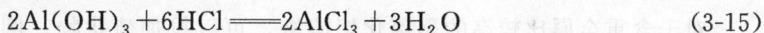

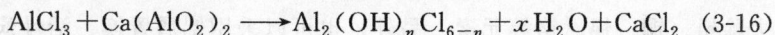

$$2Al(OH)_3 + 6HCl \Longrightarrow 2AlCl_3 + 3H_2O \qquad (3-15)$$

$$AlCl_3 + Ca(AlO_2)_2 \longrightarrow Al_2(OH)_nCl_{6-n} + xH_2O + CaCl_2 \qquad (3-16)$$

2010 年后，中铝山东有限公司推出了易溶氢氧化铝产品。所谓易溶，就是氢氧化铝与盐酸反应，在低于 100℃ 和常压条件下就可以实现氢氧化铝的溶解，得到氯化铝或者低盐基度的聚氯化铝。易溶氢氧化铝是过去 20 多年这一行业的最大进步，使得生产工艺简易而安全。

利用氢氧化铝和铝酸钙反应通常分为 3 步。

① 配酸反应。在反应釜中加入计量好的 1500kg 酸和 1000kg 水，使盐酸的浓度在 20% ~ 22% 之间。

② 酸溶氢氧化铝反应。在装有酸的反应釜中加入 600kg 的细氢氧化铝。使二者在 110 ~ 130℃ 和 0.1MPa 条件下反应 2h（目前已经可以在常压下进行反应），产物的氧化铝含量为 8% ~ 9%，盐基度为 19% ~ 21%。

③ 聚合反应。溶铝反应完成后，在反应釜中加入 250kg 铝酸钙粉，各种混合物在 105℃、0.25MPa 的条件下继续反应 1.5h。产物的氧化铝含量为 13% ~ 14%，盐基度为 45% ~ 55%。产物中含渣 3% ~ 5%。为了提高产品的盐基度，生产时可以在二次聚合过程中加入水和铝酸钙，这样不仅可以提高产品的絮凝效果，同时便于干燥产品，提高干燥效率。

氢氧化铝-铝酸钙两步法生产聚氯化铝工艺见表 3-6。氢氧化铝一步法和两步法产品质量指标比较见表 3-7。

表 3-6　氢氧化铝-铝酸钙两步法生产聚氯化铝工艺

| 项目 | 配酸 | | 一次聚合 | | 二次聚合 | |
|---|---|---|---|---|---|---|
| | 盐酸/kg | 水/kg | 氢氧化铝/kg | 指标 | 水/kg | 铝酸钙/kg |
| 工艺 1 | 1500 | 1000 | 600 | $B$:20%～30%<br>$Al_2O_3$:8%～9% | 0 | 250 |
| 工艺 2 | 1050 | 520 | 400 | $B$:20%～30%<br>$Al_2O_3$:8%～9% | 975 | 300 |

表 3-7　氢氧化铝一步法和两步法产品质量指标比较

| 项目 | $Al_2O_3$/% | 盐基度/% | pH 值 | 不溶物/% | 密度/(g/cm³) | 含渣量质量分数/% |
|---|---|---|---|---|---|---|
| 一步法 | 11.92 | 50.29 | 3.5 | 0.3 | 1.25 | 9.5 |
| | 12.20 | 48.50 | 3.5 | 0.3 | 1.26 | 9.7 |
| | 11.88 | 51.29 | 3.5 | 0.3 | 1.25 | 9.6 |
| | 12.18 | 50.21 | 3.5 | 0.3 | 1.25 | 9.6 |
| 两步法 | 11.72 | 74.68 | 4.5 | 0.3 | 1.24 | 6.6 |
| | 12.07 | 72.49 | 4.5 | 0.3 | 1.24 | 6.3 |
| | 11.68 | 76.52 | 4.5 | 0.3 | 1.24 | 6.5 |
| | 11.36 | 77.25 | 4.5 | 0.3 | 1.24 | 6.5 |

如果采用活性氢氧化铝生产，全部反应可以在常压下反应。如果控制第一步溶解产物的盐基度为零，则更有利于铝酸钙的溶出和溶液聚合。

**5. 聚氯化铝中重金属离子的去除**

对于含重金属比较高的聚氯化铝溶液，可以投加硫化物，例如硫化钠，形成沉淀，去除铅、铜、锡、铬等元素。另外，也可以采用铝屑置换、活性炭吸附的方法去除重金属，或者采用铝炭微电池强化还原的方法强化还原重金属离子。采用硫化物沉淀的方法可以与改性聚丙烯酰胺沉淀剂配合使用，以增加沉淀物的去除效果。

## 五、铝灰的资源化与聚氯化铝的生产

铝灰是指在铝行业过程中通过铝的电解、加工和再生等过程中产生的固体废弃物，按照铝灰的产生方式以及形态不同，可以分为一次铝灰以及二次铝灰。一次铝灰通常是电解铝过程中产生的不溶于铝液的浮渣，颜色通常为白色，又称白灰。而二次铝灰是通过回收重铸一次铝灰或其他含铝金属以及其加工过程中产生的灰渣，颜色呈黑色，又称黑灰。

近些年来，由于原铝产量的不断上升，铝灰产量也不断增加。2020 年中国原铝产量为 3733.7 万吨，再生铝产量为 725 万吨，分别占据全球的 57% 和 23%，而通常情况下，铝矿石直接生产 1000t 的金属铝会产生 10～20t 的铝灰，而二次铝资源回收将产生 20～50t 铝灰，甚至产量更高的、成分更加复杂的铝灰，由此估计，中国铝灰年产量超过 300 万吨。

铝灰中的主要成分包括金属铝、氧化铝、氮化铝以及氯盐、氟盐等成分，且根据不同原料以及不同的工艺流程，来源不同的铝灰的组分往往差异较大，具体铝灰的组分范围大致如表 3-8 所列。

表 3-8　铝灰的具体组分以及含量范围

| 铝灰类型 | 质量分数(Al)/% | 质量分数($Al_2O_3$)/% | 质量分数(AlN)/% | 质量分数(盐类)/% |
|---|---|---|---|---|
| 一次铝灰 | 15~80 | 20~85 | <5 | <5 |
| 二次铝灰 | 5~10 | 50~65 | 15~30 | 30~50 |

由于铝灰的成分复杂，长期大量堆积易造成水体和土壤重金属污染、土壤盐碱化，受潮解会产生有刺激性气味的氨气，造成极大的环境污染，严重危害人体健康。正是鉴于铝灰的危害性，2016 年铝灰正式被列入《国家危险废物名录》。

针对铝灰的处理与利用，主要是将铝灰用于合成硬质材料或者生产混凝剂。合成的硬质材料主要包括建筑材料、路用材料、耐火材料、回收氧化铝、复合材料脱硫剂等，虽然有一定的研究价值，但是普遍应用价值不高，且耗能较高，容易造成其他污染。

由铝灰制备的混凝剂主要是聚氯化铝和硫酸铝。由于铝灰制备混凝剂具有反应条件温和、工艺流程简洁以及生产成本较低等优点，铝灰基混凝剂在生产实践中具有较好的经济效益。但是，利用铝灰生产的混凝剂往往重金属含量以及氨氮等超标，根据行业标准规定，危险废物生产的聚氯化铝和硫酸铝只能用于各种中水和污水的处理，严禁用于饮用水处理。因此，如何改进由铝灰生产混凝剂的工艺，降低重金属含量，提高混凝剂纯度，是铝灰生产混凝剂行业的重要一环。

### 1. 铝灰的问题与资源化

工业生产往往伴随着废物的产生和自然资源的消耗，工业废物随着时间推移不断积累，对环境和公共健康造成严重危害。铝是地球上第三丰富的元素，金属铝是仅次于钢铁的第二大类金属，铝生产行业作为最重要的战略产业之一，也带来了很多危险废物的问题。金属铝密度轻，导电性好，同时有很好的耐腐蚀性，诸多优势使其成为航空航天、建筑结构和海洋工业等领域中广泛使用的材料。2021 年全世界原铝产量为 6724.3 万吨，其中我国产量为 3883.7 万吨，占比 57.7%。同时我国也是世界上最大的再生铝生产国和消费国，每年从废弃物中回收超过 1000 万吨金属铝，约占全球年产量的 1/3。

电解铝生产成本主要由电力和氧化铝成本构成。作为资源、能源密集型产业，我国电解铝产业分布具有明显的区域性聚焦特征。山西、河南具备丰富的铝土矿资源和煤炭资源，其电解铝产业具有先发优势。山东凭借自备电力和低成本的进口铝土矿迅速崛起。新疆因低价电力成为后起之秀。随着"双碳"目标的提出，云南等水资源丰富的省份迎来电解铝产能的增长。

为了控制电解铝产能的无序扩张，2017 年国家将其列入过剩产能行业，实施供给侧结构性改革，设立产能天花板，严格限制新增产能规模。在此背景下，发展再生铝产业为大势所趋。根据工业和信息化部、发展和改革委员会、生态环境部发布的《有色金属行业碳达峰实施方案》，2025 年我国再生铝产量将达到 1150 万吨。目前我国的再生铝企业主要分布于东南沿海，分布特征在于靠近铝消费市场，同时运输成本低，可以便利地得到国外废铝资源。根据国际铝业协会（IAI）发布的数据，每生产 1t 电解铝用电量 13500kW·h，而生产 1t 再生铝用电量仅为 230kW·h。根据中国产品全生命周期温室气体排放系数库发布的数据，在火电供应的产业结构下，再生铝的温室气体排放量仅为原铝的 1/40（再生铝 $0.72tCO_2/t$，火电铝 $29.04tCO_2/t$）。随着碳排放机制的完善，电解铝行业将被逐步纳入碳交易市场，这将进一步弥补再生铝的成本劣势。在政策推动下，再生铝产业开始呈现企业数量减少、产能规模化的趋势。

随着国家对生态环境的重视程度不断提高，固体废弃物的排放标准日益严格。2021年公布的《国家危险废物名录》中已经将二次铝灰列为危险废物，不允许铝灰进行填埋处理，因此如何处置二次铝灰已成为铝生产行业亟待解决的难题。另外，"十四五"期间我国推动高质量发展的目标要求全面提高资源利用率，鼓励固废的资源化利用。二次铝灰中含有丰富的铝资源，实现二次铝灰的回收利用不仅能缓解环境压力，更能实现资源的高效利用和经济的可持续发展。

### 2. 二次铝灰的来源、成分和危害

#### （1）铝灰的来源

如前所述，铝灰分为一次铝灰和二次铝灰。前者是在原铝生产中产生的，后者是在二级冶炼厂回收一次铝灰或再生铝的过程中产生。图 3-5 展示了铝工业的流程。

在原铝生产中，首先通过拜尔工艺加工铝土矿来制造氧化铝。根据铝土矿种类不同，加工的条件也不一样。三水铝石可以在温和条件下浸出，一水软铝石则需要 145℃以上的温度才能保证浸出率。我国的铝土矿以一水硬铝石为主，浸出温度和碱液浓度更高，且需要加压浸出，通常还需要先添加石灰烧结以提升产量。从铝土矿中提取的氧化铝通过 Hall-Héroult 工艺电解为金属铝。为了降低氧化铝熔点，通常向电解槽中加入冰晶石（$Na_3AlF_6$）、氟化铝（$AlF_3$）。铝离子在阴极发生还原反应富集得到原铝，阳极的炭则会与失去电子的氧原子反应生成一氧化碳（CO）、二氧化碳（$CO_2$），同时会生成部分氟化氢（HF）、四氟化碳（$CF_4$）等气体。其中 HF 可以与氧化铝反应生成氟化铝继续作为原料进入电解槽。电解槽长期受到侵蚀后会变形破裂，会被重新替换，产生的废弃物被称为大修渣。大修渣中主要包括碳素和氟化物，其中碳素可以回收利用，氟化物须无害化处理。电解铝产生的废电解质可以作为冶炼行业的添加剂或水泥工业的补充原料。电解过程中，熔融铝液表面发生氧化，氧化物薄膜随着铝液运动破碎，氧化物颗粒不断聚集形成一次铝灰。一次铝灰分选后，大的金属铝粒可以直接回收，剩余铝灰经过球磨后进入熔融装置回收金属铝。通常这样的铝灰含有 80% 的金属铝，经过两道三次的熔融回收，二次熔融阶段又称为"炒灰"，此时产生的铝灰为二次铝灰。

#### （2）二次铝灰的成分

二次铝灰的主要成分为氧化铝（$Al_2O_3$）、镁铝尖晶石（$MgAl_2O_4$）、氧化硅（$SiO_2$）等氧化物，同时有部分未反应完全的金属铝（Al）。其余成分因生产工艺和原料的不同差异较大。

在大多情况下，铝灰的回收过程中会使用盐助熔剂来最大限度地减少氧化并促进金属的凝聚和分离。盐助熔剂可以促进热量向金属的传递，保护金属不受大气影响，一些盐熔剂还可以与氧化铝发生化学反应并将其溶解。通常使用的盐助熔剂可能是氯化盐如氯化钠（NaCl）、氯化钾（KCl）等，或氟化盐如氟化钙（$CaF_2$）、氟化钠（NaF）、冰

三水铝石 → 低温

一水软铝石 → 中高温(145℃)

一水硬铝石 → 高温高压高碱

拜耳工艺

石灰

铝土矿 → 三水铝石／一水软铝石／一水硬铝石

→ 氧化铝

炭阳极　冰晶石　氧化铝　氟化铝　直流电

CO、$CO_2$、HF、$CF_4$ ← 阳极　电解槽　阴极 → 原铝

气体净化 ← 氟化铝

尾气排放

废电解质　大修渣　一次铝灰

一次铝灰 → 金属铝粒 → 原铝

一次铝灰 → 铝灰 → 球磨

回收铝 → 破碎

盐助熔剂

熔融装置

二次铝灰

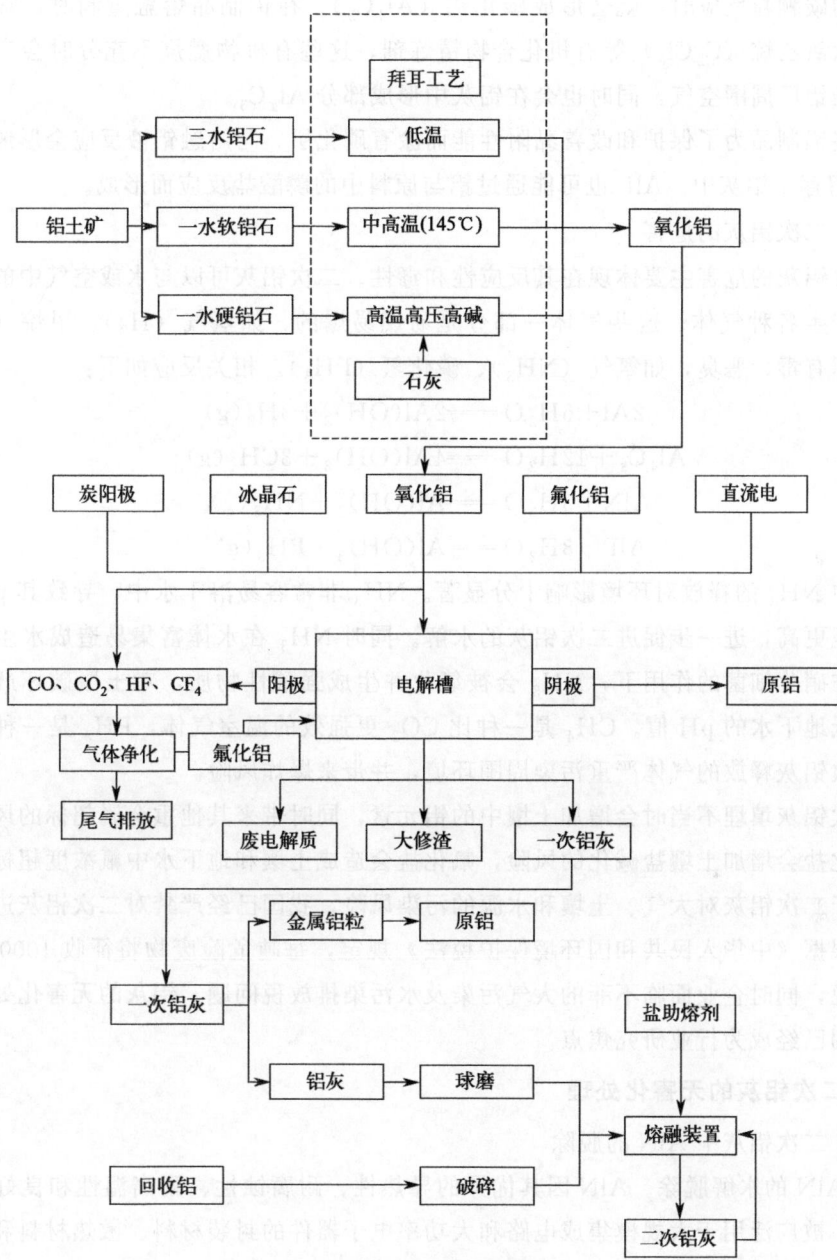

图 3-5　铝工业流程图

晶石（$Na_3AlF_6$）等。

在电解铝的过程中通常采用成本低廉的氮气（$N_2$）作为载气，高温铝液与 $N_2$ 接触反应生成氮化铝（AlN）留存于铝灰中。在铝灰的回收过程中熔融铝液也会与空气中的 $N_2$ 反应生成 AlN。

在某些情况下，各种合金元素与盐熔剂一起用于生产铝合金，不同的合金元素导致不同铝灰中的金属氧化物含量和种类的差异。

带有涂料或塑料涂层的铝制品废品造成的有机物污染可能带来碳元素，当熔化的铝

与分散的碳颗粒反应时，就会形成碳化铝（$Al_4C_3$）。在铝制品熔融重制时，常向铝液中加入六氯乙烷（$C_2Cl_6$）等有机化合物精炼剂，这些有机物燃烧不充分时会产生有毒气体污染铝厂周围空气，同时也会在铝灰中形成部分 $Al_4C_3$。

一些铝制品为了保护和改善黏附性能而涂有磷化层，与熔融铝液反应会形成磷化铝（AlP）留存于铝灰中。AlP 也可能通过铝与原料中的磷酸盐反应而形成。

（3）二次铝灰的危害

二次铝灰的危害主要体现在其反应性和毒性。二次铝灰可以与水或空气中的水蒸气反应，产生各种气体。这些气体一部分是易燃易爆的，如氢气（$H_2$）、甲烷（$CH_4$），一部分则有毒、恶臭，如氨气（$NH_3$）、磷化氢（$PH_3$）。相关反应如下：

$$2Al+6H_2O \Longrightarrow 2Al(OH)_3+3H_2(g) \tag{3-17}$$

$$Al_4C_3+12H_2O \Longrightarrow 4Al(OH)_3+3CH_4(g) \tag{3-18}$$

$$AlN+3H_2O \Longrightarrow Al(OH)_3+NH_3(g) \tag{3-19}$$

$$AlP+3H_2O \Longrightarrow Al(OH)_3+PH_3(g) \tag{3-20}$$

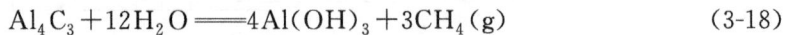

其中 $NH_3$ 的释放对环境影响十分显著。$NH_3$ 非常容易溶于水中，导致其 pH 值达到 9 甚至更高，进一步促进二次铝灰的水解。同时 $NH_3$ 在水体富集易造成水生生物氨中毒。在硝化细菌的作用下，$NH_3$ 会被氧化并生成强酸性物质，对土壤破坏严重，同时会降低地下水的 pH 值。$CH_4$ 是一种比 $CO_2$ 更强效的温室气体，$PH_3$ 是一种剧毒气体。二次铝灰释放的气体严重污染周围环境，并带来爆炸风险。

二次铝灰填埋不当时会增加土壤中的铝元素，同时带来其他重金属超标的风险。铝灰中氯化盐会增加土壤盐碱化的风险，氟化盐会造成土壤和地下水中氟浓度超标。

鉴于二次铝灰对大气、土壤和水源的污染风险，我国已经严禁对二次铝灰进行填埋处理。根据《中华人民共和国环境保护税法》规定，每吨危险废物将征收 1000 元的环境保护税，同时企业面临不菲的大气污染及水污染排放税问题。铝灰的无害化处理和资源化利用已经成为行业研究焦点。

### 3. 二次铝灰的无害化处理

（1）二次铝灰中 AlN 的脱除

① AlN 的水解脱除。AlN 因其优异的导热性、耐腐蚀性、耐高温性和良好的化学稳定性，被广泛用于大规模集成电路和大功率电子器件的封装材料、散热材料和电路元件。由于 AlN 容易吸收水分，研究重点通常是对 AlN 粉末和陶瓷的表面改性，以防止其水解。这两种类型的 AlN 在水解反应前有一个诱导期，随着温度的升高，诱导期缩短。然而，当二次铝灰与水接触时，AlN 水解速率快，释放出氨气。这是因为 AlN 粉末和 AlN 陶瓷具有致密的结构，化学活性相对较差，而二次铝灰是松散的，其中的 AlN 颗粒尺寸非常细，比表面积大。同时，由于二次铝灰在水解过程中会释放热量，进一步促进 AlN 水解。

Andraz 等研究了 AlN 粉末的水解机理。AlN 粉末水解反应伴随着 pH 值和温度的升高，提高初始反应温度会增加反应速率，起始温度和水解时间对反应产物及其形态影响显著。研究证实，在室温时，主要的结晶反应产物是拜耳石[$Al(OH)_3$]。在高温下，结晶产物变成了勃姆石（AlOOH）。随着水解时间的延长，又会重新转化为拜耳石，具体反应如下：

$$AlN + 2H_2O \Longrightarrow AlOOH(无定形态) + NH_3(g) \tag{3-21}$$

$$NH_3 + H_2O \Longrightarrow NH_4^+ + OH^- \tag{3-22}$$

$$AlOOH(无定形态) + H_2O \Longrightarrow Al(OH)_3(结晶态) \tag{3-23}$$

姜澜等研究了铝灰中的 AlN 水解行为，研究表明反应温度和时间对铝灰中的 AlN 水解速率和程度都有较大的影响，搅拌可以加速反应的进行，而粒度对水解的影响不明显。同时研究指出相较于 AlN 粉末和陶瓷，铝灰中的 AlN 活性更高，不存在明显的诱导期，且水解产物未观察到 AlOOH 相。

水解脱除铝灰中的 AlN 操作简单、能耗低，是众多企业的首选工艺。工业用水可以直接用于水解脱氮，成本低廉且吸收的氨气可以生产氨水。直接水解的缺陷在于的水解程度不彻底。根据唐铃虹的研究，蒸馏水体系在最佳反应条件下 AlN 的脱氮效率也只有 38.12%。碱性条件可以有效提高 AlN 的水解效率，5% 的 $Na_2CO_3$ 的溶液中 AlN 水解效率可以达到 94.14%，而 5% 的 NaOH 溶液中 AlN 水解效率可以达到 99.76%。缺陷在于反应的液固比太高，其 NaOH 体系的液固比为 10:1，而 $Na_2CO_3$ 的液固比更是达到 40:1，虽然 AlN 的脱除效果很好，但碱的消耗量太大，不具有经济效益。

② AlN 的氧化脱除。AlN 具有还原性，二次铝灰中的 AlN 在高温空气中会发生氧化反应，最终生成 $\alpha$-$Al_2O_3$ 作为产物。李勇等研究了铝灰高温焙烧脱氮的机理，AlN 粒子表面与 $O_2$ 反应形成 $Al_2O_3$-AlN 壳层结构，随后 $O_2$ 通过 $Al_2O_3$ 层向内扩散并氧化 AlN，导致 $Al_2O_3$ 层厚度增加，由于 $Al_2O_3$ 和 AlN 的热膨胀系数不同，当温度升高时，壳层结构发生破裂，使得 AlN 再次暴露于氧气中并被氧化。

Su 等提出了一种在空气气氛中通过钙化焙烧来解毒、回收和高价值应用二次铝灰的新途径，即在空气中将二次铝灰与 CaO 共同焙烧可以同时实现脱氮、氯盐回收和铝酸钙的制备。在最佳条件下，Ca 与 Al 摩尔比为 1.7，焙烧温度为 1400℃，空气气氛中反应 2h 后，二次铝灰中 99.7% 的 AlN 转化为无害的 $N_2$。

二次铝灰的主要成分与水泥原料相似，利用水泥窑协同处置铝灰不仅可以实现铝灰的脱毒脱活，还能将其资源化。高温处理可以使铝灰中的氮化铝转化为 $N_2$，金属铝也会变成氧化铝，解决了铝灰的环境风险。研究发现铝灰的添加还可以提高水泥窑中的选择性催化还原（SCR）氮氧化物还原效率，铝灰中的 AlN 可以作为还原性氮在高温条件下与 $NO_x$ 反应生成 $N_2$。

火法 AlN 氧化脱除的能耗大，产生的气体成分难以确定，可能产生氮氧化物造成环境破坏。而湿法 AlN 水解脱除无法避免过程中的 $H_2$、$CH_4$ 等气体带来的爆炸风险。设计安全可靠、低成本的 AlN 脱除工艺是实现二次铝灰无害化处理的关键所在。

（2）二次铝灰中盐的脱除

二次铝灰中的盐类分为氯化盐和氟化盐，Graziano 等提出了 4 种潜在的盐回收技术。

① 基本工艺。在 25℃ 的水中浸出，通过蒸发使盐分结晶。

② 高温工艺。在 250℃的水中浸出，通过闪蒸结晶使盐分沉淀。

③ 溶剂/反溶剂工艺。在 25℃的水中浸出，通过添加丙酮沉淀盐类。

④ 电渗析工艺。在 25℃的水中浸出，通过电渗析浓缩和回收盐类。

Binnaz 等研究了铝灰水浸提盐技术，确定了铝灰在水中的溶解度条件。为了研究温度的影响，在 20℃、40℃、60℃、80℃和 100℃的温度下，用 1∶15 的固液比进行了溶解实验，结果显示温度对溶解度影响很小，因此 20℃的室温足以实现最佳的盐溶解度。结果表明，混合 30min 足以使铝灰中的盐类溶解并达到最大的回收率。回收的助熔剂（70％NaCl，30％KCl）的成分与原始助熔剂（69％NaCl，29％KCl，2％$CaF_2$）几乎相同。Davies 等通将铝灰破碎研磨后以 7∶3 的液固比在室温下回收盐类，结果表明 90％的 Cl、55％的 Na 和 45％的 K 可被回收。

根据我国《危险废物鉴别标准　浸出毒性鉴别》（GB 5085.3—2007），无机氟化物的浸出浓度限制是 100mg/L，二次铝灰的固氟研究是必要的。鲍善词等针对二次铝灰的氟和铝元素进行了浸出研究，研究表明，在最佳浸出参数下，氟元素的最大浸出率是 87.62％，氯元素最大浸出率 99.02％。过滤液经过蒸发浓缩后可回收氟盐和氯盐。

Wan 等用二次铝灰作为原料，先水洗蒸发回收了可溶性的氯化盐，再通过 500℃下碱性焙烧-浸出工艺提取了铝元素，在浸出液中通入 $CO_2$ 生产了冰晶石（$Na_3AlF_6$），二次铝灰提供了铝源和部分氟源。宋学峰等结合钙盐沉淀法利用石膏固定二次铝灰中的氟元素，石膏中的钙可以与氟离子反应生成稳定的氟化钙，从而达到固氟的作用。研究表明掺杂部分偏高岭土的脱硫石膏对二次铝灰中的氟离子有很强的固化作用，且耐水性能更好。

（3）二次铝灰湿法回收

铝灰的湿法处理技术关键在于浸出介质和浸出参数，核心在于回收铝灰中的氧化铝。二次铝灰中含有 50％～65％的氧化铝，生产相同质量的氧化铝用二次铝灰作为原料的成本仅为用铝土矿工艺的 49.54％。根据浸出介质的不同，又可将湿法处理技术分为碱浸工艺和酸浸工艺。

① 碱浸法回收利用二次铝灰。铝灰通过碱液浸出可以回收其中的大部分铝元素，通常使用的碱液为 NaOH 溶液，铝灰的碱浸工艺流程图如图 3-6 所示。

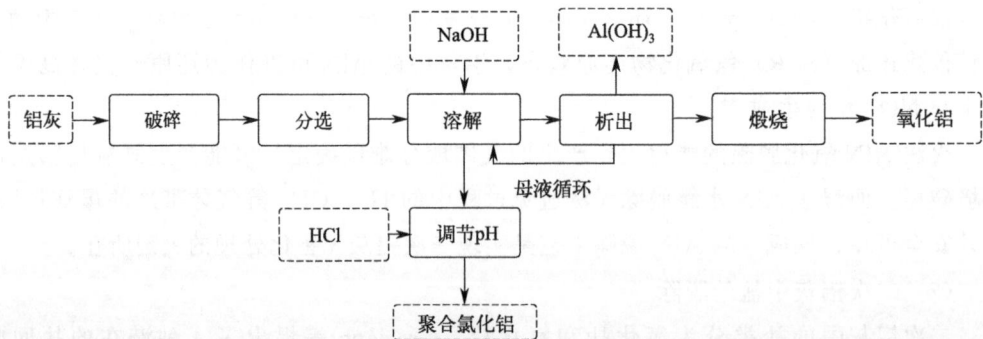

图 3-6　铝灰的碱浸工艺流程图

铝和铝的氧化物与 NaOH 反应，得到富含铝酸钠的浸出液，浸出液可以通过调节 pH 值、添加晶体析出氢氧化铝，再煅烧得到氧化铝产品。由于碱浸时其他重金属无法溶解，脱水后得到氢氧化铝纯度很高，适合各种水处理剂的生产。根据工艺不同，碱浸后得到的铝酸钠溶液也可以用盐酸调节 pH 值，得到聚氯化铝产品。

国内外很多学者都做过铝灰的碱浸研究。Jafari 等研究发现 $1\sim2\mathrm{mol/L}$ NaOH 溶液可以提供足够多的氢氧根离子以反应掉铝灰中的金属铝。Zauzi 等研究了铝灰在不同 NaOH 浓度、不同反应时间和不同反应温度下的特性。在 40℃ 的反应温度下，以 1% NaOH 溶液浸润铝灰 15min，铝灰比表面积从 $10.1\mathrm{m^2/g}$ 增加到 $80.0\mathrm{m^2/g}$，这使铝灰有潜力成为催化剂型材料。研究表明铝灰的碱浸会剧烈放热，体系会很快进入沸腾状态，碱液浓度会显著影响碱浸效率。100℃ 下，使用 70% 的碱液以碱灰比 70∶20 的条件浸润铝灰，铝灰中氧化铝的 0.5h 浸出率可以达到 93%。

Yoldi 等将二次铝灰在球磨机中研磨 3h 后，用 $2\mathrm{mol/L}$ 的 NaOH 萃取 1h。研究表明，用 NaOH 对二次铝灰进行碱处理可以提取大量的 Al 元素，所获得的水溶液是作为 Al 来源的高附加值产品。此外，由于 Al 提取是在回流下进行的，$NH_3$ 和所有其他挥发性化合物都被去除了。然而，产品仍面临盐超标的问题，需要用去离子水清洗。

李玲玲等研究了铝灰碱浸工艺各项参数对碱浸结果的影响。在 250℃ 的条件下，二次铝灰中的大部分氧化铝会在 0.5h 内迅速溶出。氧化铝溶出的最佳条件：固液比为 80g/L、NaOH 的质量浓度为 248g/L、反应温度为 250℃、反应时间为 3h，氧化铝溶出率为 98.6%。

得益于铝的两性，铝灰中的铝元素能溶解在碱液中，而其他杂质金属无法溶解，因此碱浸工艺得到的产品纯度高，同时工艺可以借鉴拜耳法生产氧化铝，实现碱液的循环利用。生产过程中可以通过调节得到不同特性的氧化铝产品。但是碱浸工艺需要大量的碱以保证氧化铝的浸出率，生产成本高，而且在生产过程中需要考虑生成的 $H_2$、$NH_3$ 等气体，还伴随着废液处理难题。碱浸工艺适宜于铝、铁含量高且硅含量低的铝灰生产以避免氧化硅影响，得到高纯度的氧化铝。

② 酸浸法回收利用二次铝灰。30 多年前，酸浸工艺已经广泛应用于二次铝灰的回收利用，随着国家对聚氯化铝标准的逐步提高，人们对于铝灰又有了更多的认识，包括生产中的安全问题和产品中重金属问题，或者作为危险废物的不规范转移问题。酸浸工艺选用酸性浸出介质，通过调整浸出条件使得铝灰中的铝元素溶解，通过过滤与不溶物分离。酸浸工艺可以非常方便地得到聚硫酸铝、聚氯化铝等水处理剂产品，也可以继续加工得到氧化铝产品。酸浸工艺也需要对铝灰先进行破碎、分选，湿法与酸浸工艺流程图如图 3-7 所示。

铝灰与盐酸的反应活性非常剧烈，可以用盐酸或者盐酸与硫酸的混合物进行酸浸。Sarker 等在未经过任何预处理的情况下直接用 HCl 溶解铝灰，研究表明，随着浸出温度、时间和酸浓度的增加，氧化铝的浸出率不断提高。在 $4\mathrm{mol/L}$ HCl、2h 浸出时间和 100℃ 的最佳条件下，从铝渣中提取最多 71% 的氧化铝。通过分别在 1000℃、1200℃ 和 1400℃ 下对干凝胶进行热处理，得到 $\theta\text{-}Al_2O_3$、$(\alpha+\theta)\text{-}Al_2O_3$ 和 $\alpha\text{-}Al_2O_3$。X 射线衍射分析（XRD）表明，用这种方法得到的氧化铝均为纳米级。这种处理方式结合了湿

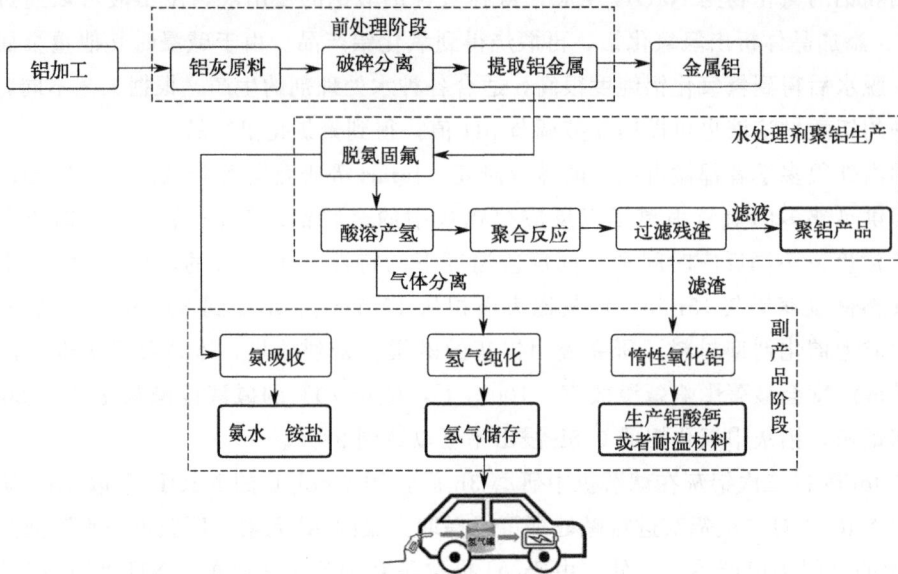

图 3-7　湿法与酸浸工艺流程图

法处理和火法处理，产品价值更高但处理流程更复杂。

　　铝灰作为原料生成聚铝的方法在 20 世纪 70 年代已经开始使用，用 HCl 和铝灰反应，通过添加铝酸钙调节盐基度得到聚氯化铝产品。晁曦探索了 HCl 浓度、反应温度、反应时间、转速、液固比对铝灰浸出的影响，结合生产成本给出酸浸的最佳参数：HCl 6mol/L，85℃，反应时间 2h，转速 200r/min，液固比 12mL∶1g。制备聚铝的较优参数：铝酸钙和酸浸液比例为 12g∶80mL，温度 85℃，反应 1.5h，搅拌转速 200r/min。利用铝灰生产水处理剂是目前比较成熟且工艺相对简单的铝灰回收利用方式。

　　酸浸工艺相对于碱浸工艺成本较低，主要在于盐酸成本远低于氢氧化钠，且酸浸对预处理的需求度更低，浸出效率更高，浸出条件更温和。酸浸可以较为方便地得到水处理剂聚氯化铝等产品，如果要得到氧化铝产品则碱浸工艺更为成熟。无论酸浸还是碱浸都需要考虑生产过程中产生的气体，特别是 $H_2$ 会带来爆炸危险。酸浸工艺的不足在于产品的纯度很受原料影响，如果原铝灰中含有其他金属杂质必须有脱重金属的流程。

　　湿法处理条件相对比较温和，但浸出率受限于铝灰中氧化铝的赋存形式，在生产中需要考虑铝灰中氮、氟、重金属的去除。铝灰中的硅含量过高也影响生产，碱浸工艺中硅含量高的铝灰会消耗更多的碱液，压力和温度要求也更高；酸浸工艺中硅含量过高则会影响过滤性能，导致过滤困难。因此湿法处理工艺在实际生产中需要更多操作单元以解决各个流程中的问题。对于生产固体聚氯化铝产品的工艺，为了提高固体有效成分的比例，无论碱浸还是酸浸，都可以在溶解之前采用脱盐的方法，降低混合物中的氯化钠和氯化钾，回收这部分资源到铝加工过程中以节省成本。

**4. 铝灰与混凝剂的生产**

　　利用铝灰生产的混凝剂主要是铝盐，包括聚氯化铝、硫酸铝、氯化铝等，前两者广泛用于各种中水和污水的处理。

利用铝灰生产水处理剂的工艺已经 40 多年，并且得到了广泛的应用。最近十几年水处理剂聚氯化铝的行业标准，对于生产产品中重金属规定更严格的限定，同时补充了对于氨氮指标的要求。没有经过特殊的处理工艺，往往是重金属超标严重，氨氮达到 4000～5000mg/kg 的浓度，严重影响处理水质的指标。铝灰与盐酸反应具有一定风险性。反应过程中释放大量的氢气，容易自燃和爆炸。因此，一般企业采用敞口设备，氢气挥发、自燃或者燃烧，或通过空气稀释的方法迅速排放混合气体。目前随着对于化工企业监管的日益严格，上述工艺和产品质量都无法达到清洁生产和更高产品质量的要求，国家标准《水处理剂　聚氯化铝》（GB/T 22627—2022）指标项目要求。见表 3-9。

聚氯化铝的国家标准再更新修订，增加了对于氨氮的要求，控制在 0.05% 以下，由于达标生产的技术难度增大，因此国内近几年采用铝灰大规模生产的企业很少。由于环境生态部将铝灰归为危险废物，很多产生铝灰的企业不得不付费，委托其他企业进行处置，即使如此，目前大规模资源化的企业也是寥寥无几。由于铝灰不仅可以提炼金属铝，而且可以进一步资源化生产水处理剂，具有较好的经济效益。相比于传统混凝剂的生产，由于有危险废物处置费的抵扣，铝灰生产的混凝剂综合成本更低，产品质量相近，因此铝灰生产水处理剂具有更好的竞争优势。

表 3-9　《水处理剂　聚氯化铝》（GB/T 22627—2022）指标项目要求

| 指标名称 | 指标 | |
|---|---|---|
| | 液体 | 固体 |
| 氧化铝（$Al_2O_3$）的质量分数/% | ≥8.0 | ≥28.0 |
| 密度（20℃）/（g/cm³） | ≥1.12 | — |
| 盐基度/% | 20～98 | |
| 不溶物的质量分数/% | ≤0.4 | |
| pH 值（10g/L 水溶液） | 3.5～5.0 | |
| 铁（Fe）的质量分数/% | ≤1.5 | |
| 氨氮（以 N 计）的质量分数/% | ≤0.05 | |
| 砷（As）的质量分数/% | ≤0.0005 | |
| 铅（Pb）的质量分数/% | ≤0.002 | |
| 镉（Cd）的质量分数/% | ≤0.0005 | |
| 汞（Hg）的质量分数/% | ≤0.00005 | |
| 铬（Cr）的质量分数/% | ≤0.005 | |

注：表中所列产品的不溶物、铁、氨氮、砷、铅、镉、汞、铬的指标均按 $Al_2O_3$ 质量分数为 10% 计，当 $Al_2O_3$ 含量 ≠ 10% 时，应按实际含量折算成 $Al_2O_3$ 为 10% 产品比例，计算出相应的质量分数。

（1）酸溶法

酸溶法的主要原理是利用铝灰中的 $Al_2O_3$ 和少量的 Al 与盐酸反应溶出，然后加入适量的水，并通过水解反应、聚合反应等，通过加入铝酸钙等不断调节盐基度，生成聚合体，最终获得液体样品。具体反应流程如下所示：

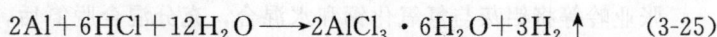

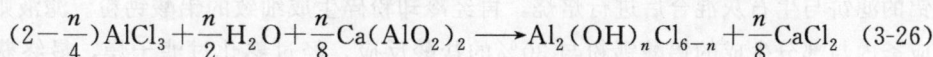

$$Al_2O_3 + 6HCl + 9H_2O \longrightarrow 2AlCl_3 \cdot 6H_2O \qquad (3\text{-}24)$$

$$2Al + 6HCl + 12H_2O \longrightarrow 2AlCl_3 \cdot 6H_2O + 3H_2 \uparrow \qquad (3\text{-}25)$$

$$(2 - \frac{n}{4})AlCl_3 + \frac{n}{2}H_2O + \frac{n}{8}Ca(AlO_2)_2 \longrightarrow Al_2(OH)_nCl_{6-n} + \frac{n}{8}CaCl_2 \qquad (3\text{-}26)$$

此外，铝灰与盐酸反应会产生大量的热量，如果有效调节盐酸和水的比例，合理利用放出的热量，则可以减少外加热源的使用，甚至不需外加热源，进行自热反应，进一步降低成本，节约能耗。

　　许多研究者通过对酸水比、反应温度、熟化温度以及熟化时间等制备条件的探究，对生产的聚氯化铝的性能进行了优化。例如，罗资琴等在反应温度 100℃左右，反应 6～12h 的条件下，通过自然降温稀释，并在 95℃下保温熟化 15～24h，制备出盐基度 50％以上、$Al_2O_3$ 含量 9.5％以上的聚氯化铝液体产品。鲁秀国等采用酸溶一步法制备聚氯化铝，对各种因素进行了实验研究，最终确定了最佳的工艺条件：3.4g 铝灰，10mL 水，$V$（浓盐酸）：$V$（水）为 1：1.5，反应时间为 2h，中速搅拌，反应温度为 85℃，熟化时间为 36h。刘细祥等以南宁某铝型材加工厂的铝灰渣为原料通过单因素和正交实验研究了反应温度、反应时间、酸水比等对产品的影响，确定制备 PAC 的最佳工艺条件，并且通过添加铝酸钙调节，使得最终产品盐基度达到 85％，$Al_2O_3$ 含量达到 10.50％。晁曦等通过酸浸实验确定由铝灰制备聚氯化铝的最佳条件的同时，对铝酸钙的投加量也做了详细的调整，最后确定了在铝酸钙 12g/80mL 酸浸液，温度 85℃，反应 1.5h 的条件下聚铝产品最佳。上述对于制备条件的探究均为在实验室中获取，而在具体的大规模生产中，往往与实验室数据差别比较大，因此应当结合具体生产实际，对生产过程以及条件进行不断优化。

　　在具体的生产工艺中，酸溶法存在一定的缺点：由于铝灰的组分不稳定导致产品质量不稳定，尤其是重金属含量容易超标；铝灰在与水和盐酸反应过程中，容易产生大量氨气、氢气、氯化氢等气体，可能造成一定危险等。因此，面对这些问题需要不断地对工艺进行改善，不断提升产品的纯度以及降低生产过程中的危险性。例如，对于产品中重金属含量超标的问题，可以添加一些除杂剂、重金属去除剂等，如硫化物、有机金属络合剂，充分降低产品中的重金属含量，提升产品纯度。对于铝灰与盐酸反应生成氢气带来工业生产中安全方面的问题，张跃军等通过在热水中加入铝灰制得铝灰浆，在热水中不断进行搅拌，以及搅拌与静置交替来破坏铝灰中的氧化铝，加速铝灰中各活性组分的水化反应，在温和的水化条件下缓慢释放氨气、氢气，并使其在高温反应剧烈的酸化条件下大幅减少或消除氨气、氢气生成量，充分降低了工业生产过程中的危险性。

　　（2）铝酸钙的制备与生产

　　通过将碳酸钙或氧化钙与铝灰混合，然后升温煅烧，形成铝酸钙，再通过酸溶、熟化、过滤以及干燥等工艺生产聚氯化铝产品。该方法能够有效提高铝灰的利用效率，以及有效缓解铝灰中金属铝的水解或酸解所释放氢气的易燃易爆问题。焦占忠等将铝灰与碳酸钙或氧化钙球磨、混匀，在氧化气氛中升温到 850～1200℃进行焙烧，分别将铝灰中所含的金属铝氧化为氧化铝，将所含的氮化铝氧化为氧化铝和氮气，将反应活性很低的氧化铝反应生成铝酸钙活化，再将其与盐酸及水反应生产浆液，通过熟化干燥分离，最终生产出高质量聚铝产品。

　　张业岭等将铝灰与氢氧化钙和水混合，充分混合脱氮后，进行压滤固液分离。将含铝的滤饼与生石灰混合后进行焙烧，再经冷却粉碎生成细致的铝酸钙粉。滤液则返回反应釜内与部分生成的铝酸钙粉与 30％的盐酸反应，经过熟化过滤干燥，最终获得聚氯化铝产品。该工艺既减少了聚氯化铝中重金属的含量，得到高质量的聚氯化铝成品，又获得了优质的中间产物铝酸钙粉，其中部分可以外售，提高了经济效益。另外，铝矾土和铝灰混合后，与碳酸钙一起焙烧，制备铝矾土，也是一种很好的方法。铝灰焙烧过程中会蒸发出氯化钠等，会影响旋转窑后端排气口的运行，如果前期有分盐工艺，则效果更好，产品的氧化铝含量也会相应提高。纯铝灰制备的铝酸钙的氧化铝含量一般在40%~45%，相应低于铝矾土制备的产品。国内已经有几家企业采用铝灰生产铝酸钙。

**5. 铝灰行业对传统混凝剂行业的冲击**

目前，我国聚氯化铝的主要生产方式是利用铝矾土与盐酸反应以及铝酸钙与盐酸反应来生产聚铝。而且大多数生产的产品较为单一，企业生产规模小，技术含量低，产品有效成分氧化铝含量低、杂质多，而高效、廉价的复合型聚铝盐和高纯度聚氯化铝产品很少，很难满足市场需求。

铝灰原料的综合利用给传统混凝剂行业带来了巨大的挑战。我国现阶段铝灰年产量超过370万吨，由于铝灰的年产量足够大，一旦能够充分利用，不仅能够改善铝灰堆积所带来的环境问题而且可以有效满足混凝剂市场。并且随着工艺的不断完善，生产成本相比传统混凝剂大大下降，由铝灰酸溶法制造的聚铝产品质量不断提升，杂质含量下降，纯度也在不断提高。例如，利用南方某地铝灰通过酸溶法生产的聚氯化铝的指标与《水处理剂　聚氯化铝》（GB/T 22627—2022）的指标对比如表3-10所列，产品均达到国标的要求。

**表3-10　南方某地铝灰生产的聚氯化铝指标与国标对比**

| 指标名称 | 1# | 2# | 3# | 《水处理剂　聚氯化铝》（GB/T 22627—2022） |
|---|---|---|---|---|
| $w(Al_2O_3)/\%$ | 15.33 | 15.54 | 17.90 | ≥8.0 |
| $w(Fe)/\%$ | 0.0907 | 0.0581 | 0.0451 | ≤1.5 |
| $w(As)/\%$ | 0.0002 | 0.0003 | * | ≤0.0005 |
| $w(Pb)/\%$ | 0.0006 | * | * | ≤0.002 |
| $w(Cd)/\%$ | * | * | * | ≤0.0005 |
| $w(Hg)/\%$ | * | * | * | ≤0.00005 |
| $w(Cr)/\%$ | 0.0037 | 0.0047 | 0.0024 | ≤0.005 |

\* 表示仪器未检出。

在利用铝灰与盐酸反应的生产聚氯化铝的过程中，会产生大量的氢气，会带来易燃易爆的风险，给工厂以及工作人员带来安全隐患。为了能够消除铝灰酸溶带来的安全隐患，可以将氢气分离提纯，形成一个有极高价值的副产品氢气，不仅大大降低了生产过程中的危险性，还能带来极高的经济价值。随着沿海各地逐渐加大对氢产业的重视，开始布置氢产业，该方法产生的氢气将有极高的市场前景，潜力巨大。

采用酸溶法需要用到大量的盐酸，为了进一步降低成本，提高经济效益，往往可以利用铝灰与工业废盐酸进行"双废"结合，充分实现废弃物的资源化和回收利用。山东、江苏等有大量的氯碱行业和氯气反应副产的盐酸或者经过其他工艺使用后的二次盐酸，这为工业级聚氯化铝的生产提供了酸的保证，大幅度降低了原料的成本。

由于目前市场上铝灰是危险废物，因此产生铝灰的企业必须支付处置企业资金用于处理铝灰，达到安全使用或者"解毒"后再用作生产铝盐的原料。目前委托处置1t铝灰的价格因地区不同，一般在500~2000元/t，而如果选择的工艺安全可靠，用作水处理剂的生产，不仅可以做到铝灰的解毒，同时可以资源化处理，产生非常好的经济效益。并且，铝灰可以与同样是危险废物的废盐酸相结合，能够进一步降低生产成本，在有效解决铝灰与废酸带来的环境问题的同时，充分做到废弃物的有效资源化和回收利用，带来相当可观的经济效益。

综上所述，铝灰的综合利用给传统的混凝剂行业带来了巨大的冲击。由铝灰生产聚氯化铝的工艺技术不断完善，生产的聚氯化铝产品质量不断提升，对废水以及污泥的处理效果也在不断提高。并且，在生产聚铝产品的同时可以有效利用酸溶过程中产生的氢气，形成有价值的副产品。不仅能够有效减少铝灰与废酸带来的环境污染，还带来了极高的经济效益。因此，传统水处理剂生产必须改变思路，充分利用铝灰与废盐酸，与危险废物处理行业相结合，将危险废物行业与新能源和传统水处理剂行业打通，才能有效提升市场效益。

## 六、聚氯化铝干燥方法

### 1. 滚筒干燥

（1）滚筒干燥原理及特点

目前生产固体聚氯化铝最常用的方法就是滚筒干燥，向滚筒内通入 0.4～0.6MPa 的蒸汽。滚筒在旋转过程中将聚氯化铝液体黏附在滚筒外壁，旋转过程中黏附液体中的水分和少量盐酸蒸发，旋转一周后，液体干燥形成片状物，经过刮刀刮下，得到固体颗粒状成品。

蒸汽滚筒式干燥机的干燥工艺主要是通过以蒸汽加热的滚筒式干燥设备来实现的，这种工艺的突出优点是干燥设备简单，投资少，生产费用低。已在众多中小规模的生产厂得到广泛使用。但这种工艺也存在许多不足之处。

① 热利用率不高。由于蒸汽间接加热是开放式加热系统，其疏水系统排出的热水和二次蒸汽的热能一般难以得到再利用，加上疏水器现象的普遍存在，因此，蒸汽滚筒干燥工艺对热能的利用率难以提高。

② 带压运行，操作安全性差。由于该工艺中干燥滚筒内的加热蒸汽的压力一般需维持在 0.4～0.6MPa，因此，设备一直处于带压工作状态，一旦出现设备本身质量问题或操作使用不当等情况，容易造成安全事故。

③ 滚筒使用寿命短。由于滚筒是在强腐蚀和强磨损（刮刀不停地磨损筒表）的条件下运行，因此，对于常用材质（如 16MnR）的滚筒，壁厚在使用过程中都会不断减薄。根据内压筒体的设计规范，在工作压力为 0.6MPa 的条件下，当滚筒筒壁达到某一壁厚之后，如不及时更换，极易造成安全事故。

为了提高滚筒的使用寿命，目前生产加工的滚筒壁厚一般为 20mm 左右。但即便如此，滚筒壁厚的利用率也只有 50% 左右。一般每个滚筒只可以用来生产 200～300t 固体。这样既影响连续生产，也大大增加了设备费用所占的生产成本。

④ 生产的片状聚氯化铝是在水中分散性和溶解性不及喷雾干燥的粉末状产品。

（2）导热油滚筒干燥 PAC 的工艺流程

为了充分发挥滚筒式设备结构简单的优点，克服其热利用不高的缺点，国内已有企业使用以导热油为加热载体的导热油筒干燥新工艺。以导热油为加热载体的滚筒式干燥机干燥 PAC 工艺流程如图 3-8 所示。

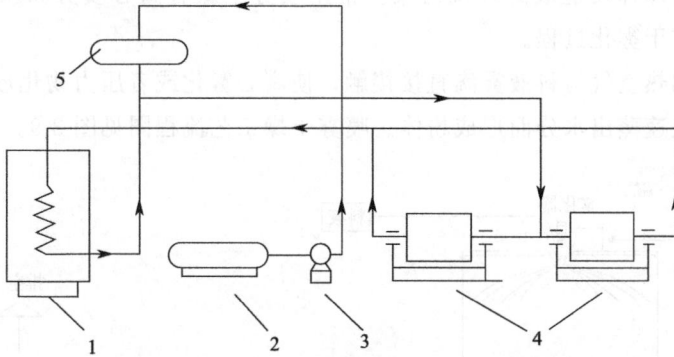

图 3-8　滚筒式干燥机干燥 PAC 工艺流程

1—加热炉；2—低位槽；3—热油泵；4—滚筒干燥机；5—膨胀槽

供热系统中的导热油始终为液相，蒸汽压几乎为零，故热载体本身不产生输送驱动力，而是依靠热油泵输送至导热油加热炉中，并在加热炉的炉管中边流动边被加热升温，然后流向滚筒干燥机。在滚筒式干燥机中，高温导热油边流动边释放出部分热量，以使滚筒表面 PAC 液膜干燥。最后，这些已被降温的低温导热油又被热油泵强制循环至加热炉中再次加热升温。如此反复循环，周而复始，不断实现着工艺的供热过程。在滚筒式干燥机的工作过程中，滚筒边受热边作缓慢转动，通过热筒壁与液体 PAC 物料的接触使筒表面黏附一层液体薄膜。液膜内的水分则随着筒内高温导热油的间接加热作用而迅速汽化，PAC 物料也就从液膜变成了固体薄壳。再由刮刀将其从筒表面及时刮下，便可得到片状的固体 PAC 产品。

（3）导热油加热与蒸汽加热的比较

① 导热油供热系统为闭式热循环系统，不存在热载体的流失与排放而造成的热损失，热利用率高，节能效果显著。系统中热载体（导热油）不汽化、不产生压力，仅依靠热油泵的强制循环传递热量。因此，整个系统均处于低压运行状态，其中热油泵出口处压力（等于加热炉、干燥机以及管线三者流体阻力之和）最大，也仅为 0.25～0.35MPa，而干燥机内的工作压力则在 0.08MPa 以下。这样，整个系统的压力很低，不仅节省了造价和维护费用，也最大限度地减少了工艺上的不安全因素。

② 由于滚筒式干燥机几乎在常压下工作，因此，一方面干燥机筒体可按常压设备加工，并消除了生产使用中的不安全因素；另一方面滚筒的安全使用壁厚可降至 2～3mm，从而使用寿命提高近 80%。

③ 系统温度稳定，便于自动控制。

④ 系统的辅助设备减少，如省去了软水处理设备和排污设施等，简化了工艺，节省了设备投资。导热油加热与蒸汽加热相比，前者投入相对较大，后者的投入较小。

**2. 喷雾干燥**

喷雾干燥有很多优点：能使干燥的速度加快，热能利用效率提高；有效解决了热敏性物料因受热不均而变性的问题；不存在因筒壁腐蚀变薄易发生爆炸的危险，安全性增强；产品水溶性好，因受热均匀，药效保持好；整个系统封闭运行，避免了干燥过程中因盐酸或硫酸气体挥发造成的环境污染。常用喷雾干燥有离心喷雾和压力喷雾两种方式，两者区别在于雾化过程。

采用清洁的热空气与料液雾滴直接接触，使离心雾化或者压力物化形成的料液雾滴在下落过程中快速蒸出水分而形成粉体。喷雾干燥工艺流程图见图 3-9。

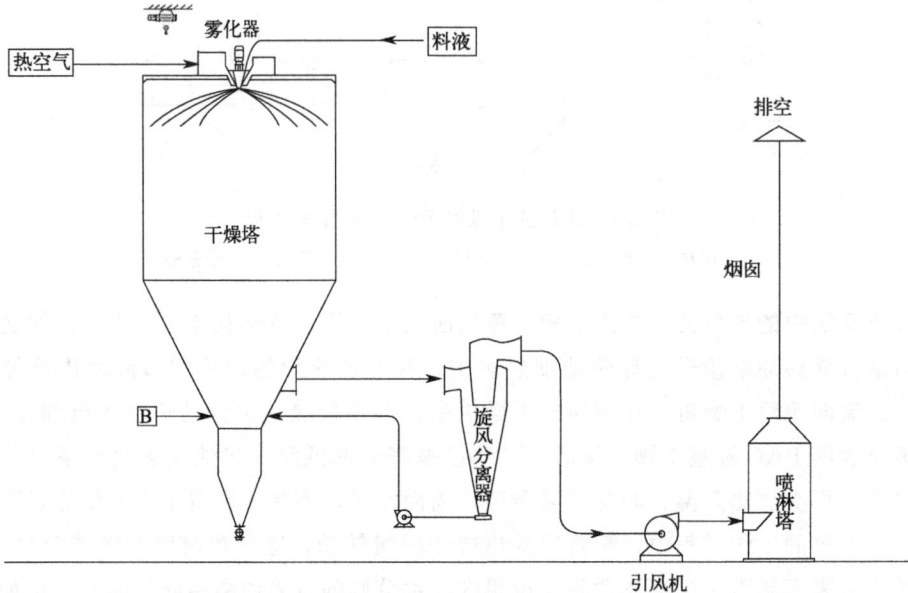

图 3-9　喷雾干燥工艺流程图

离心喷雾干燥系统装置经过滤、热交换的清洁热空气切线进入主干燥塔上部。料液由主塔顶部的中央进入，经过高速旋转（15000r/min）的喷头分散成极其细小的液滴，与热空气直接接触。液滴在下落过程中，经过很短的行程，所含水分迅速蒸出，落至锥形底部形成粉体产品。塔内维持负压，有少部分固体粉尘被吸出进入旋风分离器，利用离心沉降原理从气流中分出固体颗粒，进入集料桶定期收集包装。离心分离器中间的上升气携带蒸出的 HCl 气、水蒸气和微量固体粉尘进入湿式除尘系统，被水淋湿吸收后，循环进入液体物料生产过程中。剩余的微量 HCl 气和水蒸气高空排放。

喷雾过程中聚氯化铝液滴迅速气化，形成外形为球状空心颗粒，因此其密度比较低，也就是人们常说的比较"抛"。

## 七、聚氯化铝主要性能

聚氯化铝与传统无机混凝剂的根本区别在于其在生产制备过程中形成了分子量不等的已经部分水解的铝聚合物，因此聚氯化铝比传统无机混凝剂低分子有更高的水解和架桥起点，因此混凝速度快。与小分子铝盐相比，其适用 pH 值范围宽，对管道设备腐蚀性小。其混凝作用表现如下。

① 水中胶体物质的强烈电中和作用。

② 水解产物对水中悬浮物具有非常好的架桥吸附作用。

③ 通常情况下，与硫酸铝比较，净水成本与之相比低 15％～30％。

④ 消耗水中碱度低于各种无机小分子混凝剂，因而可不投或少投加碱。

⑤ 在原水 pH 值 5～9 范围内均可凝聚，最佳 pH 值范围是 6～8。

⑥ 处理水中盐分增加少，有利于离子交换处理和高纯制水，但是仍然低于有机混凝剂聚胺、聚二烯丙基二甲基氯化铵等。

⑦ 对原水温度的适应性优于硫酸铝等无机混凝剂。

由于饮用水用聚（合）氯化铝和工业级聚（合）氯化铝用途的完全不同，目前把这类产品分成两类，即饮用水用净水剂聚氯化铝和水处理剂聚（合）氯化铝。聚氯化铝和聚合氯化铝以往都称为聚合氯化铝，在此"聚"和"聚合"完全等同。就无机高分子来讲，其分子量远远小于其他水溶性的高分子，例如各类聚丙烯酰胺，分子量往往超过 1000 万。而对于无机高分子聚合物，目前还没有合适的测定方法准确测定其分子量。

聚氯化铝技术要求：外观上，液体为无色或黄色、褐色液体，固体为白色或黄色、褐色颗粒或粉末。聚氯化铝颜色的深浅，主要是含铁不同形成的，铁的含量越低，颜色越淡，直至白色。但是颜色和纯度与混凝效果并不一定成正比。目前混凝中药剂的投加量是以去除各种胶体和污染物的效率为标准，药剂与去除的污染物没有严格的定量关系，必须通过烧杯实验确定。

## 八、聚磷氯化铝（PPAC）制备方法

严格来讲聚磷氯化铝这个名称是不合适的，因为其主要成分仍然是聚氯化铝。磷酸盐包括硫酸盐，都是多价盐，比氯离子有更好的配位性能。一个磷酸根和硫酸根可以配位三个铝离子和两个铝离子，可以使聚氯化铝中的分子量倍增或者加大，从而提高聚氯化铝的混凝效果。因此在聚氯化铝溶液中添加各种磷酸盐或者磷酸，都可以提高水的混凝效果，尤其是对于低温低浊度水的处理。

首先新配制的氯化铝溶液在激烈搅拌下缓慢滴加碱液，制得设定碱化度和铝浓度的溶液，然后滴加一定量的 $NaH_2PO_4$ 溶液，在 80℃ 水浴中回流数小时，熟化 24h 就制得 PPAC 溶液。磷酸根对聚铝有增聚作用，使 PPAC 含有电荷更高、分子量更大的多核络合物，长期稳定性好。

采用 PPAC 对含油污水、有机废水、毛纺染料废水及受污染的河水进行混凝处理，在较少投药量下，浊度、油分、$Cr^{3+}$ 的去除率＞90％，溶解性有机物的去除率也达 60％以上，并且适应较高的 pH 值，其功效显著优于普通的 PAC 且不增高处理后水中磷含量，因此有广阔的开发应用前景。

## 九、新标准的实施与产业影响

### 1. 多部门协调解决水资源管理

目前，饮用水用净水剂国家标准和行业标准由全国化学标准化技术委员会水处理剂分会负责制定，而混凝剂的生产许可和质量监督由卫生行政部门负责。由此现行国家规

范、标准中易出现相互矛盾的内容，需要进一步研究和商榷。

例如，《生活饮用水化学处理剂卫生安全评价规范》（2001）（以下简称《评价规范》）对水处理化学品提出了以下要求，即生活饮用水化学处理剂在规定的投加量使用时，生活饮用水化学处理剂带入饮用水中的有害物质是《生活饮用水水质卫生规范》（2001）中规定的物质时，该物质的容许限值为相应规定限值的 10%，具体包括金属（砷、镉、铬、铅、银、硒和汞）、无机物、有机物、放射性物质。对于饮用水用聚氯化铝，《评价规范》规定评价剂量为 25.0mg/L（以 Al 表示），折合成氧化铝 55mg/L，则需要投加液体聚氯化铝 550mg/L。聚氯化铝的重金属评价见表 3-11。

**表 3-11　聚氯化铝的重金属评价**

| 项目 | 饮用水限值 /(mg/L) | 产品质量限值/(mg/L) | | 评价剂量带入的重金属 | | | |
|---|---|---|---|---|---|---|---|
| | | GB 2009 | GB 2020 | GB 2009 /(mg/L) | 引入重金属/% | GB 2020 /(mg/L) | 引入重金属/% |
| 砷 | 0.01 | 2 | 2 | 0.0011 | 11 | 0.0011 | 11 |
| 镉 | 0.005 | 2 | 1 | 0.0011 | 22 | 0.00055 | 11 |
| 铬 | 0.05 | 5($Cr^{6+}$) | 5(总) | 0.00275 | 5.5 | 0.00275 | 27.5 |
| 铅 | 0.01 | 10 | 5 | 0.0055 | 55 | 0.00275 | 27.5 |
| 汞 | 0.001 | 0.1 | 0.1 | 0.000055 | 5.5 | 0.000055 | 5.5 |

以铅为例，我国饮用水中铅的控制浓度为 0.01mg/L，在评价剂量下的铅引入量达到 0.0055mg/L，进而导致现行国标条件下的铅引入量占比达到 55%，不满足《评价规范》的要求。以《生活饮用水用聚氯化铝》（GB 15892—2020）中的重金属进行计算，引入的相对量为 0.00275/0.01＝0.275＝27.5%＞10%，依然达不到饮用水处理用药剂的规范。

目前，《生活饮用水用聚氯化铝》（GB 15892—2020）对于重金属的要求与日本的行业标准基本一致，且远远高于欧盟和美国的相应标准。聚氯化铝质量标准比较如表3-12 所列。

**表 3-12　聚氯化铝质量标准比较**

| 指标 | 欧盟 (EN 883—2004) | 美国 (ANSL/awwab 408—2010) | 日本 (JIS/k 147—2006) | 中国 (GB 15892—2020) | 中国 (GB/T 22627—2022) | 氢氧化铝和铝酸钙工艺 |
|---|---|---|---|---|---|---|
| 外观 | 无色至黄色 | 无色至淡黄色 | 无色至淡褐色 | 无色至淡黄透明液 | 无色至黄色或黄褐色 | 淡黄褐色 |
| 密度(20℃)/(g/cm³) | 1.16～1.40 | — | ≥1.19 | ≥1.12 | ≥1.12 | 1.224 |
| 氧化铝($Al_2O_3$)/% ≥ | 7.9～17.9 | 5.0～25.0 | 10～11 | 10 | 8 | 10.6 |
| 盐基度/% | >35 | 10～83 | 45～65 | 45～90 | 20～98 | 79.24 |
| 不溶物/% ≤ | — | — | — | 0.1 | 0.4 | — |
| 浊度/NTU ≤ | — | 50 | — | — | — | 78 |
| pH 值(10g/L 水溶液) | — | — | 3.5～5.0 | 3.5～5.0 | 3.5～5.0 | 4.3 |
| 铁(Fe)/(mg/L) | — | — | 100 | 2000 | 15000 | 760 |
| 锰(Mn)/(mg/L) | — | — | 15 | — | — | — |
| 氨氮(CN)/(mg/L) | — | — | 100 | — | 500 | — |
| 铅(Pb)/(mg/L) | 2.12～42.34 | — | 5 | 5 | 20 | 4.57 |

续表

| 指标 | 欧盟<br>(EN 883—<br>2004) | 美国<br>(ANSL/awwab<br>408—2010) | 日本<br>(JIS/k 147—<br>2006) | 中国<br>(GB 15892—<br>2020) | 中国<br>(GB/T 22627—<br>2022) | 氢氧化铝和<br>铝酸钙工艺 |
|---|---|---|---|---|---|---|
| 镉(Cd)/(mg/L) | 0.16～5.29 | — | 1 | 1 | 5 | 0.013 |
| 铬(Cr)/(mg/L) | 1.59～52.93 | — | 5 | 5 | 50 | 6.09 |
| 六价铬(Cr)/(mg/L) | — | — | — | — | — | — |
| 汞(Hg)/(mg/L) | 0.21～1.06 | — | 0.1 | 0.1 | 0.5 | 0.028 |
| 砷(As)/(mg/L) | 0.74～5.29 | — | 1 | 1 | 5 | 0.53 |
| 硫酸根离子<br>($SO_4^{2-}$)/(mg/L) | — | — | 3.5 | | | |

即使这样，产品依然达不到《评价规范》的要求。也就是说，即使采用国内外最严格的净水剂标准生产的聚氯化铝产品都不能适用于我国生活饮用水的处理，这显然是不合理的。造成上述矛盾的主要原因包括残留量的界定以及评价剂量的设定两个方面。

（1）残留量的界定

处理的所有饮用水原水都含有带阴离子的胶体颗粒。常用的铝盐和铁盐混凝剂在水中会发生中和、胶体脱稳作用，最终形成氢氧化物和水中胶体颗粒的黏附物或者聚集体，并从水体中沉淀分离出来。在上述过程中，不仅可以去除胶体颗粒，同时还能去除部分溶解性的有机物和重金属（包括水体中的重金属和自身带入的重金属）。忽视这一重要的重金属分离作用将导致重金属残留量显著升高。而《评价规范》以纯水溶解水处理剂，并以纯溶液中的重金属含量来衡量实际水处理过程中的重金属残留量，是完全不合适的，因为配制的聚氯化铝溶液与聚氯化铝的实际作用环境完全不同。

（2）评价剂量的设定

评价剂量即加药量问题。以液体聚氯化铝计算，550mg/L的加药量远远超出实际的加药范围。表3-13是我国典型流域使用河水作为饮用水水源时聚氯化铝的投加量。

表 3-13　作为饮用水水源时聚氯化铝的投加量

| 水源 | 长江<br>上海段 | 长江<br>武汉段 | 松花江<br>哈尔滨段 | 东江<br>广州段 | 黄河<br>兰州段 | 黄河<br>郑州段 | 黄河<br>济南段 | 太湖<br>无锡 |
|---|---|---|---|---|---|---|---|---|
| 液体 PAC<br>投加量<br>/(mg/L) | 15～30 | 15～60 | 25～60 | 15～30 | 30～60 | 30～80 | 60～100 | 10～30 |

可以发现，通常情况下液体聚氯化铝的投加量不会超过100mg/L，品质优良的聚氯化铝实际投加量往往在10～30mg/L，远远低于规范中的评价剂量。因此，以大剂量药剂而且全部溶解的方式衡量聚氯化铝或者其他混凝剂的残留量是非常不合理的。卫生部门在制定国家标准和规范时，应与产品的国家标准制定部门协商，形成更加合理和有效的国家标准体系。

**2. 新国标的实施对行业生产的影响**

新标准要求生产聚氯化铝的原料盐酸应采用工业合成盐酸，含铝原料应以工业氢氧化铝为主要原料。新标准的实施将对整个行业的生产运行，包括原料、技术路线以及生产设备调整产生重大影响。尤其是以往国家标准控制六价铬不超过 5mg/L，现在修改成总铬不超过 5mg/L，这要求对整个的生产原料和设备做出重大的调整，才能满足新的国家标准，生产企业会大幅度增加设备投入和应对原料价格的大幅度上涨。饮用水级别产品与工业用水产品的生产工艺和原料来源，以及生产成本会大幅度拉大。

### 3. 新国标的实施对生产工艺的影响

95％采用铝矾土两步法生产技术的企业不得不采用氢氧化铝和铝酸钙酸调整的两步法，需要对原料、技术路线及生产设备进行大幅调整。反应方程：

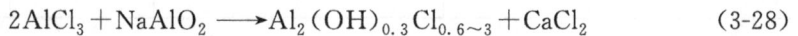

$$2AlCl_3 + Ca(AlO_2) \longrightarrow Al_2(OH)_{5.4}Cl_{0.6} + CaCl_2 \tag{3-27}$$

$$2AlCl_3 + NaAlO_2 \longrightarrow Al_2(OH)_{0.3}Cl_{0.6\sim3} + CaCl_2 \tag{3-28}$$

$$2AlCl_3 + CaCO_3 \longrightarrow Al_2(OH)_{3\sim5.4}Cl_{0.6\sim3} + CaCl_2 \tag{3-29}$$

目前氢氧化铝有两种。一种为常规的氢氧化铝，另一种是易溶氢氧化铝。常规氢氧化铝可以用过量的盐酸反应，温度在 100℃，如果使用低铁盐酸，则得到无色的氯化铝溶液。这种溶液可以有几种方式提高盐基度，最典型的是用常规的铝酸钙调整盐基度，但是常规的铝酸钙往往含有铁离子，提高盐基度后铁离子的浓度高于 1000mg/L，溶液带有淡黄色，如果浓度更高溶液会成为棕红色。

使用常规的铝酸钙很容易调整盐基度，但是必须慎重选择铝酸钙。铝酸钙由青石（碳酸钙矿石）和铝矾土混合烧结而成，然后经过球磨，得到 100~200 目的粉体。在矿石铝矾土和青石中都含有一定量的重金属，例如铅、铜等，在粉碎加工中也会引入铬等重金属。因此选择铝酸钙必须十分慎重，否则会使形成的聚氯化铝溶液的铅、铬等超标。即使有些产品可以是完全无色透明，但有时也会有重金属的超标问题。目前也有企业采用铝酸钠溶液调整盐基度，见式(3-28)以盐基度 90％表示，式(3-29) 相同。由于铝酸钠是由氢氧化铝和氢氧化钠生产而来，因此不会引入重金属，同时可以保持产品为无色透明。如果采用轻质碳酸钙调整盐基度，也能得到无色透明的聚氯化铝溶液，见式(3-29)。

国内部分企业尝试采用白色氧化铝和轻质碳酸钙为原料，生产铝酸钙。采用这种铝酸钙直接与盐酸反应，就可以得到无色透明的聚氯化铝液体，而且其盐基度任意可调。也可以调整氢氧化铝（常规氢氧化铝或者易溶氢氧化铝都可以）与盐酸反应形成的氯化铝溶液的盐基度，获得透明的溶液。这样获得的聚氯化铝的铁离子含量在 50~100mg/L 范围内，重金属含量在 5mg/L 左右，完全达到饮用水用聚氯化铝的新标准，采用这种工艺几乎可以避免产生大量的废渣，不会带来二次污染问题。目前高纯铝酸钙的价格基本上是常规铝酸钙价格的两倍多，但是随着国家饮用水用聚氯化铝标准日益严格和监管力度的加大，采用易溶氢氧化铝和高纯铝酸钙将成为一种趋势。

### 4. 新国标的实施对当地环境的影响

除了重金属问题以外，采用铝矾土轻烧料生产聚氯化铝会产生大量的废渣。轻烧料的氧化铝和氧化铁总含量一般不会超过 40％，因此提取氧化铝后，仍然有 50％~65％的废渣。上海周边省市对于环保的要求日益严格，废渣处理成本难以承受，这也是这一区域率先采用氢氧化铝生产的一个重要原因。

河南巩义和山东淄博地区有丰富的低品位铝矾土资源，可以生产大量的轻烧料；同时，这两个区域有大量的副产酸资源，且废渣的处置成本较低，这也是当地大量使用铝矾土轻烧料的一个重要原因。以往这些废渣主要是填埋处理，最近巩义地区不允许再填埋，必须资源化这些废弃物。在目前国家对于环境监管日益严格和巩义市定位为旅游城市的前提下，散乱的聚氯化铝生产企业不得不进入工业园区，以强化污染物的控制。近期当地环保部门要求处置和资源化这部分工业废渣导致最近几年的生产受到很大的影响，使得国内混凝剂价格急剧攀升，且货源紧张。而利用工业氢氧化铝和铝酸钙这一常压生产工艺，不仅便于大批量生产，同时减轻了生产企业的废渣处理压力，将固体废弃物的产生量降低了90%。即使产生了少量废渣，也可以进一步加工成新的水处理剂，从而完全避免废渣的产生。

巩义市是我国最大的聚氯化铝生产基地，每年为全国输出约200万吨产品，有70多家混凝剂生产企业，更有超过4000的销售人员或代理团队。混凝剂也是当地的一个重要产业，但还不是支柱行业。低价竞争、资源过度消耗、高能耗、高污染等因素限制了整个行业的进一步发展。巩义在为全国的绿色发展，尤其是水处理行业的发展做出突出贡献的同时，其自身却付出了较大的环境污染的代价。最近，得益于国家严格控制大气污染的大环境和"煤改气"的政策调整，巩义政府借助于新的国家标准的实施，希望尽快改变这种不可持续的发展模式，在提升产业技术水平的同时，引导企业向水处理的上下游发展，从而利用水处理剂的优势获得更大的服务和价值空间。在这方面，江苏、广东的几个水处理剂企业的成功转型就是非常好的案例。

### 5. 国家标准与监管

（1）国家标准的制定

目前我国混凝剂国家标准由全国化学标准化技术委员会负责制定国家和行业标准。混凝剂的生产许可证由省级卫生防疫站负责监管生产和颁发生产许可证。卫生防疫部门负责产品质量的监督，但是往往对于生产的全过程并没有严格的监督，只是测定混凝剂样品达到国家标准即为合格。目前聚氯化铝的国家标准中，《生活饮用水用聚氯化铝》（GB 15892—2020）有11项指标，如果选择合适的原料和工艺完全可以达到新的国家标准。根据生产工艺分析，人们就理解了在新的标准中规定"生产聚氯化铝的盐酸，应该以工业合成盐酸，含铝原料，应以工业氢氧化铝为主要含铝原料"的限定意义。

混凝剂标准的制定者，往往来自生产企业和对于生产工艺更为熟悉的研究人员，他们对于生产过程中的质量和过程控制更为熟悉，在今后的产品监督方面，建议卫生防疫部门与标准制定部门能够联合协作，引导这一行业的健康发展。

（2）产品质量的监管

新国标对于酸的限定明确了生产饮用水用聚氯化铝必须以工业合成盐酸为原料，使用任何其他副产酸为非法。这一限定的目的，是严格禁止由副产酸生产的产品进入饮用水行业。因此建议采购饮用水用聚氯化铝产品的企业，在检验产品质量的同时，要求生产厂家提供生产聚氯化铝的盐酸和氢氧化铝的批号、质检单，确保是该批次的合成盐酸和氢氧化铝用于相应批次的聚氯化铝的生产，尤其是对于通过中间商采购的企业必须这样做。从而使得生产产品的质量具有可追溯性，防止伪劣产品进入饮用水行业。在这方面，上海市水务局做得非常好，对于生产企业能够进行严格的监督，保证用于饮用水处理的药剂的质量。

国内很多企业不生产饮用水用聚氯化铝，但是这些企业也有饮用水用聚氯化铝的许可证，这就为企业采购不合格产品进入饮用水行业埋下了重大的隐患。有些产品可能测定结果是达到国家标准要求的产品，但是可能使用的是不符合国家标准规定的原料生产的产品。目前，代理饮用水用混凝剂的企业在市场上销售产品的比例非常高。尤其是很多中小型水厂，往往通过代理商采购，而不是通过生产商直接供货。另外，卫生防疫部门也缺乏对于代理商的监管，这也带来了很大的隐患。

混凝剂在水处理成本中所占比例相对比较小，一般在 5% 以下，但是发挥的作用却是无法替代的。需要说明的是，上述计算没有包含企业的无形成本，例如销售成本、管理成本、研发成本，以及一些地方对于企业收取的各种费用。同时，也没有包含从生产企业到用户之间的运输费用。另外，因地区的不同，原料成本，尤其是盐酸的成本价格差别较大。最近，我国盐酸和氢氧化铝的价格都处于历史高位。因此，聚氯化铝的价格也相对处于高位。

目前北京和上海自来水公司采购液体聚氯化铝的价格均在 1100 元/t 以上。这保证了生产企业一定的利润，有利于企业的良性和可持续发展。我国很多中小企业水厂为了降低水处理药剂的成本，一味压低聚氯化铝的价格是完全不利于企业发展的。如果无法保证企业的利润或者企业的生存，生产企业便以次充好，以不合格产品冒充合格产品，从而使得进入饮用水行业的产品无法达到国家标准要求的质量水平。对于部分企业故意以次充好以获得更大的利润，应当加大监管和处罚力度。

### 6. 聚氯化铝发展的趋势与评价

聚氯化铝是我国过去 40 多年中发展起来的一个特色产品。与其他国家相比，聚氯化铝在技术和原料方面都有很大的优势，基本满足了我国饮用水和污水处理的要求。为了这一行业的良性和可持续发展，无论是生产者、销售者，还是终端的用户，都应该负起社会责任，推动这一行业的健康发展。

目前我国水处理行业正经历快速的融合发展过程，部分大的上市公司也在谋求向水处理化学品行业延伸。这也为水处理药剂行业的兼并、重组，以及技术和市场的提升提供了良好的机会。因此，未来几年也是这一行业发生巨变的阶段，只有抓住这种机会，行业和企业才能经历自我超越，走上可持续发展的道路。

对于我国混凝剂行业的发展，国家应该在工业和卫生两个主管部门间建立良好的合作机制，共同推动涉及饮用水安全的净水材料国家标准的制定。同时应该因地制宜，制定适合我国国情发展的国家和行业标准，让人民群众获得安全的饮用水的同时，引领行业的快速健康发展。

## 第二节　聚硫酸铝

基于硫酸铝，国内有些学者对于聚硫酸铝和聚硅硫酸铝的制备和性能也做了大量的研究，包括其制备方法、分子结构，以及使用性能。这两类聚合物的混凝效果均优于硫酸铝，一般盐基度在 20%～50% 之间，消耗的碱度低于硫酸铝。聚硅硫酸铝是一类新型无机高分子混凝剂，同时具有电中和以及吸附架桥作用，其市场份额将会逐步扩大。

聚硫酸铝（poly aluminum sulfate，PAS）的研究起始于 20 世纪 70 年代，美国专利（4284611 及 4536665）和加拿大专利（1203364、1203664 及 1203665）分别介绍了具体合成方法。在上述专利方法中，首先硫酸铝与碳酸钠或氢氧化钠反应生成不溶的凝胶状羟基铝，制得的凝胶在硫酸铝溶液中进行再分，从而使得硫酸铝分子进一步羟基化进而生成聚硫酸铝（PAS）。反应可归纳如下：

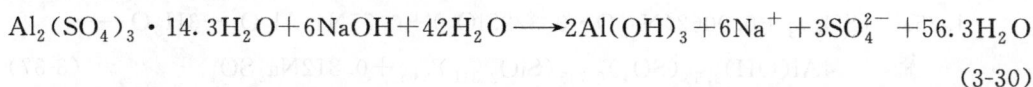

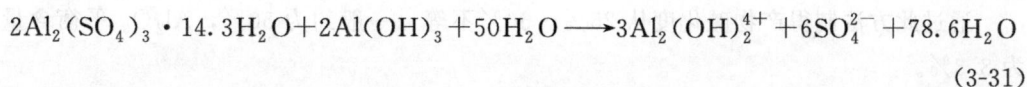

$$Al_2(SO_4)_3 \cdot 14.3H_2O + 6NaOH + 42H_2O \longrightarrow 2Al(OH)_3 + 6Na^+ + 3SO_4^{2-} + 56.3H_2O$$
$$(3-30)$$

$$2Al_2(SO_4)_3 \cdot 14.3H_2O + 2Al(OH)_3 + 50H_2O \longrightarrow 3Al_2(OH)_2^{4+} + 6SO_4^{2-} + 78.6H_2O$$
$$(3-31)$$

采用该方法时，当碱化度＞15%，聚硫酸铝溶液即出现稳定性问题。一些溶液可以稳定数月之久，但某些只能维持几日。由于该稳定性问题仍未能得到解决，这也使得该项技术尚未达到完全商业化的程度。

美国专利 4877597 介绍了另一种聚硫酸铝的生产工艺。该工艺摒弃了羟基铝凝胶生成过程中的初始步骤，采用由硫酸铝和铝酸钠的制备反应过程，得到约 33% 盐基度的聚硫酸铝。该反应对温度及反应、搅拌条件比较敏感，因此得到稳定的碱化度高于 33% 的产品也是相当困难的，介于 20%～25% 碱化度范围是最稳定的。

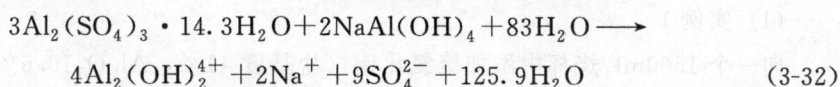

$$3Al_2(SO_4)_3 \cdot 14.3H_2O + 2NaAl(OH)_4 + 83H_2O \longrightarrow$$
$$4Al_2(OH)_2^{4+} + 2Na^+ + 9SO_4^{2-} + 125.9H_2O \qquad (3-32)$$

美国专利 3544476 介绍了一种聚氯化硫酸铝（PACS）的生产方法。其步骤是首先制备氯化铝和硫酸铝溶液，然后加入碳酸钙或石灰碱溶液碱化产品，得到 PACS 和副产品硫酸钙沉淀，去除该沉淀后即得纯净、稳定的聚氯化硫酸铝溶液，碱化度为 50%，$Al_2O_3$ 含量为 10% 左右。

该反应制得的溶液比较稳定，其产品是一种有效的混凝剂。通过在若干领域取代铝盐的成功应用证明了 PACS 的功效。

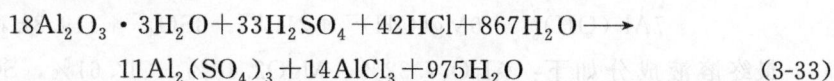

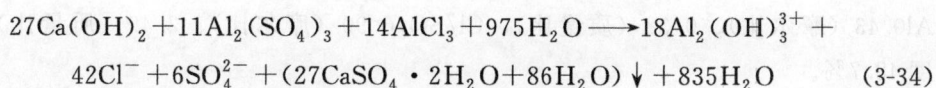

$$18Al_2O_3 \cdot 3H_2O + 33H_2SO_4 + 42HCl + 867H_2O \longrightarrow$$
$$11Al_2(SO_4)_3 + 14AlCl_3 + 975H_2O \qquad (3-33)$$

$$27Ca(OH)_2 + 11Al_2(SO_4)_3 + 14AlCl_3 + 975H_2O \longrightarrow 18Al_2(OH)_3^{3+} +$$
$$42Cl^- + 6SO_4^{2-} + (27CaSO_4 \cdot 2H_2O + 86H_2O) \downarrow + 835H_2O \qquad (3-34)$$

美国专利 3909439 以及 4082685 介绍的是一种聚氯化铝（PAC）的生产方法。其方法是在高温高压条件下由三水合氧化铝与盐酸反应制得：

$$Al_2O_3 \cdot 3H_2O + 3HCl + 42H_2O \longrightarrow Al_2(OH)_3^{3+} + 3Cl^- + 45H_2O \qquad (3-35)$$

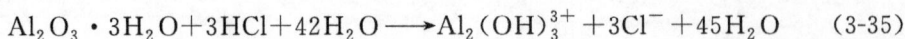

该反应制得的产品也比较稳定，其碱化度高达 $66\%$，$Al_2O_3$ 的浓度也高达 $18\%$。其市售产品盐基度一般为 $50\%$ 和 $10\%$ 左右的 $Al_2O_3$。实际上这种方法与广泛使用的氢氧化铝-盐酸聚合方法相同。

另一种聚合金属盐羟基氯化铝（ACH）也被证明了是一种有效的产品。它是由金属铝和盐酸或氯化铝反应制得：

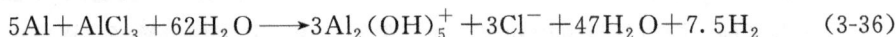

$$5Al + AlCl_3 + 62H_2O \longrightarrow 3Al_2(OH)_5^+ + 3Cl^- + 47H_2O + 7.5H_2 \qquad (3-36)$$

该反应也可以得到稳定的产品，其碱化度高达 $83\%$，$Al_2O_3$ 的浓度也高达 $24\%$。但是如果使用铝灰生产，由于其惰性比较大，很难得到高盐基度的产品。

美国专利 4981675、5069893 以及 5149400 介绍的是各种聚硅硫酸铝的生产工艺（PASS）。反应在高速搅拌条件下，产品由溶液态硫酸铝和碱金属硅酸盐以及铝酸盐相互作用制得。典型反应见下式：

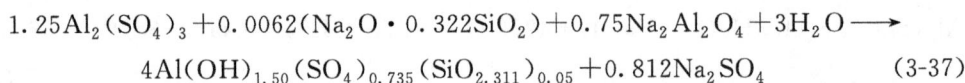

$$1.25Al_2(SO_4)_3 + 0.0062(Na_2O \cdot 0.322SiO_2) + 0.75Na_2Al_2O_4 + 3H_2O \longrightarrow$$

$$4Al(OH)_{1.50}(SO_4)_{0.735}(SiO_{2.311})_{0.05} + 0.812Na_2SO_4 \qquad (3-37)$$

通过此方法制得产物碱化度从 $25\% \sim 66\%$ 不等，一般约为 $50\%$，$Al_2O_3$ 平衡含量为 $8.3\%$。

在通常使用中，盐基度定义为 $[OH]/(3[M]+2[N])$，其中，M 为三价金属，N 为二价金属。如果式中还存在 $+4$ 价金属，则盐基度公式变为 $[OH]/(4[M1]+3[M2]+2[N])$，其中 M2 为三价金属。式中浓度指摩尔浓度。

为制备多核金属水合物，该反应过程由三价金属盐溶液如硫酸铝、硫酸铁或硫酸锆和二价金属、金属氧化物、金属碳酸盐、金属氢氧化物、金属铝酸盐或其他碱性二价金属原料如金属镁、氧化镁、氢氧化镁、碳酸镁、氧化锌、金属锌或氧化铜反应组成。反应中，二价金属反应物被加入三价或多价金属盐溶液中。

（1）实例 1

向一个 1500mL 烧杯中添加聚氯化铝（盐基度 $41\%$，$Al_2O_3$ $10.6\%$），并用 225 份的水将 $Al_2O_3$ 稀释至低于 $8.3\%$。然后加入 130 份的水和硫酸铝稀释（包含 $8.3\%$ 的 $Al_2O_3$）。加热混合物至接近 $100℃$，3h 后冷却至 $25℃$。

向第二个 250mL 的烧杯中添加 25 份氧化镁泥浆（含 $98.5\%$ MgO）并以 30 份的水稀释。将 MgO 泥浆加入第一个烧杯并搅拌超过 15min。将这个混合物再搅拌 4h，然后过滤以去除未反应的或其他沉淀物。发生反应如下：

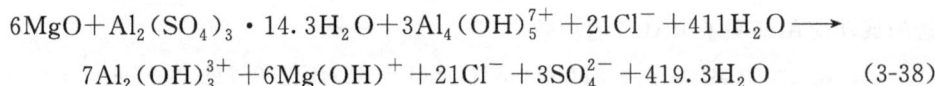

$$6MgO + Al_2(SO_4)_3 \cdot 14.3H_2O + 3Al_4(OH)_5^{7+} + 21Cl^- + 411H_2O \longrightarrow$$

$$7Al_2(OH)_3^{3+} + 6Mg(OH)^+ + 21Cl^- + 3SO_4^{2-} + 419.3H_2O \qquad (3-38)$$

最终溶液成分如下：$Al_2O_3$ $7.32\%$，MgO $2.48\%$，Cl $7.61\%$，$SO_4$ $3.05\%$，Mg/Al $0.43$（摩尔比）、$0.38$（质量比），Cl/$SO_4$ $6.90$（摩尔比）、$2.49$（质量比），盐基度 $48.7\%$。

（2）实例 2

向一个 1500mL 的烧杯中添加 760 份硫酸铝（含 $8.3\%$ $Al_2O_3$）并且用 155 份的水

稀释。混合物搅拌 30min。向第二个 250mL 的烧杯中添加 38 份氧化镁（含 98.5% MgO），用 47 份水稀释。然后，稀释过的混合液中加入搅拌的稀释硫酸铝，加料时间为 15min。最后将混合液连续搅拌 4h 并过滤。发生反应如下：

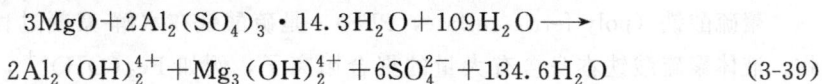

$$3MgO + 2Al_2(SO_4)_3 \cdot 14.3H_2O + 109H_2O \longrightarrow$$

$$2Al_2(OH)_2^{4+} + Mg_3(OH)_2^{4+} + 6SO_4^{2-} + 134.6H_2O \tag{3-39}$$

最终溶液成分如下：$Al_2O_3$ 6.31%，MgO 3.75%，$SO_4$ 17.70%，Mg/Al 0.75（摩尔比）、0.38（质量比），盐基度 34.9%。

（3）实例 3

向一个 1500mL 的烧杯中添加 760 份硫酸铝（含 8.3% $Al_2O_3$）并以 110 份的水稀释。混合溶液混合 30min。向第二个 250mL 烧杯中加入 76 份二价铜氧化物（含 98.5% CuO），以 92 份水搅匀。向此混合溶液中加入并搅拌稀释过的硫酸铝 15min。加热混合物至 60℃，持续搅拌 4h，冷却到 25℃ 并过滤。发生反应如下：

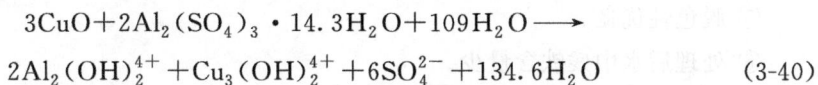

$$3CuO + 2Al_2(SO_4)_3 \cdot 14.3H_2O + 109H_2O \longrightarrow$$

$$2Al_2(OH)_2^{4+} + Cu_3(OH)_2^{4+} + 6SO_4^{2-} + 134.6H_2O \tag{3-40}$$

最终溶液成分如下：$Al_2O_3$ 6.25%，CuO 7.52%，$SO_4$ 17.8%，Cu/Al 0.75（摩尔比）、1.8（质量比），盐基度 31.6%。

（4）实例 4

向一个 1500mL 的烧杯中添加 760 份的硫酸铝（含 8.3% $Al_2O_3$）并以 107 份的水稀释。混合液搅拌 30min。向第二个 1L 的烧杯中加入 78 份氧化锌（含 95.0% ZnO），加入 95 份水。然后把此混合液混合到稀释的硫酸铝中 15min，将混合液加热至 50℃ 并不断搅拌 4h 并且冷凉至 25℃ 并过滤。

产物指标如下：$Al_2O_3$ 6.35%，CuO 7.72%，$SO_4$ 17.9%，Zn/Al 0.75（摩尔比）、1.94（质量比），盐基度 31.6%

（5）实例 5

向一个 1500mL 的烧杯中加入 300 份聚氯化铝（含 10.6% 的 $Al_2O_3$）并且用 235 份水稀释使 $Al_2O_3$ 低于 8.3%。然后添加 380 份的硫酸铝（含 8.3% 的 $Al_2O_3$）并且搅拌 3h。向一个 250mL 的烧杯中添加 38 份氧化镁（含 98.5% MgO），以 47 份水混合。向此混合液中加入并混合氯化铝混合液、硫酸铝和水 15min。最终的混合物搅拌 4h 并过滤。发生反应如下：

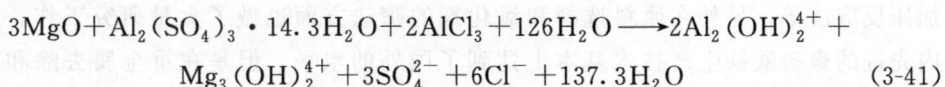

$$3MgO + Al_2(SO_4)_3 \cdot 14.3H_2O + 2AlCl_3 + 126H_2O \longrightarrow 2Al_2(OH)_2^{4+} +$$

$$Mg_3(OH)_2^{4+} + 3SO_4^{2-} + 6Cl^- + 137.3H_2O \tag{3-41}$$

# 第三节　聚硫酸铁

## 一、聚硫酸铁的性能

国内外研究聚硫酸铁已经有 40 多年的历史，近些年聚硫酸铁的生产技术和规模得到了巨大的提升，聚硫酸铁成为仅次于聚氯化铝的第二大品种。2022 年聚硫酸铁的年产量在 400 万～500 万吨之间。由于铁盐在除磷、去除 COD 方面的优势，其应用范围不断扩大。

聚硫酸铁（poly ferric sulfate，PFS），是硫酸铁在水解-絮凝过程中的一个中间产物。液体聚硫酸铁本身含有大量的聚合阳离子，例如 $Fe_2(OH)^{5+}$，$Fe_3(OH)_6^{3+}$ 等，因此聚硫酸铁能够通过聚合阳离子发挥电荷中和和架桥絮凝的作用，而不像硫酸铁、氯化铁那样首先水解，待形成聚合阳离子后再发挥絮凝作用。聚硫酸铁具有下述特点。

① 絮凝体形成速度快，颗粒密实，密度大，沉降速度快。

② 对于各种废水中的化学耗氧量（COD）、生物耗氧量（BOD）有良好的去除效果。

③ 适应范围广。

④ 对于污泥有较好的脱水性。

⑤ 脱色性优良。

⑥ 处理后水中残铁含量少。

⑦ 水温对混凝过程影响小。

⑧ 合成原料广泛、易得，产品价廉。

聚硫酸铁也具有所有铁盐的缺陷，在残留铁多的情况下，处理后的水体色度比较大。与铝盐相比，铁盐处理形成的絮体或者残留物，例如在膜分离过程中形成的黏泥，更容易滋生微生物。

## 二、聚硫酸铁的合成方法

我国 20 世纪 80 年代中期开始研制聚硫酸铁，那个时期也是发表相关研究论文最多的时间，随着技术的成熟和推广，目前对于铁盐混凝剂的研究相对减弱。以往有些单位生产液体聚硫酸铁，多数采用亚硝酸钠作催化剂，以搪瓷反应釜或不锈钢反应釜为合成反应器，在加热和搅拌条件下，加入氧化剂及催化剂进行反应。这种工艺的特点是：气液反应不充分，生产周期长，有的需要在加压条件下进行，原材料的利用率低，能耗高，反应周期长，另外反应过程中产生的废气需进行处理，设备使用寿命短，日常维修任务繁重，整套设备投资大，生产效率低。针对生产技术存在的缺陷，并根据反应特点，提出了很多生产工艺，例如循环喷射法、反应塔法、加压反应法等，另外在原料选择和氧化剂的筛选方面也做了大量研究工作。目前国内先进的聚硫酸铁生产技术基本上达到了国外的水平，但是在重金属去除和生产规模上还有比较大的差距。

生产聚硫酸铁的方法很多，例如空气（氧气）催化氧化法、硫铁矿灰加压酸熔法、氯酸钾（钠）氧化法、四氧化三铁矿石酸溶氧化法等。另外也有采用空气直接氧化固体硫酸亚铁，生产聚硫酸铁。无论以何种原料为基础生产，均采用控制 $SO_4^{2+}/Fe^{3+}$ 摩尔比例 $<3/2$，也就是在缺酸的状态下进行氧化，依托铁盐的水解再释放氢离子，制得含有不同数量氢氧根离子的碱式盐，也就是不同盐基度聚硫酸铁。在以硫铁矿矿灰为原料生产聚硫酸铁时，由于含有少量的亚铁离子，只需加压溶出三价铁离子就可以制得聚硫

酸铁。而以其他原料生产时，往往需要将亚铁离子氧化形成聚硫酸铁。亚铁离子的氧化过程要求氧化剂氧化速度快、容易制备、价格低廉，只有这样才能广泛地用于生产。目前使用的氧化剂较多，例如氧化氢、氯酸盐、氧气或空气、次氯酸盐、硝酸等，由于制造成本的限制，采用空气或氧气氧化法较多。氧气氧化法又有氮氧化物催化法和二氧化锰催化法。

　　硫酸亚铁在硫酸溶液中进行氧化，如果硫酸与硫酸亚铁的比例＜1/2，则三价铁离子发生水解，产生部分氢离子和各种羟基铁离子，水解产生的氢离子反过来又能保证氧化还原反应所需的氢离子。调整上述比值，就可以制得所需盐基度的聚硫酸铁。如果控制上述比值大于 1/2，则可以制得含游离酸的硫酸铁溶液。目前国内多采用氯酸盐氧化法和氧气氧化法，前者用的氧化剂价格较贵，尽管生产工艺十分简单，但总的生产成本相对后者较高，在以氮氧化物为催化剂时用空气氧化法与用氧气氧化法的生产原理是完全一样的。利用这一原理生产聚硫酸铁的工艺很多，技术水平状况差别也很大。李风亭教授团队结合自己的研究，着重介绍较为实用的硫铁矿法、铁矿石酸溶氧化法、氯酸盐氧化法、氯氧化物催化氧化法等。

**1. 硫铁矿法**

　　在硫酸的生产过程中，将粉碎硫铁矿在高温下用空气氧化，生成二氧化硫和矿灰。矿灰中含有大量的三氧化二铁（40%～80%），二氧化硅（10%～30%）以及少量的钙、镁的硫酸盐等，以往这种矿灰用于水泥制造或弃掉。由于其含有大量的三价铁离子，完全可以用于聚硫酸铁的生产。合成方法是将质量浓度为 35%～45% 的硫酸与三氧化二铁（硫铁矿矿灰，粒径 0.01～0.05mm，$Fe_2O_3$ 含量 80%）按照化学计量值的 110% 混合，在 105～110℃反应至消耗掉 90%～100% 的硫酸。过滤除去剩余固体，滤液用水稀释至硫酸铁含量为 40%～45%。这种方法可以制备稳定的聚硫酸铁溶液。具体方法是将 10kg 水和 15kg 浓硫酸混合，形成含过量硫铁矿矿灰、硫酸浓度为 38% 的悬浮液，在 107℃反应 22h，然后经过滤、稀释就可以制得产品。虽然经历了多年，无论是采用矿石作为原料，还是采用赤泥作为原料生产聚硫酸铁，其工艺都值得借鉴。赤泥是一个宝贵的资源，在碱溶氧化铝后，铁离子和少量的铝离子都残留在赤泥中。表 3-14 是内蒙古某氧化铝企业产生赤泥的指标。

表 3-14　内蒙古某氧化铝企业赤泥的指标

| 指标 | 水分 | 灼减 | Si | Al | Fe | Ti | Na |
|---|---|---|---|---|---|---|---|
| 百分比/% | 29.88 | 10.66 | 16.97 | 20.73 | 34.80 | 4.29 | 7.5 |

　　在采用铁含量比较高的赤泥的时候，可能部分氧化铝也会形成硫酸铝，最终得到聚硫酸铝铁，但是其混凝性能仍然保留了聚硫酸铁的特性，在某些特殊的场合，性能甚至超过聚硫酸铁。如果以盐酸溶解，则相应得到氯化铁铝溶液。由于赤泥中含有大量的铝酸钠，酸溶后形成硫酸钠或者氯化钠，从而使得产品液体中的含盐量比较高，从表观上衡量，密度偏高。如果进一步干燥制作固体产品，铁含量往往难以达到相应的标准，但是不影响使用效果。因此在有赤泥资源的区域，这个资源也是生产水处理剂的优质原料。

### 2. 铁矿石酸溶氧化法

这种矿石主要是含四氧化三铁的矿石。1000g 含 $Fe^{3+}$ 58%、$Fe^{2+}$ 11% 的矿石与浓度为 420g/L 的硫酸混合，调整 $SO_4^{2-}/Fe^{2+}$ 比值为 1.3～1.4，在 90℃ 使氧化物溶解 30min，98%～99% 的氧化铁可以溶解。然后将上述反应液在氮氧化物的催化下，用空气、氧气或过氧化氢等氧化就可以制成聚硫酸铁。具体指标为 $Fe^{3+}$ 155g/L。利用氧化铁合成时，矿石中三价铁与二价铁的含量不同，在不同的温度下，用硫酸溶解，铁离子的溶出率是不同的。铁离子溶解浸出率与 $Fe^{3+}/Fe^{2+}$ 摩尔的关系见表 3-15。

**表 3-15　铁离子溶解浸出率与 $Fe^{3+}/Fe^{2+}$ 摩尔的关系**

| $Fe^{3+}/Fe^{2+}$ | Fe 浸出率/% | $Fe^{3+}/Fe^{2+}$ | Fe 浸出率/% |
|---|---|---|---|
| 2 | 98 | 1/3 | 30 |
| 1 | 95 | 1/4 | 15 |
| 1/2 | 45 | 1/5 | 10 |

### 3. 氯酸盐氧化法

将氯酸盐或过氯酸盐以固体的形式加入硫酸亚铁含量为 45%～80%（质量分数）的悬浮液中。这种方法可以提高溶液中三价铁离子的浓度，且与氯酸盐一起能有效去除水中的胶体。具体合成方法：600 份结晶硫酸亚铁（$FeSO_4 \cdot 7H_2O$）与 150 份水、105 份浓硫酸混合，然后加入 80 份氯酸钠。反应完毕可以得到含 Fe(Ⅲ) 200 份，氯酸盐 50 份的产品。此溶液是一种有效的混凝剂和杀菌剂，处理水时如以 10 份的剂量投加，净化后每立方水中含 2.5 份氯酸盐，这一含量对于杀菌是足够的。这种方法将铁盐和杀菌剂的生产进行了复合，使产品能起到混凝和杀菌的双重作用，但此方法生产的产品的盐基度为零。

这种方法在我国应用也很广泛，不同的是生产时聚硫酸铁中不含有氯酸盐，并且要有一定的盐基度。这种方法反应速度快、安全，但与氮氧化物催化法相比成本较高，两者的成本差别在于消耗氧气和氯酸盐的成本。聚硫酸铁中残留的氯酸盐仍然具有氧化性，会干扰处理水的 COD 测定，使得测试后的 COD 偏低。最近几年生态环境部门破获了几起利用氯酸盐掩蔽 COD 测试的案件，都是表观测试结果达标，但是实际排水没有达标。

### 4. 氮氧化物催化氧化法

硫酸亚铁在酸性溶液中很难被氧气氧化，难以达到快速氧化亚铁的目的，必须采用更强的氧化剂。氧气是一种较强的氧化剂[$\varphi\theta(O_2/H_2O)=1.23V$]，它可以将固体硫酸亚铁直接氧化成碱式硫酸铁，反应方程为：

$$4FeSO_4+2H_2O+O_2 \Longrightarrow 4Fe(OH)SO_4 \tag{3-42}$$

为加快氧气氧化硫酸亚铁的速度，选择催化剂亚硝酸盐或者硝酸盐进行催化氧化实验，反应方程式为：

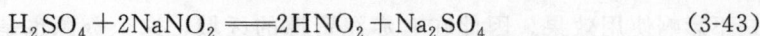

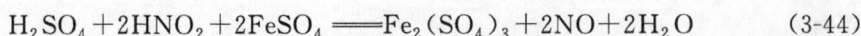

$$H_2SO_4+2NaNO_2 \Longrightarrow 2HNO_2+Na_2SO_4 \tag{3-43}$$

$$H_2SO_4+2HNO_2+2FeSO_4 \Longrightarrow Fe_2(SO_4)_3+2NO+2H_2O \tag{3-44}$$

$$2NO + O_2 \Longrightarrow 2NO_2 \tag{3-45}$$

$$H_2SO_4 + NO_2 + 2FeSO_4 \Longrightarrow Fe_2(SO_4)_3 + NO + H_2O \tag{3-46}$$

总反应总式为：

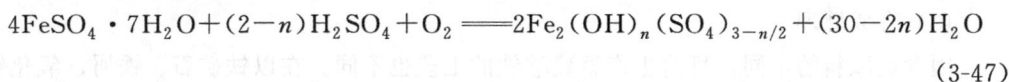

$$4FeSO_4 \cdot 7H_2O + (2-n)H_2SO_4 + O_2 \Longrightarrow 2Fe_2(OH)_n(SO_4)_{3-n/2} + (30-2n)H_2O \tag{3-47}$$

注：反应式中 $n < 2$。

对上述反应的影响因素较多，例如反应温度、反应压力、搅拌速度等。无论采用反应釜还是反应塔都能达到很高的氧化速度。

以硫酸亚铁和硫酸为原料，硝酸为氧化剂的合成法与以硫酸亚铁、硫酸、氧气为原料，硝酸为催化剂的合成法的反应机理是完全不同的。前者是以液体硝酸为氧化剂，还原产物一氧化氮逸出溶液，不发挥任何催化作用。这种方法的特点是硝酸用量大，亚铁离子完全靠硝酸中的正五价氮氧化，属于液液反应。后者是以硝酸为催化剂，其特点是在硫酸、硫酸亚铁和水的混合液中加入少量的硝酸（完全不够氧化亚铁离子的量），还原产物一氧化氮与氧气反应生成二氧化氮，二氧化氮再氧化亚铁离子，如此不断循环直至亚铁离子完全氧化。这种方法属于气液反应。

美国也有利用类似原理生产聚硫酸铁的专利。其生产过程是在 $70 \sim 150\,^\circ C$、一定的压力及氮氧化物的催化下，用氧气将亚铁离子氧化成三价铁离子。其工艺是将硫酸亚铁和硫酸的混合液以喷射的方式注入反应器，并保持反应液占总体积的 1/3。在溶液的喷射过程中，它与气相中的 NO、$NO_2$ 和 $O_2$ 反应，最后生成聚硫酸铁。经测定溶液中含有大量大分子络合物，生成的聚硫酸铁中含有部分氮氧化物，将其送至脱氮器，并向脱氮器中充氧，生成的混合气体再循环至反应器用于生产。这种方法的原理与反应塔法制备聚硫酸铁的原理相同。它们的区别在于前者是将液体喷射雾化，而后者是利用填料的较大比表面积，加强气体的吸收过程，提高反应速度。由于原料硫酸亚铁在生产和运输过程中往往混入杂质，因此对聚硫酸铁的生产设备提出了更高的要求，反应前可以对物料进行过滤，除去颗粒物杂质。

20 世纪人们都以为上述氧化反应是一个吸热反应，后来李风亭教授团队采用反应釜的工艺快速氧化，实现了自反应热加热的方式，在国内率先实现了无加热氧化工艺，从而使得生产设备和工艺更为简单，可以在较低的温度和常压下进行，具有安全方便的特点。

在催化氧化过程中氮氧化物消耗的量是很少的，尤其是在处理适当时，氮氧化物可以循环使用，这样既不会造成浪费，也不会带来污染问题。2023 年在北方某省，铁盐混凝剂在运输过程中发生黄烟泄漏和爆炸，其主要原因就是反应结束后，大量的氮氧化物仍然溶解在成品液体中，在运输过程中液体不断撞击，容易造成大量氮氧化物气体突然释放，导致爆炸。

**5. 钢铁酸洗废液制备聚硫酸铁**

在钢铁工业和机械工业中，钢铁件表面的酸洗是一个很重要的表面处理过程。酸洗过程副产大量的含硫酸和硫酸亚铁或者含盐酸和氯化亚铁的溶液，这些废液目前并没有得到充分利用，有的工厂任意将其排放，例如前几年河北有些区域把废酸倾倒在农田，有些非法企业通过暗管把废酸排入河流等污染事故，不仅造成很大的环境污染，而且也造成了巨大的浪费。这些废液是生产聚硫酸铁和聚氯化铁的良好原料。

（1）合成原理

因含铁原料的不同，目前生产聚硫酸铁的工艺也不同。在以铁矿石、铁屑、氧化铁皮、硫铁矿石为原料进行生产时，首先用硫酸将上述物质在一定的条件下溶解，然后采用不同的氧化剂将剩余亚铁离子氧化。如果在氧化前控制溶液中硫酸的量高于或等于形成硫酸高铁所需要的量，即可形成含游离酸的硫酸铁溶液或硫酸铁溶液。如果将硫酸的量控制在低于上述值的范围内，就可以生成不同盐基度的聚硫酸铁。盐基度取决于溶液中硫酸根与铁离子的比例。以下方程式给出了反应机理。

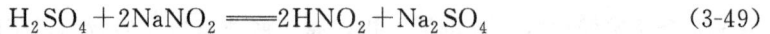

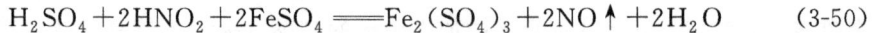

$$H_2SO_4 + Fe =\!=\!= FeSO_4 + H_2 \tag{3-48}$$

$$H_2SO_4 + 2NaNO_2 =\!=\!= 2HNO_2 + Na_2SO_4 \tag{3-49}$$

$$H_2SO_4 + 2HNO_2 + 2FeSO_4 =\!=\!= Fe_2(SO_4)_3 + 2NO\uparrow + 2H_2O \tag{3-50}$$

$$2NO + O_2 =\!=\!= 2NO_2 \tag{3-51}$$

$$H_2SO_4 + NO_2 + 2FeSO_4 =\!=\!= Fe_2(SO_4)_3 + NO\uparrow + H_2O \tag{3-52}$$

由上述反应式可以知道，氮氧化物催化氧化亚铁离子的反应是一个典型的气液反应，因此决定反应速度的因素为 NO 的氧化速度和 $NO_2$ 的溶解速度，而 NO 的氧化速度要远远高于后者，所以加快 $NO_2$ 的溶解成为反应速度的决定步骤。加强气体的溶解通常采用两种方法，一是增大气液的接触表面积，另一种方法是增大气液相的压力。在提高反应速度方面，这两种方法都十分有效。上述反应的催化剂不仅仅限于可与硫酸作用形成氮氧化物的亚硝酸钠，在硫酸和硫酸亚铁的混合液中可溶的亚硝酸盐和亚硝酸、硝酸盐及硝酸均对于该反应同样具有催化作用。上述反应是一个自催化放热反应，如果起始液体反应温度为 20~30℃，反应结束后温度会自然升高到 70~80℃。如果在夏季，液体温度会接近 100℃，但是不会沸腾。

（2）生产工艺

投加铁屑，在 60~90℃ 范围内对溶液浓缩，当溶液的理度达到 $1.45g/cm^3$ 时（在60℃测定），就可以用来生产聚硫酸铁。生产工艺可以采用反应塔法，也可以采用改进的反应釜法，两者的反应效果都非常理想。图 3-10 是以亚硝酸钠为催化剂，用反应塔作为反应器的制备聚硫酸铁生产工艺流程图（此装置也可用来生产聚氯化铁）。

合成时首先将硫酸亚铁和硫酸混合液加入溶液贮罐中，反应过程中通过循环泵的作用保持液体在反应器和贮罐之间不断循环，以达到氧化硫酸亚铁的目的。催化剂以溶液的形式在反应塔上部加入，氧气在反应底部引入。通过液体流经填料表面时的混合作用加强气液接触，提高反应速度。利用反应釜也可以达到非常快的反应速度，平均 1~2h 可以生产一批产品，以反应釜容积的不同，一批次可以达到 20~30t 产品。随着操作熟练程度的提高，反应时间还可以缩短，但关键是处理好温度、压力以及气液的平衡过程。

从上述介绍可以看出，对于酸洗废液可以避免酸洗副产品的污染和浪费，通过进一步加工生产聚硫酸铁混凝剂，这样既解决了污染问题，又可以得到良好的水处理药剂，既创造了经济效益，也创造了社会效益。

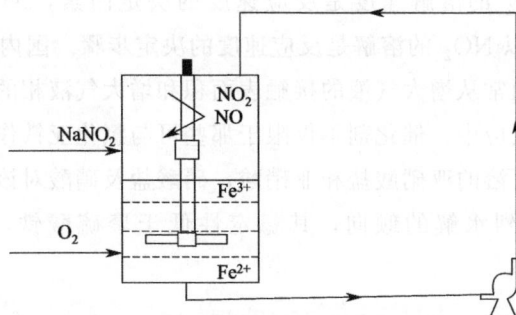

图 3-10　制备聚硫酸铁生产工艺流程图

# 第四节　聚氯化铁

目前在我国不少钢铁加工单位使用盐酸酸洗工艺，这部分废酸尚未得到充分利用，通常是将废酸与铁屑反应制备三氯化铁溶液。虽然氯化铁溶液是一种非常好的混凝剂，但是由于该溶液中含有大量的游离酸，在使用中对设备的腐蚀严重，从而使其应用范围受到一定的限制。利用氯化铁生产聚氯化铁是一种好的选择。聚氯化铁溶液中含有大量的聚合阳离子，可以高水平地发挥混凝作用，同时聚氯化铁具有一定的盐基度，其酸性低于氯化铁溶液，腐蚀性相对来讲较弱，因此是一种较理想的混凝剂。钢铁盐酸酸洗液是一种廉价的制备聚氯化铁的原料，本书介绍以其为主要原料合成聚氯化铁的机理和工艺。

## 一、合成原理

因含铁原料的不同，目前生产聚氯化铁的工艺也不同。在以铁矿石、铁屑、氧化铁皮、硫铁矿石为原料进行生产时，首先用盐酸将上述物质在一定的条件下溶解，然后采用不同的氧化剂，将剩余亚铁离子氧化。

如果在氧化前控制溶液中盐酸的量高于或等于形成氯化铁所需要的量，即可形成含游离酸的氯化铁溶液或聚氯化铁溶液。如果将盐酸的量控制在低于上述值的范围内，就可以生成不同盐基度的聚氯化铁。盐基度取决于溶液中氯离子与铁离子的比例。以下方程式给出了反应机理。

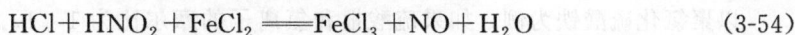

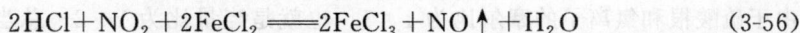

$$HCl + MNO_2 \rightleftharpoons HNO_2 + MCl \tag{3-53}$$

$$HCl + HNO_2 + FeCl_2 \rightleftharpoons FeCl_3 + NO + H_2O \tag{3-54}$$

$$2NO + O_2 \rightleftharpoons 2NO_2 \tag{3-55}$$

$$2HCl + NO_2 + 2FeCl_2 \rightleftharpoons 2FeCl_3 + NO\uparrow + H_2O \tag{3-56}$$

总反应总式为：

$$4FeCl_2 + 2(2-n)HCl + O_2 \rightleftharpoons 2Fe_2(OH)_nCl_{6-n} + 2(1-n)H_2O \tag{3-57}$$

式中　M——碱金属离子或碱土金属离子，$0 \leqslant n < 2$。

由此可知，与聚硫酸铁生产类似，在氮氧化物催化氧化亚铁离子的气液反应中，$NO$ 的氧化速度和 $NO_2$ 的溶解速度是反应速度的决定因素，$NO$ 的氧化速度远高于 $NO_2$ 的溶解速度，所以 $NO_2$ 的溶解是反应速度的决定步骤。国内外在解决氮氧化物催化氧化氯化亚铁时，通常从增大气液的接触表面积和增大气液相的压力这两方面着手加强气体的溶解。上述反应中，催化剂不仅限于那些可与氯化亚铁作用形成氮氧化物，在氯化亚铁的混合液中可溶的亚硝酸盐和亚硝酸，硝酸盐及硝酸对该反应同样具有催化作用。聚氯化铁具有强烈水解的倾向，其稳定性低于聚硫酸铁，一般盐基度不会超过 15%。

## 二、合成工艺

合成时首先将含有氯化亚铁和盐酸的混合液加入贮罐中，并补加一定量的稳定剂。在反应塔顶部引入氯化铁溶液和亚硝酸钠，在反应塔底部引入氧气，溶液流经填料表面时，使气液充分接触，达到氧化氯化亚铁的目的。反应过程中通过循环泵使液体在反应塔和贮罐之间不断循环，使亚铁不断氧化，直至亚铁完全氧化。采用反应釜生产时，其操作类似。反应过程中保持溶液的温度在 $40 \sim 90℃$ 范围内，以利于络合物的分解。这种方法与生产聚硫酸铁的方法基本相同。

聚氯化铁指标：$Fe^{3+} = 8\% \sim 13\%$；盐基度 $= 6\% \sim 12\%$；$Fe^{2+} \leqslant 0.1\%$。在氧化过程中，这一反应的放热更为剧烈，尤其是夏季当原料温度比较高时，反应后期温度或超过 $100℃$，因此这对于设备的防腐和耐温有更高的要求。

## 第五节　聚氯化硫酸铁与聚硫酸铝铁

最近全国化学标准化技术委员会在制定几个新产品的标准，例如聚硫酸铝铁、聚氯化铝铁、聚氯化硫酸铁和聚硫酸铝铁，以及有机无机复合水处理剂。鉴于卫生指标的要求，目前广泛使用的混凝剂的金属离子是铝和铁，广泛使用的阴离子是氯离子和硫酸根，或者少量的硅酸根和磷酸根。因此从结构组合的角度来看，任何一种复合混凝剂既可以含有铝离子，也可以含有铁离子，或者其他的阳离子，例如钙离子、镁离子；阴离子部分可以含有氯离子、硫酸根、磷酸根、硅酸根等，可以任意组合。

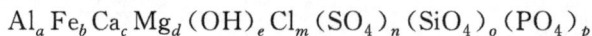

$$Al_a Fe_b Ca_c Mg_d (OH)_e Cl_m (SO_4)_n (SiO_4)_o (PO_4)_p$$

式中　$a, b, c, d, e, m, n, o, p$——分子中的离子或者离子基团的数量。

以聚氯化硫酸铁为例，如果硫酸根和氯离子的摩尔比为 $1:1$，盐基度为 $15\%$，假设 $a = 2$，则 $e = 2 \times 15\% = 0.3$，即 $Al_2 (OH)_{0.3}$，剩余阴离子电荷数量为 $6 - 0.3 = 5.7$。由于硫酸根和氯离子的摩尔比为 $1:1$，也就是当量比为 $1:2$，总当量值为 $3$，因此氯离子的摩尔值或者当量值为 $(5.7/3) \times 1 = 1.9$，硫酸根的摩尔值为 $(5.7/3) \times 1 = 1.9$，或者当量值为 $(5.7/3) \times 2 = 3.8$，因此在没有其他离子的情况下，上面聚氯化硫酸铁的分子式可以表示为：$Al_2 (OH)_{0.3} Cl_{1.9} (SO_4)_{1.9}$。

上面结构的聚合物阴离子以硫酸根为主，因此在其前面增加了次要的氯离子，称为聚氯化硫酸铁。如果 $e$ 值为零，则上述分子式中的氢氧根含量为零，则为氯化硫酸铝。

表 3-16 是李风亭教授团队测定的某企业拜耳法生产氧化铝副产碱性废物赤泥主要指标。

**表 3-16　拜耳法生产氧化铝副产碱性废物赤泥主要指标**

| 元素 | | Al | Na | Ca | Si | Fe | Ti | Mg | K | S | P |
|---|---|---|---|---|---|---|---|---|---|---|---|
| 含量/% | 1 号 | 21.7 | 18.7 | 15.0 | 13.6 | 4.86 | 2.49 | 0.76 | 0.73 | 0.67 | 0.22 |
| | 2 号 | 17.9 | 7.90 | 23.0 | 7.89 | 4.83 | 2.56 | 1.56 | 0.28 | 0.22 | 0.19 |

一般衡量铝土矿和赤泥中铝的含量与衡量聚氯化铝和硫酸铝的指标有些类似，即采用氧化铝的有效含量。高品位的铝土矿氧化铝含量超过 60%，甚至 70%。国内山西、山东、河南、广西等地都有丰富的铝土矿，同时我国每年从几内亚、加纳、印度尼西亚和澳大利亚进口大量的铝土矿。1 号赤泥铝含量为 21.7%，也就是氧化铝含量 41.9%。钙、镁、铁等都以偏铝酸盐的形式存在。在酸溶过程中铁、镁、钙、铝、钠、钾都会进入酸的溶液，如果采用盐酸溶解并控制盐基度，就会得到聚氯化铝铁；如果用硫酸进行溶解，就得到主要成分是聚硫酸铝铁溶液。上述两种溶解方式中，都存在大量的钙、镁、钠、钾盐，因此是一个非常复杂的多重复盐体系。在使用中不能沉淀的金属盐对于混凝的贡献很小，主要还是铁铝发挥重要的凝聚作用。由于赤泥是一个广泛存在的固体废弃物，在酸资源相对丰富的区域，可以用来生产优质的混凝剂。

如果采用常规原料，例如氢氧化铝、硫酸亚铁、氯化亚铁等生产铁铝复合混凝剂，其生产工艺与单个金属混凝剂的生产工艺基本相同。

## 第四章

# 聚丙烯酰胺类聚合物

### 第一节　絮凝理论及应用

人工合成的聚合物絮凝剂可以明显改善固液分离的效果，特别是在沉淀、过滤和离心过程广泛使用，这种增强作用使分散颗粒聚集成易形成固相的颗粒尺寸。悬浮物的稳定性受到破坏，然后颗粒液从相中释放出来。目前使用的绝大多数絮凝剂和过滤辅助剂都是有丙烯酰胺（AM）及其衍生物重复单元的聚合物，有阳离子或阴离子基团。

絮凝过程和混凝过程经常被混淆，其实二者是不同的两个阶段。混凝过程基于静电作用，使双电层的排斥力降低从而达到凝聚的目的。絮凝的英语来自于拉丁语"floccu-lus"，字面上的意思是一撮羊毛或者宽松的纤维结构。絮凝通过高分子量的物质，譬如淀粉和聚电解质起作用，这些聚合物在两个或多个粒子间架桥，使固体颗粒形成了一个宽松多孔的随机的三维结构。

#### 一、絮凝的必要

所有颗粒之间都有相互间的吸引力，但引力仅仅存在于颗粒间距离很短的分离过程中。当颗粒间距离非常近时，范德华力（伦敦力）起主导作用，这种广泛存在的作用力使混凝过程发生了。然而，悬浮颗粒通过排斥力保持稳定，其阻止了颗粒间距离减小到静电引力起作用的程度。相互作用势能与颗粒距离关系如图 4-1 所示。

颗粒间排斥力的来源主要有两个方面。

① 水分子吸附到颗粒表面，形成溶剂层，导致粒子间相互排斥。

② 电荷作用：所有的颗粒表面带有电荷，其状态和强度取决于表面性质和水体悬浮介质的化学性质（图 4-2）。一般来说，悬浮颗粒物在 pH 值为 4 或者更高时带负电。

强酸溶液中，悬浮颗粒带有正电荷。电荷来源于几个方面：晶格表面的不连续性导致阳离子或阴离子的表面分布不均；另外，离子由表面进入水相时，导致表面离子的不饱和，或者 $H^+$、$Al^{3+}$、$SO_4^{2-}$ 吸附于晶体表面。

排斥力不仅阻止了颗粒的聚集，还保持颗粒处于连续运动状态从而阻止了沉淀发

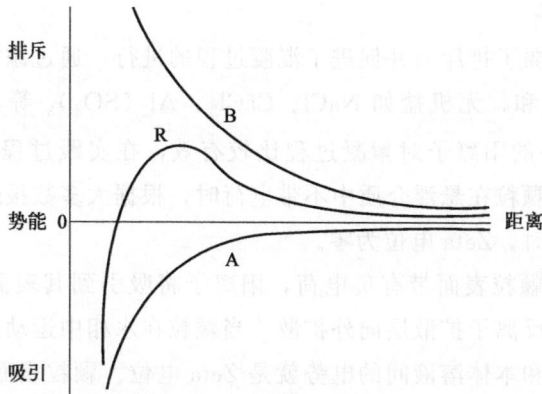

图 4-1　相互作用势能与颗粒距离关系

A 曲线表示引力；B 曲线表示排斥力；R 曲线表示两种作用力的总和，其实也表示两个颗粒相互靠近时的电能曲线

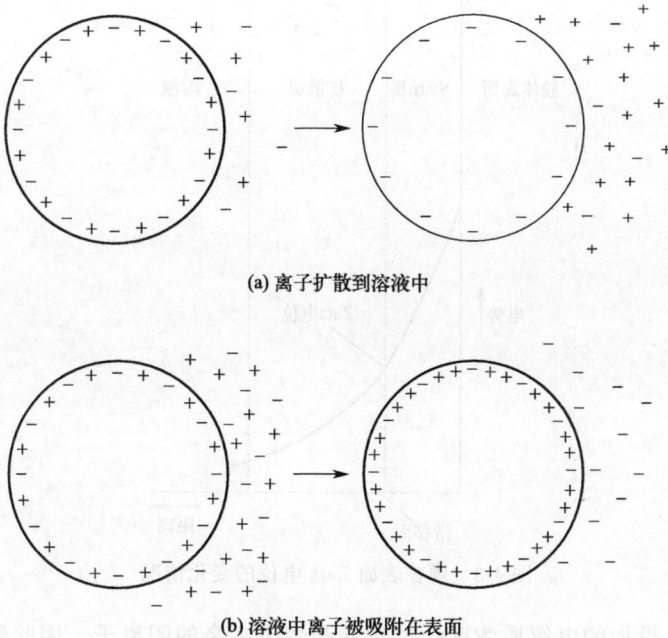

(a) 离子扩散到溶液中

(b) 溶液中离子被吸附在表面

图 4-2　溶液中离子表面电荷变化

每个颗粒表面都带有电荷，其电荷密度和强度取决于颗粒的表面性质和水体悬浮介质的化学性质

生。小颗粒的电荷排斥作用很明显的原因是其面积/质量、电荷/质量非常大。

## 二、絮凝主要机理

### 1. 颗粒间碰撞

当颗粒间距离足够近时（$0.01\mu m$ 或者更低），范德华力超过了排斥力。搅拌悬浮颗粒物导致颗粒间距离减少甚至碰撞现象发生，从而凝聚（混凝）过程发生。因为颗粒间的结合力很弱，过量的搅拌会导致絮体受到破坏，因而合适的搅拌程度是必须的。显然，上述只能形成一定程度的絮凝过程。

### 2. 表面电荷降低

表面电荷降低减弱了排斥力并促进了混凝过程的进行。通过添加与颗粒表面不同电荷的物质进行电性中和，无机盐如 NaCl、$CaCl_2$、$Al_2(SO_4)_3$ 等，其可以提供 $Na^+$、$Ca^{2+}$、$Al^{3+}$。高价态的阳离子对絮凝过程比较有效，在实践过程中，$Al^{3+}$ 和 $Fe^{3+}$ 受到普遍应用。当悬浮颗粒在悬浮介质中不带电荷时，根据大多数报道的混凝过程，此时颗粒稳定性最低。这时，Zeta 电位为零。

Zeta 电位：假如颗粒表面带有负电荷，阳离子将吸引到其表面并形成了阳离子固定层。远离此层时，反离子扩散层向外扩散。当颗粒在水相中运动时，剪切力沿着固定离子层产生。剪切面和本体溶液间的电势就是 Zeta 电位。颗粒表面 Zeta 电位的变化情况见图 4-3。

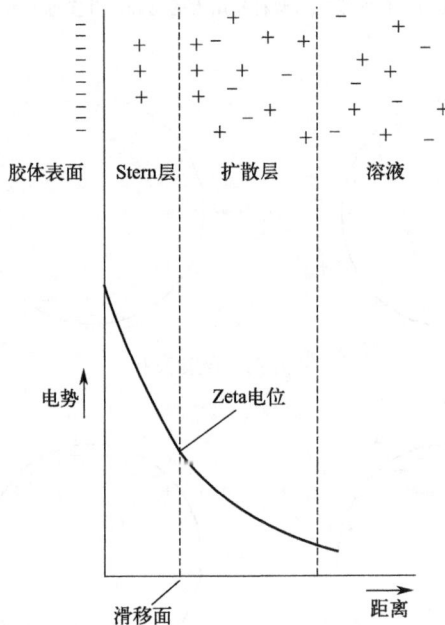

图 4-3　颗粒表面 Zeta 电位的变化情况

一般来说，投加的电解质浓度会过量并产生了多余的阳离子，因此确定最佳投加量是非常重要的。另外，不同的药剂有不同的有效 pH 值范围，例如 $Al^{3+}$ 为 5.5～7.0，$Fe^{3+}$ 为 4.0～6.0。

此类混凝过程最适合分散较好的悬浮物。产生的絮体一般小且紧密，沉降速度较大。另外，絮体易受破坏，在高剪切力的作用下能够分解。

在具有以上过程的同时，絮凝过程可以通过投加架桥絮凝剂得到有效改善。

### 3. 人工合成的架桥絮凝剂

此类絮凝剂皆为水溶性的高分子有机聚合物。架桥絮凝剂的作用是强烈吸附到颗粒表面，从而填补了颗粒间的距离。合成聚合物分子链足够长，一端可以吸附于一个颗粒，另一端可以吸附于另外一个颗粒。高分子聚合物可以一次吸附数个颗粒，形成一个三维结构。一般来说，分子量越高，絮凝剂效果越好。大多数合成高分子絮凝剂皆是丙烯酰胺及其衍生物，如图 4-4 所示。

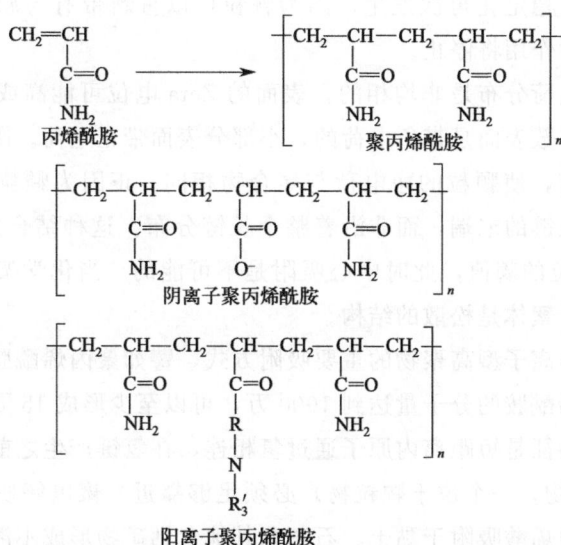

图 4-4　绝大多数聚合物具有丙烯酰胺及其衍生物的重复单元

聚丙烯酰胺是非离子型的，在与其他单体聚合时形成离子型。阴离子聚丙烯酰胺可以由丙烯酸和丙烯酰胺共聚或者聚丙烯酰胺的部分水解制得，这是最常见的合成絮凝剂。阳离子聚丙烯酰胺可以由丙烯酰胺和丙烯酰胺的季铵盐衍生物聚合得到，阳离子絮凝剂根据应用不同而使用种类不同。大多数架桥絮凝剂带有阳离子或者阴离子。聚合物电荷有两个作用：

① 通过静电引力吸附到颗粒表面；

② 使聚合物分子在长链斥力下得到延伸和扩展，从而保持分子的线性形状并吸附更多的颗粒。

由于大多数悬浮颗粒带负电荷，因此阳离子电解质为最佳选择。这也符合电中和目的，使高聚物吸附到颗粒表面，但这对架桥作用并非必需的。对架桥作用而言，高聚物必须强烈地吸附于颗粒表面，具有譬如氨基的化学基团可以促进吸附作用。阳离子或者阴离子基团可以为架桥作用延展高分子聚合物的长链。大多数用于矿浆处理的商用架桥聚电解质皆是阴离子型，因为其分子量比阳离子型更高，价格相对便宜，费用方面有优势。

总的来说，分子量越高，絮凝效果越好，沉淀速率越快，但是在旋转真空过滤时，分子量越低，效率越高。高分子聚合物形成的絮体结构中有大量的结合水并增加了过滤泥饼的水分，从而使泥饼去除更加容易。低分子量聚合物形成的絮体较小，且具有较高的抗剪切作用。这样形成的滤饼是均相的多孔结构，可以快速脱水，却阻止了细小颗粒通过滤饼。此处絮凝机理研究可以分两步进行：

① 药剂吸附到颗粒表面；

② 聚合体的形成。

吸附可能在药剂和颗粒表面带有不同电荷的时候发生，导致表面静电力不起作用。

理论上讲，任何阳离子电荷应当吸附带相反离子的聚合物，反之亦然。在聚合物过量时，颗粒重新带电，稳定化再次发生，因为颗粒可以重新带有与原先不同的电荷。此时，絮凝剂的再吸附作用将停止。

因为颗粒表面电荷分布是非均相的，表面的 Zeta 电位可能高或低甚至具有相反的电位。这意味着大多数表面是带负电荷的，小部分表面带正电荷。阴离子聚合物就是吸附到这小部分正电荷，使颗粒的净电荷与聚合物相同。正因为颗粒带有的正电荷量较少，颗粒一般位于长链的末端，而非沿着整个长链分布。这种结合力是特异静电作用，这样就存在 Zeta 电位的阈值，此时中心吸附是不可能的。当化学架桥作用形成后，颗粒间存在着排斥力，絮体是松散的结构。

氢键作用也是非离子型高聚物的重要吸附方式，譬如聚丙烯酰胺。单个氢键的作用力较弱，但是聚丙烯酰胺的分子量达到 1000 万，可以至少形成 15 万个氢键，其作用力大大增强。氢键的特征是短距离内原子通过氢相连，在氢键产生之前，相互作用的原子（例如一个位于高聚物，一个位于颗粒物）必须足够靠近。聚电解质亦可形成于不溶性盐的形成，譬如聚丙烯酸吸附于黏土、石灰和其他含钙矿物形成不溶性的聚丙烯酸钙。

絮体的形成机理有许多不同的假设，但极少数假设得到实验支持。在絮体形成中起重要作用的一种可能性是通过吸附带电荷的高聚物降低了 Zeta 电位，范德华力使颗粒之间相互靠近。另一种可能性是高聚物同时在两端吸附颗粒。吸附过程进一步发生，加之高聚物分子压缩后，使颗粒间的距离减小。假设 1——聚合物两端同时连接颗粒见图 4-5。这个理论似乎并不恰当，因为高聚物分子并非线性的，其末端不一定能够结合颗粒。

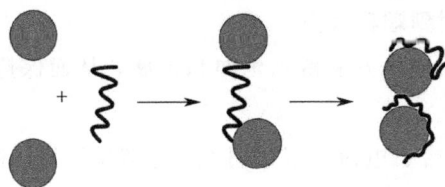

图 4-5　假设 1——聚合物两端同时连接颗粒

第二种假设认为聚合物分子形状是极不规则的，因此一个聚合物分子可以吸附于颗粒表面的不同位置，从而形成一个闭合圈。根据表面不同，闭合圈的长度也不同。碰撞作用使颗粒表面部分被覆盖，架桥作用形成。假设 2——聚合物与颗粒表面多点接触形成封闭的圈使各颗粒相连见图 4-6。

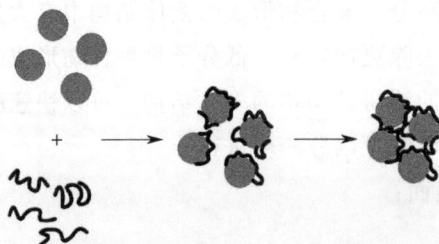

图 4-6　假设 2——聚合物与颗粒表面多点接触形成封闭的圈使各颗粒相连

根据此理论，聚合物分子在架桥作用形成之前，完全吸附于个体颗粒。上述反应发生于聚合物浓度较高时并解释了絮凝效果在某临界浓度后降低的原因。此情况下，絮凝作用由于聚合物分子间的排斥力存在而受阻。这也是比较可信的理论，因为其解释符合实验结果。

### 4. 天然聚合物

天然聚合物，譬如淀粉、胶和藻酸盐可作为架桥絮凝剂，但是分子量一般低于人工合成的聚合物，并且絮凝程度较低。聚糖（淀粉、糊精）在中性或微碱性水体中效果较好。有机胶体（胶、凝胶、蛋白、干酪素等）由大分子聚合而成，在酸性溶液中效果较好。这些聚合物有一些不足之处，如浓度要求高、不稳定的溶解性、性质易变化、沉淀泥浆存储过程中的絮体强度变化，但其可以通过化学处理阴离子或阳离子化。离子特征对天然架桥聚合物而言作用不大，因为其对 Zeta 电位几乎没有影响，一般依靠氢键起作用。

## 三、影响絮凝的因素

### 1. 聚合物浓度

对于给定的处理系统，絮凝效果在最佳浓度之外，并不随电解质浓度增加而增加，过量添加絮凝效果反而下降。最佳浓度就是在实验条件下，最大量的聚合物可以用作絮凝过程并且直接形成多颗粒吸附。以硅酸盐黏土为例，在一定浓度下，所有的聚合物吸附于固体表面。与最佳浓度相比，聚合物并非完全吸附的临界点取决于沉淀速度。但是，随着聚合物浓度增加，吸附量也会增加。

最佳浓度（例如最大沉淀速率）并不能简单预测，因为这不仅与聚合物的电荷特性和电量有关，还与分子量有关。最佳浓度随分子量增加而增加，但同时沉淀速率也较高。

### 2. 絮体上的剪切作用

所有的絮体，不管是凝聚或是架桥作用形成的，在过度搅拌时都会发生絮体破裂。停止搅拌时，絮体并不能够重新形成。由过量聚合物存在形成的絮体受到搅拌，其分解速率远高于最佳浓度形成的絮体。过量聚合物从溶液中重新吸收，因为絮体受到破坏之后，新的吸附位重新形成。絮体不能有效形成的原因是过量吸附的聚合物存在着排斥力。因此，最佳浓度需要在一定速度的搅拌条件下实现。

### 3. 颗粒尺寸

对细小二氧化硅颗粒而言，最佳聚合物加药量/固体颗粒数比率与颗粒比表面有关系。但是一般而言，颗粒尺寸越小，絮凝剂用量越高。

### 4. 泥浆密度

泥浆密度影响最佳浓度，因为其影响了颗粒间的碰撞。尽管最佳浓度在低泥浆密度时用量减少，但是 4%～50% 的最佳浓度变化对絮凝效果影响不大（使用二氧化硅）。聚体的形成速率与颗粒浓度的平方成正比，混凝时间（譬如颗粒数减半的时间）与初始浓度成反比。搅拌过程中絮体的稳定性随泥浆密度的增加而增加。在絮体受到破坏之后，絮体再次形成时间取决于颗粒间的碰撞。在泥浆密度较低时，此时间相对较长，聚合物分子将可能吸附于相同的颗粒上，降低了系统的架桥作用。对于高密度的泥浆，颗粒碰撞的可能性会更高。

### 5. 分子量

当使用低分子量的聚合物时，每个聚合物分子可能吸附于同一颗粒上。絮凝程度随着聚合物的添加而减弱。对于相同类型而分子量较高的聚合物，其更容易由絮体吸附和利用。最佳浓度和沉淀速率随着分子量增加而增加。在洗煤水的处理中，比较理想的絮凝剂是高分子量的阴离子型，因为获得快速沉淀速率非常重要。当然，低分子量产品，如前所述，比较适合于过滤。

分子量并非絮凝效果的唯一度量标准，因为两种具有相同表观分子量的聚合物具有不同的分子量分布，如图 4-7 所示。

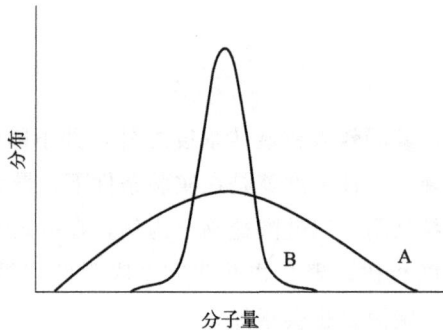

图 4-7　具有相同表观分子量的聚合物具有不同的分子量分布

聚合物 A 和 B 具有相同的平均分子量，但是却表现出不同的絮凝效果。聚合物 A 具有广的分子量分布，包括了大量的高分子量和低分子量部分。实际应用情况下的区别取决于泥浆的性质和聚合物的性质。

### 6. pH 值

泥浆的 pH 值决定了颗粒表面电荷。

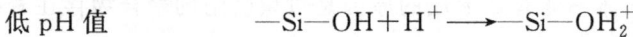

高 pH 值　　　　　　　$-Si-OH+OH^- \longrightarrow -Si-O^- + H^+$

低 pH 值　　　　　　　$-Si-OH+H^+ \longrightarrow -Si-OH_2^+$

二氧化硅的等电点在 pH 值为 3 左右。

在过低或过高的 pH 值条件下，絮凝很难进行，最佳浓度根据 pH 值不同而不同。当颗粒表面具有高电荷使颗粒分开时，随着更多聚合物吸附于个体颗粒，架桥作用明显减弱。pH 值也控制着聚合物的电离程度、聚合物链上的电荷数量、聚合物分子的延展度。这些因素影响了架桥和絮凝作用，不同絮凝剂的适合 pH 值由其种类决定。

### 7. 温度

一般认为，温度升高则絮凝效果提高，当然并非总是如此，因为温度变化对不同系统施加了不同影响。絮凝剂的扩散和颗粒间的碰撞速率随温度升高而提高，但吸附过程是放热的，温度升高对吸附不利。根据溶剂-溶质的相互作用不同，聚合物分子的线性延伸也随温度变化而变化，因而准确判断温度对给定系统的影响是困难的。

## 四、絮凝剂应用

对一个有效的合成电解质絮凝剂而言，其必须由传送状态转变为自由溶解和充分延伸的单个分子。考虑到运输和价格的因素，当代高效聚合物一般以固体产品形式提供，同时固体产品围绕平均分子量具有粒径分布。每个颗粒由聚合物长链无序包裹，形状类似线球。对于长链的溶解，其首先需吸附水分子，颗粒尺寸决定了对水分子的吸附程度，通过水解和激活排斥离子基团溶解。但湿聚合物表面形成了许多凝胶，其阻止了自由水在颗粒中心对聚合物的润湿。上述就是聚合物溶解时出现的主要问题。

当表面润湿而聚合物没有完全分离时，颗粒簇外表面润湿，形成凝胶层，从而阻止了水分子渗透。这对大颗粒聚合物尤其不利，其一般需数个小时去溶解和润湿。絮凝剂生产商提供的许多扩散设备很好地解决了此类问题。一旦起始吸附完全，每个颗粒就形成了凝胶团，聚合物分子持续展开，并随着颗粒外表面凝胶的形成而絮凝作用减弱。凝胶的形成与颗粒的尺寸有关。图 4-8 展示了高分子絮凝剂大颗粒和小颗粒的溶解速率。

可以看到，小颗粒一般需 15～30min 溶解，大颗粒需 2h。随着颗粒尺寸的增加，溶解时间增加，因而絮凝剂最好以小颗粒提供。当然，小颗粒也有两方面的缺陷。首先，细小颗粒粉末扩散后完全分离非常困难；其次，细小颗粒可能会造成安全问题，并且操作较为困难。细小颗粒容易生成气溶胶，在反应器周围形成光滑、危险的表面。有一种新发明减小了聚合物尺寸，除去不需要的过细颗粒，以珠状的形式组成。制造过程是使颗粒尺寸远低于传统的絮凝剂，并除去了过细颗粒。珠式絮凝剂有很好的溶解性，由于极强的流动性，增加了存储和操作的便利性。

为了加速凝胶颗粒的溶解性，需要制备比实际应用更高浓度的溶液。高浓度的溶液可以促进搅拌对凝胶团的破坏，增加颗粒的表面积，溶解性更好。制备高浓度的溶液的另外一个优势是可以减少混合，每次混合可以持续很长时间，另外储存大量絮凝剂以备急用。仅仅针对难溶的聚合物（譬如极高分子量或极低分子量），颗粒尺寸才起到重要作用。低分子量或者高分子量的离子型产品比图 4-8 中的预计溶解时间更短。

在溶解过程中，搅拌需遵循如下因素。

① 保持絮凝剂颗粒的悬浮状态，以避免沉淀至反应器底部形成凝结层。

② 释放膨胀胶体颗粒中的自由聚合物链。

③ 降低凝胶颗粒的尺寸，增加自由长链的释放。

不同类型的搅拌需提供足够的动力达到上述要求，但不能提供高的中心剪切条件以造成絮凝剂分子的破坏。理想的搅拌条件是使用大桨叶慢速搅拌或空气搅拌。

一旦絮凝剂溶液制备完成，其应当传输至投加点。一般来说，絮凝剂先传送至浆槽制备新鲜溶液。此后，通过阀门控制投加量，超过投加量则阀门关闭，低于投加量则阀门开启，但是这样容易造成由于水头变化导致絮凝剂浓度不均匀。一种普遍使用的解决方法是将溶液用泵输至一小型连续水头的槽中，所需的溶液根据投加量由阀门控制，若溶液过量，则回流至浆槽中。对于絮凝剂的传送，不应使用高剪切力的泵。图 4-9 描述

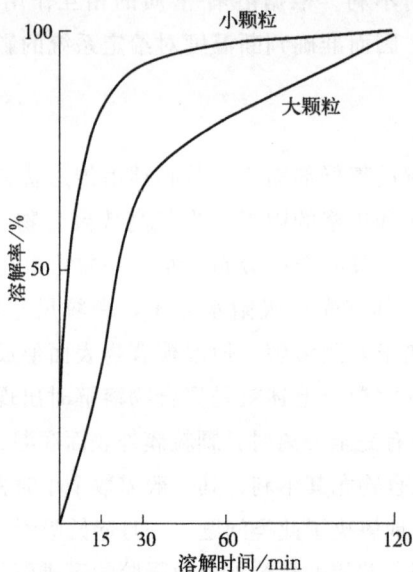

图 4-8　高分子絮凝剂大颗粒和小颗粒的溶解速率

了离心泵对 0.1％高分子聚合物溶液沉淀速率的影响。图 4-9 展现了随着分子量的降低，沉淀速率下降，首先是溶液通过泵时受到破坏，其次是回流减少了泵的通量。这种破坏作用可以通过溶液黏度的降低得到体现。

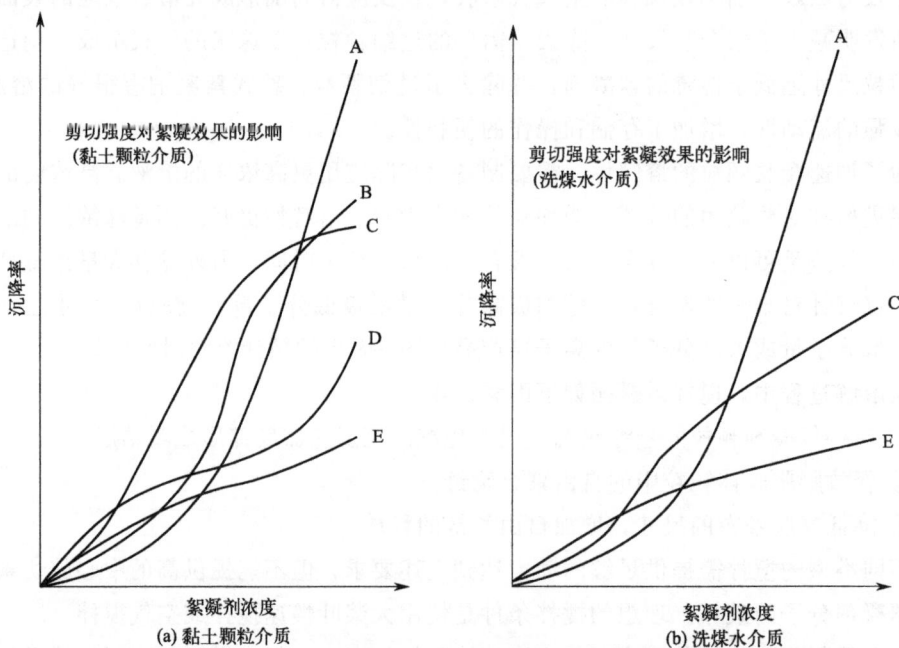

图 4-9　离心泵对 0.1％高分子聚合物溶液沉淀速率的影响
溶液 A—使用泵输送之前，黏度 600mPa·s；溶液 B—一次通过泵，黏度 540mPa·s；
溶液 C—第 4 次全通量通过后，黏度 420mPa·s；溶液 D—以 10％输送能力通过后，
黏度 330mPa·s；溶液 E—以 3％输送能力通过后，黏度 240mPa·s

絮凝剂溶液的使用合理与否决定悬浮溶液处理效果的好坏。聚合物由于其自身黏度的存在不能均匀分布于悬浮颗粒，这有时是问题。絮凝剂皆易吸附于颗粒物表面，一般为不可逆吸附。不均匀的絮凝剂分布导致絮凝剂富集处的浪费，对高浓度悬浮物处理效率不高。总而言之，低絮凝剂浓度造成低的固/液分离效率。絮凝剂的浓度应增加到效果较好为止，此时只需更高的费用。

聚合物溶液搅拌需要一个合适的转速，从而保证足够的动力使絮凝剂在悬浮液中均匀分布，但是动力不应过高，以免导致絮体的破坏。图 4-10 体现了随着混合强度增加，絮体尺寸同时在变化。絮体效果随着搅拌强度增加而增加，但是随着絮体破坏，絮凝效果逐渐降低。

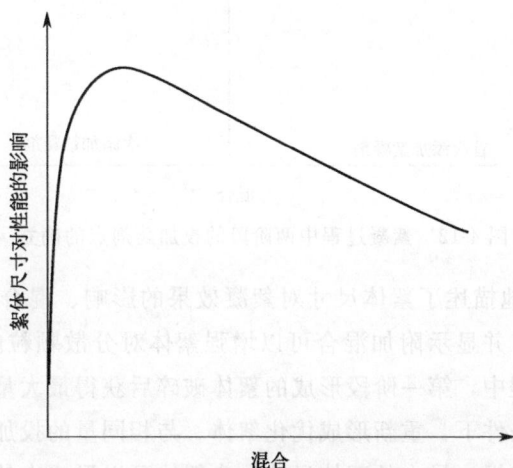

图 4-10　絮体尺寸随着混合强度增加的变化

絮凝剂溶液的良好搅拌可以通过添加分散剂得到改善。图 4-11 显示了相同浓度的絮凝剂用于不同浓度的溶液中的絮凝性能。絮凝剂的分散性越好时，它在使用时与之前配制的高浓度溶液之间的相互作用可能会产生冲突，沿着高浓度线性扩散可以克服上述缺陷。

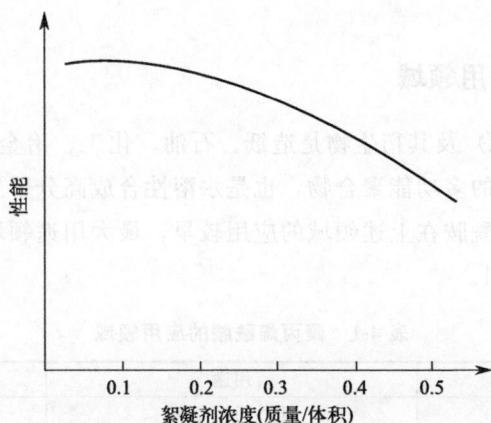

图 4-11　相同浓度的絮凝剂用于不同浓度的溶液中的絮凝性能

另外一种可以改善处理效率的重要的处理方式是将药剂分为两个或多个水流添加到处理液的不同投加点。絮凝过程中两阶段的投加药剂点的确立如图 4-12 所示。

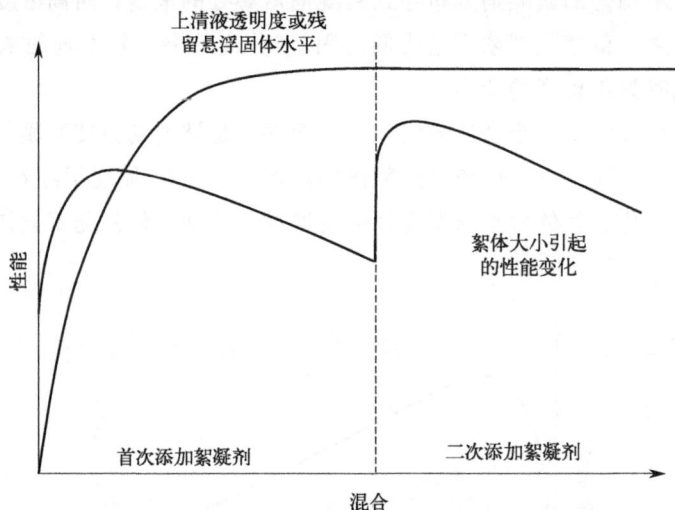

图 4-12　絮凝过程中两阶段的投加药剂点的确立

图 4-10 已经简单地描述了絮体尺寸对絮凝效果的影响、混合强度对溶液澄清（捕获细小颗粒）的影响，并显示附加混合可以增强絮体对分散颗粒的捕捉。如图 4-12 所示，在两阶段投加过程中，第一阶段形成的絮体破碎后获得最大量的网捕效果；二次投加可以在控制的混合条件下，重新形成优化絮体。与相同量的投加相比，两阶段投加系统可以提供最大量的捕捉、最大的絮体尺寸，小絮体可以形成大的絮体。充分考虑絮凝理论，根据不同反应系统选择不同的絮凝剂是非常重要的，通过有效的溶解和分散，得到最大的絮凝处理效率。

## 第二节　聚丙烯酰胺应用领域和选型

### 一、聚丙烯酰胺的应用领域

聚丙烯酰胺（PAM）及其衍生物是造纸、石油、化工、冶金、地质、煤炭、轻纺、水处理等领域广泛应用的多功能聚合物，也是水溶性合成高分子聚电解质中最重要的品种之一。国际上聚丙烯酰胺在上述领域的应用较早，最大用途领域为水处理剂。聚丙烯酰胺的应用领域见表 4-1。

表 4-1　聚丙烯酰胺的应用领域

| 应用领域 | 用途 | 聚合物类型 |
| --- | --- | --- |
| 市政污水 | 生物污泥处理<br>物理-化学处理 | 阳离子<br>阴离子 |

续表

| 应用领域 | 用途 | 聚合物类型 |
|---|---|---|
| 炼钢 | 循环水 | 阴离子 |
| 硫酸铝 | 生产过程中去杂质 | 阴或者非离子 |
| 酿造业 | 废水 | 阳或者阴离子 |
| 黏土与陶瓷 | 浓缩 | 阴离子 |
| 洗煤 | 煤浆沉降、尾渣沉降、煤过滤 | 阴离子 |
| 奶制品加工 | 废液生物处理<br>污泥处理 | 阳离子 |
| 铁矿 | 沉降<br>细颗粒过滤 | 阴离子<br>非离子 |
| 钢铁工业 | 高炉气体洗涤<br>酸洗液的净化 | 阴离子 |
| 饮用水 | 提高处理效率<br>减少铝、铁盐混凝剂用量 | 阴离子<br>阴离子 |

我国大量应用和生产聚丙烯酰胺始于 20 世纪 80 年代末期，据统计 2000 年全世界 PAM 产品已逾 49 万吨，美国产量达 6 万吨，日本年产约 2 万吨，我国产量约 10 万吨。直至 2020 年，我国 PAM 产量为 109 万吨，约占全球产量的一半，已成为全球最大聚丙烯酰胺产销市场。随着各行业对 PAM 的需求增加，新品种、合成新工艺不断涌现。

丙烯酰胺通过自由基聚合可以得到分子量不等的聚丙烯酰胺，分子结构见图 4-13。式中 $n$ 值可以从几到几十万。

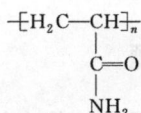

$$-[H_2C\!-\!CH]_n-$$
$$\mid$$
$$C\!=\!O$$
$$\mid$$
$$NH_2$$

图 4-13　聚丙烯酰胺的分子结构

利用辐射、紫外光、超声波和容易分解的过氧化物或者偶氮化合物都可以引发聚合反应。工业上经常使用的引发剂是有机过氧化物、偶氮化合物，以及无机过氧化物。常用的有机过氧化物包括过氧化苯甲酰、十二烷过氧化物、过氧化异丙烷，偶氮引发剂种类比较多。

## 二、聚丙烯酰胺的合理选型问题

为了改善自来水厂污泥的脱水性能，浓缩污泥进行污泥机械脱水前一般均匀加入适量的有机高分子聚合物聚丙烯酰胺来降低污泥比阻，使其易于脱水。聚丙烯酰胺有阴离子型、阳离子型和非离子型三类，应从技术和经济方面综合衡量，通过试验合理筛选各水厂较适合的 PAM 类型和品牌。

污水厂的污泥中以含有机成分的亲水性胶质微粒为主，胶粒 Zeta 电位负电性较强，污泥进行机械脱水时一般先加入适量的阳离子型 PAM，起胶粒的电性中和及微粒间架桥絮凝作用，使污泥容易脱水。自来水厂的污泥以含泥沙等无机成分的胶粒为主，且在水厂净水过程中已加过铝盐或铁盐混凝剂，胶粒 Zeta 电位负电性明显降低，因此自来水厂浓缩污泥在脱水前加入适量 PAM 主要从促使泥粒间架桥絮凝和降低污泥比阻的调理作用考虑。实验室小试和水厂生产性试验均证实：阴离子型 PAM 与阳离子型 PAM 在投加率相近（阳型投加率一般略高于阴型）情况下，均能起理想的基本类同的降低污泥比阻和达到离心机脱水污泥含固率 35％以上的良好效果（仅在污泥脱水后分离液的浊度上，用阳离子型 PAM 的分离液浊度较低）。由于阳离子型 PAM 的单位质量商品价格约比阴离子型 PAM 高 1 倍左右，因此自来水厂污泥脱水的 PAM 调理剂宜选用丙烯酰胺单体含量低于 0.05% 的高分子量阴离子型 PAM。非离子型 PAM 因溶解速度慢，一般不用于污泥调理。

## 三、聚丙烯酰胺的分子量问题

《水处理剂　聚丙烯酰胺》（GB 17514—2008）中对水处理剂聚丙烯酰胺技术要求如表 4-2 所列。

表 4-2　聚丙烯酰胺技术要求

| 项目 | | 指标 | |
| --- | --- | --- | --- |
| | | Ⅰ类 | Ⅱ类 |
| 固含量(固体),$\omega$/% | ≥ | 90.0 | 88.0 |
| 丙烯酰胺单体含量(干基),$\omega$/% | ≤ | 0.025 | 0.05 |
| 溶解时间(阴离子型)/min | ≤ | 60 | 90 |
| 溶解时间(非离子型)/min | ≤ | 90 | 120 |
| 筛余物(1.00mm 筛网),$\omega$/% | ≤ | 5 | 10 |
| 筛余物(180μm 筛网),$\omega$/% | ≥ | 85 | 80 |
| 不溶物(阴离子型),$\omega$/% | ≤ | 0.3 | 2.0 |
| 不溶物(非离子型),$\omega$/% | ≤ | 0.3 | 2.5 |

Ⅰ类：饮用水处理用。Ⅱ类：工业及废水、污水处理用。

## 四、聚丙烯酰胺的质量和掺盐问题

从聚丙烯酰胺的聚合物含量可以看出，其有效含量应超过 88%。也就是聚合在链端上的丙烯酰胺和丙烯酸钠的含量应超过 88%。聚丙烯酰胺的水解率 30%，也就是丙烯酸钠的链端占据 30% 计算，见图 4-14。

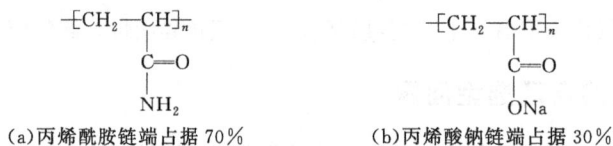

(a)丙烯酰胺链端占据 70%　　　(b)丙烯酸钠链端占据 30%

图 4-14　丙烯酰胺链端占据 70%，丙烯酸钠链端占据 30%

丙烯酰胺的链端的分子量是 71，丙烯酸钠的分子量是 95。如果按照摩尔比离子度是 30%，实际的质量比是 95×30%/(71×70%＋95×30%)＝36.4%，丙烯酰胺链端的质量为 100%－36.4%＝63.6%。基于商品化习惯，一般讲阴离子度，多采用质量比的方法。行业标准规定有效聚合物含量＞89%，其他的剩余物质包括添加的分散剂和水分等。按照有效含量 88% 进行计算，其中含有的丙烯酰胺的链段的质量应该是[63.6%＋36.4×(71/95)]×88%＝90.8×88%＝79.9%。也就是说明成品中的实际聚合物丙烯酰胺链段的含量应该不低于 79.9%。进一步讲，丙烯酰胺单体的成本占了聚合物原料成本的 79.9% 或者按照 80% 进行计算。

如果按照丙烯酰胺单体折百价格 12000 元/t（多数企业采购丙烯酰胺溶液生产聚合物）进行计算，则单体的成本是 12000×80%＝9600 元/t（2023 年 6 月价格），这也是丙烯酰胺最大的成本。聚丙烯酰胺在聚合前，要用离子交换树脂纯化单体溶液，加入引发剂聚合、切块、烘干、粉碎、筛分、包装等工序，整个聚合和烘干破碎成本估计在 1000 元/t，因此聚合物的直接成本是 9600＋1000＝10060（元/t）。这没有包括能耗、人工、管理费、税收和利润。如果增加 15% 的利润、13% 的税收，则接近 13000 元/t。如果产品的价格低于单体的价格很多，很多企业会掺不同的盐，例如氯化钠、硫酸钠等。由于标准中没有检测有机聚合物有效含量的方法，采用热重的方法可以快速测定有机物的百分含量。在 300℃ 以上，有机聚合物基本都会失重，而盐在 300～400℃ 不会挥发。

在混凝过程中为了提高沉降效果，往往会添加低于 1mg/L 的聚丙烯酰胺，絮凝效果会大幅度提升，尤其是对于高浊度水和冬季的低温低浊度水，很多设计的高密度沉淀池都配合聚丙烯酰胺使用。

## 第三节　丙烯酰胺的聚合方法

丙烯酰胺的聚合方法主要有本体聚合、溶液聚合、悬浮聚合、乳液聚合、分散聚合 5 种，如表 4-3 所列。

表 4-3　丙烯酰胺的聚合方法

| 聚合方式 | 本体聚合 | 溶液聚合 | 悬浮聚合 | 乳液聚合 | 分散聚合 |
| --- | --- | --- | --- | --- | --- |
| 配方 | 单体 | 单体 | 单体 | 单体 | 单体 |
| 主要成分 | 引发剂 | 引发剂、溶剂 | 水、油溶性引发剂、分散剂 | 水、水溶性引发剂、水溶性乳化剂 | 水、水溶性引发剂、盐 |
| 聚合场所 | 本体内 | 溶液内 | 液滴内 | 胶束和乳胶粒内 | 分散颗粒表面 |
| 聚合机理 | 反应速度快、分子量低 | 低浓度时，分子量低；高浓度时，分子量高 | 与本体聚合相同 | | |
| 生产特征 | 不易散热、一般不使用 | 低浓度聚合散热容易，高浓度则难 | 散热容易 | 散热容易 | 散热容易 |
| 产物特性 | 分子量分布较宽 | 低浓度产品容易溶解直接使用；高浓度产品进一步加工成干粉 | | 使用过程中加入反相剂，或者进一步加工成干粉 | 直接稀释使用 |

（1）本体聚合

本体聚合就是在丙烯酰胺单体中直接加入引发剂的聚合。在实际生产过程中这种方法一般不使用。

（2）溶液聚合

溶液聚合是将单体和引发剂溶于溶剂中的聚合。

（3）悬浮聚合

悬浮聚合是单体以液滴状悬浮在水中的聚合，聚合体系主要由单体、水、油溶性引发剂、分散剂等组成。

（4）乳液聚合

乳液聚合是单体分散在水中，形成的聚合物进入乳液的聚合形式。这种方法是制备水包油聚丙烯酰胺乳液的主要方法。

（5）分散聚合

分散聚合是近几年出现的一种新的聚合方式，单体、引发剂分散在高盐含量水溶液中。聚合形成的微小聚合物颗粒由于盐析作用，以悬浮乳液的形式分散在水溶液中。

在水溶性聚合物的使用过程中，经常遇到的一个问题就是如何快速完全地溶解聚合物。早期都是使用聚合物稀溶液。随着技术的不断进步，聚合物分子量不断提高，运输和存储聚合物变得非常困难。以后生产商开始生产固体产品，使用时利用各种机械装置将其溶解。这样虽然解决了运输问题，但是在溶解过程中由于剪切力的作用会使聚合物部分降解，有时还不能完全溶解，即产生"鱼眼"现象。这样不仅造成聚合物的浪费，同时给使用带来很大的不便。在造纸中聚合物的不完全溶解往往会使纸的质量下降。20世纪70年代油包水乳液被开发成功。使用油包水乳液技术可以生产快速溶解的聚合物，这种技术得到了工业界的普遍认可，但是油包水乳液的最大缺陷就是含有大量的碳氢化合物。

Kyoritsu Yuki 公司首先申请了分散法生产阳离子聚合物的方法。这种方法是在盐溶液中利用憎水单体制备高分子量聚合物，得到的聚合物可以快速溶解于水中。美国专利 5605970 提出了一种制备水溶性阴离子聚合物分散液的方法。这种方法详细介绍了制备丙烯酸-（乙基）丙烯酸已酯的方法。（乙基）丙烯酸已酯是一种憎水单体，使得聚合物具有一定的憎水性。

在分散聚合过程中单体和引发剂都溶于分散介质，但是介质是聚合物的不良溶剂。反应开始时体系是均相的，聚合在均相体系中引发。

由于分散介质是低聚物、大自由基和大分子的不良溶剂，反应开始后不久就会产生相分离。析出的聚合物形成晶核，由于晶核吸附稳定剂，成为稳定的胶体，形成的晶核含有一定的被分散介质和单体的溶涨。一般颗粒的直径为 $0.1\sim10.0\mu m$。

在分散聚合过程中要控制的影响因素包括稳定剂、单体、引发剂的浓度、分散介质的溶解性、反应温度等。这些条件对于颗粒直径、聚合物最终分子量，以及聚合动力学都有非常大的影响。

如果没有稳定剂存在，聚合物颗粒很容易发生凝聚。一般加入稳定剂就可以很好地稳定得到的聚合物颗粒。稳定剂是与聚合物具有适中亲和性的聚合物或者低聚物，并且在聚合物体系中的溶解度比较低。稳定剂浓度增大，会导致颗粒粒径减小。这意味着稳定剂浓度增大，形成的晶核数目增多。絮凝成核理论可以非常好地解释颗粒粒径对于浓度的依赖性。吸附的稳定剂越多，凝聚速度越慢，这样就会有更多颗粒成为成熟颗粒，产生颗粒的粒径就很小。

目前已经有很多采用聚合物分散液处理各种水体的专利。日本专利介绍了一种制备含有胺和脒基团的阳离子聚合物的制备方法，这种聚合物可以用于造纸工业中水体的脱墨处理。另外也有一些乙烯胺与其他单体的共聚物用于洗煤、造纸脱色、洗煤泥渣浓缩的报道。

## 第四节　阳离子丙烯酰胺类聚合物的合成方法

随着我国对水污染治理力度的加大，各种水处理剂的应用范围日益广泛，消耗量迅速增长，在有机絮凝剂种类中，聚丙烯酰胺类药剂的应用量最大。其中，阴离子类和非离子 PAM 占很大的比例，而阳离子类和各种改性 PAM 只占很小的比例，并且阳离子PAM 的种类较少。阳离子絮凝剂负电荷的胶体有优良的处理效果，广泛应用于浊度、色度、有机胶体的去除，在染色、造纸、食品发酵等工业废水以及污泥脱水等方面备受青睐。阳离子絮凝剂的开发和应用日益受到人们的重视。阳离子丙烯酰胺类聚合物的合成通常有以下几种方法。

### 一、丙烯酰胺与二烯丙基二甲基氯化铵的共聚物

二烯丙基二甲基氯化铵（diallyldimethylammonium chloride，DADMAC）是一种季铵盐阳离子单体，聚合后可以得到水溶性阳离子聚合物，即 poly-DADMAC。这种聚合物的分子量比较低，一般在 100 万以下，在国外广泛地用作混凝剂，并且具有良好的杀藻作用，但是这种混凝剂的应用成本比较高。为了提高它的絮凝性能，现在通常采用丙烯酰胺、丙烯酸等单体共聚的方法提高分子量，使之具有更好的絮凝性能。例如，DADMAC 与丙烯酸、丙烯酸羟丙酯的共聚物（摩尔比 87∶10∶3），或 DADMAC 与丙烯酸的共聚物是性能优异的两性聚合物，用于纸浆废水脱除油墨、除油等具有良好的效果。

丙烯酰胺与二烯丙基氯化铵的共聚物合成方法如下。将 2.89kg 60% DADMAC 单体溶液，2.11kg 50%AM 溶液，3.31kg 去离子水，27kg 40%二乙基三胺五乙酸钠，2g 2,2'-偶氮（2-甲基丙基脒）二盐酸盐，27g 过硫酸钠，加入 30L 反应器中。反应器配有搅拌装置、加热套、抽真空接口、回流冷凝管、加料孔和反应过程中间加料装置。体系通过真空和曝气的方法驱除氧气，真空抽气和曝气重复 3 次，使体系完全达到无氧状态。

首先，加热反应物，在搅拌过程中引发聚合，同时将反应器内的压力控制在 50～55MPa，该反应是放热反应。一旦发现温度升高，加入剩余的 11.62kg 50%AM 溶液及 3.0g 2,2'-偶氮双（$N,N'$-2-甲基异丁胺）盐酸盐，加料速度应适当控制。所有丙烯酰胺加完后，保持温度在 35℃，继续搅拌 40min，通过通入氮气将反应压力控制在常压下，然后在 30min 内将 0.5kg 10%的次亚磷酸钠溶液加入凝胶产物中，并使之充分混合。在此过程中温度会逐渐升高至 90℃，在此温度下继续保持 2h，以便减少残留单体含量。将胶体产物破碎，在 90℃的流化床中干燥 50min，就可以得到单体分布均匀的颗粒状聚合物。聚合物在 4%氯化钠溶液中的特性黏度可以达到 16dL/g。

另外，也可以采用乳液聚合的方法，以亚硫酸钾和过硫酸铵氧化还原体系引发反应，制备丙烯酰胺与二烯丙基二甲基氯化铵共聚物。单体中的杂质对于聚合有很大的影响。为了制备高分子量的共聚物，应该严格控制丙烯酰胺中金属离子、三丙基胺、甲氧基醌，以及二烯丙基二甲基氯化铵中烯丙基二甲基胺、二甲基胺、烯丙基醇等杂质的含量。

## 二、丙烯酰胺与丙烯酸二甲氨基乙酯氯化铵共聚物

目前这类聚合物是产量最大、应用最广泛的阳离子絮凝剂。其合成工艺是根据最终产物的阳离子度，调整丙烯酰胺与丙烯酸二甲氨基乙酯氯化铵的摩尔比例，单体总浓度为20%～30%的水溶液。反应一般采用无机有机复合引发剂，例如过硫酸铵-硫酸亚铁，过硫酸盐-亚硫酸盐与有机引发剂的体系，例如，偶氮烷基咪盐酸盐，过氧化二苯甲酰等。反应一般在20～70℃进行数小时，就可以制得胶体共聚物。再经破碎、干燥、粉碎，最终得到粉状聚合物。为了加快固体聚合物的溶解速度，一般要加入少量表面活性剂。

## 三、丙烯酰胺-甲基丙烯酰氧乙基三甲基氯化铵-丙烯酸甲氧基乙酯共聚物

在配有氮气进口、氮气出口和引发剂加入口的烧瓶内加入16.6g 50%的丙烯酰胺溶液，30.3g 75%丙烯酸三甲基胺乙酯氯化物溶液和1.6g丙烯酸甲氧基乙酯，250g去离子水及2-乙基三胺五乙酸钾盐作为螯合物，用1mol/L的HCl溶液将单体溶液的pH值调至3.5，然后通入$N_2$以去除氧气1h。加入1g 5.0%的2,2'-偶氮（2-甲基丙基脒）二盐酸盐溶液，聚合24h。通过高压液相色谱分析发现单体转化率可达99.9%，分子量可以达到670万。

## 四、 N-乙烯基甲酰胺均聚物分散聚合制备方法

在配备回流冷凝器、氮气布气管、星型搅拌器、热电偶的反应器中加入N-乙烯基甲酰胺单体75g、10%的聚乙烯醇溶液40g、水250g、丙三醇6g、硝酸钠120g。在搅拌下加热混合物至45℃，加入V-50引发剂0.2g（溶解于20mL水中）。反应开始后黏度逐渐升高。反应过程中逐步加入125g NaCl。反应时间为3～3.5h。最后得到乳白色分散液。将上述聚合物分散液配成2%的水溶解加入等量的氢氧化钠，加热到80～90℃，反应3h后，90%的酰胺基水解成氨基。另外也可以采用酸做水解剂，如果加入等摩尔的酸，水解后形成含有胺和甲酰胺的共聚物，两者比例为70∶30。可以采用向聚合物水溶液中通氯化氢气体或者氨气的方法水解。

## 五、 N-乙烯基甲酰胺-丙烯酸乙基己酯共聚物分散制备方法

在配备回流冷凝器、氮气布气管、星型搅拌器、热电偶的反应器中加入N-乙烯基甲酰胺单体54g、丙烯酸乙基己酯3g、10%的聚乙烯醇溶液30g、水150g、丙三醇45g、硝酸钠40g、氯化钠2g。在搅拌下加热混合物至45℃，加入V-50引发剂0.3g（溶解于20mL水中）。反应开始后黏度逐渐升高。反应过程中逐步加入100g硫酸铵。

反应时间为 3~3.5h。最后得到乳白色分散液。N-乙烯基甲酰胺与丙烯酸乙基己酯的比例可以任意调整。

## 六、丙烯酰胺-丙烯酸-N,N-二甲胺基乙酯氯化铵共聚物

根据阳离子度、固体含量指标和合成产物量计算各种单体、引发剂和水的投加量。将计量好的 150kg 丙烯酰胺加入溶解池，然后加水 230kg，溶解后过滤，移入反应罐，加入计量后的甲基丙烯酰氧乙基三甲基氯化铵（DMC）72L，偶氮二异丁氰 0.7L，5%的亚硫酸氢钠溶液 72mL，0.15%N,N-亚甲基双丙烯酰胺 4~8mL，封闭烧瓶，开启搅拌和排气阀门，并开始通入氮气。约 0.5h 后，加入计量好的 5%过硫酸铵溶液 315.6mL，继续通入氮气，减小气体流量，然后开始静置反应，反应开始后停止搅拌，并提升搅拌器。3~4h 后，反应达到最大温度，继续保温 5h，结束后将胶体产物取出，初步切割后加入挤出机，就可以得到粒状胶体产物。将胶粒产物在 80~95℃烘干、粉碎就可以得到粉状固体产物。利用黏度一点法测定分子量为 300 万~500 万。

表 4-4 和表 4-5 分别为以固体和液体丙烯酰胺为原料生产各种阳离子度聚丙烯酰胺的经济效益预测分析。

**表 4-4  以固体丙烯酰胺为原料经济效益预测分析**

| 阳离子度/% | 12.5 | 25 | 33 | 50 |
|---|---|---|---|---|
| 原料成本/(元/t) | 18200 | 22550 | 26200 | 29350 |
| 生产成本/(元/t) | 2000 | 2000 | 2000 | 2000 |
| 总成本/(元/t) | 20200 | 24550 | 28200 | 31350 |

**表 4-5  以液体丙烯酰胺为原料经济效益预测分析**

| 阳离子度/% | 12.5 | 25 | 33 | 50 |
|---|---|---|---|---|
| 原料成本/(元/t) | 15500 | 20160 | 24100 | 27530 |
| 生产成本/(元/t) | 2000 | 2000 | 2000 | 2000 |
| 总成本/(元/t) | 17500 | 22160 | 26100 | 29530 |

# 第五节  二烯丙基二甲基氯化铵类聚合物

我国 20 世纪 90 年代开始研究 DADMAC 单体和均聚物，后续在高浊度水处理中开始应用。高分子量的 DADMAC 均聚物或与 AM 的共聚物可作助滤剂、颜料脱水剂，也可用作污水处理的絮凝剂，并且对于高浊度水特别有效。DADMAC 与 AM 的共聚物是水处理和污水处理中使用最广泛的絮凝剂，它可用于处理纸浆废液、印染废水、炼油厂废水、油田污水。

通常合成这一类聚合物采用的单体都是 DADMAC，虽然现在有一些文献中提到可以采用其他卤化物替代 DADMAC 作为原料，但是鉴于成本原因，目前大部分厂家都是

使用 DADMAC 作为原料合成聚合物。下面介绍 DADMAC 单体和聚合物的合成方法和工艺。

## 一、原料要求

原料均为工业一级或优级品。
① 氯丙烯，优级品。
② 氢氧化钠（离子膜片碱），优级品。
③ 二甲胺水溶液，优级品。
④ 过硫酸铵，分析级试剂。
⑤ 还原剂，分析级试剂。

## 二、合成方法简介

国内外对于 DADMAC 合成的方法可以简单分成两种：两步法和一步法。两步法是合成烯丙基二甲基胺后，经过蒸馏分离再与烯丙基氯反应；一步法是烯丙基二甲基胺不经过分离直接与氯丙烯反应。一步法优于两步法，产率更高，本书介绍是基于一步法。

① 在夹套反应釜内加入 600 份二甲胺溶液（40%），将反应釜内温度降至 0℃。
② 将氯丙烯 400 份及 200 份氢氧化钠溶液（45%），在 10h 内分次交替加入，保证反应体系 pH 值为 12~13。
③ 待反应结束后加入氯丙烯 420 份，停止降温，继续搅拌 1h 后，逐渐升温至 30~40℃，回流 8h。
④ 如果无油水分层现象，而且 pH 值在 7~8 之间。然后升温至 40~50℃，将未反应的氯丙烯蒸出。逐渐升温至 80~90℃，加入少量氢氧化钠，减压抽提未反应杂质，2h 后，反应。
⑤ 最后加入适量的水，控制单体 pH 值为 7，折光度为 1.464（浓度为 68%），再经过过滤，分离溶液中氯化钠，滤液为成品单体溶液。如果生产浓度为 40%，加水稀释就可。

DADMAC 合成工艺流程图如图 4-15 所示。
按上述配比，原料的消耗如表 4-6 所列。

表 4-6 原料消耗表

| 原料 | 单耗/t | 原料 | 单耗/t |
|---|---|---|---|
| 氯丙烯 | 0.5 | 包装桶 | 20 |
| 二甲胺 | 0.37 | 水 | 20 |
| 丙烯酰胺 | 0.03 | 电 | 400 |
| 烧碱 | 0.16 | | |

## 三、聚合物生产过程

1981 年，由 W.Jaeger 等通过放射化学法测定残余双键，并通过计算，得知，聚二

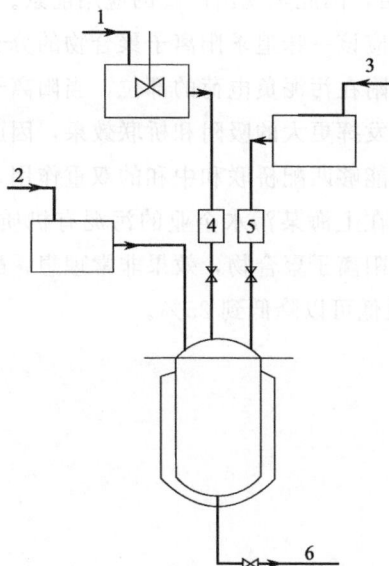

图 4-15 DADMAC 合成工艺流程图

1—氢氧化钠溶 液(45%) 计量罐；2—二甲胺溶液（40%）计量罐；3—氯丙烯；

4—氢氧化钠计量罐；5—氯丙烯计量罐；6—DADMAC 单体

甲基二烯丙基氯化铵（PDADMAC）主要含有吡啶环，此吡啶环在 3、4 位用—$CH_2$—$CH_2$—连接。理论上，PDADMAC 的合成按下式进行：

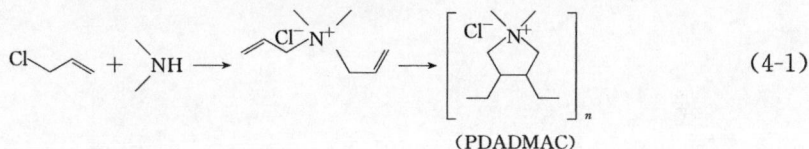

$$
\text{(4-1)}
$$

(PDADMAC)

（1）DADMAC-丙烯酸共聚物水溶液制备

在反应釜内加入 DADMAC 单体 426.9 份，去离子水 78.9 份，丙烯酸 14.0 份，EDTA 0.2 份，通入氮气，洗涤釜内氧气，同时升温至 65℃。30min 后，加入 25％的过硫酸铵 17.1 份，溶液黏度上升，同时混合液温度最高可以达到 80℃。

（2）DADMAC-丙烯酰胺分散乳液聚合

在反应器内加入 25.667 份 49％的丙烯酰胺溶液和 161.29 份 62％ DADMAC 溶液，加入 200 份硫酸铵和 40 份硫酸钠，303.85 份去离子水，0.38 份甲酸钠，45 份 20％的丙烯酸（三甲基胺）乙酯季铵盐氯化物，0.2 份 EDTA，升温到 48℃。加入 2.5 份 4％偶氮二异丁脒盐酸盐[2,2-azobis(2-amidinopropane)dihydrochloride]。向反应器中通入高纯氮气 15min，置换氧气。大约 15min 后溶液黏度上升，4h 后溶液温度达到 50℃。然后用注射器加入少量丙烯酰胺和 EDTA 混合液，溶液最后布氏黏度可以达到 4200mPa·s。

由于 DADMAC 均聚物和丙烯酰胺共聚物在水处理中具有良好的混凝和絮凝性能，水溶性阳离子聚合物有着广泛的用途，DMDAAC 聚合物又是其中的佼佼者。不仅因为它高效无毒，更重要的原因是它造价低廉。从目前国际市场来看，PDMDAAC 比其他阳离子聚合物价格低 1~3 倍，因此呈现出广阔的应用前景。

在污泥脱水过程中，不应该一味追求阳离子聚合物的分子量越高越好。阳离子聚合物的阳离子官能团主要是吸附在污泥负电荷的部位，当阳离子聚合物分子量很大时，不利于调整自身的构象，无法发挥更大的吸附和桥联效果，因此阳离子聚合物的分子量应该高中低搭配比较好，使其能够匹配桥联和中和的双重作用，做到脱水程度的最大化和最佳的透水效果。例如冬季在上海某污水企业的污泥有机质超过了 70%，李风亭教授团队采用了一种低分子量的阳离子聚合物，效果非常理想，配合低温压滤，可以将污泥含水率降低到 40% 以下，最低可以降低到 25%。

# 第五章

# 微生物絮凝剂

传统的化学絮凝剂包括以铝系、铁系及其聚合物为代表的无机金属盐类絮凝剂，还有以聚丙烯酰胺、壳聚糖、淀粉、纤维素等为代表的有机高分子絮凝剂。常用化学絮凝剂的生产工艺虽很成熟，但其使用成本高且容易造成二次污染，例如若饮用水中的残余铝含量高，人体摄入过多，患阿尔茨海默病的概率更大。聚丙烯酰胺的残存单体具有神经毒性并有致癌风险。因此，寻求来源广泛、可生物降解、环境友好的新一代絮凝剂产品备受关注。

作为新型絮凝剂的典型代表，微生物絮凝剂（microbial flocculant，MBF）是由微生物产生的、具有絮凝活性的高分子聚合物。在水处理工艺中投加 MBF，易促成絮状体，加快悬浮物和胶体颗粒的凝聚和沉降，实现固液分离，应用潜力巨大。

人类发现微生物絮凝作用的历史可以追溯到 19 世纪末。1876 年，法国学者 Louis 首先发现酵母菌及其代谢产物可以絮凝固体颗粒。1899 年，Bordet 的研究表明细菌也有类似的絮凝作用。1935 年，Butterfield 从活性污泥中筛选出能够分泌絮凝活性成分的菌株。1976 年，Nakamura 从霉菌、细菌、放线菌、酵母菌等 214 种菌株中，获得 19 种具有絮凝能力的微生物。此后，MBF 的研发与应用逐渐得到重视与发展。1985 年，Takagi 验证了拟青霉菌产生的 PF101 的良好絮凝效用。1986 年，Kurane 利用红平红球菌制 NOC-1，处理酵母和泥浆废水，絮凝和脱色效果显著。我国关于微生物絮凝技术的报道始于 20 世纪 80～90 年代，虽然起步相对较晚，但也取得了积极进展。

进入 21 世纪后，MBF 的研究日益深入。多年来，发表于中国知网及 Web of Science 数据库的相关文献合计近 2000 篇。由 MBF 相关文献可视化计量分析而知，国内外的研究热点主要集中在产絮菌筛选与发酵培养、MBF 组分分析及功能强化、MBF 作用方式及机理、MBF 适用范围及影响因素等方面，这些也是本书介绍的重点内容。

## 第一节　微生物絮凝剂的分类

目前，国内外已发现多种制取 MBF 的微生物，包括细菌、真菌和藻类等。根据微生物类别，MBF 可细分为细菌类、放线菌类、霉菌类、酵母菌类和藻类等。按来源不同，MBF 主要分为以下 4 种。

① 微生物菌体本身。它们可从各种土壤、活性污泥、沉积物甚至废弃物中分离、筛选、制取。分别使用黑曲霉和酒酿酵母的菌体悬液作为絮凝剂，对高岭土悬浮液的絮凝率均超过 50%。

② 微生物细胞壁中的活性成分，如丝状真菌细胞壁提取的几丁质水解产物、酵母细胞壁内的葡聚糖、褐藻细胞壁中的褐藻酸等。

③ 微生物分泌胞外的代谢产物，也称胞外聚合物（extracellular polymeric substances，EPS），如荚膜和黏液质等。以白地霉和黄三素链霉菌的发酵上清液，处理高岭土悬浮液，絮凝率均超过 80%。

④ 利用基因克隆技术，构造高效絮凝菌株的产物。例如，油脂酵母 V19 的 UDP 葡萄糖脱氢酶基因过度表达后生成的 U9-EPS，蜡状芽孢杆菌由低温紫外诱导变异生成的 MBF-FB-5 等。

从功能成分占比来看，最常见的是多糖型、蛋白型和二者共同发挥絮凝作用的 MBF，关于脂类、核酸等成分的 MBF 报道较少。我们以 EPS 为例，说明 MBF 的絮凝活性及特点。EPS 是微生物在代谢过程中，分泌于体外、围绕于菌体周边的高分子多聚物，其组成因生产者的不同而存在差异，但含量最多的是蛋白质和多糖，还有少量的核酸、腐殖质和脂类等。功能成分具有的极性、非极性结构直接影响 EPS 的亲水性、疏水性，进而影响目标污染物的缔合作用和絮凝效果。功能基团如磷酸基、羟基、巯基、羧基和肽键等，可与重金属发生化学反应，同时，这些负电基团使得 EPS 的等电点较高，因此，EPS 通常呈电负性。就 EPS 而言，依据溶解性和分离难易程度的不同，还可分为溶解性 EPS（soluble EPS，S-EPS）、松散结合型 EPS（loosely bound EPS，LB-EPS）和紧密结合型 EPS（tightly bound EPS，TB-EPS）三类，提取难度依次升高。

表 5-1 列举了部分已报道的 MBF 常见产絮菌类别、来源和功能成分。

**表 5-1　常见产絮菌类别、来源与絮凝活性成分**

| 产絮菌类别 | 产絮菌中文名称 | 产絮菌外文名称 | 产絮菌来源 | MBF 活性成分 |
| --- | --- | --- | --- | --- |
| 细菌 | 红平红球菌 | *Rhodococcus erythropolis* | 中国菌种保藏中心 | 多糖、蛋白质 |
| | 肠杆菌 | *Enterobacter* sp. | 活性污泥 | 多糖 |
| | 芽孢杆菌 | *Bacillus* sp. | 土壤 | 多糖 |
| | 胶质芽孢杆菌 | *Bacillus mucilaginosu* | 活性污泥 | 多聚糖 |
| | 厚壁芽孢杆菌 | *Bacillus firmus* | 土壤 | 多聚糖 |
| | 克雷伯氏菌 | *Klebsiella* sp. | 活性污泥 | 多聚糖 |
| | 克雷伯氏肺炎菌 | *Klebsiella pneumoniae* | 活性污泥 | 多糖 |
| | 农杆菌属 | *Agrobacterium* sp. | 活性污泥 | 多聚糖 |
| | 棒状杆菌 | *Corynebacterium* | 土壤 | 多聚糖 |
| | 产碱假单胞菌 | *Pseudomonas alcaligenes* | 南京农业大学菌种保藏中心 | 多糖、核酸 |
| | 荧光假单胞菌 | *Pseudomonas fuorescens* | 土壤 | 酸性蛋白质、酸性多糖 |
| | 铜绿假单胞菌 | *Pseudomonas aeruginosa* | 土壤 | 酸性蛋白质、酸性多糖 |
| | 动胶菌属 | *Zoogloea* sp. | 土壤 | 多糖 |
| | 侏囊菌属 | *Nannocystis* sp. | 盐渍土样 | 多聚糖和蛋白质 |

续表

| 产絮菌类别 | 产絮菌中文名称 | 产絮菌外文名称 | 产絮菌来源 | MBF 活性成分 |
|---|---|---|---|---|
| 细菌 | 纤维素堆囊菌 | *Sorangium cellulosum* | 土壤 | 多糖 |
| | 金黄杆菌 | *Chryseobacterium* | 活性污泥 | 蛋白质、多糖及核酸 |
| | 无花果沙雷氏菌 | *Serratia ficaria* | 活性污泥 | 中性糖 |
| | 普氏沙雷菌 | *Serratia plumuthica* | 海湾泥滩 | 多糖 |
| | 氧化亚铁硫杆菌 | *Acidithiobacillus ferrooxidans* | 土壤 | 蛋白质 |
| | 罗斯氏菌 | *Rothia* sp. | 湾底沉积物 | 多糖 |
| | 枝芽孢杆菌 | *Virgibacillus* sp. | 湾底沉积物 | 多糖 |
| | 类芽孢杆菌 | *Paenibacillus* | 土壤 | 多糖 |
| | 嗜麦芽窄食单胞菌 | *Stenotrophomonas maltophilia* | 土壤 | 多糖、蛋白质 |
| | 玫瑰色考克氏菌 | *Kocuria rosea* | 湾底沉积物 | 多糖、蛋白质 |
| | 嗜盐单胞菌 | *Halomonas* sp. | 海底沉积物 | 多糖 |
| 真菌 | 寄生曲霉 | *Aspergillus parasiticus* | 中国菌种保藏中心 | 蛋白质、多糖 |
| | 黄曲霉 | *Aspergillus flavus* | 马来西亚普特拉大学<br>微生物培养收集室 | 多糖 |
| | 白地霉 | *Geotrichum candidum* | 活性污泥 | 多糖 |
| | 裂褶菌 | *Schizophyllum commune* | 土壤 | 多糖 |
| | 黑曲霉 | *Aspergillus niger* | 土壤 | 多糖 |
| | 黑酵母 | *Aureobasidium pullulans* | 土壤 | 多糖 |
| | 酿酒酵母 | *Saccharomyces cerevisiae* | 广西师范大学菌种保藏中心 | 多糖 |
| 放线菌 | 黄三素链霉菌 | *Streptomyces flavotricini* | 土壤 | 多糖 |
| | 囊腹链霉菌 | *Streptomyces cyslabdanicus* | 湖北菌种保藏中心 | 多糖 |
| | 诺卡氏菌 | *Nocardia* sp. | 土壤 | 酸性蛋白质、酸性多糖 |
| 藻类 | 微拟球藻 | *Nannochloropsis oceanica* | 大连理工大学微生物<br>培养收集室 | 中性糖 |
| | 小球藻 | *Chlorella* | 德国哥廷根大学实验室 | 多糖、蛋白质 |
| | 斜栅藻 | *Scenedesmus obliquus* | 德国哥廷根大学实验室 | 多糖、蛋白质 |
| | 新氯藻 | *Neochloris oleoabundans* | 美国德克萨斯大学实验室 | 多糖、蛋白质 |
| | 黑曲霉 | *Aspergillus niger* | 土壤 | 多糖 |

# 第二节　微生物絮凝剂的絮凝机理及影响因素

与传统絮凝剂不同，MBF 属于微生物制剂，其絮凝机理和絮凝影响因素更为复杂。MBF 的来源不同、使用场合不同，往往导致絮凝剂的功能成分、絮体形成过程和絮凝效果存在明显差异，因此，研究 MBF 的絮凝机理及其影响因素，对于 MBF 的筛选优化及高效应用十分重要。

## 一、 MBF 的絮凝机理

目前普遍认同的 MBF 絮凝机理是电中和、桥联、卷扫及化学反应等多种模式的联合作用。同时，在 MBF 的研究过程中，发展出多种假说，可用于解释絮凝现象。

### 1. 电中和

污染物胶体颗粒表面一般呈负电性，带正电荷的 MBF 能中和胶粒表面的负电荷，减少胶粒间的排斥作用，有助于压缩双电层、降低 Zeta 电位，促进胶粒凝聚。在实际操作中，可加入金属阳离子或调节 pH 值，转换 MBF 的荷电状态。例如，MBF 中常有

的羧基与 $Fe^{3+}$ 螯合，可降低羧基基团的电离度，促使 MBF、$Fe^{3+}$ 与污染物的黏附和共沉降，获得更好的絮凝效果。由活性污泥中提取的产絮菌 XD-3，经发酵可产生含有蛋白质、多糖和腐殖质类的絮凝物质 I，它具有大量质子化氨基，可用于中和体系的负电荷，因此，添加该物质后的絮凝上清液的 Zeta 电位为 0 左右，体现了显著的电中和作用。絮凝物质 I 还富含羟基和羧基，能够提供众多阳离子结合位点，与 $Ca^{2+}$ 协同提升絮凝能力。

### 2. 桥联

借助静电引力、范德华力、氢键等作用，以 MBF 为链，在胶体颗粒间"架桥"，污染物胶粒无需直接接触即可絮凝成团，组网沉淀。源自煤化工废水的 MBFS1 具有多结合位点的糖蛋白，通过桥联实现胶体颗粒絮凝。

药品和个人护理品（PPCPs）是一类新型水污染物，难降解、易生物富集，如卡马西平。相对于聚阳离子丙烯酰胺（cationic polyacrylamide，CPAM），微生物絮凝剂 MFX 对卡马西平的去除效果更高。虽然，卡马西平的荷电状态与 MFX 相同，均呈负电性，影响了絮凝剂电中和作用的发挥，但是 MFX 为高分子聚合物，具有更多的活性絮凝基团，主要通过吸附架桥作用实现 PPCPs 的去除。

### 3. 化学反应

MBF 的活性基团通过化学反应，使胶体颗粒团聚，形成明显的颗粒沉降。通常，改变 MBF 的活性组成、官能团和作用环境等条件，对比变化前后的絮凝效果，可用于判别絮凝是否基于化学反应作用。陈婷筛选出一种多糖型 MBF，针对水中 $Pb^{2+}$、$Cd^{2+}$ 和 $Ni^{2+}$ 的去除过程，建立热力学和动力学模型，结合其组成物质、官能团和重金属元素的前后变化表征，验证了 MBF 处理重金属废水的絮凝机理主要是化学反应。

### 4. 卷扫

MBF 投加后，在水中形成网状絮体，依靠重力对胶体颗粒进行机械卷扫与网捕，逐渐聚集形成大颗粒而沉降。黄孢原毛平革菌 BKMF-1767 可产生胞外多糖 PCF-1767，以高岭土悬浮液测定其絮凝活性。通过显微镜观察絮凝前后的高岭土悬液状态（图 5-1），结合 Zeta 电位变化的分析表明：投加的 $CaCl_2$ 仅仅削弱了体系的电负性，高岭土和 PCF-1767 仍然荷负电，电中和不起作用。实际上，高岭土颗粒附着在多糖长分子链上，沉降过程中不断压缩卷扫，形成大而密实的三维絮体，完成了絮凝。

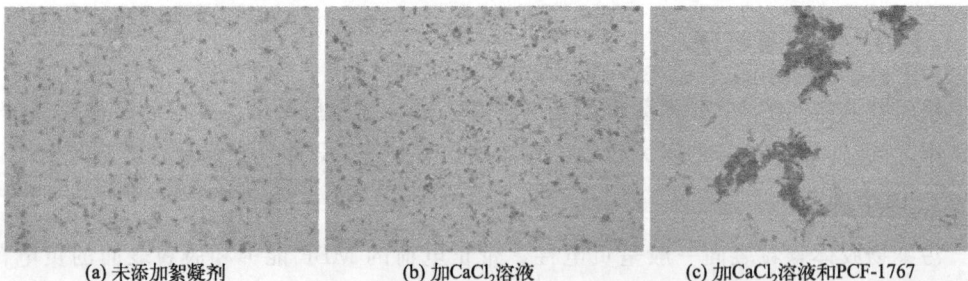

| (a) 未添加絮凝剂 | (b) 加$CaCl_2$溶液 | (c) 加$CaCl_2$溶液和PCF-1767 |

图 5-1 高岭土悬液的显微镜图像对比

### 5. 其他学说

除了上述作用机理之外，不少学者还曾提出若干假说。表 5-2 中列举了部分假说的形成过程和内容，它们的侧重点不同，通常只能解释部分絮凝现象。

**表 5-2　常见 MBF 絮凝机理的假说**

| 假说名称 | 假说形成与内容 |
| --- | --- |
| PHB 酯合假说 | 聚 $\beta$-羟基丁酸酯(PHB)是众多微生物细胞可产生的脂质聚合物。Crabtree 研究发现，除去生枝动胶菌胞外累积的 PHB 后，絮凝效果大打折扣。因此，认为 PHB 是微生物产生絮凝作用的直接原因 |
| 黏质假说 | 在 MBF 的发展初期，Butterfield 自活性污泥分离出的微生物能分泌胞外黏液，利用这种黏性物质粘连颗粒或污染物，可形成絮体 |
| 类外源絮凝聚素假说 | 位于絮凝菌细胞壁上的特殊表面蛋白，可与其他细胞的甘露糖残基形成专一性结合，从而引起絮凝。该假说由 Miki 提出，他观察到絮凝酵母细胞与非絮凝酵母细胞融合，导致细胞壁变形，而非絮凝酵母细胞之间的作用力弱，难以接触絮凝。经表面处理的酵母细胞，其絮凝供、受体的结构改变后，这种专一性结合被破坏，最终造成絮凝活性的不可逆丧失 |
| 病毒假说 | Strantford 认为外源絮凝聚素由感染酵母菌的病毒产生，而非酵母菌本身。例如，酵母絮凝可能是 Kill-L 病毒外壳蛋白表达的结果，因为 Kill-L 病毒与 FLO 表型伴随，且 LdsRNA 与假定的絮凝结构基因一致。该假说主要基于间接证据的推理，尚需实验予以证明 |
| 菌体外纤维素假说 | 针对纤维素类 MBF，Friedman 指出，纤丝是菌体细胞的一部分而非细胞分泌物，有些菌体通过外附的纤丝，与胶体颗粒联结耦合，形成絮体沉淀 |
| 疏水假说 | MBF 的功能成分和表面结构影响絮凝剂的亲水性、疏水性，良好的疏水性对于胶体颗粒的黏附至关重要，进而影响絮凝过程和絮凝效果 |

## 二、MBF 絮凝的影响因素

MBF 的絮凝效果不仅与絮凝剂本身的性质密切相关，还涉及环境的 pH 值、温度、水污染特性及水力条件等。

### 1. 絮凝剂本身性质

MBF 一般为蛋白质、多糖、纤维素和 DNA 等生物高分子化合物，其分子结构和分子量直接影响絮凝效果：通常，线性分子的絮凝效果较好，而有支链或交联结构的絮凝性能较差；MBF 分子量多在万级至十万级之间，甚至可高达百万级，分子量越大，活性位点越多，絮凝活性越高。

烃基、酯基等自带基团可提升 MBF 表面的疏水性，增加吸附位点，维持絮凝剂的微观构象，对絮凝剂活性的影响也很大。多糖类 MBF 借由金属离子介导的架桥与电中和效应，应用范围较广。大量研究表明，不同菌种在不同生长阶段，生成的 MBF 产量和活性不同。多数 MBF 产生菌在稳定期后段、进入内源呼吸期时，细胞表面疏水性增强，产生的絮凝剂活性也较高。

标准高岭土悬浮液用于衡量 MBF 的絮凝活性。典型的絮凝活性检测过程可描述为：取 2mL 的 MBF 发酵液、4mL 的 $CaCl_2$（1% 质量分数）溶液分别加入 94mL 高岭土悬浮液（0.4% 质量分数）中。用 NaOH 或盐酸溶液调节所需的 pH 值，以 200r/min 快速搅拌 1min，再以 100r/min 慢速搅拌 3min。静置 10min 后，取上清液并采用分光光度法于 550nm 处，测量样品的吸光度。同时，以未接种培养液代替发酵液，进行对照实验。根据公式（5-1），计算絮凝率以获得絮凝活性结果。

$$E = \frac{B-A}{B} \times 100\%$$ （5-1）

式中　$E$——絮凝率，%；

　　　$A$——对照组的吸光度值；

　　　$B$——样品的吸光度值。

### 2. 水污染特性

实际废水成分复杂。不同的待处理水中，含有的污染物种类、成分、性质和浓度不同，存在的干扰物质不可避免地影响 MBF 的絮凝效果。在絮凝过程中，首先要弄清哪些杂质是干扰物，再进一步考虑如何弱化其对絮凝的不利影响。含铬皮革染色废水中，含有工业盐、匀染剂、加脂剂、阴离子染料、复鞣剂等多种杂质。配制模拟含铬废水，逐一添加皮革废水中的各组分。利用秸秆发酵制得的 MBF 处理并对比絮凝效果，其中，含有阴离子基团的加脂剂、酸性染料和聚丙烯酸类复鞣剂明显削弱 MBF 的除铬效果，需要适当的预处理去除杂质。

### 3. 絮凝工艺参数

絮凝工艺参数包括絮凝剂投加量、水力条件、絮凝沉降时间等。为获得较为理想的絮凝效果，往往通过絮凝实验进行参数优化。基于絮凝效果和投药成本的考虑，MBF 的投加以絮凝效果最佳且用量最少为宜。

水力条件常以机械或水力搅拌的形式实现，搅拌强度必须保证快速混合和缓速絮凝的顺利进行。搅拌促使 MBF 迅速均匀扩散到水中，与胶体颗粒发生絮凝作用，并促进絮体成形、成长和沉降。该因素一般与絮凝沉降时间配合调试，保障絮凝效果，完成固液分离。絮凝剂 WK2-19 产自造纸厂排污口污泥分离的产气单胞菌株，当絮凝时间为 5min、沉降时间为 20min、搅拌转速由 100r/min 提升到 250r/min 和 350r/min 时，高岭土悬浮液的絮凝率由 64.78% 增至 78.50% 再降至 67.56%。搅拌转速过小，絮凝剂与目标物不能充分接触；搅拌转速过大，已成形的絮体易被破坏，同样影响絮凝效果。张薇探讨了絮凝时间和沉降时间对源自活性污泥的 SNUX-MBF 的絮凝影响。固定搅拌转速为 160r/min，絮凝时间和沉降时间分别设置为 1～9min 和 5～25min，通过高岭土悬浮液的絮凝率对比，优化得到实验最佳值（絮凝 7min，沉降 15min）。

### 4. 絮凝环境条件

（1）温度

MBF 多为生物活性组分，其絮凝性能与温度关系密切，尤其是蛋白质、核酸等成分对温度极为敏感，高温易致其变性，造成 MBF 的絮凝活性下降甚至失活。黄孢原毛平革菌（BKMF-1767）是一种白腐真菌，其产生的 PCF-1767 在 30～50℃ 区间内，对初始浓度为 3～6g/L 的高岭土悬浮液，展现了较高的絮凝率，但当温度 >50℃ 时，絮凝率开始急剧降低，说明高温会抑制它的絮凝活性。

（2）pH 值

不同絮凝剂对 pH 值的敏感程度不同，甚至同种絮凝剂对不同废水的最佳 pH 值需求也不同。溶液 pH 值会影响 MBF 和污染物胶体颗粒的表面电性、荷电状态和电中和能力，使水溶液性质发生变化，从而影响实际絮凝效果。在适宜的 pH 值范围内，MBF 与胶体颗粒间的相互斥力减弱，两者之间的桥联作用增强，絮凝沉淀得以开展。采用紫外诱变和化学诱变相结合的方法，对筛选自活性污泥的菌株进行人工选育，获得变异菌株 HZU-1。调节高岭土悬浮液的初始 pH 值为 4～10。随着 pH 值升高，絮凝率先增后降，在 pH=7 时达到最大值。与 PAC 相比，投加量少，产泥量低，絮凝效果更优。

（3）金属阳离子

外加 $Ca^{2+}$、$Mg^{2+}$、$Fe^{3+}$ 和 $Al^{3+}$ 等金属离子，可提高 MBF 的絮凝效果。适量的金属阳离子可显著加强 MBF 的电中和及桥联作用，但其浓度不宜过高，否则会增加排斥力，疏离絮凝剂与胶体颗粒的相互作用，抑制絮凝。$Ca^{2+}$ 是最常用的助凝剂。来自活性污泥的 M-C11 用于调理污泥脱水，相对未投加 $CaCl_2$ 的对照组，污泥比阻（SRF）和含水率的下降趋势更为明显，但投加量过大会导致污泥脱水性能变差。在 pH 值为 6、3mLM-C11、4mLCaCl$_2$（1%）的最佳投加组合下，25mL 污泥经调理后，SRF 和含水率分别由 $11.64×10^{12}$m/kg、98.86%，降至 $4.66×10^{12}$m/kg、83.74%，M-C11 的脱水效果显著优于硫酸铝、PAC 等无机絮凝剂。从污水处理厂的污泥中分离出一种多黏类芽孢杆菌 L2019-1，其产生的 MBF 主要为酸性多糖，絮凝体系中存在的适量 $Ca^{2+}$、$Fe^{3+}$ 和 $Al^{3+}$，可促进 MBF 絮凝活性的发挥，对比发现，低剂量 $Al^{3+}$（0.2mmol/L）的絮凝收效良好。

# 第三节　微生物絮凝剂的制备生产

通常来说，MBF 的制备生产流程如图 5-2 所示，包括 MBF 产生菌的分离与筛选、菌种鉴定、发酵、MBF 提取和纯化等步骤，往往配合絮凝率的测定，以判断 MBF 的絮凝活性。

## 一、MBF 产生菌的分离与筛选

MBF 产生菌的来源广泛，可从污水、污泥、土壤、水体、动植物等采集微生物样品，按不同浓度梯度稀释，涂布到固体培养基（如琼脂、牛肉膏蛋白胨等）平板上，恒温培养，定时观察。取涂布平板中不同形态的单个菌落，采用平板划线法多次接种分离，直至呈现的菌落形态单一且稳定，再转接到斜面培养基以备用。例如，从温泉底泥中取土样，分离筛选 α-淀粉酶产生菌。首先将富集液稀释涂布于分离培养基，40℃倒置培养 24h；再采用点接法，以灭菌牙签将单菌落点接于分离培养基平板，加入碘液，分别测量透明圈直径与菌落直径，并算出二者比值，将比值大的菌落接种于试管斜面。

挑取分离好的菌株，移入液体发酵培养基，恒温振荡培养制得菌液。以高岭土悬浮

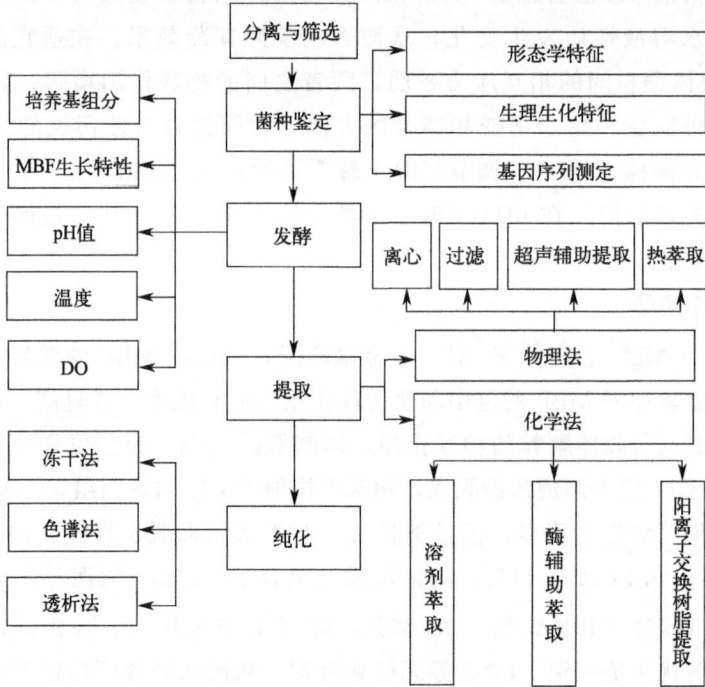

图 5-2　MBF 的制备生产流程

液为模拟废水，通过絮凝活性对比，筛选 MBF 产生菌，该工作也可细分为初筛和复筛两步。经初筛获得的絮凝活性较高的菌种，可转入新培养基，进一步扩大富集培养，获得絮凝效果和遗传性能稳定的菌株。例如，采集猪场兼性塘塘泥、实验鱼塘塘泥和试验田土壤样品，加入牛理盐水，封口振荡，静置分层后取上清菌液。将 5mL 菌液放入 100mL 液体培养基，在 30℃、160r/min 的条件下，封口振荡培养 72h 以上，利用高岭土絮凝法初筛。初筛样品的发酵液经生理盐水稀释成不同倍数，涂布于固体培养基平板，恒温培养 24h 以上，直至长出较大菌落。将这些较大菌落转入新的液体培养基，采用同样的方法进行复筛，筛选样品重复进行稀释平板分离，用接种环挑取菌落，多次划线分离获得若干种单菌株。

## 二、菌种鉴定

　　传统的 MBF 菌种鉴定是结合菌株的形态学观察和生理生化性质测试，判断菌种类别。近年来，随着生物检测技术的迅猛发展，以 PCR 扩增为基础的基因序列测定成为了 MBF 菌种鉴定的高效手段。

### 1. 形态学特征

　　筛选得到的菌株接种于固体培养基，恒温培养一定时间后，取培养物进行革兰氏染色和类脂类染色，再通过肉眼和显微镜观察菌落质地、菌体形状、颜色、大小等特点，结合照片、表格和文字描述等记录菌种形态学特征。例如，采自活性污泥的 Z11 菌落在 LB 固体培养基上呈圆形、淡黄色、不透明状。菌落有黏性，表面不光滑、有褶皱，易挑取，见图 5-3(a) 菌落形态。显微镜观察，菌体直杆状，部分有弯曲，且两端粗细差异不大，见图 5-3（b）菌体显微镜照片。

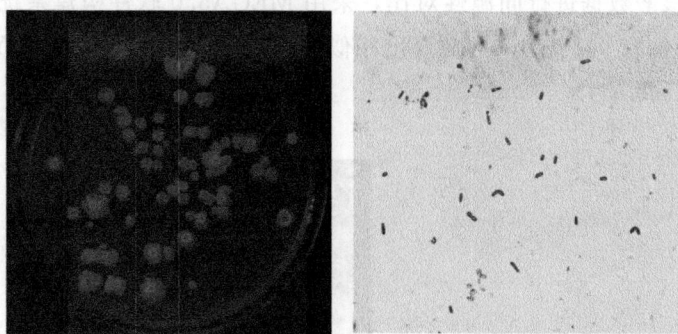

(a) 菌落形态　　　　　　　　　　　(b) 菌体显微镜照片

图 5-3　在 LB 固体培养基上的 Z11 菌落

## 2. 生理生化特征

不同菌种具有不同的理化特性。菌种在液体培养基中扩大培养后，通过营养类型、碳氮源利用能力、各种代谢及酶促反应等测试，并参照《常见细菌系统鉴定手册》等资料，明确所属。常见生理生化特征检测项目如表 5-3 所列。

表 5-3　生理生化特征检测项目

| 检测项目 | 结果选项 | 检测项目 | 结果选项 |
|---|---|---|---|
| 硝酸盐还原 | ＋／－ | 乳糖氧化发酵 | ＋／－ |
| 水解淀粉 | ＋／－ | 蔗糖氧化发酵 | ＋／－ |
| 柠檬酸盐 | ＋／－ | 葡萄糖氧化发酵 | ＋／－ |
| 甲基红 | ＋／－ | 甘露醇氧化发酵 | ＋／－ |
| 接触酶 | ＋／－ | 麦芽糖氧化发酵 | ＋／－ |
| 尿酶 | ＋／－ | 苯丙氨酸脱氧酶 | ＋／－ |
| 伏-普(V-P) | ＋／－ | 靛基质 | ＋／－ |
| 产 $H_2S$ | ＋／－ | 硫化氢 | ＋／－ |
| 过氧化氢酶 | ＋／－ | L-天冬氨酸 | ＋／－ |
| 水解纤维素 | ＋／－ | 氧化酶 | ＋／－ |
| 产吲哚 | ＋／－ | 乙醇发酵 | ＋／－ |
| 液化明胶 | ＋／－ | 甘油氧化发酵 | ＋／－ |

注：表中"＋"表示阳性，"－"表示阴性。

## 3. 基因序列测定

PCR 扩增是一种用于放大特定 DNA 片段的分子生物学技术，通过加入设计引物，经历变性、退火和延伸等步骤，实现目的基因的体外复制。MBF 的 PCR 扩增产物经凝胶电泳后，可在 DNA 电泳图谱观察仪中检视核酸条带并拍照留存。利用基因分析仪对目的片段测序，测得的基因序列录入数据库（如 GenBank），进行多重比对，判别同源性并构建菌株系统发育树，识别微生物谱系。结合菌株生理生化试验结果，确定 MBF 种属。

图 5-4 展示了酿酒废水复筛发酵的菌株 Y1 的 16S rDNA 序列鉴定过程。由琼脂糖

凝胶电泳检测可知，Y1 的 PCR 扩增产物序列长度约为 1437bp［图 5-4（a）］。将该序列与 GenBank 的核酸数据进行同源性对比，采用 MEGA5.0 软件构建系统进化树，它与 *Bacillus* 属的菌株有 99％～100％ 的高度相似性［图 5-4（b）］，鉴定菌株 Y1 为枯草芽孢杆菌 （*Bacillus subtilis*）。

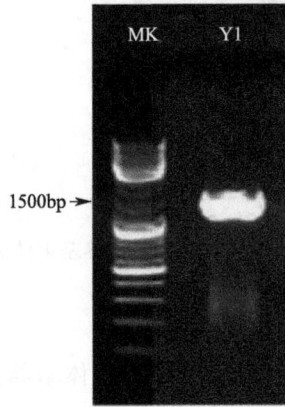

(a) 菌株Y1基因序列鉴定的PCR扩增产物电泳图

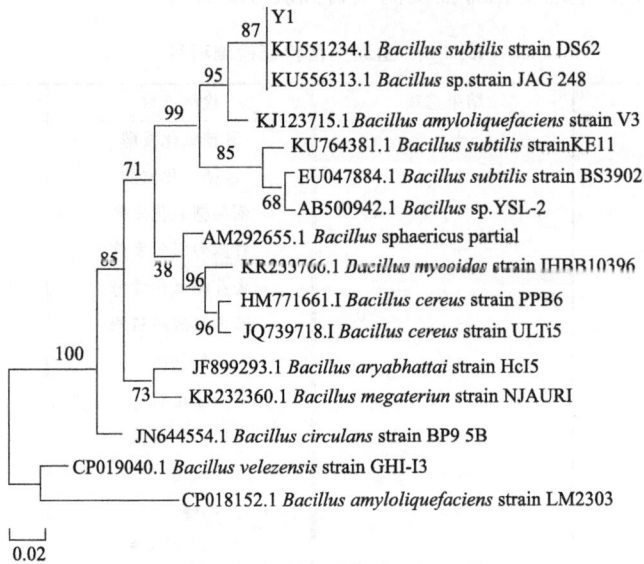

(b) Y1系统进化树图

图 5-4　酿酒废水复筛发酵的菌株 Y1 的 16S rDNA 序列鉴定过程

## 三、发酵过程优化

通过发酵，对絮凝菌进行规模化培养，促进其发生生化反应，从而产生和积累大量具有絮凝活性的 MBF，便于进一步研究和应用。在不同的生长阶段和发酵条件下，菌体代谢产物不同，MBF 絮凝活性也不相同。因此，絮凝菌的生长特性、培养基组分和发酵环境等过程参数对发酵与 MBF 培养的成败至关重要。

### 1. 菌株生长特性

MBF 的产生、效能与菌株生长特性密切相关。通常，将目标菌株接种于液体培养基，定时取样，采用比浊法测定发酵液菌体浓度，同时检测菌液的絮凝活性，绘制发酵生长曲线，建立菌株发酵阶段（或培养时间）与对应发酵液絮凝活性的相关关系，结合菌株生长动力学模型拟合，摸清菌株的生长规律与絮凝特征。

菌株生长往往经历调整期、对数期、稳定期和衰亡期四个阶段，MBF 的絮凝活性会随生长阶段的变化而变化。一般而言，菌株生长进入对数期后，开始产生絮凝物质，但此时菌体浓度低，絮凝率低。随着发酵时间的延长，菌体不断增殖，絮凝活性产物亦大量增加，絮凝率在稳定期后段达到最大值，后因进入衰亡期而大幅度下降。

### 2. 发酵培养基组分

碳、氮、磷、硫、微量元素及维生素等营养物质是 MBF 菌生长繁殖的重要基础，其作用和常见来源见表 5-4。

**表 5-4　发酵培养基组分的作用和常见来源**

| 营养物质 | 作用 | 常见来源 |
|---|---|---|
| 碳 | 细胞生长最重要的物质 | 葡萄糖、蔗糖、淀粉、麦芽糖、乳糖、乙酸钾、甲醇、果糖、甘油等 |
| 氮 | 在酶、蛋白质和核酸等生产中有重要作用 | 氯化铵、蛋白胨、尿素、硝酸铵、酵母提取物、硝酸铵等 |
| 磷 | 对蛋白质和辅酶等合成至关重要 | 磷酸二氢钠、磷酸二氢钾等 |
| 硫 | | 硫酸镁、硫酸钙、含硫氨基酸等 |
| 微量元素 | 辅助酶促反应，促进细胞生长 | 铜、铁、锌、钴、钠、钾、镁和锰盐等 |
| 维生素 | 维持细胞生长，调控细胞代谢，构成酶的活性成分等 | 水溶性和脂溶性两大类，包括维生素 A、B、C、D、E、K、泛酸、叶酸、烟酰胺、吡哆醛、硫胺素、核黄素、胆碱、肌醇和生物素等 |

基质来源、浓度和配比的不同，直接影响菌体的生长情况，进而导致絮凝活性的差异，如重金属离子含量过高会抑制微生物生长，进而影响 MBF 的产量。为探查不同培养基的发酵效果，可通过离心分离菌体并干燥称重加以对比。

为进一步降低发酵基质成本，MBF 研究者和生产商们一直致力于寻求经济、易得、质优的培养基替代品。富含多种营养元素的乳制品废水、淀粉废水、糖蜜废水、养殖废水和白酒黄水等均可用于 MBF 发酵和生产。但是，在使用过程中需注意：对废水进行必要的稀释和预处理，控制和均衡营养底物浓度，避免废水的高浊度和高色度干扰吸光度测试。

### 3. 发酵 pH 值

依据 pH 值耐受程度的不同，MBF 产生菌可分为嗜酸菌、嗜中性菌和嗜碱菌。在发酵培养过程中，pH 值的变化会改变体系的氧化还原电位、菌体细胞的表面电荷和有机营养物的离子化，进而影响微生物对培养基质的利用。同时，催化合成絮凝物质的生物酶只有在最适 pH 值范围内才能充分发挥其活性。因此，发酵 pH 值对 MBF 的产量和絮凝效率等的影响重大。

来自食品厂沉淀污泥的克雷伯氏菌株 M1，发酵最适 pH 值为 4.5，辅以转速、温度和时间等培养优化条件，絮凝率高达 82.03%，是小麦淀粉制酒精废水的优选菌种。培养基的 pH 值不同，普特拉链霉菌发酵而得的 MBF 的絮凝率差异显著。中性培养基（pH=7）产生的 MBF 絮凝率可高达近 90%，远优于弱酸性培养基和碱性培养基的对应产物，且节省了调节 pH 值的酸碱用量。

**4. 发酵温度**

多数 MBF 产生菌的最适发酵温度范围在 25～40℃之间。温度过低，微生物生长代谢缓慢，生物酶活性降低，MBF 产量低。温度过高，也不利于菌体正常生长，酶蛋白的结构和功能易受破坏，导致酶活降低甚至失活，絮凝率显著下降。以稻田土壤、活性污泥为菌种来源，经紫外诱变获得 C2-5 菌。在 20～45℃的发酵温度范围内，该菌对高岭土悬浮液的絮凝率呈先升后降的趋势，30℃的发酵产物絮凝率最高（84.83%），产絮活性最大。以污水处理厂生化池污泥为菌种来源，筛选得到约氏不动杆菌 LL6，其最佳发酵温度为 20℃，对应絮凝率可达 88.55%。

**5. 发酵 DO**

多数 MBF 产生菌为好氧菌或兼性菌，它们利用 DO 分解营养物质进行新陈代谢活动。为保证发酵液的 DO 环境，多采用搅拌转速调节以控制通气量。适宜的转速既可满足供氧需求，又能防止菌体黏附，促进菌体的生长繁殖和絮凝物质的生成。转速过低，DO 的不足会抑制菌体生长。转速过高，DO 的增加易导致微生物增殖速度过快，营养组分消耗巨大，造成培养基质的相对浓度降低，影响微生物存在于稳定期的时长，致使絮凝活性物质的分泌减缓。

寄生曲霉的搅动培养比静态培养产生了更多的 EPS。利用猪场废水发酵培养红平红球菌，在 0～12h 内，DO 从 4.5mg/mL 迅速降至 0.38mg/mL。12h 后，体系内 DO 维持在 0.55～0.75mg/mL。发酵初期的较大通气量有利于絮凝菌的快速增殖，同时避免菌体团聚，影响内部菌体的新陈代谢和内外物质传递。用于石化炼油废水的 P33 产絮菌株为好氧菌，摇床转速取值在 160r/min 左右为宜。转速过高，影响 EPS 分泌，絮凝效果不佳；转速过低，絮凝剂生长受限。

由于 MBF 产生菌的发酵效果受多种因素影响，实际操作过程中，常采用单因素试验、正交试验和均匀试验设计，以絮凝率为评价指标，比较不同培养基、发酵时间、发酵温度、pH 值和转速等指标组合的响应值，寻求适宜的发酵参数，实现过程优化。

## 四、 MBF 的提取

MBF 提取的方法主要分为两大类：物理法和化学法。离心、过滤、超声和加热法属于物理提取，溶剂萃取、酶助法和阳离子交换树脂法归类为化学提取。MBF 的成功提取往往需要多种方法联合使用。对于分散在发酵液中的絮凝活性物质，通过离心、过滤方式很容易获取，但黏附在菌体上的 MBF 则需要利用萃取、加热和酶助等其他方式进行。离心和过滤是广为人知的分离方法，操作简便，常作为提取的前处理和后处理手段。以下将重点介绍其他提取技术。

### 1. 热萃取

热萃取是通过加热介质，将热量传递到提取容器，蒸发发酵液，获取 MBF。水热法和微波辅助法是目前主要的两种热萃取方式。水热萃取应用较广，它通常利用水浴加热，需要较高的温度和较长的提取时间，能耗较大。糙刺篮状菌 CC-1 可产生多糖类 EPS，对比 5℃水浴热萃取、离心沉淀、阳离子交换树脂和 NaOH-超声波法的提取效果，结果表明，热萃取的效率最高（EPS 提取量为 940mg/L），且不会对絮凝活性物质造成破坏。

微波辅助法设备尺寸小，提取时间短，比传统加热方法简单，但高微波功率和提取温度易使有效成分热降解，因而对加热和控温的要求较严格。此外，溶剂的选择极为重要，高介电性或极性溶剂是良好的微波加热媒介，如水和有机溶剂。

### 2. 超声辅助提取

凭借空化效应，超声技术在环境领域应用甚广。在液体传播过程中，超声作用于其中的微小气泡并聚集声场能量。当能量达到空化阈时，空化气泡收缩崩溃，瞬间形成高温高压的微环境，可改善提取效果，缩短提取时间。为促进剩余污泥的资源化利用，减少油田采出水处理的化学污泥产量，以污水厂生化污泥为原料，利用超声波从污泥中提取 MBF。在功率密度为 1.5W/mL、超声 20min 时，提取的 MBF 的絮凝率高达 97.25%。

超声辅助法尤其适用于 MBF 提取的预处理，提高萃取有效性。为进一步减少空化阻碍，通常选用黏度低、表面张力小的酸性或有机溶剂，同时做好温控，防止 MBF 热敏成分失活，也尽量避免有机溶剂的挥发。

### 3. 溶剂萃取

物质在互不相溶（或微溶）的溶剂中，往往具有不同的溶解度或分配系数。利用这一原理，使物质从一种溶剂转移到另一种溶剂中，称为溶剂萃取（液-液萃取）。经过反复多次萃取，实现物质分离。MBF 萃取通常使用一种或多种溶剂的组合，如水、酸碱试剂、盐溶液和有机溶剂等，且萃取效果受温度、时间和料液比的影响很大。适宜的萃取参数有助于保持 MBF 活性，减少溶剂流失，提高 MBF 收率。

水萃取是最常用的 MBF 提取方法之一，还可与水热法联用。升温能够降低水溶液黏度，增强溶剂与菌体细胞之间的相互渗透，促进水溶性 MBF 迅速传质到萃取相。MBF 来源不同，提取温度可能不同，水萃取过程也会有所不同。

用水配制一定浓度的盐溶液提取 MBF，比水萃取更有效，但是盐溶液浓度对提取的 MBF 性能有显著影响。一般而言，较高浓度的盐溶液如 NaCl、KCl 和十六烷基吡啶氯化铵（CPC）等，萃取效果明显提升。酸碱试剂调节发酵液 pH 值，结合搅拌、离心、热处理和过滤等步骤，也可实现 MBF 提取，但酸碱浓度的选择需谨慎，浓度过高会导致 MBF 本身变性。采用碱解法处理污水厂生化污泥，制得产物 BF-1（80℃，60min，pH=12）。絮凝率和能耗比选结果表明，碱解法的提取效果优于超声法和冻融法。BF-1 对油田除油沉降罐出水的悬浮物及二氧化硅的去除率可达 90%

以上。

乙醇可有效分离水溶性和脂溶性成分，易与丙酮、甲醇等兼容，是最常用的有机萃取溶剂之一。与水萃取法相比，乙醇萃取液的使用寿命更长，提取效果更好，但多用于冷浸步骤且用量较大。此外，乙醇萃取通常需要两次离心过程，包括 MBF 与发酵液的固液分离、粗提 MBF 的再次收集。采用乙醇沉淀法，粗提克雷伯氏菌株 M1 产絮凝剂。50mL 的 M1 发酵液离心 15min（1500r/min）后，取上层清液并加入 1.54 倍（体积比）的乙醇提取剂，混合物放置冰箱（4℃）12h，再以 4000r/min 离心 20min，取沉淀物低温冷冻干燥 24h，絮凝剂平均得率可达 3.998g/L。

#### 4. 酶辅助提取

酶辅助提取是一种基于生物酶解技术的现代提取工艺，它通过酶解细胞壁，辅助絮凝活性物质快速释放。由于酶解专一性强、条件温和、反应易控，酶辅助法特别适用于热敏性产品提取，可显著增强提取效率和提取物的质量。值得注意的是，pH 值和温度对酶的影响不可忽视。大多数酶的最适 pH 值位于其等电点附近，最适温度在 30～60℃之间。另外，酶的种类和用量、反应时间等对 MBF 产率也具有重要作用。

采用响应面分析法，以提取率为考核指标，优化酶比、温度、pH 值和反应时间等提取条件，获得最佳酶助控制参数，以便保证 MBF 得率和成本效益。类芽孢杆菌 B69 分泌的 EPS 具有絮凝作用，乙醇粗提后，仍含有蛋白质、无机盐等杂质，可将粗提产品溶解于去离子水，加入木瓜蛋白酶处理 3h（pH＝6.4，60℃），离心混合收集上清液。

#### 5. 阳离子交换树脂提取

就目前的研究报道来看，阳离子交换树脂主要用于从活性污泥中提取 MBF。污泥中的微生物分泌出 EPS，促成活性污泥絮体。利用树脂的离子交换作用，置换污泥絮体中的阳离子，破坏絮体的三维空间结构，使污泥中的活性絮凝物质转变为近似可溶物，再结合超声或离心手段加以分离提取。

在糙刺篮状菌 CC-1 发酵液中，加入国产钠型 732 阳离子交换树脂，以 250r/min 的转速振荡 90min，混合液经 0.45μm 滤膜过滤，再通过乙醇粗提、透析和冷冻干燥等步骤，获得 EPS 絮凝剂。与热萃取法相比，树脂法得到的 EPS 总量略少，但核酸含量较高（227.5mg/L），其不足在于，阳离子交换过程可能导致菌体细胞破坏，胞内 DNA 污染 EPS 组成。采用树脂-超声法，从剩余污泥直接提取 MBF，其产量和絮凝活性优于超声或树脂单一使用的情况，且 MBF 总量随污泥浓度的增加而提高。向剩余污泥中投加阳离子交换树脂（60g/g VSS 预处理），在 650r/min 的转速下，连续搅拌 3h，再连续超声 2min（20kHz，270W，脉冲 4s）后，离心收集。阳离子交换树脂弱化絮凝活性物质与污泥絮体的桥联作用、后置超声波的剪切作用和空化效应，进一步削弱两者之间的联系，促进絮凝活性物质的分离与提取。

## 五、 MBF 的纯化

为去除粗提 MBF 的杂质，进一步提高其纯度，保持其絮凝活性，以更好地发挥絮凝作用，常采用冻干、透析和色谱法提纯。此三种方法可单一使用，也可联合使用。

### 1. 冻干法

冻干法是真空冷冻升华干燥法的简称，又称冷冻干燥法。该法利用低温低压，使水分直接升华，同时促成材料的多孔结构，增大比表面积，利于絮凝的传质过程。制品复水性强，还可较好地保存絮凝活性组分及功能，尤其适用于热敏性 MBF 的纯化处理。

### 2. 透析法

透析是一种高效去除小分子杂质的膜分离方法。通常，待纯化的 MBF 被封入半透膜制成的透析袋，再将透析袋置于透析液中，利用渗透压差和透析膜孔规格的不同，实现小分子与生物大分子的分离。最常用的透析液是水，有时为更好地保持 MBF 的絮凝活性，也会选择具有适当的 pH 值和离子强度的缓冲液，甚至是惰性高分子的浓溶液。此外，为提高透析速率，加速小分子向透析液的扩散，透析过程往往需要连续搅拌，增加透析液更换的频次或使用量，人为强化渗透压差。解鸟氨酸拉乌尔菌（*Raoultella ornithinolytica* 160-1）分泌的多糖聚合物 EPS-160，具有良好的絮凝活性。为检测 EPS-160 的多糖结构，量化其对高岭土悬浮液的絮凝率，特进行纯化处理。利用透析袋，去除乙醇粗提 EPS 中的杂质离子和残余培养基，冻干至恒重，得到 2.76g/L 的 EPS-160 纯品。经测定，它包括蛋白质（5.7%）和多糖（80.3%），其中葡萄糖、鼠李糖和甘露糖的摩尔比为 3.1∶1∶2.4。在 $Al^{3+}$ 和 EPS-160 的投加量分别为 0.08mg/mL 和 43.2mg/L 时，絮凝率高达 97.94%。

### 3. 色谱法

色谱是指不同的有色或无色组分，在填充柱载体上聚集排列而成的特定区带。因此，色谱法亦称色谱分析法或层析法。以含 MBF 的混合液为流动相，利用各组分与固定相（填充载体）的吸附性、亲和力、离子交换和分配作用等差别，选择性地分离絮凝活性成分。该方法需要根据 MBF 的活性成分，筛选适宜的流动相与固定相，调试流速，以尽可能提高分离效率、减少功能组分流失。利用 DEAE-52 纤维素离子交换柱和 Sephadex-200 葡聚糖凝胶柱，分步层析纯化胶质芽孢杆菌 GIM1.16 发酵液的萃取产物。在第一步层析时，以 0.6mL/min 的流速，分别用蒸馏水、0.3mol/L 和 0.5mol/L 的 NaCl 分段洗脱，在 490nm 处得到三个洗脱峰对应的洗脱液，经浓缩、冻干，制得三个样品。将三个样品分别溶于蒸馏水，以相同的流速，进行二次层析纯化，流出液再通过透析和冻干，形成三种多糖絮凝剂纯品 PSB1-1、PSB2-1 和 PSB3-1，其对应的多糖成分分别为 96.8%、95.7% 和 97.8%。由此可见，流动相的种类和浓度不同，会导致产物纯度和成分的差异。

酸性多糖带负电，对重金属的去除性能较好。节杆菌 ps-5 发酵液的粗提产物经两步层析、透析和冻干后，制得纯化 EPS。它含有大量的—OH、—C=O、—COOH 和—C—O—C—等官能团，在 pH 值、投加量和反应时间的优化条件下，对 $Pb^{2+}$、$Cu^{2+}$ 和 $Cr^{6+}$ 的吸附容量分别为 225.40mg/g、183.67mg/g 和 86.97mg/g。

## 第四节  微生物絮凝剂的水环境应用

混凝是净水的重要环节，传统的无机、有机混凝药剂在水处理中发挥着关键作用。但是，化学混凝剂易产生二次污染，存在一定的环境危害和健康风险。作为面向未来的绿色水处理剂，MBF 能克服商业混凝剂的弊病，顺应国家的环保需求，已在原水净化、污废水处理、污泥调理和微藻采收等诸多领域显现优势。

### 一、原水净化

MBF 对原水浊度、天然有机物和病原菌等的去除率高，而且用量少、絮体沉降性好、安全性较高，是给水和饮用水处理絮凝剂产品的重要发展方向之一。MBF 在原水净化中的应用如表 5-5 所列。

**表 5-5  MBF 在原水净化中的应用**

| MBF 名称及来源菌属 | 活性物质类别 | 处理对象 | 处理条件及效果 |
|---|---|---|---|
| MBF1 克雷伯氏菌 | 蛋白质 | 长江原水 | 在 pH 值为 1～10、温度为 20～45℃ 的条件下，投加 40mg/L 的 MBF1，浊度去除率均高于 95%。当 pH 值为 7.59、温度为 20℃ 时，原水浊度和 COD 由 56.2NTU 和 42.67mg/L 分别下降至 0.6NTU 和 13.47mg/L，浊度和 COD 去除率分别高达 99.0% 和 68.4%，优于相同条件下的 PAC 絮凝效果，且成本更低 |
| 固定化啤酒酵母球酵母菌 | 蛋白质、核酸 | 太原清徐高硬度、高矿化度地下水 | 原水的矿化度和硬度分别高达 3109mg/L 和 2856mg/L，属于Ⅴ类水。以海藻酸钠包理法实现酵母菌固定化(10%菌体包埋比)，形成的小球表面凹凸不平，附着大量蛋白质、核酸等菌体代谢产物。投加 1g/L 的固定化酵母菌，絮凝 60min 后，地下水矿化度和硬度分别降至 940mg/L 和 658mg/L，絮凝率分别为 76.97% 和 69.77%，达到或接近《地下水质量标准》(GB/T 14848—2017)的Ⅳ类用水标准 |
| MBF-B-16 克雷伯氏菌 | 多糖、蛋白质 | 低浊度黄河水 | 原水水质指标：pH=8.23，浊度 4～6NTU，COD3～4mg/L，藻类总数 35.5×10⁴ 个/L。MBF-B-16 的最佳投加范围在 0.05～0.08mg/L 之间。处理效果相近时，MBF-B-16 的投加量仅为 PAM 的 20%～30%。若 MBF-B-16(0.06mg/L)与 PAFC(3mg/L)复配后，浊度和 COD 的去除率分别可达 85.5% 和 41%，对藻类的捕集率为 60.6% |
| CF 复配混凝剂 | 多糖、蛋白质 | 高浊度饮用水 | CF 是 PAFC 和 MBF-B-16 按照 2.39:1(质量比)复配而成。当 CF 投加量为 80mg/L、pH 值为 8.44 时，浊度由 3000NTU 下降至 4.9NTU。混凝剂复配使 PAFC 用量减少 56.2%，减少了化学絮凝的二次污染，节约了运行成本 |
| MBF-ZS-7 地衣芽孢杆菌 | 糖蛋白 | 低温饮用水 | MBF-ZS-7 的最适 pH 值范围为 6.5～9。当投加量为 5mg/L 时，出水浊度和 COD 值分别可达 1.4NTU 和 3.5mg/L(pH=8,37℃)，符合《生活饮用水卫生标准》(GB 5749—2022)。相较而言，PAC 和 PAM 投加量为 30mg/L 和 6mg/L 时，出水浊度分别为 3.3NTU 和 3.1NTU，出水 COD 分别为 4.5mg/L 和 4.2mg/L，不及 MBF 的絮凝效果 |

### 二、污废水处理

MBF 适用于污废水的预处理和强化处理，在脱色、除油、降 SS、重金属去除、高浓度难降解废水处理等方面优势明显，是传统絮凝剂的良好替代品。MBF 在污废水处理中的应用如表 5-6 所列。

表 5-6 MBF 在污废水处理中的应用

| MBF 名称及来源菌属 | 活性物质类别 | 处理对象 | 处理条件及效果 |
|---|---|---|---|
| LF-Tou2 菌珠节杆菌 | 蛋白质、多糖 | 高校污水处理站污水 | 初始水质指标：COD 126.3mg/L，浊度 7.3mg/L，SS 21mg/L，pH=7.5。当投加量为 19mL/L、温度为 27℃、搅拌时间为 3min 时，COD 和 SS 去除率分别达到 93.6% 和 100%，且水中含有的 $Fe^{3+}$、$Cu^{2+}$、$Mn^{2+}$、$Zn^{2+}$ 和 $Hg^{2+}$ 的去除率均高达 90% 以上 |
| XM09 酱油曲霉 | 多糖 | 城市污水处理厂—沉池水 | 单独投加 30mg/L 的 XM09，絮凝率为 87.74%，与单独投加 133mg/L 的 PAC 的处理效果(89.96%)相近。当 XM09(15mg/L) 和 PAC(50mg/L) 复配投加时，絮凝率显著提高至 91.57%；出水残余铝可低至 0.8μg/L，比单独使用 PAC 时降低 99.57% |
| MBF-P71 芬氏纤维化微细菌 | — | 养猪场废水 | 初始水质指标：pH=7.04，COD334mg/L，$NH_3$-N 135mg/L，TN 142mg/L。投加 10mL/L 的 MBF-P71 和 5mL/L 的 10% $CaCl_2$，絮凝率可达 93.63%，COD、$NH_3$-N 和 TN 去除率分别为 88.32%、40.63% 和 38.50% |
| YH39 伯克霍尔德菌 | 多糖 | 印染废水 | YH39 在碱性环境(pH>8)中絮凝活性高，直接投加发酵液的形式，可省去 MBF 的提取与纯化步骤。当 YH39 发酵液、0.2mol/L $CaCl_2$ 的投加量分别为 10mL/L、20mL/L 时，$COD_{Cr}$ 由 418.7mg/L 下降到 115.7mg/L，脱色率与传统化学絮凝剂的效果相当 |
| MBFA18 黑曲霉菌 | 多糖 | 马铃薯淀粉废水 | 初始水质指标：COD 10130mg/L，TN 604.6mg/L，pH=6.3，浊度 467NTU，色度 128 倍。当 MBFA18、0.5mol/L $CaCl_2$ 的投加量分别为 2mL/L、10mL/L 时，在絮凝、沉降时间分别为 10min、20min 的条件下，COD 和浊度去除率分别达到 61.01% 和 92.97% |
| G13 | — | 制药废水 | 初始水质指标：COD 10800mg/L，色度 80 倍，浊度 1.574NTU，臭度 5 级。正交实验优化的絮凝条件：G13 菌液的体积分数 50%，絮凝时间 6h，温度 30℃，pH=6.0。将培养 18h 的 G13 菌液与制药废水 1:1 混合，沉降 4h 后，COD、色度和浊度的去除率分别为 35.19%、75% 和 59%，臭度由 5 级降为 3 级 |
| LBF | — | 造纸废水 | 初始水质指标：SS 194mg/L，COD 1157mg/L，色度 600 倍。当 LBF、1% $CaCl_2$ 的投加量分别为 5mL/L、120mL/L 时，SS、色度、COD 的去除率分别为 87%、71%、39%，处理效果好于 PAC 的 64%、12%、30%(2g/L，pH=12) |
| 絮凝菌 F2 根瘤杆菌 | 多糖 | 含 $Pb^{2+}$、$Cd^{2+}$、$Ni^{2+}$ 废水 | $Pb^{2+}$、$Cd^{2+}$ 和 $Ni^{2+}$ 的初始浓度分别为 30mg/L、20mg/L 和 15mg/L，当 MBF-F2 投加量分别为 200mg/L、700mg/L 和 800mg/L 时，$Pb^{2+}$、$Cd^{2+}$ 和 $Ni^{2+}$ 的去除率分别为 99.13%、94.44% 和 84.55%(pH=6) |
| BS-04 分泌 EPS 芽孢杆菌 | 多糖 | 堆肥渗滤液 | 利用 EPS 絮凝经生化处理后的堆肥渗滤液。投加 0.5g/L 的 EPS，COD、磷酸盐以及硝酸盐的去除率分别可达 29%、66%、85.2%(pH=9)；当 pH 值为 8 时，氨氮去除率高至 98%，K、Na、Mg、Al 和 Ca 的去除率分别为 88%、91%、87%、88% 和 82% |
| MEMA 复合菌群 | 蜡样芽孢杆菌、苏云金芽孢杆菌、解淀粉芽孢杆菌、乳酸球菌、干酪乳杆菌等 | 火力发电厂循环冷却水 | $2.5\times10^4 m^3$ 循环冷却水系统的工业试验。采用 MEMA 处理，循环水结垢指数(PSI)均值为 6.25，系统无结垢趋势，系统碳钢、铜合金的腐蚀速率分别降低 22.5%、26.8%。异养菌总数与生物黏泥量均优于《工业循环冷却水处理设计规范》(GB/T 50050—2017)。与化学药剂处理相比，系统浓排水 SS 均值由 39.3mg/L 下降至 9.1mg/L，TP 均值由 2.4mg/L 下降至 0.5mg/L，COD 均值由 86.3mg/L 下降至 43.1mg/L |

续表

| MBF 名称<br>及来源菌属 | 活性物质<br>类别 | 处理<br>对象 | 处理条件及效果 |
|---|---|---|---|
| MBFS1 | 多糖、蛋白质 | 煤化工废水 | MBFS1、CaCl$_2$ 联合用于煤化工废水预处理（COD 7500～8500mg/L）。向 30mL 废水中投加 2mL 的 MBFS1、5mL 的 1% CaCl$_2$，絮凝率达 99.13%，COD 去除率达 72.56% |
| ZW5<br>金黄杆菌 | 多糖、蛋白质 | 铅锌矿<br>洗矿废水 | 初始水质指标：Pb$^{2+}$ 30mg/L，Zn$^{2+}$ 10mg/L，黄药 40mg/L。ZW5 对于铅、锌的去除效果优于 PAC，但 PAC 对于黄药的去除效果优于 ZW5。在优化絮凝条件下，ZW5 发酵液对 Pb$^{2+}$、Zn$^{2+}$ 和黄药的去除率分别为 97.92%、90.72%、60.84% |

## 三、污泥调理

水处理过程中产生的大量污泥，若不能妥善处置，会造成巨大的经济和环境负担。通常，利用混凝法调理污泥以改善污泥沉降性能，消除污泥膨胀，提升污泥脱水效果。化学混凝药剂的成本高，且后续处理难度大。相较而言，适量投加 MBF，可促成生物絮团，降低污泥颗粒之间的剪切作用和分散程度，有助于污泥容积指数的显著下降，进而恢复污泥沉降能力，缓解污泥膨胀，促进污泥脱水减容。MBF 在污泥调理中的应用如表 5-7 所列。

表 5-7　MBF 在污泥调理中的应用

| 污泥来源及性质 | 污泥调理方式及结果 |
|---|---|
| 污水处理厂厌氧消化污泥<br>污泥性质如下。<br>(1)pH 值呈中性：6.79±0.04。<br>(2)氧化还原电位(ORP)：(−213±8.74)mV。<br>(3)电导率：(14.25±0.04)dS/m。<br>(4)干污泥含量(DS)：2.4%±0.056%。<br>(5)毛细吸水时间(CST)：(38.7±0.07)s。<br>(6)SRF：(3.29×10$^{13}$±5.26×10$^{12}$)m/kg。<br>(7)热值：3492cal/g。<br>(8)脱水性差 | 投加 0.2%（以 DS 计）的 PAM。<br>处理后，泥饼含水量降至 71.2%±1.6%，总悬浮固体(TSS)为(216±8)mg/L，溶解性固体总量(TDS)为(13172±513)mg/L，COD 为(352±22)mg/L。<br>处理后，CST=16.25s，SRF=1.08×10$^{13}$m/kg，减少 67.17%。<br>处理后，有机质含量为 66.8%±1.2%，热值为(3815±9)cal/g<br><hr>投加 10% 的氧化亚铁硫杆菌液(10$^8$ 个/mL)。<br>处理后，泥饼含水量降至 70.3%±0.8%，TSS 为(208±4)mg/L，TDS 为(12524±344)mg/L，COD 为(224±8)mg/L，优于 PAM 的降污效果。<br>处理后，CST=10.1s，SRF=0.36×10$^{13}$m/kg，减少 89.05%，显著提高污泥脱水性能。<br>处理后，有机质含量为 74.5%±1.4%，热值为(4013±4)cal/g，生物絮凝剂处理后回收的污泥饼有机质和热值较高，利于资源化 |
| 污水处理厂生化段丝状菌膨胀污泥<br>污泥性质如下。<br>(1)MLSS：2500mg/L。<br>(2)SVI：235mL/g。<br>(3)污泥沉降比(SV$_{30}$)：55。<br>(4)SV$_5$：92。<br>(5)严重膨胀 | 设置 R1、R2、R3 和 R4 四组 SBR 反应器，投加不同物质改善污泥膨胀性能。<br>R1：按 SBR 反应器体积比，投加 7.5% 菌丝球（黑曲霉 557 制成）。<br>R2：投加 7.5% 菌丝球和 0.5g/L 活性炭。<br>R3：投加 5% 菌丝球、0.5g/L 活性炭与 5mL/L 生物絮凝剂 F2。<br>R4：投加 1g/L 活性炭。<br>投加菌丝球，有效地改善丝状菌膨胀污泥的沉降性能。运行 2d 后，R2 的 SVI 和 SV$_{30}$ 分别降至 107mL/g 和 27，R4 的 SVI 和 SV$_{30}$ 分别降至 73mL/g 和 21，R2、R3 可获得近似 R4 的 SVI 处理效果。<br>与物化调理不同，投加菌丝球能提高活性污泥系统中 EPS 的蛋白含量，增强污泥疏水性。同时，菌丝球可自溶破碎，有助于形成新的菌胶团，不但不会增加污泥总量，还可促进系统污泥成熟稳定。从经济角度考虑，活性炭处理成本较高，利用菌丝球的生物调控，既能缓解污泥膨胀，也利于降低处理成本 |

续表

| 污泥来源及性质 | 污泥调理方式及结果 |
| --- | --- |
| 污水处理厂二沉池污泥<br>污泥性质如下。<br>(1)干污泥含量(DS):12.6%。<br>(2)SRF:11.3×10^{12}m/kg。<br>(3)pH值:6.4 | 利用屠宰废水发酵红平红球菌,提取的多糖类 MBF(中性糖 45.2%,糖醛酸 5.9%,氨基糖 4.1%,分子量 3.79×10^5 Da)。<br>单独投加 MBF:当 pH 值为 7.5、投加量为 12g/kg DS 时,DS 提升至 19.8%,SRF 降至 4.6×10^{12} m/kg(200r/min 搅拌 10min,静置 30min) |
| | 单独投加化学絮凝剂,搅拌条件和絮凝沉淀时间同上。PAC 和 PAM 的脱水效果略优于 MBF,但 $FeCl_3$ 和 $Al_2(SO_4)_3$ 的脱水效果明显不及 MBF。<br>$FeCl_3$:当 pH 值为 6.5、投加量为 30g/kg DS 时,DS 提升至 17.6%,SRF 降至 6.8×10^{12} m/kg;<br>$Al_2(SO_4)_3$:当 pH 值为 6.5、投加量为 30g/kg DS 时,DS 提升至 17.8%,SRF 降至 6.7×10^{12} m/kg;<br>PAC:当 pH 值为 7.5、投加量为 15g/kg DS 时,DS 提升至 20.1%,SRF 降至 4.5×10^{12} m/kg;<br>PAM:当 pH 值为 7.5、投加量为 6g/kg DS 时,DS 提升至 21.5%,SRF 降至 4.1×10^{12} m/kg |
| | MBF 与 PAC 复配,搅拌条件和絮凝沉淀时间同上。通过响应面优化,确定药剂投加量。两者复配的调理方式,可改善污泥絮体结构,利于污泥包裹的内部水释放,污泥脱水效果较单一药剂明显提高。<br>当 MBF、PAC 投加量分别为 10.5g/kgDS 和 12.4g/kgDS 时,DS 提升至 23.6%,SRF 降至 3.2×10^{12} m/kg(不调节原污泥 pH 值);若调节污泥 pH 值为 7.5 时,DS 提升至 24.1%,SRF 降至 3.0×10^{12} m/kg |

尽管多项研究展现了 MBF 调理污泥的优越性,但在污泥类型和适用条件(阳离子浓度、pH 值和有机质含量等)方面还需进一步摸索和评估,以发挥 MBF 处理污泥的潜力。

## 四、微藻采收

作为一类广泛分布于陆地、海洋的自养水生植物,微藻富含蛋白质、藻多糖、β-胡萝卜素、脂类及维生素等多种有效组分,已应用于制药、食品、饲料、环境净化和可再生能源等各个领域。采用经济合理的方法,从水环境中收集、捕获微藻,是微藻资源化、产业化发展的必要条件。目前,适于微藻采收的主要有沉降、离心、过滤、浮选和絮凝法等,尤其是在生物燃料生产方面,絮凝法备受关注。通过超声、电、磁等物理手段,促成微藻聚团和分离,往往需要特殊设备,能耗较高。相较而言,常规无机、有机混凝剂的采收更高效,但药剂投入成本大,易对微藻和采收环境造成污染。利用 MBF 采收微藻,可规避物理、化学絮凝法的不足,促进微藻的绿色清洁生产。

微藻采收的微生物絮凝主要分为细菌诱导絮凝、真菌介导絮凝和藻-藻自絮凝三种形式。实际应用时,应充分考虑 MBF 和藻种的特异性,通过絮凝剂投加或共培养的方式,促进菌体自身或其分泌物与微藻高效絮凝。多项研究报道展现了 MBF 采收微藻的应用潜力,MBF 在微藻采收过程中的应用如表 5-8 所列。

未来要对共培养的营养底物竞争、采收条件、MBF 采收的环境安全性、采收适用菌拓展与创新等方面予以重点关注。

表 5-8  MBF 在微藻采收过程中的应用

| 目标微藻 | MBF | 絮凝形式 | 絮凝机制 | 絮凝影响因素及效果 |
|---|---|---|---|---|
| 小球藻 | hsn06 放线菌链霉菌属 | 细菌诱导 | 在 $Ca^{2+}$ 的联合作用下，hsn06 中和藻类细胞表面的负电荷，促使 MBF 菌体与藻类细胞的相互吸引，形成重絮团，收获藻类 | hsn06 具有较好的热稳定性和絮凝活性，最适 pH 值为 9～11。hsn06 浓度的适量增加可以提高絮凝活性，当投加量为 10mg/L 时，絮凝率达 68.7%。实际应用时，hsn06 的投加量一般为 20mg/L，适当添加 $Ca^{2+}$ 可进一步提高絮凝活性 |
| 高温栅藻 F51 | EPS 海科贝特氏菌 | 细菌诱导 | 菌体产生的 EPS 分子中含有羧基、羟基和氨基等官能团，一方面，破坏微生物表面电荷平衡，使微藻细胞脱稳。另一方面，EPS 的高分子量有利于絮凝剂大分子的充分延展，通过吸附架桥与微藻细胞形成网状絮体 | EPS 在 pH=4.0～11.0 保持 60% 以上的絮凝效率。在高温栅藻生长至稳定期（pH=8.0）时，添加 2mL 的 EPS，絮凝 15min 的效果最佳，达 82.1% |
| 产油栅藻 | QM9414 里氏木霉菌 | 真菌介导 | 里氏木霉 QM9414 与栅藻共培养后，一方面，真菌形成菌丝并交织成颗粒，包裹栅藻。另一方面，QM9414 的菌丝含有带正电荷的多糖，而真菌菌体和栅藻表面荷负电，栅藻细胞通过菌丝牵引附着于真菌细胞壁。因此，栅藻细胞不仅被困在真菌颗粒中，而且还被固定在真菌分泌的黏性胞外多糖上 | 采收率与投放比密切相关。当里氏木霉 QM9414 与栅藻投放比为 1∶10 时，4h 后的采收率为 69.3%，总生物量和脂质产量分别为（2.17±0.35）g/L 和（0.60±0.09）g/L。当投放比增加到 1∶5 时，采收率在 1.5h 内迅速稳定至 83.6%，总生物量和脂质产量分别增加到（3.78±0.21）g/L 和（0.75±0.19）g/L。当投放比为 1∶2 时，采收率在 10min 内即达到 94.5%，在 30min 近乎 100%，总生物量和脂质产量分别为（6.64±0.65）g/L 和（1.70±0.09）g/L |
| 小球藻 | hsn26 黑曲霉菌 | 真菌介导 | 光镜下，小球藻细胞沿菌丝表面分布和聚集，相互交织形成网状真菌-微藻复合体。菌丝体上的颗粒含有低分子量表面蛋白，外加的 Ca、Mg 等金属离子在菌丝体颗粒和小球藻细胞之间架桥，促进菌丝与小球藻的表面结合，同时提升絮体疏水作用 | 在碱性环境（pH=8～9）中，菌丝体颗粒絮凝采收小球藻细胞的效果最好。絮凝 20h 后，菌丝体颗粒的颜色由白色变为绿色，采收率达到 86.9%。菌丝体颗粒在 40℃ 以下表现出较好的絮凝活性，但在 60℃ 以上易失活 |
| 尖状栅藻 | EPS 尖状栅藻 | 藻-藻自絮凝 | 尖状栅藻细胞通常携带负电荷（-25mV），其 EPS 亦呈负电性[（-10±0.6）mV]，体系内的静电排斥作用影响微藻的聚结。在 pH 值为 6 时，添加的 $Al^{3+}$ 形成各种带正电的铝絮状物，EPS、尖状栅藻细胞被电中和，再经过氢键、静电吸引和架桥作用，形成和改善两者的絮凝过程 | EPS 单独用于尖状栅藻的采收效率低至 8.3%±0.9%，并且不随 EPS 剂量的增加而升高。添加 $Al^{3+}$（4.5mg/g）后，采收效率随着 EPS 剂量的增加而显著提升。相较于 77.6mg/g 的 $Al^{3+}$ 投加量，EPS（3.2mg/g）与 $Al^{3+}$（4.5mg/g）的组合，使采收成本由 282 美元/t 大幅降至 71 美元/t |

# 第五节  微生物絮凝剂的发展趋势

MBF 来源广、易降解、絮凝活性高，然而生产使用成本高、菌株制取难、适用性弱和评价体系不完善等问题，限制了 MBF 的规模化生产与应用。随着环保需求和新技术的不断提升，高效菌种研发、廉价培养基替代、制备生产改进、絮凝强化、应用策略与安全评估等重点方向的研究，将有力地推动 MBF 的未来发展，凸显其经济、环境和社会效益。

## 一、研发适用性强的 MBF 产生菌

分离与筛选是获取 MBF 菌株的第一步。众多的细菌、真菌、放线菌以及藻类等均是 MBF 的来源，但 MBF 菌株的分离筛选过程烦琐费时。目前，多数 MBF 的效能是通过高岭土配水或有限几种实际废水的絮凝测试来判断的，少有对各类废水具有普适性的微生物制剂，尤其缺乏应对低温、贫营养和高盐等极端环境的 MBF 产品。传统的菌株诱变和新兴的基因工程技术，是未来高效菌株筛选和改造的重中之重。

采用物理或化学手段诱变，简便易行，是提升絮凝菌株的生产力和适应性的经典方法。通过紫外诱变（30s）和低温（5℃）胁迫培养，某蜡状芽孢杆菌产生 FM-5 诱变菌株，经历絮凝条件优化后，对生活污水的 BOD、COD、浊度以及色度的去除率都超过97%，出水水质达到《城镇污水处理厂污染物排放标准》（GB 18918—2002）一级 A 标准。化学诱导剂可提升 MBF 产出，在根癌农杆菌 F2 菌株的培养基中，添加 $0.45\mu mol/L$ 的 N-己酰基-L-高丝氨酸内酯，MBF 产量与絮凝活性分别提高了 175% 和 10%。

菌种诱变难以保证遗传的稳定性，利用基因重组可有效弥补这一缺陷。在菌种选育过程中，将外源目的基因导入受体细胞，使其大量复制、转录与表达，构建基因工程菌，赋予菌株提高 MBF 产量、适应水环境的特殊功能。需要注意的是，MBF 种类繁多、分子量大、结构复杂，搜寻并确定关键功能基因绝非易事，这在一定程度上限制了菌株的基因改造。今后，应融合分子生物学、遗传学技术，通过比较基因组学识别功能基因，合理调控基因缺失与过表达，培养 MBF 高产菌株，以降低生产成本或增加处理功能，拓展 MBF 应用范围。例如，采用全基因组测序技术，对比确定 sinR 基因是多糖合成的关键抑制剂，删除该基因，有助于提高多糖类 MBF 的产量。地衣芽孢杆菌 CG-MCC2876 的全基因组谱分析表明，EpsB 基因的过表达使其絮凝性能和产量分别提高了224% 和 36.62%，有利于促进该菌剂的工业化生产。

## 二、开发绿色低廉的替代培养基

传统培养基是 MBF 产生菌筛选、制取和生产的重要载体，为菌株发酵提供必不可少的碳、氮、硫和磷等营养物质，但其成本过高，不适于 MBF 的产业化发展。工农业废弃物和污废水来源广泛，价格低廉，其含有的糖类、蛋白质和氨基酸等可用作 MBF

菌株的营养源，降低生产成本，实现废物梯级资源化。因含有蛋白质、脂肪以及纤维素等可生物降解的有机成分，啤酒废水已成为低廉培养基的典型代表之一。在啤酒废水中外加葡萄糖（8.94g/L），培养发酵肠杆菌 P3，制得的 BW-P3 产量可达 1.274g/L。在温度为 50℃、pH 值为 7 的条件下，投加 1g/L 的 BW-P3，压裂返排水的色度和悬浮固体去除率分别达到 85% 和 52%。

根据替代培养基的不同特性，往往需要增设预处理环节，以保障培养效果。活性污泥经过热处理或酸碱处理后，适于低纯度 MBF 培养。纤维类废弃物的热酸性水解液可用作 MBF 生产的发酵碳源，但后期须加碱中和，且此类水解液大多含有酚类、呋喃类有毒副产物，抑制发酵，甚至残留于 MBF 产品中，造成环境污染。因此，利用废弃物发酵生产兼具酶解和产絮活性的多功能菌株，是绿色低廉培养基范围拓展的关键所在。假单胞菌 G22 能分泌木聚糖酶，在分解龙舌兰、玉米秸秆、芒草、木屑和麦麸等纤维类物质的同时，会产生 MBF-G22。在温度为 30℃、pH 值为 10 的条件下，使用 10g/L 的木屑为唯一碳源，培养 96h 后的 MBF-G22 产量高达 3.75mgMBF/g 干生物量。在同样的温度和 pH 值环境中，投加 80mg/L 的 MBF-G22，丰水栅藻的絮凝率可达 95.7%。另外，多数报道集中在替代碳源的研究，未来需要加强廉价氮源、磷源等的探索。琼脂芽孢杆菌 C9 可生成淀粉酶、蛋白酶、脂肪酶、纤维素酶、木聚糖酶和果胶酶等多种降解酶，能够直接将厨余垃圾转化为分子水平的营养素，被菌株高效利用。由此产生的 MBF 高达 6.92g/L，可用于采矿废水处理。

## 三、 MBF 生产的智能调控与方法改进

目前，MBF 的制取多处于实验室水平，极少数进入到中试阶段，缺乏大规模发酵生产的数据和经验，试验研究确定的最适发酵环境条件放大后往往存在偏差。利用地衣芽孢杆菌产生的 $\gamma$-PGA 采收栅藻。当中试体积为 5L 和 50L 时，采收率为 99.2%，而进一步放大至 200L 时，对应采收率降为 98%。因此，要大力发展智能检测仪器和装置，实时跟踪工艺放大的产絮条件变化，明晰基质、菌种和产物浓度的变动规律，研究高效菌株代谢途径，结合发酵动力学、微生物生产动力学和产物合成动力学分析，精准调控底物组成与浓度、pH 值、DO 和温度等发酵参数，优化 MBF 生产。

MBF 提取及贮存成本约占总成本的 30% 以上，且产品在此过程中易损失部分絮凝活性。琼脂芽孢杆菌 C9 产生的新鲜 MBF-C9，对高岭土悬浮液的絮凝率达到 95.29%（pH 值 6.53，29℃），贮存半个月后絮凝率降至 92.8%，6 个月后降至 89.1%。因此，探索高效廉价的提取和贮存方法，保证 MBF 的产率和活性，也是今后亟需关注的问题。例如，在运输成本允许的情况下，直接利用菌株发酵液作为 MBF 投加，节省提取费用，减少失活。缺失 $\beta$-葡萄糖苷酶的地衣芽孢杆菌，不能分解自产的多糖絮凝剂，可大幅提升 MBF 产量和贮存稳定性。未来应注重提取过程设计，分析其对 MBF 结构成分和絮凝活性的影响，尽可能避免污染物和杂质引入，培育、优选高稳定性菌株，促进 MBF 的工业化应用。

#### 四、 MBF 复配、复合与联用的絮凝强化

复配、复合与联用一直是强化絮凝的重要方式。大量研究报道证明，这三种方式可实现絮凝组分或组合工艺的优势互补，提升絮凝效果，增强 MBF 适应性，减少药剂用量，降低使用成本，简化处理流程，有效削弱或避免传统混凝剂的二次污染。

由于自带大量的羟基、羧基等负电官能团，多数 MBF 即使在 pH 值中性条件下仍呈电负性。为促进 MBF 与表面荷负电的目标物作用，常常添加金属阳离子或无机混凝剂助凝。通过 MBF 与助凝剂复配使用，确保处理效果。放射根瘤菌 F2 和球形芽孢杆菌 F6 联合培养产生的 CBF（0.26g/L），与 $AlCl_3$（0.18g/L）和 $CaCl_2$（0.12g/L）组合使用，在室温和 pH 值中性的条件下，小球藻的采收率达到 96.77%，明显优于单独使用 CBF（48%）、$AlCl_3$（51%）和 $CaCl_2$（34%）的絮凝效果。红平红球菌产 MBF（10.5g/kg）与 PAC（19.4g/kg）复配，用于污泥脱水，SRF 值由 $11.3 \times 10^{12}$ m/kg 降至 $3 \times 10^{12}$ m/kg。若要达到相似的处理效果，$FeCl_3$、$Al_2(SO_4)_3$ 以及 PAC 的单独投加量至少需为 60g/kg、60g/kg 及 30g/kg。

由此可见，针对不同水处理环境，明确不同絮凝剂的适宜复配比至为重要。今后，应继续根据 MBF 自身的絮凝特性，深入开展复配组合实验研究，结合絮体的形成及成长规律，剖析复配作用机制，优化絮凝条件，以指导絮凝工艺实践。

复合型 MBF 最初来源于多菌株的混合发酵。相比单一菌群，复合菌群的生物多样性更高、生态结构更稳定、功能更齐全，制取与使用更便捷。不同菌株的生态位特征不同，代谢和产絮的适配区间有差异，DNA 同源但特异性显著的菌株更有利于复合菌群的形成和功能耦合。利用 4 株不同类型酵母菌混合培养，制得 11 种复合型 MBF（MBF-HJ1～MBF-HJ11）及 4 种单一型 MBF（MBF-J1～MBF-J4）。单一型的 MBF-J2 对高岭土悬浮液的絮凝率高达 83.5%（pH=4，30℃）；相比之下，复合型中有 5 种 MBF 的絮凝率超过了 83.5%，最高为 94.7%（pH=4.5，30℃），可见复合型 MBF 的优越性。未来要充分利用现代微生物鉴定技术，优选菌群组合。基于菌群的效果功能匹配，优化营养组分配伍和培养参数，营造更具弹性与适应性的共生发酵环境，实现复合型 MBF 的增产增效。近年来，从富含多菌种及其代谢产物的环境物质中，直接制取复合型 MBF，也是此类絮凝剂的着力点之一，如活性污泥的提取物展现了良好的絮凝活性。

此外，通过化学反应或改性处理，MBF 与其他活性组分形成的聚合物，亦可视为复合型 MBF 加以应用。该方法的关键技术问题在于，既能形成互溶稳定的均一体系，又可保证各组分的正协同效应。由废酵母发酵液提取的活性成分与羟基氧化铁形成的 MBF-FeO(OH) 集成体系，对直接黄染料 DY4 的脱色率高达 95.5%，比单独使用 MBF 和 FeO(OH) 的脱色率分别提高 82.6% 和 33.6%。

MBF 的联用通常包含两重含义。一是 MBF 与传统絮凝剂的联合使用，实际应用中，往往与复配是同一概念，此处不再赘述。二是 MBF 与吸附、氧化、过滤等的工艺组合，提升水处理系统的灵活性和可靠性。MBF 与活性炭、粉煤灰等吸附材料联用处

理染料废水和重金属废水，既可发挥吸附剂的脱色和重金属去除作用，又能促进 MBF 的絮凝沉降效果，利于废水达标排放。多聚谷氨酸（PGA）是微生物发酵产生的高分子水溶性氨基酸，NaClO 具有脱色和氧化助凝作用。采用 PGA、NaClO 和过滤联合的混凝/砂滤/次氯酸钠/砂滤体系处理龙舌兰酒糟废水，SS 去除率由 PGA 单独处理的 34% 提高至 70%。尽管目前 MBF 与其他物化、生化方式联用的研究报道不多，但毫无疑问，这将是 MBF 推广应用的新方向之一。

## 五、加强 MBF 安全评估和应用研究

从广义上讲，MBF 的安全性评价涉及三个方面，絮凝剂本身的毒理学评判、生产厂商的产品技术保护、商品絮凝效果的质保期测定。鉴于 MBF 的应用领域与人类健康、生态环境密切相关，常说的安全性评价往往是狭义上的——MBF 的毒性检验与安全评估。目前，绝大多数 MBF 的研发是基于其安全无毒的假设而开展的，并未进行系统的毒理学研究，这将成为 MBF 应用的潜在环境风险。因此，未来要致力于构建多元化的 MBF 基因资源库，搭建智能化资源管理平台，完善 MBF 产品标准和毒性评价体系，为产絮菌及其 MBF 产物的遗传毒性、繁殖毒性与一般毒性的安全测评提供制度和技术依据。

与化学絮凝剂相比，MBF 的絮凝活性和水处理性能测试多基于烧杯试验，数据很难说明实际的絮凝应用情况。此外，MBF 絮凝活性的评价指标单一，仅凭高岭土悬浮液的絮凝率指标，无法全面衡量各类不同性质污废水的处理效果。MBF 的使用缺乏针对性，未能形成絮凝剂种类、活性成分与废水类型之间的映射关系。因此，要积极倡导 MBF 的应用研究。根据 MBF 的生物絮凝特征，开发自动化、一体化的絮凝设备，调控絮凝条件，监测表征絮凝效果的动态变化，归纳絮凝动力学与形态学规律，探究不同应用场合的 MBF 絮凝机理，提升实际水处理效率，进一步推动 MBF 的产业化发展。

# 第六章

# 天然高分子絮凝剂

　　天然高分子是指自然界与生物体内存在的高分子化合物。天然高分子作为一种可持续发展的资源，因其来源丰富、价格低廉和用途广泛而越来越受到人们的重视。用于水和废水处理系统的天然高分子包括淀粉、半乳甘露聚糖、纤维素、甲壳素、木质素、丹宁、微生物多糖、动物胶和明胶等。这些天然高分子大部分是水溶性聚合物，它们的结构、分子量、可生物降解性、溶解度与合成的温度有所不同。本书重点讨论前五种天然高分子，对丹宁、微生物多糖、动物胶和明胶仅作简单介绍。

　　有机合成高分子混凝剂在许多方面比无机药剂具有更多的优越性，如使用受 pH 值影响较小，形成的絮体大且强度高，产生污泥量少等，但是其使用仍然存在一些难以避免的问题，例如，有机合成高分子对絮凝的胶体有很大的选择性，且本身不易被生物降解而影响后续处理，而且是否会对人体健康产生毒性、致癌性、致突变性等不利影响，尚未定论。因此，作为有机合成高分子混凝剂的替代产品，开发可生物降解、对人体健康无危害的天然高分子混凝剂，从环境可持续发展角度来看，具有十分重要的意义和广阔的应用前景。

## 第一节　淀粉

### 一、概论

　　淀粉（starch）是自然界植物体内存在的一种糖类物质，主要沉积在植物的种子、块茎或根部、果实和叶子的细胞组织中，遍布整个植物世界。淀粉主要来自于马铃薯、玉米、木薯、竹芋、豌豆、蚕豆、小麦和烟叶等，其中用于工业的品种主要为马铃薯、玉米、木薯和小麦。全世界的淀粉产量于 20 世纪 90 年代初期突破 2000 万吨，而目前已经超过 3600 万吨。在美国 95% 以上的淀粉来源于玉米；而在欧洲，尤其是荷兰、法国、波兰、德国、丹麦、瑞典和俄罗斯，马铃薯淀粉的产量较高。近年来，小麦淀粉的用量不断增加。木薯淀粉主要产于泰国和巴西。近年，中国的南方地区淀粉产业发展也较快。目前我国玉米淀粉约占淀粉总产量的80%，木薯淀粉占14%，其他薯类、谷类及野生物淀粉占6%。

## 二、淀粉的结构与性质

淀粉是由葡萄糖组成的多糖类碳水化合物，化学结构式为 $(C_6H_{10}O_5)_n$，式中 $C_6H_{10}O_5$ 为脱水葡萄糖单位，$n$ 为聚合度，即组成淀粉高分子的脱水葡萄糖单元的数量。

不同植物淀粉的性质差别很大，各自的颗粒大小、形状、水分含量、糊化温度、在溶剂中的膨胀率、直链淀粉与支链淀粉的比例不同。

淀粉呈白色粉末状，在显微镜下观察，是一些形状和大小都不同的透明小颗粒。淀粉颗粒的形状一般有圆形、椭圆形（或卵形）和多角形三种。同种淀粉的颗粒形状和大小也不一致。表6-1中比较了不同种类天然淀粉的颗粒性质。

**表6-1 天然淀粉的颗粒性质**

| 颗粒性质 | 玉米淀粉 | 马铃薯淀粉 | 小麦淀粉 | 木薯淀粉 | 蜡质玉米淀粉 |
|---|---|---|---|---|---|
| 淀粉的类型 | 谷物种子 | 块茎 | 谷物种子 | 根 | 谷物种子 |
| 颗粒形状 | 圆形、多边形 | 椭圆形、球形 | 圆形、扁豆状 | 圆形、截头圆形 | 圆形、多边形 |
| 直径范围/$\mu m$ | 2～30 | 5～100 | 0.5～45 | 4～35 | 2～30 |
| 直径平均值/$\mu m$ | 10 | 23 | 8 | 15 | 10 |
| 比表面积/$(m^2/kg)$ | 300 | 110 | 500 | 200 | 300 |
| 密度/$(g/cm^3)$ | 1.5 | 1.5 | 1.5 | 1.5 | 1.5 |
| 每克淀粉颗粒数目/$\times 10^6$ | 1300 | 100 | 2600 | 500 | 1300 |

淀粉中的水分含量很高，但是由于淀粉分子中的羟基和水分子相互生成氢键，因此淀粉呈干燥的粉末状。不同品种淀粉的水分含量也不同，这是由于淀粉分子羟基自行结合和与水分子结合的程度不同的缘故。例如，玉米淀粉分子的羟基自行结合程度比马铃薯淀粉大，所以能通过氢键与水分子相结合的游离羟基数目相对减少，故淀粉的水分含量较低。

将淀粉倒入冷水中，搅拌后可形成乳状悬浮液，即淀粉乳。停止搅拌则淀粉会缓慢沉淀。如果将淀粉倒入热水中，淀粉颗粒受热开始膨胀，随着温度继续升高，淀粉颗粒继续膨胀。当加热到一定温度，淀粉变成黏稠糊状的半透明凝胶或胶体溶液，称为淀粉糊。虽然停止搅拌，淀粉也不会沉淀。这种现象叫作糊化或胶化（gel）。发生糊化现象的温度称为糊化温度或胶化温度。淀粉糊化的本质是淀粉微晶束中淀粉分子间氢键破裂而成为胶体溶液。淀粉糊化作用的过程可分为3个阶段。

① 可逆吸水阶段。水分进入淀粉粒的非晶质部分，体积略有膨胀，此时冷却干燥，颗粒可以复原，双折射现象不变。

② 不可逆吸水阶段。随着温度升高，水分进入淀粉微晶间隙，不可逆地大量吸水，双折射现象逐渐模糊，淀粉粒膨胀达原始容积的50～100倍。

③ 淀粉最后完全解体阶级。淀粉分子进入溶液，双折射现象完全消失。

　　不同淀粉发生胶化时的温度、黏度、溶解度、膨胀力、临界浓度等指标也各不相同。表 6-2 列出了不同植物淀粉的胶化特性。由表中数据可以看出马铃薯淀粉的膨胀能力最大。

表 6-2　淀粉的胶化特性

| 胶化特性 | 玉米淀粉 | 马铃薯淀粉 | 小麦淀粉 | 木薯淀粉 | 蜡质玉米淀粉 |
|---|---|---|---|---|---|
| 胶化温度/℃ | 52～72 | 56～66 | 58～64 | 59～69 | 62～72 |
| 黏度(5%浓度)峰值范围/Bu 单位 | 300～1000 | 1000～5000 | 200～500 | 500～1500 | 600～1000 |
| 黏度平均值/Bu 单位 | 600 | 3000 | 300 | 1000 | 800 |
| 膨胀力(95℃) | 24 | 1153 | 21 | 71 | 64 |
| 溶解度(95℃)/% | 25 | 82 | 41 | 48 | 23 |
| 临界浓度/g | 4.4 | 0.1 | 5.0 | 1.4 | 1.6 |

　　普通淀粉含有直链和支链两种结构，天然淀粉是以白色固体颗粒存在的，外层为支链淀粉，即淀粉皮质，内层为直链淀粉，即淀粉颗粒质。用热水处理时，直链淀粉可溶解，而支链淀粉不溶解。直链淀粉与支链淀粉的结构如图 6-1 所示。

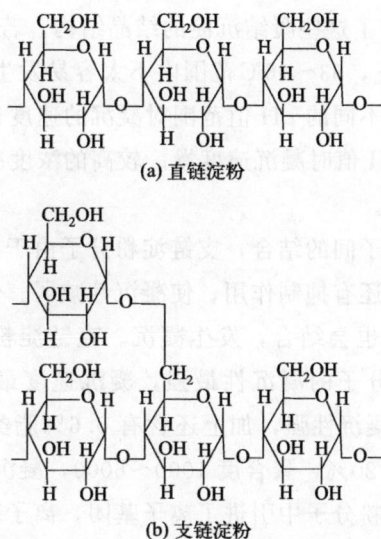

(a) 直链淀粉

(b) 支链淀粉

图 6-1　直链淀粉和支链淀粉的结构

　　直链分子和支链分子的侧链都是直链，趋向于平行排列，相邻羟基之间经氢键结合成散射状结晶"束"结构。直链淀粉和支链淀粉往往以构成大分子链的葡萄糖基连接方式和链的形状加以区别。直链淀粉中脱水葡萄糖结构单元之间主要通过 $\alpha$-$D$-(1,4)糖苷键连接，近年来发现某些直链淀粉中亦有少量分枝。支链淀粉分子葡萄糖基除了 $\alpha$-1,4糖苷键连接以外，还以 $\alpha$-1,6 糖苷键连接，因此支链淀粉分子是枝状的，大约相隔 20～30 个葡萄糖单位的链有 1 个分枝，其分子量比直链淀粉分子大得多。淀粉中直链淀粉和支链淀粉的含量和聚合度（degree of polymerization，DP）因品种不同而异。一般来说，植物淀粉中直链淀粉部分所占比例较小，通常在 20%～25%。豆类中的直链淀粉含量较高，有的高达 70% 以上。表 6-3 列出了天然淀粉中直链淀粉和支链淀粉的性能。

表 6-3 直链淀粉和支链淀粉的性能

| 项目 | 直链淀粉 | 支链淀粉 |
|---|---|---|
| 分子形状 | 直链分子 | 支链分子 |
| 聚合度 | 100～6000 | 1000～3000000 |
| 尾端基 | 分子的一端为非还原尾端，其另一端为还原尾端基 | 分子具有一个还原尾端基和许多非还原尾端基 |
| 碘着色反应 | 深蓝色 | 红紫色 |
| 吸附碘量/% | 19～20 | <1 |
| 凝沉性质 | 溶液不稳定，凝沉性强 | 易溶于水，溶液稳定，凝沉性很弱 |
| 络合结构 | 能与极性有机物和碘生成络合物 | 不能与极性有机物和碘生成络合结构 |
| X光衍射分析 | 高度结晶 | 无定形 |
| 乙酰衍生物 | 能制成强度很高的纤维如薄膜 | 制成的薄膜很脆弱 |

凝沉性是淀粉糊的一个重要性质。储存稀淀粉糊较长时间会逐渐变混浊，有白色沉淀下沉，水分析出，胶体结构破坏。这是由于溶解状态的淀粉又重新凝结而沉淀，这种现象称为凝沉，又叫老化或退减。溶解直链淀粉之间趋向于平行排列，经氢键结成结晶性结构，在水中不能溶解，增大到一定程度成白色沉淀下降，糊的胶体结构破坏，有水析出。曾用 X-光衍射法证实了这些凝结沉淀的结晶结构。若要重新溶解，需要在 100～160℃加热。在同样的浓度下，63～66℃范围内不太容易发生凝沉。而小于 63℃和大于 66℃都是凝沉的敏感温区。不同的 pH 值范围对凝沉的速度也有影响，在 pH＝5～7 时凝沉速度快，在更高或低 pH 值时凝沉速度慢。较高的浓度冷却时，很快凝结成半固体的凝胶，也是由于凝沉作用。

凝沉主要是由于淀粉分子间的结合，支链淀粉分子由于支叉结构的关系不易发生凝沉，并且对直链淀粉的凝沉还有抑制作用，使凝沉性减弱。但是在高浓度或冷冰低温条件下，支链淀粉分子侧链间也会结合，发生凝沉。直链淀粉分子长短与凝沉性强弱有关，聚合度在 100～200 间分子的凝沉性最强，凝沉速度最快。玉米淀粉含直链淀粉 27%，聚合度 200～1200，凝沉性强，加上还含有 0.6%脂类化合物，对凝沉有促进作用。马铃薯淀粉含直链淀粉 20%，聚合度 1000～6000，凝沉性弱。

多数变性淀粉由于在淀粉分子中引进了离子基团，离子基团相同电荷间的相互排斥作用使得直链淀粉分子间的氢键较难形成，因此凝沉现象大大降低。

## 三、应用

天然淀粉是食品、化工的重要原料，天然淀粉是水溶性的高分子物质，除具有黏合性能外，还能形成凝胶，因而在造纸、纤维加工、食品、医药、油田、铸造、农业等方面应用十分广泛。目前所知，淀粉的用途至少 2000 种。天然淀粉仅仅是各类淀粉植物的初级产品，且本身具有腐败、老化、加热糊化后增稠等性能，使其在工业应用上受到一定限制，为了进一步提高经济效益，或更广泛地应用这类天然高分子，对淀粉进行改性处理，改善淀粉的某些机能，可以使得资源得到更合理的利用。目前淀粉的应用领域主要有 5 个方面：利用淀粉高分子特性；利用淀粉的分解产物（如葡萄糖，麦芽糖等）；利用淀粉作为发酵原料；淀粉副产物的综合利用；变性淀粉及淀粉衍生物的利用。

近年来，淀粉改性絮凝剂的研究与开发尤为引人注目。淀粉大分子的每个链节单元含有 3 个游离的羟基，通过这些羟基的酯化、醚化、氧化、交联等反应能改变淀粉的性质生成淀粉衍生物。淀粉分子链上接有人工合成的高分子链，使共聚物具有天然高分子和人工合成高分子两者的性质，为制备新型产品开辟了途径。我国研究淀粉衍生物作为水处理絮凝剂已取得较好的成果，特别是阳离子接枝淀粉有较大的发展势头。我国植物资源丰富，有自己的特色，原料成本低、无毒性、工艺路线较简单，有可能得到成本较低的产品，从我国的资源条件出发，研究以淀粉为原料的改性絮凝剂具有很强的现实意义。在国外水处理剂市场中，有不少改性淀粉絮凝剂，如美国氨氰公司（Amercian Cynamid Co.）的 Aerofloc，Buckman 公司的 Budond，国家淀粉化学公司（National Starch and Chemical Corp）的 Zfloc-Aid 和 Starches 613-45 以及 ZyorkShiree，Dyeware 公司的 Wisproloc。

阳离子淀粉是淀粉与阳离子试剂反应制备而得，是一类重要的淀粉衍生物。阳离子淀粉的制备通常采用醚化法，即将氨原子团导入淀粉分子中。市场上所售的阳离子淀粉一般分为三级胺（叔胺）烷基淀粉醚和四级铵（季铵）烷基淀粉醚。以季铵烷基淀粉醚为例，制备方法通常如下。

（1）制备阳离子化试剂

最常见、最重要的阳离子化试剂有 N-（2,3-环氧丙基）三甲铵盐和 3-氯-2-羟基丙基三甲基氯化铵，反应式为：

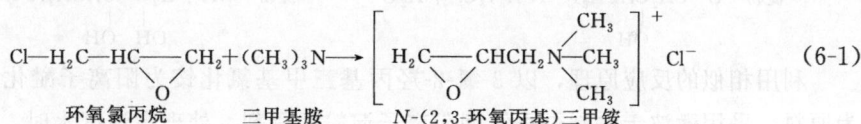

$$Cl—H_2C—HC\!\!\!-\!\!\!-CH_2+(CH_3)_3N \longrightarrow \left[ H_2C\!\!\!-\!\!\!-CHCH_2\!\!-\!\!\!N\begin{matrix}CH_3\\CH_3\\CH_3\end{matrix} \right]^+ Cl^- \qquad (6\text{-}1)$$

环氧氯丙烷　　　三甲基胺　　　　　　　N-（2,3-环氧丙基）三甲铵

3-氯-2-羟基丙基三甲基季铵盐在不同的 pH 值下可发生可逆反应：

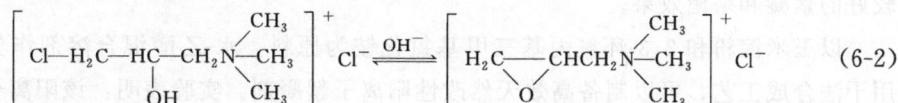

$$\left[ Cl—H_2C—HC\!\!-\!\!CH_2N\begin{matrix}CH_3\\CH_3\end{matrix} \right]^+ Cl^- \overset{OH^-}{\rightleftharpoons} \left[ H_2C\!\!-\!\!CHCH_2N\begin{matrix}CH_3\\CH_3\end{matrix} \right]^+ Cl^- \qquad (6\text{-}2)$$

（2）进行淀粉的阳离子化反应

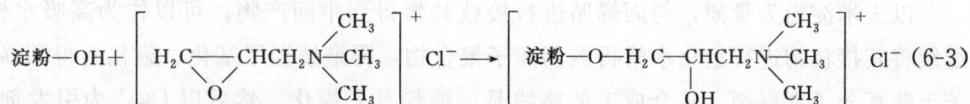

$$淀粉—OH+ \left[ H_2C\!\!-\!\!CHCH_2N\begin{matrix}CH_3\\CH_3\end{matrix} \right]^+ Cl^- \longrightarrow \left[ 淀粉—O—H_2C\!\!-\!\!CHCH_2N\begin{matrix}CH_3\\CH_3\end{matrix} \right]^+ Cl^- \qquad (6\text{-}3)$$

阳离子淀粉实用性的关键在于阳离子淀粉在水分散液中，可以电离出正电荷，对带负电荷的物质具有亲和性。向淀粉分子结构中引入阳离子化试剂之后，淀粉的胶体性质和化学性质都会发生显著变化，从而影响产品用途。阳离子淀粉的糊化温度比天然淀粉低，且阳离子淀粉糊的黏度比天然淀粉略高。阳离子淀粉的 Zeta 电位呈阳性，是最重要的湿部化学助剂，在造纸工业上应用非常广泛。阳离子淀粉自身带有的正电荷易于与纸浆中的纤维素相互吸附，从而降低了纸浆的 Zeta 电位，并产生微絮凝结构，将浆料悬浮体中的细小纤维及各处造纸填料包孕在这个结构体内，达到较高的留着率及其他良

好的使用效果。在造纸工业中，将胶状硼硅酸盐和阳离子淀粉联合使用，可改善造纸产品。阳离子淀粉是带负电性无机或有机悬浮物的极好絮凝剂。白土、无机矿石、矿泥、硅、煤、炭、阴离子淀粉、纤维素、污水淤渣以及淤浆悬浮液都可用阳离子淀粉使它们絮凝。

L. Järnström 等以马铃薯淀粉为原料，用次氯酸盐加以氧化，稳定以后进行阳离子化，制成一种改性阳离子淀粉。采用纤维光学传感技术研究了这种淀粉对高岭土悬浊液的絮凝性能，研究发现这种季胺淀粉醚在 23～50℃ 范围内，NaCl 浓度在 1～100mmol/L 时，即使在很低的浓度下，也是一种有效的絮凝剂。但是，如果先用聚丙烯酸钠对高岭土悬浊液进行预处理，则会导致该改性淀粉的絮凝性能变差，当 NaCl 浓度为 1mmol/L 时则无法观察到絮凝现象。

将环氧氯丙烷与三甲胺反应制得的失水甘油基三甲基氯化铵与淀粉在一定条件下制得高取代度阳离子淀粉，将此产物用于处理造纸白水，效果良好，其反应历程如下：

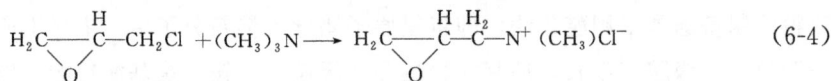

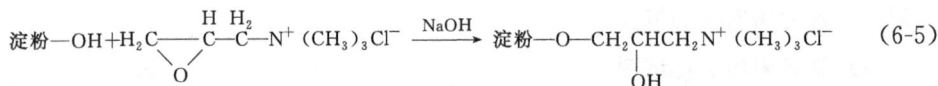

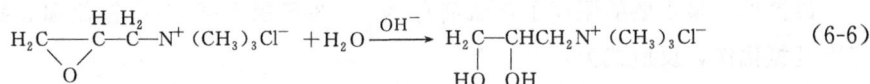

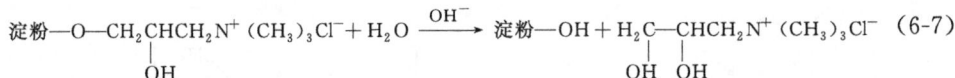

$$H_2C\underset{O}{-}C\underset{H}{-}CH_2Cl + (CH_3)_3N \longrightarrow H_2C\underset{O}{-}\underset{H}{C}\underset{H_2}{-}C-N^+(CH_3)_3Cl^- \tag{6-4}$$

$$淀粉—OH + H_2C\underset{O}{-}\underset{H}{C}\underset{H_2}{-}C-N^+(CH_3)_3Cl^- \xrightarrow{NaOH} 淀粉—O-CH_2\underset{OH}{CH}CH_2N^+(CH_3)_3Cl^- \tag{6-5}$$

$$H_2C\underset{O}{-}\underset{H}{C}\underset{H_2}{-}C-N^+(CH_3)_3Cl^- + H_2O \xrightarrow{OH^-} H_2C\underset{HO}{-}\underset{}{CHCH_2}\underset{OH}{}N^+(CH_3)_3Cl^- \tag{6-6}$$

$$淀粉—O-CH_2\underset{OH}{CH}CH_2N^+(CH_3)_3Cl^- + H_2O \xrightarrow{OH^-} 淀粉—OH + H_2C\underset{OH}{-}CHCH_2\underset{OH}{}N^+(CH_3)_3Cl^- \tag{6-7}$$

利用相似的反应原理，以 3-氯-2-羟丙基三甲基氯化铵为阳离子醚化剂，天然淀粉为原料，采用微波干法制得季铵型阳离子淀粉絮凝剂，处理高浊度水时，在相同投加量下，效果与聚丙烯酰胺相当。将此阳离子淀粉絮凝剂与无机絮凝剂聚氯化铝复配，具有较好的絮凝和杀菌效果。

以玉米淀粉和 2,3-环氧丙基三甲基氯化铵为原料，水-乙醇混合溶剂作分散剂，采用干法合成工艺，可以制备高效天然改性阳离子絮凝剂。实验表明：该阳离子絮凝剂用于印染废水处理具有很好的絮凝效果，脱色率达 96.4%。

以玉米淀粉为骨架，与丙烯腈进行接枝共聚得到中间产物，可以作为高吸水树脂，继续将其接枝物进行皂化水解得弱阴离子聚合物，再继续羟甲基化、磺化而得到强阴离子天然高分子絮凝剂。其合成工艺路线是：淀粉首先糊化，然后以 $Ce^{4+}$ 为引发剂，加入丙烯腈接枝共聚，用 NaOH 水解得到弱阴离子聚合物，再继续羟甲基化、磺化就可得到强阴离子絮凝剂。

以淀粉为原料，通过化学改性研制出同时含羟基、氰基、酰胺基和季铵盐基团的两亲型高分子絮凝剂，然后加入铝酸钠和硅酸钠，以一定比例进行复配，可制得复合型高分子絮凝剂。研究表明，该复合型絮凝剂对印染、造纸、皮革、制药等工业废水具有很强的絮凝和脱色效果，其絮凝性能明显优于阳离子聚丙烯酰胺、聚氯化铝、硫酸铝等絮凝剂。

淀粉与磷酸盐反应可制得磷酸酯淀粉，即使很低的取代度也能明显地改变原淀粉的性质。马铃薯淀粉等在颗粒中结合有天然的磷，因此在工业中比其他天然淀粉具有更大的优越性。磷酸能与淀粉分子中的三个羟基起反应生成磷酸一酯、二酯和三酯。淀粉磷酸一酯也称为磷酸单酯，是工业上应用最为广泛的磷酸酯淀粉。淀粉磷酸单酯是阴离子型淀粉衍生物，与原淀粉比较，糊液的黏度、透明度和稳定性均有明显提高。由于淀粉磷酸酯具有离子化性质，可作为食品工业良好的乳化剂、增稠剂和稳定剂。淀粉磷酸酯也是最重要的造纸用淀粉衍生物之一。在水处理应用中，淀粉磷酸酯是良好的絮凝剂，适用于污水处理、浮选矿和从洗煤水回收细煤粉等。向肉类、鱼类、果蔬、酿造等食品加工厂废水中加入淀粉磷酸酯，再加入钙盐沉降回收。淀粉磷酸酯也可用于铝土矿石浮选中回收铝，并用于铁矿石中氧化铁沉降，在洗煤水中加入 $4 \sim 10 \text{mg/L}$ 淀粉磷酸酯，就能使煤粉絮凝沉降。沉淀每吨煤粉只需要 $0.2 \sim 0.3 \text{kg}$ 淀粉磷酸酯，含氟磷酸酯的沉降效果更好。此外，淀粉磷酸酯与聚丙烯酰胺以 $10：1$ 的比例混合使用，也可提高絮凝效果。由于废水处理中大部分微细颗粒和胶体都有负电荷，因此对淀粉进行阳离子改性是一个重要的研究方向。

洗煤工业及选矿工业很需要絮凝效果好、价格便宜的絮凝剂。因为选矿工业要排放大量的洗矿废水，废水中含有大量的细粉尾煤。若直接排放含细粉尾煤的废水，会造成环境严重污染及水资源浪费。絮凝剂的作用能使细粉形成絮团，快速沉降，有利于回收洗矿废水中的细粉尾煤。除去细粉尾煤的水可重复利用。

聚丙烯酸和淀粉是目前在选矿工业上应用非常广泛的两种絮凝剂，都可用作铁矿黏土的选择性絮凝剂。由于铁矿石对淀粉有特殊的亲和力，自 1975 年起淀粉就已被成功应用于 Tilden 铁矿开采中赤铁矿的选择性絮凝剂。S. A. Ravishankar 等比较了这两种絮凝剂从黏土中选择性分离铁氧化物的性能，研究发现天然聚合物淀粉比聚丙烯酸具有更好的选择性。

淀粉分子链上的羟基可以通过化学变性制成各种醚，也是重要的淀粉衍生物。羧甲基淀粉是工业上产量最大的淀粉醚，因其具有阴离子基团而属于阴离子型高分子电解质。羧甲基淀粉是淀粉在碱性条件下与氯乙酸或其钠盐起醚化反应制备而成的，工业生产主要为低取代度产品。羧甲基淀粉胶液透明、细腻、黏度高、黏结力大、流动性和溶解性好，且具有较好的乳化性、稳定性和渗透性，不易腐败霉变，因而在许多行业具有广泛的用途，是一类重要的淀粉衍生物。羧甲基淀粉是阴离子型高分子电解质，可用作絮凝剂、螯合剂和黏合剂。

可溶性淀粉用环氧氯丙烷交联制得交联淀粉，进而和氯乙酸反应得到含有羧甲基的产物，对直接染料废水有良好的絮凝作用。以玉米淀粉、氯乙酸和氢氧化钠为原料，利用溶剂法合成羧甲基淀粉钠，该阴离子高分子絮凝剂对生活污水和炼油废水处理效果好。

淀粉能与丙烯腈、丙烯酰胺、丙烯酸、乙酸乙烯、甲基丙烯酸甲酯、苯乙烯等单体进行接枝共聚反应，形成接枝共聚淀粉。接枝的方法有化学接枝和辐射接枝。具有水溶性的接枝共聚物较多，最常见的是淀粉与丙烯酰胺、丙烯酸的几种氨基取代阳离子单体接枝共聚，所得的共聚物具有热水分散性，可用作增稠剂、絮凝剂和吸收剂等。这类共聚物可用于浮选矿石或处理工业废水，例如在浮选磷矿石中作为硅石的沉降剂，在泥土和煤粉的水悬浮液中作为絮凝剂。

Cai 等以高锰酸钾为引发剂，将淀粉或微晶纤维素与丙烯酰胺接枝共聚，制备了阳离子聚丙烯酰胺和两性聚丙烯酰胺。其操作为：将接枝共聚物用氢氧化钠水解，将丙烯酰胺中的一部分氨基转化成带负电的羧基或丙烯酸钠，从而形成一种含有丙烯酰胺和丙烯酸钠单元的接枝聚丙烯酰胺；将前述产物与二羟基胺醇反应，向水解的聚丙烯酰胺进一步引入阳离子基团，于是得到阳离子/两性接枝聚丙烯酰胺；加入至少一种添加剂，其中含有水溶性无机盐和非离子表面活性剂，以改善产物的黏性。该法原料易得，生产成本低，工艺简单，反应条件温和，产品具有很好的絮凝性能和广泛的适应性，而且是一种理想的污泥脱水剂和废水处理剂。

用 $C_{o}\gamma$ 射线预辐射照法制备淀粉-丙烯酰胺接枝物，用作絮凝剂处理生活污水，处理效果优于国产聚丙烯酰胺。有研究者合成的淀粉-丙烯酰胺接枝聚合物对中和后的黄磷废水有显著的絮凝净化效果。其原因在于接枝共聚物在空间结构上比均聚物显现出较大的比表面积，对桥连有利。

以马铃薯淀粉为原料，苛化以后，与丙烯酰胺接枝聚合，再引入叔胺基团制备出改性阳离子絮凝剂，用于处理高岭土悬浊液、制糖和制革废水具有良好的絮凝作用。采用颗粒淀粉与丙烯酰胺接枝共聚的产物作絮凝剂，对废纸脱墨废水进行脱色，可获得良好的效果。芋艿淀粉（富含支链淀粉）在铈盐引发下与丙烯酰胺接枝共聚制得的絮凝剂，用于酒精槽液的处理具有很高的 COD 和悬浮物去除率。

在 $Ce(IV)/HNO_3$ 引发体系下，丙烯酰胺-淀粉接枝共聚所得的絮凝剂对含油污水、牛奶污水、印染污水、造纸污水、电泳镀染污水等工业废水具有良好的处理效果，且结果表明，COD 去除率和污泥沉降速度均不逊于聚丙烯酰胺（300 万）产品。

以 $Fe^{2+}-H_2O_2$ 为引发剂，选择可溶性淀粉、丙烯酰胺（AM）、二甲基二烯丙基氯化铵为原料，合成的一系列三元接枝共聚物具有絮凝作用。研究发现，絮凝效果与接枝共聚物的化学组成结构和用量密切相关，而且随着接枝率的增加，淀粉接枝共聚物的絮凝性能总体趋好。用淀粉/DMDAAC-AM 接枝共聚物处理人工配制的高浊度高岭土配水具有良好的絮凝效果。特别是当组分比例搭配适当时，絮凝效果优于聚丙烯酰胺和聚二甲基二烯丙基氯化铵。这种接枝共聚物之所以有良好的絮凝效果，主要是由于淀粉接上了具有絮凝功能的聚丙烯酰胺和聚二甲基二烯丙基氯化铵支链。阳离子型聚二甲基二烯丙基氯化铵支链是季铵盐，在水溶液中几乎完全电离，因而正电荷密度高，且在高浊度下，架桥作用并非必要，故能捕捉带负电荷的悬浮粒子，而阴离子型聚丙烯酰胺支链又可促进无机悬浮物的沉降，起絮凝助剂的作用，因此二者充分发挥了其不同基团的吸附絮凝性能，得到了理想的絮凝效果。

淀粉黄原酸酯是 20 世纪 70 年代发展的淀粉酯化合物，是在发明了纤维素黄原酸化反应后不久制成的。淀粉黄原酸酯是二硫化碳与淀粉在常温下的反应产物。水溶性的黄原酸单酯稳定性差，需要在低温（5℃）贮存，以防止分解。非水溶性的交联淀粉黄原酸双酯能用于电镀、采矿、黄铜冶炼等工业废水重金属离子的清除，效果良好，如可脱除镉、铬、镍、铜、锌、汞等重金属，既回收了重金属，又减少了环境污染。

美国农业部 Peoria Ⅲ 研究表明，淀粉黄酸盐可用来沉淀 Cd，Cr，Cu，Fe，Pb，Mn，Hg，Ni，Ag，Zn 等重金属。与聚胺联合使用时，这些重金属大部分可被轻松去除，比单独使用石灰或碱的效果好。与沉淀法相比，污泥体积更小，凝胶状不明显，有效 pH 值范围为 3～11。美国专利 3979286 讲述了由交联淀粉制备的不溶性淀粉黄原酸酯可用于去除工业废水中的重金属离子。美国专利 4051316 和 4083783 讲述了碱金属-镁淀粉黄酸盐可用于去除工业废水中的大部分重金属离子。

将交联淀粉黄原酸酯用于处理含镍电镀废水，脱除率可达 95% 以上，镍残余浓度 <0.2mg/L，因此交联淀粉黄原酸酯是一种成本低、无二次污染、设备简单、操作方便、易于推广应用的镍离子脱除剂。用交联淀粉黄原酸酯处理含铬的电镀废水，试验表明，对于各种价态的铬离子，包括阳离子和铬酸根阴离子均有相当好的脱除效果，脱除率 >99%，残余浓度 <0.1mg/L，而且残渣稳定，不会引起二次污染。

Yong 等制备了多种改性淀粉絮凝剂，发现当不溶性金属盐存在时，水解的木薯淀粉或芋头淀粉对污泥悬浊液是一种很好的絮凝剂，且处理沥青砂尾矿和磷酸盐黏液非常有效。通过对比试验，发现其处理效果远远优于水解的小麦淀粉。

目前，淀粉在制陶业也得到广泛应用。将马铃薯支链淀粉混入 40% 泥浆中，加入硫酸钠以后，采用苏打液调节 pH 值为 11.5。加入阳离子试剂使其阳离子化，在 34℃ 下反应 18h，终止反应，用水冲洗阳离子淀粉并干化，在此必须保证阳离子淀粉中所含的碱很少。所制备的产品可用作制陶过程中的絮凝剂和黏合剂。

此外，淀粉还可用于沉降赤泥。铝的主要来源是铝矾土，可通过 Baeyer 工艺（高温、强碱）用铝矾土生产氧化铝。然后将氧化铝和冰晶石混合，电解产生铝阴极。在生产氧化铝的过程中，要求固液分离，从四氧化三铁、某些白云石和各种硅石、硅酸盐的残余固体颗粒中去除含有铝酸钠、苛性钠和硅酸盐的滤液。因为四氧化三铁为赤红色，所以将残余物称作赤泥。分离赤泥的主要聚合物是淀粉。通过改变制备的时间、温度和碱性，几乎所有种类的淀粉都可以使用，包括玉米、土豆、高粱和木薯淀粉。由于价格和适用性，在美国使用最多的是玉米淀粉。在铁矿处理中，石灰可使胶状的四氧化三铁和硅酸盐混凝，而淀粉使之变大成为絮团。各种合成物质在性能和操作的简便性（制备中需要的人力劳动较少）方面竞争各有优势。淀粉需要碱处理，有时在制备中需要加热（加热至 82℃）。一般来说，将淀粉制备成 1%～5% 的溶液，在使用前用工艺水再稀释。淀粉的作用包括快速沉淀固体和净化铝酸盐溶液，通过 6～9 个阶段反冲洗，有助于碱的回收，因此也使得排出的碱对环境的危害最小。在处理苏里南铝矾土时，所需的淀粉量是 1～2lb/t（赤泥）（1lb=453.59237g），对牙买加矿石，则需要淀粉量 40lb/t（赤泥）。尽管淀粉的用量很大，但它是唯一可接受的絮凝剂。近来，合成物（如聚丙烯酸钠）开始以低用量和处理更高浓度的赤泥的能力挑战淀粉的地位。然而，由于其处理水清澈度较差，价格昂贵，因此淀粉仍在使用。这种淀粉一般是去除铝酸盐后在循环荒地上制得，需要能量加热淀粉。浓度一般约为 1%，成胶并完全熟化的时间是 1～2h。储备溶液应当稀释后再加入沉淀池和浓缩池。Barham 等发明了一种改善赤泥净化效果的方法，该法采用右旋糖酐淀粉和一种水溶性合成絮凝剂（如聚丙烯酸、丙烯酰胺与丙烯酸的共聚物等）分离 Bayer 工艺中的赤泥。这种复合絮凝剂与 Bayer 工艺的溶液相混后，溶液中所含的赤泥即可通过沉淀、离心或过滤等工艺去除。

总之，绿色化学的兴起为水处理领域开发淀粉产品的应用研究提供了良好的机遇。随着淀粉改性的理论研究日趋深入，淀粉改性产品的技术逐步成熟，淀粉改性产品部分替代对环境有害的水处理剂已经成为可能。

# 第二节　半乳甘露聚糖

## 一、概论

半乳甘露聚糖（*galactomannan*）是植物的贮备性多糖，主要存在于具胚乳的豆类植物的种子中。此外，番荔枝属的刺果番荔枝（*annona muricata*），三色旋花（*convolvulus tricolor*）、糙叶番薯（*ipomoca muricata*）及白头银合欢（*leucacna leucocephala*）的种子也含半乳甘露聚糖。在红车轴草（*trifolium pratense*）叶茎部组织中也获得半乳甘露聚糖。单子叶植物棕榈的未成熟种子中也含有半乳甘露聚糖。

半乳甘露聚糖的研究和利用在国外已经有 70 年以上的历史，最早采自长角豆（*ceratonia siliqua*）的种子，称为长角豆胶。长角豆胶是生长在南欧的常绿乔木，现已被引种到世界各地。长角豆胶的用途自从 20 世纪 20 年代起逐步扩大，到 40 年代已在许多领域广泛应用。据 1975 年统计，世界半乳甘露聚糖胶的销售量：长角豆胶约为12500t，瓜尔胶约为 37000t。各种工业用量大致如下：食品工业约占 40%，造纸工业30%，纺织工业 20%，石油、涂料、炸药和胶黏剂约占 10%。我国研究利用半乳甘露聚糖胶较晚。随着我国工业发展的需要，自 70 年代起进口一定数量的瓜尔胶（guar），从而引起国内有关单位对半乳甘露聚糖胶及其资源的研究和应用。

## 二、半乳甘露聚糖的结构与性质

半乳甘露聚糖属多糖类天然高分子化合物，其分子量因来源不同而异，其结构是由 D-甘露糖通过 $\beta$-1,4 甙键连接形成主链，在某些甘露糖上 D-半乳糖通过 $\alpha$-1,6 甙键形成侧链而构成多分枝的聚糖。

在豆科植物的胚乳中，半乳甘露聚糖可作为储备食物。半乳甘露聚糖沉积在原生质膜的外侧，它们的潜在功能不仅是饲养原生质体，而且有防护作用。半乳甘露聚糖的吸水、保水能力均很强，在种子萌发过程中起着"水库"的作用，维持适于种子萌发的小环境，抵御干旱环境。同时，半乳甘露聚糖被完全降解为单糖时为早期萌发过程中的胚乳提供营养物质和能量。

不同的豆科植物，其半乳甘露聚糖有着不同程度的半乳糖取代基，范围从 25%（低取代）到约 95%（高取代），取代的程度反映了豆科植物的分类划分。豆科植物种子储存的半乳甘露聚糖中，半乳糖对甘露糖的比值也可以显示这个科的分类依据。各种植物种子半乳甘露聚糖的基本结构差别不大。这种基本呈线形而分支的结构决定了它的特性与那些无分支、纤维状、不溶水的甘露聚糖、葡甘露聚糖有明显的不同。半乳甘露聚糖胶具有较好的水溶性和交联性，且在低浓度下能形成高黏度的稳定性水溶液。

半乳糖与甘露糖的比例随不同物种而不同，例如，瓜尔胶中半乳糖和甘露糖的比例为 1/2，刺槐豆胶为 1/4，塔拉豆胶为 1/3。用于水和废水处理中最重要的天然半乳甘露聚糖是瓜尔胶。图 6-2 为瓜尔胶的结构。

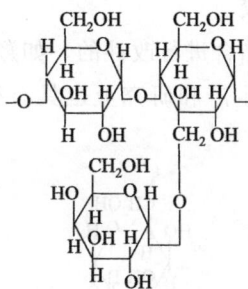

图 6-2　瓜尔胶的结构

瓜尔胶是以 $\beta$-1,4-D-甘露吡喃糖单元为骨架连接形成主链，每 2 个甘露吡喃糖单元有 $\alpha$-1,6 连接的半乳吡喃糖单元作为侧链，分子量约为 22 万。瓜尔胶的衍生物包括羟丙基、羟乙基、羧甲基、羧甲基羟丙基和阳离子瓜尔胶。

瓜尔胶是从种植于印巴大陆的豆科植物——瓜尔豆中提取的一种植物胶。其独特的分子结构和物理化学性能使其成为一种很有潜力的天然聚合物。由于瓜尔豆生长于高温、干旱缺水的环境，因此不耐水，这与淀粉使用前需要糊化相比是一个很大的优势。

瓜尔胶的最初出现是作为刺槐豆胶的替代品而产生的。在此之前，刺槐豆胶被广泛应用于工业生产并造成了需求紧张。后来的研究证明，虽然瓜尔胶和刺槐豆胶均为半乳糖甘露聚糖，但二者在化学组成和行为上有着明显的区别。刺槐豆胶要达到最大黏度需要高温水煮，而瓜尔胶在冷水中就可以水化。化学组成上，刺槐豆胶平均每 4 个甘露糖单元才有 1.5 个乳糖支链。所以瓜尔胶分支单元数为刺槐豆胶的 2 倍。而这被认为是瓜尔胶比刺槐豆胶更容易水化和氢键结合活性更大的主要原因。除此之外，瓜尔胶的成本仅是刺槐豆胶的一半。

瓜尔胶直链上没有非极性基团，大部分伯羟基和仲羟基都处在外侧，而且半乳糖支链并没有遮住活性的醇羟基，因而瓜尔胶具有最大的氢键结合面积。当与纤维结合时，形成的氢键结合距离短，结合力大。

瓜尔胶的水溶性和增稠性很好，广泛用作增稠剂、破乳剂等。但原粉胶溶解较慢、水不溶物含量高、黏度不易控制，人们常利用化学手段改变其理化特性以满足实际工业生产需要。瓜尔胶的改性主要有 4 个方向。

（1）官能团衍生

这种方法是基于瓜尔胶的糖单元上平均有 3 个羟基，在一定条件下，这 3 个羟基可发生醚化、酯化或氧化反应，生成醚、酯等衍生物。

（2）接枝聚合

在一定条件下，一些引发剂可使瓜尔胶或乙烯基类单体产生自由基，从而进行聚合反应，如：丙烯酸、丙烯酰胺、甲基丙烯酰胺、丙烯腈等接枝。

（3）酶法

该方法是利用酶降解而改变瓜尔胶的性质。

（4）金属交联法

主要利用瓜尔胶的交联性。瓜尔胶主链上的邻位顺式羟基可以与硼及一些过渡金属离子，如钛、锆等作用而形成冻胶。

此外，还有使用多种方法相结合进行改性的，如羟丙基瓜尔胶与丙烯酰胺接枝。除了瓜尔胶以外，我国在田菁胶的生产和研究上也具有很强的优势。田菁胶的结构见图6-3。

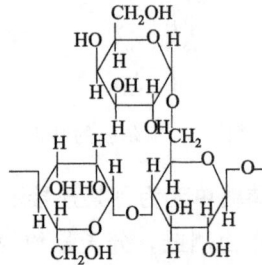

图 6-3 田菁胶的结构

## 三、应用

半乳甘露聚糖因具有良好的水溶性和交联性，故可作为增稠剂、稳定剂、黏合剂而广泛应用于石油钻采、食品医药、纺织印染、采矿选矿、兵工炸药、日化陶瓷、建筑涂料、木材加工、造纸、农药等行业。国外研究半乳甘露聚糖胶已有近百年的历史，我国从20世纪70年代开始研究利用。近年来由于分离提取植物胶技术的提高和应用技术及应用领域的不断拓宽，使这一研究领域备受人们关注。

大多数混凝剂主要用于处理水中悬浮固体物质和胶体杂质，但对于水中的溶解性固体却难以达到很高的去除率。在工业水处理中去除金属离子时，离子交换技术与化学沉淀法和溶剂提取技术相比是一种经济有效的方法。螯合树脂具有很好的离子交换能力，应用十分广泛。但由于目前石油等产品的价格不断上涨，有研究者开始采用半乳甘露聚糖为原料，引入磺酸基官能团，制成廉价易得的阳离子交换树脂，同时也是一种亲水性絮凝剂。将季铵基团引入半乳甘露聚糖制得的阳离子多糖可用作矿物加工和水处理的絮凝剂。

半乳甘露聚糖胶可用于脱除碳酸钾矿的矿泥，该工艺在饱和盐水中脱泥，处理每吨矿需要0.005~0.5lb的半乳甘露聚糖胶，并需要0.01~1.0lb聚胺作为收集剂用于收集硅土。处理后的矿石可经过泡沫浮选而去除漂浮的硅土。

Rutenberg发明了一种制备瓜尔胶的方法，在5~95℃下将瓜尔剖条，剖条中含有78%~82%的半乳甘露聚糖、少量蛋白质、无机盐、水溶性胶、细胞膜和残余种皮及胚芽，用足量的水进行水化至少15min，使其水含量达到25%~80%，将水化的瓜尔剖条在锤磨机中挤压研磨成分散状态，然后在100~125℃温度下气流干燥器中干燥10~

15min，使水含量低于20%，即可制备出颗粒细小、高黏度的瓜尔胶。所得产品可用作纺织、食品、化妆品、制药等工业的浓缩剂和稳定剂，以及造纸业的打浆添加剂、钻井中的流体损失控制剂和絮凝剂。

瓜尔胶在造纸工业中应用十分广泛。由于瓜尔胶具有和纤维素类似的结构，所以能在纤维表面快速吸附，并且能为纤维之间形成氢键提供大量的羟基，从而能够有效促进纤维之间的结合。此外，瓜尔胶还可以提高填料和细小纤维的留着率，同时还可避免纤维间的不良絮凝，提高纸页匀度。在造纸工业中，将胶状硼硅酸盐与高分子量的合成聚合物和阳离子淀粉或瓜尔胶联合使用，可改善纸性能。瓜尔胶用于卷烟纸具有优良的助留、助滤和增强效果，而且抄成的纸在燃烧时没有异味，满足卷烟用纸的需要。目前，在国内的各大卷烟纸厂中，瓜尔胶已基本取代了淀粉成为增强、助留、助滤剂和纸张表面性能改进剂。瓜尔胶与叔胺或季铵盐发生醚化反应可以使瓜尔胶带有一定的电荷密度，从而更容易与带负电的纤维和填料发生作用。将阳离子瓜尔胶与阳离子淀粉按一定比例预先混合，经糊化后使用，阳离子淀粉的增强及阳离子瓜尔胶的助留、助滤效果都能得到有效发挥，而且与不经预先混合而分别使用两种助剂相比，强度提高20%左右，更重要的是它消除了单独使用阳离子瓜尔胶时"粉尘"（瓜尔胶粉）对人体的危害及耗水量大的弊端。将阳离子或两性瓜尔胶与硅酸胶体以适当比例混合后，成为一种良好的造纸增强剂，同时也显著提高了助留助滤效果，减轻了造纸白水的污染问题。

美国采用瓜尔胶处理纸厂废水已有较长历史。纸厂生产纸巾、手纸、卷烟纸和面巾纸等产品的过程中，产品一般含有木质纸浆中的纤维，不含黏土填充物，只有在生产卷烟纸的时候可能含有碳酸钙。在造纸工艺中，白水在装置中循环，通过节约装置回收相当部分的纤维物质。多余的白水则为工厂废水。为了保护水资源，降低这些废水中较高的SS和BOD，这些工厂在排放废水之前，对废水必须进行处理。处理方法包括溶解空气浮上法，有时候还参照Sven-Pedersen的方法，从废水中去除细小的纤维。阳离子瓜尔胶对此类废水的去除具有很好的效果。阳离子瓜尔胶通过氢键和静电引力吸附架桥，可使纤维絮凝。纤维的阴离子和水合特性对此也有所促进。所产生的水合絮团受到饱和空气水的压力，在常压下气泡释放而上浮。经过这一步处理，废水中的悬浮固体一般低于20mg/L，BOD也在可接受范围内。所用的阳离子瓜尔胶是粉末状。例如，有两种商业产品分别是Jaguar C-13（Celanese Plastics and Specialties Company公司生产）和Gendriv（Henkel公司生产），符合美国食品药品管理局（FDA）的规定。根据待处理的废水水量，这些产品的用量一般是1~5mg/L。粉末一般用软化水或工厂的补充水配制成0.25%~0.50%浓度。在使用前至少水化1h，然后在处理废水之前再用循环水或工艺水稀释到0.05%或更低浓度。在净化废水时，天然与合成聚合物等产品效果不如阳离子瓜尔胶。

大多数铁矿在处理过程中要用到大量的水。铁矿处理工艺包括重力分选、磁力分选和泡沫浮选等工艺。所产生的尾渣必须从水中分离，使得85%~95%的水能再循环，同时使得地表渗流造成的污染最小化。在美国和加拿大，大多数工艺将聚合物加入细尾渣浓缩机使水再循环，并在尾渣处置区排出细小的固体颗粒和粗尾渣。大约在1977年，一个加拿大的大铁矿厂开始使用一种阳离子瓜尔胶，电荷密度低，分子量很低（低于

200000Da）。该产品被一种高电荷密度的聚胺所代替，用量为 0.5~1.0mg/L。其使用不仅仅是为了将黏液进行固液分离，而且对水的净化足够有效，使得铁矿浓缩物很好地过滤，而滤膜上没有碎渣。于是液体聚胺由于操作简便、价格低廉而将其取代。美国和加拿大的大多数现有工艺使用的是合成物质，如聚胺和聚丙烯酰胺。Mesabi 山脉的一些工厂将石灰和碱化的淀粉结合，淀粉的用量为 0.2~0.5lb/t（固体）。

在天然碱矿制碱灰的废水处理过程中，也用到瓜尔胶。可使用非离子瓜尔胶等天然聚电解质，有时候也可使用阳离子瓜尔胶絮凝黏土类杂质，在过滤和再结晶之前对饱和碳酸盐漂洗液进行净化。烧矿消化后加热，向净化器的加料中加入絮凝剂，黏土在其中絮凝、沉降。未漂洗的残余物浓缩以后，作为废物运往处置区。消化后的液体再结晶可形成碱灰。最关键的一点是，用来净化的絮凝剂对过滤或再结晶不产生干扰。这是使用瓜尔胶的一个有利因素，而许多合成物质则会对某些矿物产生不良影响。但这些天然聚合物的一个主要缺点是不能在饱和的盐水中制备。它们一般是在 0.1%~0.5% 的软化水或部分饱和的盐水中配制的，然后根据消化液以 4~10mg/L 的用量使用。这导致碱灰溶液浓度较低，因此在再结晶过程中需要进一步蒸发，消耗更多的能量。

在过去的几十年，为生产更小颗粒的煤，分散空气浮选法越来越受到重视。相应地，在洗煤厂也越来越多地进行水循环，使出水水量减少，并满足日益严格的 pH 值、BOD、铁离子、亚铁离子和浊度标准。此外，还需要对尾渣进行脱水，以减少其体积和渗滤液的量。20 世纪 60 年代早期，聚合物的应用日益广泛，特别是用作细化尾渣、过滤、离心过程中的助沉剂。60 年代初期，在西弗吉尼亚和宾夕法尼亚地区，絮凝主要是使用粗玉米和土豆淀粉，需要被加热至 82℃，配制成 2.0%~5.0% 的浓度，用量为 0.25~1.0lb/t（干固体）。其性能还有许多待改进之处。60 年代早期和中期，粗淀粉被预胶凝的土豆淀粉取代，后来与聚丙烯酰胺混合使用。后来大多数洗煤厂使用阴离子和阳离子聚丙烯酰胺。由于使用浓度更高的低流浓缩机，合成物质只需要原来的 1/5 或者更少的用量，沉降速度更快，所以天然有机物的使用逐渐减少。在美国西部，由于含有大量黏土的露天矿增加，使得关于非离子瓜尔胶和阴离子聚丙烯酰胺用途的报道也有所增多，据称可以降低花费，并对细小的黏土有更好的处理效果。这些系统需要制备和分散两套装置。

在美国，铀矿来自于砂岩和页岩，如科罗拉多州、怀俄明州、新墨西哥州、德克萨斯州和犹他州。在南非，铀可在金矿中获得。在加拿大，铀可从钛铀矿中获得。用酸或碳酸盐漂洗过后，进行固液分离，例如浓缩池或滤池中逆流移注（CCD）。可从含铀母液中分离出固体残余物，进一步处理以回收铀。固体残余物在尾渣点进行处置，放射性废物可能因渗流而损失。单独使用瓜尔胶及其衍生物或者将其与聚丙烯酰胺联合使用，可实现固液分离。其他天然聚合物与聚丙烯酰胺相比则效果不好，只有加拿大、美国、南非使用明胶，澄清效果好。由于明胶可促进菌类生长，因此使用明胶需要注意。瓜尔胶作为助滤剂非常有效，这是因为其所形成的絮团形状十分规则。合成物质产生大量快速沉降的絮团，不漏水，因此可作为铀矿良好的滤料。在浓缩中所用的剂量在 0.1~1.0lb/t 之间，在过滤中用量为 0.1~1.5lb/t（干固体）。这些物质一般在软化水中配制，浓度为 0.25%~0.50%，在使用前至少水化 1h，并稀释到 0.1% 进行过滤，或在使用前稀释到 0.05% 或更低浓度以进行浓缩。工艺水一般用来稀释。在许多工厂，将瓜尔胶和聚丙烯酰胺混合使用以提高絮凝效果或降低花费。有些厂将瓜尔胶和聚丙烯酰胺依次投加。这是一种很有效的方法，但是需要两个系统来制备絮凝剂。

在纺织品中，印染浓缩剂有助于使染料悬浮，产生清晰的印痕和色调。浓缩剂被分散，并和其他化学物质一起进入工厂废水。废水中含有大量悬浮固体，有机物浓度高，必须进行处理。在美国某工厂，在混合介质重力过滤池过滤之前，将明矾和阴离子聚丙烯酰胺联合使用，使活性污泥发生絮凝以澄清，出水的 BOD 和悬浮固体指标获得了理想的结果。已发现，用一种阳离子瓜尔胶取代铝盐/阴离子聚丙烯酰胺具有更优异的性能，并克服了铝盐对厌氧微生物的破坏问题。

海水是生产耐火材料中金属镁的一种间接天然原料。可采用各种方法在高 pH 值下沉淀氢氧化镁。如果仅仅以氢氧化镁的形态沉淀，则沉降速率太慢，很难通过烧结产生制备理想耐火材料所需的密度。因此，可采用 Jaguar MD7A（一种非离子瓜尔胶）等天然聚合物，用量为 0.1～0.3lb/t（固体）。浓缩池中的溢流液需要返回海水中，所以应该是澄清的。近年来，高分子量的阴离子聚丙烯酰胺已经取代了瓜尔胶。在金属镁的生产过程中，$Mg(OH)_2$ 的浓缩污泥再溶解并电解生成镁阴极。在这种情况下，可以将海水视为废弃物，而从海水中回收镁则视为废物处理。

用漂洗、提纯和电解冶金法处理氧化铜或焙烧铜矿的过程中，会产生一种废产物堆积在尾矿处置区。这种废产物来自于氧化铜的酸洗废液，漂洗后在浓缩池和滤池中进行固液分离。单独采用瓜尔胶等天然聚合物或者与聚丙烯酰胺联合使用，都可达到这些目的。在浓缩池中使用瓜尔胶，可产生清澈的溢流液。这些溢流液通过石灰沉淀去除铁之后可用来电解铜（更现代的方法采用溶剂萃取来提纯溶液）。用瓜尔胶和聚丙烯酰胺过滤高密度低流液可取得较好效果，残余物沉积在尾矿区。使用瓜尔胶过滤的一个好处在于它能够完全洗涤滤饼，因此减少了尾矿渗流液中金属的含量。许多工艺用铁屑沉淀来回收铜。在浓缩池中使用瓜尔胶的剂量在 0.05～0.3lb/t（干固体），在滤池中用量为 0.1～0.2lb/t。在循环荒地上制备的储备溶液浓度为 0.50%。在使用前需要稀释，在浓缩池中稀释到 0.05%，在滤池中稀释到 0.1%。

在碱金属矿处理过程中滑石和碳质页岩的去除中，也常常用到瓜尔胶。在浓缩含铜、铅、锌，镍和铁（黄铁矿）的碱金属矿时，滑石和碳质页岩脉石矿的存在使其很难通过目前的处理方法（例如，用含巯基的物质进行泡沫浮选）达到理想的金属含量。使用瓜尔胶、蝗虫豆胶、羧甲基纤维素、糊精等天然聚合物及其衍生物，或将其联合使用，在多数情况下，对降低矿石中滑石和碳质页岩成分是有效的。在某些情况下，它们并非完全等效，但是其中一种物质或几种物质联合使用则能在所有场合起作用。通过降低脉石含量，并将其加入废物中，可将它们置于尾矿区。目前尚没有方法预测在每个单元消耗中哪种产品效果最好，一般可通过实验室浮选检测来估计，然后尝试应用于工厂。在大多数情况下，应在水中进行机械搅拌以制备产品。糊精、瓜尔胶和羧甲基纤维素一般在室温下制备成 0.5%～1.0%的溶液，允许在使用前水解数小时。向粗料斗中加入 0.1～1.5lb/t（干料），细料斗加入 0.1～0.5lb/t。通常不需要对储备溶液进行稀释。加料点一般设在收集器之前。调节时间为 0～5min。合成物的效果不如天然聚合物产品。

将放射性废物转移至填埋点处置的过程中，存在一个特殊问题。因为这些废物通常是以酸液形式存在，具有途中泄漏的潜在危险。需要用稳定的液体凝胶部分固化这些液体。由于瓜尔胶等天然聚合物能形成稳定的胶体，故可以考虑使用。这些凝胶不一定会保持稳定，只是在必要的时候便于运输。

在钻探工程中，国内外用于提高无黏土冲洗液黏度的植物胶很多，如瓜尔胶、羟丙基瓜尔胶、魔芋胶、田菁、钻井粉等。在相同的溶液浓度下，羟丙基瓜尔胶的增黏效果最好，其漏斗黏度、表观黏度、塑性黏度均大大超过其他几种植物胶原液。羟丙基瓜尔胶目前在国内已有一些种植与生产配套的生产企业，原料来源丰富，性能稳定可靠。

在某些第三世界国家，马钱科植物 strychnos patatorum 的种子可作为絮凝剂用于水处理。有研究者从该植物中提取了能产生絮凝作用的组分，即两种多糖——半乳甘露聚糖和半乳糖 1∶1.7 的混合物，并用于处理人工高岭土配水絮凝性能研究。但这两种多糖中究竟是哪种多糖为活性成分，尚未得出最终结论。

我国田菁胶的生产和研究也有较大发展。黄启华等最早对田菁胶的化学改性作了研究，制备出包括羧甲基型、羟乙基型和羧甲基羟乙基田菁胶。后来生产出一系列的改性田菁胶，分别用于石油压裂液、造纸、废水处理、陶瓷、印染工业等。

# 第三节  纤维素

## 一、概论

纤维素（cellulose）是人类研究最早、资源最丰富的一种天然高分子，与人类关系十分密切。纤维素主要来自于植物，也是高等植物中最主要的结构材料。这种高分子几乎占高等植物整体的 1/3 以上。植物每年通过光合作用能产生亿万吨的纤维素，除植物界外，动物界也有纤维素，例如有些海洋生物的外膜中就含有动物纤维素。还有报告称宇宙空间也存在纤维素。中国最早认识到纤维素的重要功能并发明了造纸术，对人类文化起到了强大的推动作用。

## 二、纤维素的结构与性质

纤维素是一种由经验分子式为 $C_6H_{10}O_5$ 的葡萄糖单元组成的碳水化合物。它是细胞壁或树木或其他高等植物的主要结构单元。

纤维素是一种多分散、高分子量的聚合物，由长链的 $D$-葡萄糖单元用 $\beta$-1-4 配糖键连接在一起。图 6-4 显示了纤维素的结构。

每个葡萄糖单元含有 3 个极性羟基——1 个一级基团和 2 个二级基团，并且是多环结构，故分子链为刚性链，在结构上具有高度的规整性，并在分子间形成氢键连接，充满空隙。大分子在平衡态时是无定型的，定向后可有相当程度的规整结晶结构。聚合物的敛集密度较高，因此不溶于有机溶剂，只能溶于铜氨等特殊溶液。在浓硫酸或锌锑氯

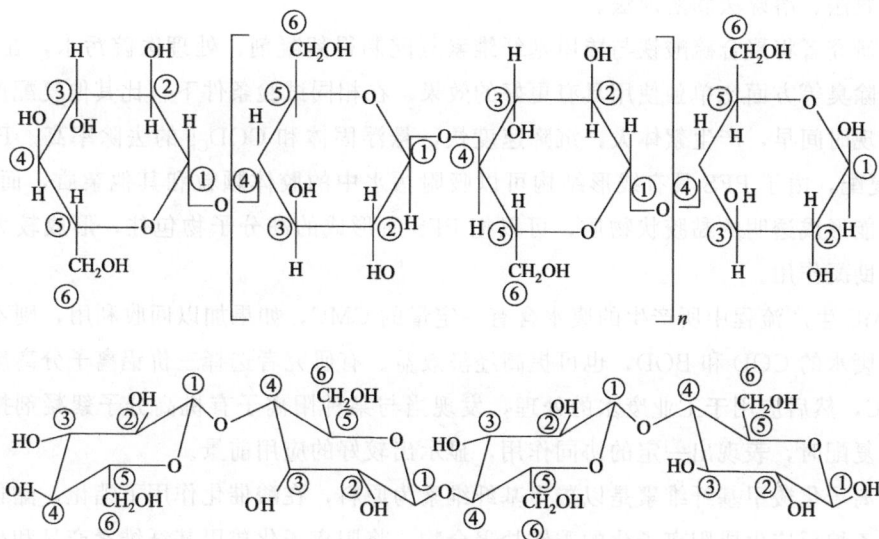

图 6-4　纤维素的结构

化物的浓溶液中，虽然也能溶，但同时有水解反应发生。

纤维素衍生物包括硝酸纤维素、醋酸纤维素、甲基纤维素、羧甲基纤维素、羟乙基纤维素和羟丙基纤维素。在水处理中应用最多的是羧甲基纤维素。

## 三、应用

纤维素通过酯化或醚化，可制造出许多有广泛用途的纤维素化学品。如硝化纤维素，用来制造照相胶片、喷漆和炸药等；醋酸纤维素，用来制造照相胶片、磁带胶片和香烟过滤嘴材料等；纤维素黄原酸酯，用来制造所谓的"玻璃纸"，作为包装材料在食品、轻工行业得到广泛应用，也是所谓的"人造丝"或"人造棉"（即黏胶纤维）的原料；纤维素醚化物，常用的有甲基或乙基纤维素、羧甲基纤维素和羟乙基纤维素。特别是后两种纤维素衍生物，由于它们特有的黏稠、乳化和表面活性等性质，已在洗涤剂、石油钻井、造纸、纺织、食品、涂料、化妆品、环保等许多部门得到广泛的应用。

在水处理中应用最多的是羧甲基纤维素，它是一类非常重要的水溶性纤维素衍生物。由于酸式的水溶性较差，因而通常销售产品为羧甲基纤维素钠盐（CMC），早期应用于食品工业，称为纤维素胶，属于水溶性纤维素阴离子醚。

羧甲基纤维素由德国 Jansen 于 1918 年首先制得，并于 1921 年获得专利。其应用研究相当活跃，发表了几个相当有启发性的专利。二战期间，德国将羧甲基纤维素用于合成洗涤剂。Hercules 公司于 1943 年为美国首次制成羧甲基纤维素，并于 1946 年生产精制产品，该产品被认可为安全的食品添加剂。Dupont，Buekye 和 Wyandott 等公司加入这一产品的生产。1944 年日本开始生产羧甲基纤维素，我国于 1958 年在上海首次投产。羧甲基纤维素是我国纤维素醚产品中产量大、规格多、发展较快的一种产品。目前，已广泛用于石油、纺织、造纸、食品、医药和日用化学等工业。羧甲基纤维素是由氯（代）醋酸或氯（代）醋酸钠盐与碱纤维素反应得到的。其生产方法目前主要有三种：水媒法、溶媒法和溶液法。

有研究者将聚合硫酸铁与羧甲基纤维素复配制得絮凝剂，处理医院污水，在絮凝、吸附和除臭等方面比单独使用具有更好的效果。在相同试验条件下，比其他复配产品的絮体出现时间早，产生絮体大，沉降速度快，悬浮固体和 $COD_{Cr}$ 的去除率高。PFS 与 CMC 复配，由于 PFS 具有线形结构可以吸附污水中的胶体颗粒和其他杂质，而 CMC 在水中能形成透明的黏胶状物质，可以把 PFS 所形成的高分子物包住，形成较大的矾花，有助凝作用。

CMC 生产流程中所产生的废水含有一定量的 CMC，如果加以回收利用，则不仅可以降低废水的 COD 和 BOD，也可提高经济效益。有研究者选择三价铝离子分离废水中的 CMC，然后应用于工业废水的处理，发现当与某种阳离子有机高分子絮凝剂按照一定比例复配时，表现出一定的协同作用，显示出较好的应用前景。

阳离子化羧甲基纤维素是以羧甲基纤维素为原料，在酸催化作用下酯化，酯化产物再与碘乙烷反应生成阳离子化的季铵盐聚合物。将阳离子化羧甲基纤维素产品和少量硫酸铝和聚丙烯酰胺复配使用，能有效去除钻井废水中的 $COD_{Cr}$、色度及悬浮物。用该合成物采用间歇混凝装置对矿区钻井废水进行处理，效果明显，且大幅度降低了成本费用。

将芝麻秆纤维素醚化后与季铵盐反应可制得改性纤维素，反应方程式见式(6-8)，改性后的纤维素对废水中苯胺具有吸附性能，苯胺的去除率可达 93.2%。

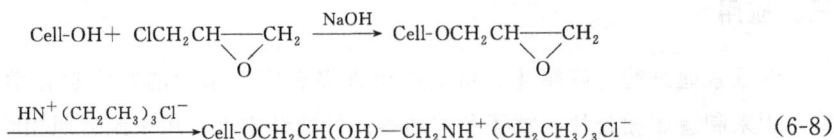

$$\text{Cell-OH} + \text{ClCH}_2\text{CH}\!-\!\!-\!\!\text{CH}_2 \xrightarrow{\text{NaOH}} \text{Cell-OCH}_2\text{CH}\!-\!\!-\!\!\text{CH}_2$$

$$\xrightarrow{\text{HN}^+(\text{CH}_2\text{CH}_3)_3\text{Cl}^-} \text{Cell-OCH}_2\text{CH(OH)}\!-\!\text{CH}_2\text{NH}^+(\text{CH}_2\text{CH}_3)_3\text{Cl}^- \tag{6-8}$$

羟丙基甲基纤维素可用作聚氯化铝等絮凝剂的包衣膜材料，包衣絮凝剂有较好的抗吸潮性和水中快速溶解性，且对废水中的有机污染物保持良好的絮凝效果。

长期以来，废水中重金属离子的去除一直是人们研究的热点。近年来研究者逐渐开始关注采用天然改性高分子化合物去除废水中的重金属，其成本低廉，而且不会带来二次污染，目前已经取得一些进展。采用不溶性淀粉黄原酸酯和纤维素黄原酸酯去除水中重金属离子具有很好的效果。利用高交联淀粉为骨架合成的不溶性淀粉黄原酸酯具有较好的性能，制备工艺简单，螯合容量大，处理的金属种类较多，但其性质不稳定，再生困难，且使用高交联淀粉的成本仍然偏高，因此在应用中受到一定的限制。

制备纤维素黄原酸酯的基本原理是碱纤维素与二硫化碳反应，由于存在各种并列反应，以致黄原酸酯的反应机理非常复杂。首先由反应性能小的二硫化碳与氢氧化钠反应，生成高反应性能的离子化水溶性物质——二硫代碳酸酯，这种酯自发地与纤维素反应，生成纤维素黄原酸酯。

纤维素黄原酸酯在进行重金属的处理过程中，纤维素黄原酸酯的用量、pH 值和反应时间均对处理效果有较大的影响，在使用中应当注意这几个因素的控制。处理废水后的纤维素黄原酸残渣可以填埋，也可以用硫酸或硝酸浸泡，进行重金属的回收，达到资源综合利用目的。

以豆渣为主要原料合成的豆渣纤维素黄原酸酯，在适当的 pH 值下对 $Cu^{2+}$、$Pb^{2+}$、$Ni^{2+}$、$Fe^{2+}$、$Hg^{2+}$、$Cr^{6+}$ 等重金属离子有较高的去除率。以稻草为骨架材料制备纤维素，通过改性，接枝乙二胺，合成了一种含氮的纤维素离子交换剂，这种改性纤维素对铜离子有较好的去除效果，并克服了不溶性淀粉黄原酸酯再生困难、性质不稳定的缺点，而且改性纤维素的原料来源非常广泛，各种农作物的秆茎、竹、木屑、废纸屑均可利用，制备工艺简单，投资少，便于推广。

以 5％的硫酸溶液为凝聚剂，使纤维素和甲壳素的混合物在 6％氢氧化钠和 5％硫脲水溶液中发生凝聚，制备出一种可生物降解的纤维素/甲壳素珠粒，并研究该珠粒对水溶液中重金属离子的吸附性能。结果表明，这种纤维素/甲壳素珠粒可以有效吸附 $Pb^{2+}$、$Cd^{2+}$ 和 $Cu^{2+}$。在低浓度下，这些重金属离子的吸附选择性顺序为 $Pb^{2+}>Cd^{2+}>Cu^{2+}$，吸附平衡时间为 4～5h，解吸时间为 5～15min。采用盐酸溶液处理后，这些珠粒的再生率可达 98％。其吸附原理主要是基于配位吸附模型以及该珠粒上羟基对金属离子的亲和能力。该法生产工艺简单，其产品是一种去除和回收重金属离子的环境友好型水处理品。

以环氧氯丙烷作为交联剂，在碱性介质中将 β-环糊精负载到黏胶纤维上，可合成负载 β-环糊精的功能性纤维素纤维，对模拟水样中无机重金属离子、苯胺、苯酚及其对苯二酚具有富集作用。负载 β-环糊精的纤维素纤维对无机重金属离子（$Cu^{2+}$、$Cd^{2+}$、$Pb^{2+}$）、苯胺、苯酚及其对苯二酚富集效果良好，$Cu^{2+}$、$Cd^{2+}$、$Pb^{2+}$ 富集容量分别达到 0.2428mmol/g、0.2954mmol/g、0.3438mmol/g，苯胺、苯酚及其对苯二酚富集容量分别达到 1.154mmol/g、1.117mmol/g、0.9576mmol/g。

从风化煤中提取的腐殖酸类物质，含有羟基、羧基和醌基等活性基团，可广泛用于工业、农业、医学及环保等各个领域。但单纯用腐殖酸类物质作为废水中重金属离子处理剂效果不太理想。首先沉积速度慢，其次，形成的沉积物含水量太高不易与水分离，影响污水中重金属离子的处理效果。有研究者用腐殖酸钠与纤维素反应生成复合物，对废水中有害重金属离子的络合性能进行了研究，发现腐殖酸和纤维素的复合物络合效果比单纯用腐殖酸效果好。该复合物沉积速度快、络合性能好。进一步的研究有望成为具有应用价值的重金属废水处理剂。

# 第四节　甲壳素

## 一、概论

甲壳素（chitin）是自然界中存在数量很多的一种有机物，主要来自于动物。甲壳素是一种与纤维素结构类似的生物高聚物，是许多低等动物，特别是虾、蟹和昆虫等外壳的重要成分，同时它也存在于低等植物，如菌、藻类的细胞壁中，分布十分广泛。据研究资料统计，自然界每年生物合成的甲壳可达 100 亿吨。甲壳素也是地球上除蛋白质以外数量最大的含氮天然有机化合物，在天然聚合物中甲壳素的存储量仅次于纤维素，因而具有十分重要的地位。甲壳素又可称为甲壳质、几丁、几丁质、蟹壳素、明角壳蛋白等。人们对甲壳素的利用和研究从近百年来才开始。20 世纪 70 年代，甲壳素及其衍生物的研究、生产和应用变得非常活跃。1977～1988 年，连续在日本、美国和挪威召开了四届国际甲壳素及壳聚糖（chitosan）的学术会议，讨论了甲壳素的生产现状、以其为原料制造的产品及其衍生物的应用前景和存在问题，从而确认了甲壳素应用的广泛性，巩固了甲壳素在世界市场上备受关注的地位。

甲壳素是自然界生物合成的一种胺基多糖，储量丰富。由于它是生物合成的天然高分子，可以生物降解，安全无毒，有良好的生物兼容性，化学性质稳定，有很多独特的优点，在医药、机能性食品等方面的应用受到高度重视，被誉为人体的"第六生命要素"。

## 二、甲壳素的结构和性质

甲壳素是由 *N*-乙酰-2-胺基-2-脱氧-*D*-葡萄糖以 *β*-1-4 糖苷键形式连接而成的多糖，结构见图 6-5，也就是 *N*-乙酰-*D*-葡萄糖胺的聚糖。

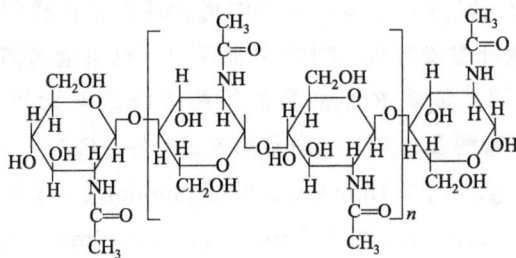

图 6-5　甲壳素结构

从结构式可以看出，甲壳素与纤维素非常类似，如果将糖基上的乙酰氨基（$CH_3CONH-$）换成羟基（$HO-$），就是纤维素。由于 O…H—O—型及 O…H—N—型氢键的作用，甲壳素大分子间存在着有序结构。由于晶态结构的不同，甲壳素存在 $\alpha$、$\beta$、$\gamma$ 三种多晶型态，$\alpha$-甲壳素的存在最丰富，也最稳定，但是在加工分离的过程中会向其他形态转化。由于大分子间较强的氢键作用，导致甲壳素加热至 200℃ 以上才开始分解，甲壳素若脱去分子中的乙酰基，就转变成壳聚糖（或壳多糖），也叫脱乙酰甲壳素，结构见图 6-6。一般来说，*N*-乙酰基脱去 55％ 以上的就可以称为壳聚糖。

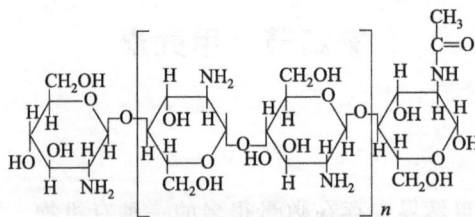

图 6-6　壳聚糖结构

甲壳素和壳聚糖可看作是纤维素 $C_2$ 位的—OH 羟基被—$CH_3CONH$ 乙酰氨基（甲

壳素）或—NH₂ 氨基（壳聚糖）取代的产物。甲壳素和壳聚糖之所以具有重要的理论研究意义和商业价值，在于其分子结构和组成的特性。它是自然界中唯一的碱性多糖，此外还是除蛋白质之外的数量最多的含氮有机物，其含氮量（6.89%）比人工合成的含氮纤维素衍生物的含氮量（1.25%）高约 5 倍。

甲壳素为白色或灰白色、半透明的片状固体，由于甲壳素大分子具有非常稳定的晶体结构，其分子链的刚性结构及其很强的氢键使得它具有稳定的物理和化学性质。甲壳素不溶于水、稀酸和一般的有机溶剂，但可溶解于某些配位化合物溶剂中，它在碱中不溶胀，在酸中剧烈溶胀，溶解于无机浓酸时主链发生降解。壳聚糖是白色或灰白色、略有珍珠光泽、半透明的片状固体，不溶于水和碱溶液，壳聚糖能溶于低酸度水溶液中，如盐酸、醋酸、苯甲酸、环烷酸等，所以也叫做可溶性甲壳素，而甲壳素无此溶解性，所以也叫做不溶性甲壳素。但即使在稀酸中，壳聚糖也会缓慢水解，溶液的黏度逐渐降低，最后完全水解为氨基葡糖，故壳聚糖溶液最好是随用随配，不宜久置。而且，壳聚糖一旦遇到碱性溶剂，会立即形成凝胶，且壳聚糖不能在有机溶剂中溶解，给研究和应用带来一些困难。不论甲壳素或壳聚糖，在 100℃ 的盐酸中可完全水解为氨基葡糖，在比较温和的条件下则水解成氨基葡糖、壳二糖、壳三糖等低分子量多糖。壳聚糖因含有游离氨基，能结合酸分子，是天然多糖中唯一的碱性多糖，因而具有许多特殊的物理化学性质和生理功能。作为有实用价值的工业品壳聚糖，N-脱乙酰度必须在 70% 以上。

壳聚糖在稀酸中溶解的实质是壳聚糖分子链上具有游离氨基，游离氨基上存在一对未结合电子，此氨基在水溶液中呈现弱碱性，能从溶液中结合一个氢质子，从而使得壳聚糖成为带阳电荷的聚电解质，或叫作高分子阳离子，也是一种高分子盐。这些阳离子破坏了壳聚糖分子间和分子内的氢键，使其溶于水，因此，实际上不是壳聚糖溶于稀酸中，而是壳聚糖盐（聚电解质）溶于水中。

甲壳素和壳聚糖分子中由于含有—OH 羟基、—NH₂ 氨基、吡喃环、氧桥等功能基，其衍生化反应主要发生在这些功能团上。正因为甲壳素分子内有羟基、氨基、亚胺基等官能团，易进行化学反应，为甲壳素及壳聚糖的改性提供了方便。对甲壳素和壳聚糖进行硫酸酯化、接枝、交联、羟乙基化、羧甲基化、氰乙基化、烷基化、硝化、磷酸化、脱胺化等反应，赋予它们不同的特殊性能，从而扩大了甲壳素和壳聚糖的应用领域。

壳聚糖产品的主要质量指标是黏度，不同黏度的产品有不同的用途，目前国内外根据产品黏度分为三类：1% 的壳聚糖溶于 1% 的醋酸水溶液中，高黏度壳聚糖黏度＞100cPa·s；中等黏度的壳聚糖黏度为 10～20cPa·s；低黏度的壳聚糖黏度为 2.5～5cPa·s。

甲壳素及其衍生物具有极强的吸湿性，甲壳素的吸湿率可达 400%～500%，是纤维素的两倍多，壳聚糖的吸湿性比甲壳素更强，仅次甘油。在吸湿过程中，分子中的氨基、羟基等极性基团与水分子相互作用而水合，分子链逐渐膨胀。随着 pH 值不同，分子链从球状胶束变成线状。甲壳素及其衍生物具有优异的透氧性。它们在多种条件下会发生降解，在浓无机酸中能降解生成氨基葡萄糖。在溶菌酶作用下可发生生物降解，在水中长期放置会发生水解，一些基团脱落，葡萄糖环开环。壳聚糖游离氨基的邻位是羟基，因此有螯合二价金属离子的作用并呈各种颜色，是高性能的重金属捕集剂。壳聚糖的游离氨基对各种蛋白质的亲和力很高，可作为酶、抗原、抗体等生理活性物质的固定化载体。

甲壳素和壳聚糖的传统制备工艺流程见图 6-7。因原料和制备方法不同，甲壳素和壳聚糖的分子量从数十万到数百万不等。

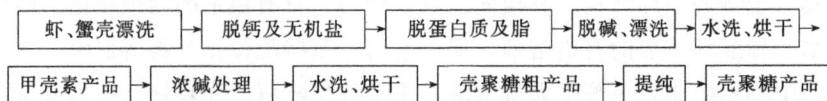

虾、蟹壳漂洗 → 脱钙及无机盐 → 脱蛋白质及脂 → 脱碱、漂洗 → 水洗、烘干 →

甲壳素产品 → 浓碱处理 → 水洗、烘干 → 壳聚糖粗产品 → 提纯 → 壳聚糖产品

图 6-7　甲壳素和壳聚糖的传统制备工艺流程

甲壳素的生产一般采取以虾、蟹为原材料脱钙、脱蛋白和脱乙酰的传统基本工艺，耗碱量极大且污染严重。随着研究的深入，为了解决原材料单一，污染严重等一系列问题，又发展了微生物法、微波法和生物制备法等来生产甲壳素和壳聚糖及它们的衍生物。甲壳素是绝大多数真菌细胞壁的主要组成成分，是真菌菌丝尖端延长部位的主要组分，甲壳素的生成与真菌菌丝的生长有密切的关系。已有的研究主要是从柠檬酸发酵废菌丝体中提取，另外，也可从青霉素、链霉素等发酵废液滤出菌丝体中提取。近几年来，国内已经研究和开发直接培养真菌制取甲壳素或直接提取壳聚糖的技术。

微波辐射促进有机合成是 80 年代后期兴起的一项有机合成新技术。在甲壳素脱乙酰基生产壳聚糖的过程中，采用微波加热方式代替电加热或蒸汽加热也可生产壳聚糖。此外，还可采用酶解法，即用专一性或非专一性酶对甲壳素进行降解，制得甲壳低聚糖。

## 三、应用

由于甲壳素和壳聚糖及其衍生物具有良好的生物相容性、生物降解性和生物活性等优点，并具有特殊的理化性质，因此在化工、医药、化妆品、造纸、印染、农业和环保以及酶的固定化载体等方面的应用十分广泛。甲壳素的研究和开发已经成为瞩目的高新科技领域并带来了颇有前景的新兴产业。

1977 年，日本首次将壳聚糖作为絮凝剂用来处理废水，同年，在美国波士顿召开第一次甲壳素/壳聚糖国际会议，从此，甲壳素和壳聚糖在食品、环保、医药等各个领域的应用得到了更大发展。

近年来，甲壳素和壳聚糖作为絮凝剂和吸附剂在水处理的应用研究中取得了很大的进展。常规的有机或无机絮凝剂在使用中常常存在用量大、操作烦琐、产泥量大、处理成本高等问题，且处理后的残留物可能存在毒性，容易造成二次污染。以甲壳素和壳聚糖处理废水，安全无毒、可生物降解、无二次污染且效果良好，具有很强的优势，是理想的水处理药剂。壳聚糖对于很多金属离子、酚类化合物、天然与合成聚阴离子都是很好的络合剂，还具有适当的抑菌作用。据资料介绍，日本每年用于水处理的壳聚糖约 500t，主要用于水处理及污泥处理，美国主要将壳聚糖用于给水及饮用水的净化。

在水和废水的处理中，由于壳聚糖分子链上分布着大量的游离羟基和氨基，在一些稀酸溶液中氨基容易质子化，从而使壳聚糖分子链带上大量正电荷，成为一种可溶性的聚电解质，具有阳离子絮凝剂的作用。壳聚糖作为絮凝剂，其絮凝机理主要如下。

（1）桥联作用

絮凝分子借助离子键、氢键同时结合了多个颗粒分子，因而起到"中间桥梁"的作用，把这些颗粒联结在一起，从而使之形成网状结构沉淀下来。

（2）电中和作用

水中的胶粒一般带负电荷，当带有正电荷的链状生物大分子絮凝剂或其他水解产物靠近这种胶粒时，中和其表面上的部分电荷，使胶粒脱稳，相互之间发生碰撞而沉淀。

（3）基团反应

絮凝剂大分子中的某些活性基团与被絮凝物质相应的基团发生化学反应，聚集成大分子而沉淀下来。影响壳聚糖絮凝效果的因素很多，如其本身的性质（脱乙酰度）、被处理废液的性质，包括 pH 值、溶解性和非溶解性物质含量、离子强度等，还有废水处理时壳聚糖的用量、分子间接触状态、絮凝空间阻力等。

蒋挺大等以悬浮液（包括高岭土、蒙脱土和天然泥质）为研究对象，将壳聚糖与强阳离子型高分子絮凝剂（C-109P 聚丙烯酰胺）、弱阳离子型高分子絮凝剂（C-809P 聚丙烯酰胺）和阴离子型高分子絮凝剂（聚丙烯酰胺）在高、中、低浊度下做了对照研究。结果发现，壳聚糖的除浊效果近似于强阳离子型高分子絮凝剂，从聚电解质的角度来看，壳聚糖属于弱阳离子型，但却具有强阳离子型混凝剂的混凝效果，这可能是由它特殊的结构导致的结果。

壳聚糖对悬浮物质具有很强的凝聚作用。与传统的明矾、聚丙烯酰胺作为絮凝剂相比，壳聚糖具有更好的澄清效果。周亚平等研究了 3 种摩尔质量大体相同而脱乙酰度分别为 93%、78%、62% 的壳聚糖在 pH 值 3~6 范围内对皂土悬浮液的絮凝行为，并与非离子型絮凝剂聚丙烯酰胺作了比较，证明含自由氨基的壳聚糖对皂土悬浮物有很好的絮凝能力。在这种絮凝过程中桥连机制可能起了主导作用。

Ravi Divakaran 等进行的研究表明，仅用壳聚糖来絮凝高岭土悬浊液是比较困难的，但是如果悬浊液中含有少量溶解性腐殖质，则使用壳聚糖能够很容易地絮凝和沉降高岭土，该絮凝反应对 pH 值变化十分敏感。此外，他们也首次报道了当水中含有腐殖酸时，用壳聚糖对悬浮性二氧化钛颗粒的去除效果。

Murcott 等采用壳聚糖或阳离子淀粉为天然阳离子混凝剂，用于饮用水处理，并向水中加入斑脱土助凝，能对常规的混凝起到增强作用。该法对水中的颗粒物和色度具有很好的去除效果，同时确定了天然聚合物与黏土的最佳配比为 1:5~1:20。在饮用水处理中，甲壳素有很好的净化作用。甲壳素与皂土结合使用，较少的用量即可沉淀饮用水中的颗粒和有害物质，快速澄清水质。

由于水中的腐殖质会对水质带来不利影响，在饮用水处理中，用絮凝方法去除溶解性的腐殖酸及其与金属离子和有机污染物的络合物是非常关键的。有研究者采用天然阳离子聚合物来中和腐殖胶体的负电荷，形成聚电解质络合物。在不同的 pH 值和聚合物配比下，通过所形成络合物的电荷和混凝去除色度的效果研究了腐殖酸与两种溶解性壳聚糖盐（氯化物和谷氨酸盐）的相互作用。在较宽的浓度范围内，当 pH 值接近聚电解质络合物等电点时，两种壳聚糖盐均会发生絮凝现象。若采用壳聚糖谷氨酸盐，所需的加药量更少。

Kind Code 等发明了一种处理饮用水的方法，以水溶性的多价无机盐为混凝剂，分子量高于 200 万且水溶性与分散性良好的阴离子或非离子聚合物进行架桥絮凝，以壳聚糖为助凝剂，同时在处理中加入微生物消毒剂、水溶性碱、黏土中提取的硅酸盐或沸石、食品添加剂或营养物质，从而快速高效地净化水质。

H. Ganjidoust 等比较了几种合成聚合物（非离子型聚丙烯酰胺、聚乙烯亚胺、己二胺表氯醇缩聚物）、天然聚合物（壳聚糖）和无机混凝剂（明矾）对工业造纸废水的去除效果，主要以造纸黑液的色度和 TOC 为衡量指标。结果表明，非离子型聚合物 PAM 的混凝效果不如阳离子型聚合物，在 pH 值约为 6 时，聚乙烯亚胺和己二胺表氯醇缩聚物能产生良好的褐色沉淀物。重力沉降 30min 后，它们对色度的去除率达到 80%，对 TOC 去除率达到 30%。明矾的沉淀效果较好，其对色度的去除率与聚乙烯亚胺、己二胺表氯醇缩聚物相同，但可去除 40% 的 TOC。天然聚合物壳聚糖与合成聚合物和明矾相比，具有最高的色度和 TOC 去除率，分别达到 90% 和 70%。

Jill Ruhsing Pan 采用蟹壳中分离出的粉状甲壳素，用 45% 的氢氧化钠在 100℃ 水浴下经过 60min 进行脱乙酰化，反应由冰浴中止。随后，用去离子水清洗数次，直至悬浮液的 pH 值达到 7。用滤膜过滤收集悬浮颗粒，并于 80℃ 烘 48h。这种壳聚糖粉末的制备方法与以往不同，因而具有独特的性能。将改性的壳聚糖加入 1% 的盐酸溶液中，并在 100r/min 下搅拌 60min 直至溶解，制成 1% 的储备溶液。每次试验前将储备溶液加入去离子水中，并用磁力搅拌器轻微搅拌，得到所需浓度的混凝剂溶液。此外还配制一种混凝剂混合液，即将壳聚糖和 PAC 分别以不同的质量比混合而成。混凝试验比较了改性壳聚糖、PAC、壳聚糖与 PAC 混合物对浊度水的混凝效果。结果表明，改性壳聚糖所需的投加量最小，而且产生的絮体大，沉降速度快。降低 pH 值会减少最佳投药量，但是产生的絮体也会变小，沉降速度变慢。当投药量低于最佳投药量时，增大快速搅拌的强度会改善混凝效果。

以甲壳素为原料，在碱性条件下，与氯乙酸反应引入羧甲基，同时进行水解脱乙酰基，制成既可溶于稀酸、稀碱，又可溶解于水的两性壳聚糖。或利用壳聚糖中的氨基与醛基反应生成 Schiff 碱的性质，选择分子结构中含有羧基的醛，制成两性壳聚糖。这两种两性壳聚糖具有很多相似的性质，还可采用脱乙酰壳聚糖的乳酸盐在碱性条件下与环氧乙烷二羧酸反应，制得 N-[(3'-羟基-2',3'-二羧基)-乙基] 壳聚糖胺。

曾德芳等利用废弃的虾（蟹）壳为主要原料，制备壳聚糖复合絮凝剂，并将其用于电镀、制革、印染、染料废水等几种典型工业废水的一级强化处理，效果明显。该絮凝剂在 pH 值为 6~7 时絮凝效果好，与传统絮凝剂相比，对 COD、SS 及重金属离子的去除率可提高 10%~20%，成本降低 40%~60%，主要经济及技术指标明显优于传统的絮凝剂，在工业废水处理中有较好的应用前景。研究者对其絮凝机理进行了分析，在壳聚糖线形分子链上含有多个羟基和氨基，它们可将电子提供给含有

空 $d$ 轨道的金属离子 $M^{n+}$ 螯合成稳定的内络盐，使之去除水中诸如 $Al^{3+}$、$Zn^{2+}$、$Cr^{6+}$、$Hg^{2+}$、$Pb^{2+}$、$Cu^{2+}$ 等多种有害金属离子，而且氨基可与水中的 $H^+$ 加质子化形成阳离子型聚电解质，通过静电吸引和吸附将水中粗细离子凝聚成大絮体而沉降下来，从而达到去除水中 COD 和 SS 的目的。此外，在壳聚糖复合絮凝剂中加入适量硫酸盐有助于胶体脱稳，使聚沉速度加快。由于阳离子型壳聚糖与硫酸根之间可形成化学架桥，中和并降低了胶体微粒的表面电荷，压缩了胶体微粒的双电层使胶体微粒凝聚脱稳，更易絮凝沉降。

李玉玲等分别利用 $CaCl_2$、$MgCl_2$、$Al_2(SO_4)_3$、聚乙烯醇和聚丙烯酰胺及自制的醋酸甲壳素絮凝剂对膨润土浆液进行絮凝提纯。结果表明，自制的醋酸甲壳素溶液对膨润土的提纯效果最好，提纯后的膨润土白度达到 78.6%，蒙脱石含量达到 90.1%。

采用化学方法处理甲壳素粗品制得壳聚糖，并深加工为蛋白质絮凝剂，应用该蛋白质絮凝剂处理淀粉糖化液中的蛋白质类杂质，效果较好。与传统的中和法技术相比，对蛋白质的脱除率由 29.8% 增加到 79.3%，且处理过程中不会引入氯化物等杂质，提高了净化糖液的纯度。

此外，有日本研究者发现，用壳聚糖作絮凝剂，在净化自来水中，能有效去除卤代烷烃等致癌及变异性物质，其去除效果远远高于活性炭和人造丝。将壳聚糖作为硬水处理用澄清助剂，性能优于明矾和聚丙烯酰胺。

甲壳素和壳聚糖及其衍生物能通过配合、离子交换等作用吸附众多金属离子和非金属物质如染料、酚类、卤素、蛋白质、核酸、氨基酸等。研究表明，甲壳素分子中的羟基、氨基及其他活性基团，在 pH 值为弱酸性以上时，随 pH 值升高，重金属离子的吸附、螯合作用增强，在 pH 值为 9 时，壳聚糖对 $Pb^{2+}$ 的吸附率可达到 100%。因此，可用于金属的富集、回收、分离和污水的处理，应用壳聚糖从工业废水中回收铜已经工业化。另外，可从家禽、蛋白加工厂、淀粉厂、味精厂的废水中回收蛋白质作为畜禽的饲料。鱼粉工业废水中的悬浮固体主要是由蛋白质组成的，可以将其回收以优化生产工艺。用壳聚糖对鱼粉废水进行混凝，随后进行离心分离，在 pH 值为 7.8 时，能使 TSS 去除率达到 75%。壳聚糖也是活性污泥和蛋白质有效的絮凝剂。值得注意的是，壳聚糖的凝聚效果既和分子质量有关，又和凝聚对象有关，处理活性污泥时高黏度壳聚糖的凝聚效果好，处理干酪乳清中的悬浮物时低黏度壳聚糖的凝聚效果好。壳聚糖用于污泥脱水中，配合其他混凝剂使用效果更好。

Laurent 等将壳聚糖溶液与另一种阴离子天然高分子（如黄原胶、瓜尔胶、藻酸盐等）复合使用，处理畜牧、家禽及鱼类的加工废水，效果明显。这类废水中含有大量的脂肪酸、蛋白质、油脂等，可用天然絮凝剂去除，而产生的污泥能够作为动物安全饲料、肥料和燃料来源，也可进行填埋。

壳聚糖作为絮凝剂应用于食品工业有其独特优点。目前工业上使用的阳离子型絮凝剂绝大多数是合成高聚物，毒性高，一般不适合于食品工业中的应用。而壳聚糖无毒无味，可生物降解，不会造成二次污染，很适合用于食品工业的要求。混浊果汁中主要含有果胶、微小固体颗粒等。果胶是一种多糖醛酸，可与带正电荷的大分子产生静电作用相互吸引而沉淀下来（pH 值可用盐酸调节，以利于果胶沉淀）。而大分子高黏度的壳聚糖则是天然的阳离子型絮凝型，对果胶有很强的凝集能力，同时对色素也有较强的吸附作用，从而使果汁澄清并色泽变淡，这对提高果汁透光率大有好处。当前，也有采用酶法或加助凝剂来处理果汁，但该法不仅生产成本高，生产周期性长，而且在处理果胶时，一旦处理不完全还会产生二次沉淀，在实际操作中工艺相当烦琐。采用壳聚糖作为絮凝剂，不仅生产成本低，而且生产周期短，可以提高产量，减少不必要的损失，同时在澄清果汁中应用壳聚糖作为加工助剂，可促使固液分离，从混浊果汁中除去酸和悬浮的固体颗粒，增强了透明度，提高果汁产品的质量。此外，壳聚糖还可用于果汁脱酸、去除醋中的沉淀等。

甲壳素的吸附量是颗粒活性炭的数倍，且原料无毒，不存在二次污染，吸附成本低。它的磷酸酯衍生物磷酸甲壳素可以从海水中回收铀，其吸附量可达到 $2.6mg/L$，吸附后用稀磷酸钠溶液解析即可较容易地回收铀。甲壳素还可以有效地吸附核工业废水中的放射性核素。壳聚糖还可有效地从某些工业废水中去除 $CH_3HgCl$、$CH_3HgOAC$ 等。

曲荣君等以一缩二乙二醇双环氧丙基醚（diethylene glycol bisglycidyl ether, DG-BE）为交联剂，合成了以壳聚糖为母体的凝胶型螯合树脂，并研究了其对金属离子铜、镍、钴离子的吸附性能。结果表明，该树脂能在三种离子共存时，可以选择吸附 $Cu^{2+}$，其选择性系数分别为 $K_{Cu(II)/Ni(II)} = 6.28$ 和 $K_{Cu(II)/Co(II)} = 4.23$。

甲壳素和壳聚糖来自自然界，安全无毒、无味，可生物降解，用于废水处理不会造成二次污染，且具有许多独特的优异性能，将它们作为絮凝剂和吸附剂在废水处理中的应用研究已经取得了较大的进展。我国有漫长的海岸线，虾蟹资源非常丰富，生产甲壳素的原料充足。可以预料，这种可再生资源的开发利用必将给我国的经济和社会带来巨大的效益，甲壳素和壳聚糖在水处理方面有着广阔的应用前景。

# 第五节　木质素

## 一、概论

1938 年，法国农学家 P. Payen 从木材中分离出了纤维素，同时还发现一种含碳量更高的化合物，后来 F. Schulze 分离出了这种化合物，并称为 lignin，即木质素。

木质素是针叶树类、阔叶树类和草本植物的基本化学组成之一，还存在于所有的维管植物之中（桫椤除外）。木质素是植物细胞中一类复杂的芳香聚合物，在植物体内的功能主要是使纤维素等多糖木质化，以增加植物体的机械强度。木质素与纤维素和半纤维素是构成植物骨架的主要成分，就总量而言，估计每年全世界由植物生长可产生1500 亿吨木质素。我国森林资源不是很丰富，但农作物秸秆每年有 5 亿~6 亿吨。木质素在自然界中的存在量很大，而且总是与纤维素伴生，人类利用纤维素已有几千年的历史，而真正开始研究木质素是从 1930 年以后。

## 二、木质素的结构与性质

木质素的结构单元是苯丙烷，且苯环上具有甲氧基存在。作为木质素的主体结构，目前认为以苯丙烷为结构主体，共有三种基本结构（非缩合型结构），即愈创木基结构、紫丁香基结构和对羟苯基结构见图6-8～图6-10。

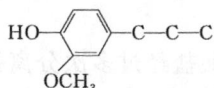

图 6-8　愈创木基结构　　　　图 6-9　紫丁香基结构　　　　图 6-10　对羟苯基结构

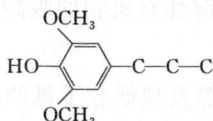

从生物合成过程研究可知，这三种基本结构单元首先都是由葡萄糖发生芳环化反应而形成莽草酸，然后由莽草酸合成这三种木质素的基本结构。

木质素结构中存在较多的羟基和羰基，羟基以醇羟基和酚羟基两种形式存在。木质素结构中的酚羟基是一个十分重要的结构参数，酚羟基的多少会直接影响到木质素的物理和化学性质，能反映出木质素的醚化和缩合程度，也能衡量木质素的溶解性能和反应能力。

木质素的物理性质与植物的种类、构造、部位有关，也与分离提取方法有关。原本木质素是一种白色接近无色的物质，相对密度为 1.35～1.50。木质素结构中没有不对称碳，因而没有光学活性。木质素是一种聚合物，结构中存在很多极性基团，尤其是较多的羟基，造成了很强的分子内和分子间的氢键，因此原木质素是不溶于任何溶剂的。分离后木质素因发生了缩合或降解，许多物理性质改变了，溶解度也有所改变，从而有可溶性木质素和不溶性木质素之分，前者是无定形结构，后者则是原料纤维的形态结构。酚羟基和羧基的存在，使木质素能溶于浓的强碱溶液。原木质素的分子量能达到几十万，但分离后木质素的分子量要低得多，一般是几千到几万。分子量的高低与分离方法有关。

木质素的分子结构中存在着芳香基、酚羟基、醇羟基、羰基、甲氧基、羧基、共轭双键等活性基团，可以进行氧化、还原、水解、醇解、酸解、光解、酰化、磺化、烷基化、卤化、硝化、缩聚或接枝共聚等许多化学反应。

## 三、应用

目前，人们已开始逐渐认识到木质素的重要用途，如用于生产合成树脂和胶黏剂、橡胶补强剂、油田化学品、建材助剂等，在轻工业和其他工业也有所应用，还可用于农业作为肥料、农药缓释剂、植物生长调节剂、土壤改良剂、液体地膜等。

工业木质素主要来源于造纸制浆工业的蒸煮废水。根据蒸煮方法的不同，工业木质素主要可分为木质素磺酸盐和碱木质素，工业上可用作混凝土减水剂、分散剂、泥浆处理剂、土质稳定剂、表面活性剂、水处理剂、黏合剂等。但是其性能还不够理想，与合成化合物相比明显存在着性能差的缺点。因此对工业木质素进行回收，进一步改性提高其应用性能既可有效地解决造纸废水污染环境的问题，又可带来明显的经济效益。木质素在水处理中的应用也日益引起人们的重视，目前已经将木质素用作絮凝剂、缓蚀剂、防锈剂、阻垢剂、分散剂、离子交换树脂等。

木质素是一种无定型、具有巨大网状空间结构的高分子，含有各种极性和非极性官能团，含量最多的是酚羟基和游离羟基，这些官能团带有负电，因而木质素是一种阴离子型的高分子絮凝剂。木质素大分子上存在具有反应活性的官能团，使木质素在絮凝过程中易于形成化学键，这在促进溶解性有机物的吸附和胶体、悬浮颗粒的网捕方面起着重要作用。

Jantzen、Vincent F. Felicetta 等发现低分子量的木质素磺酸盐经过多次分离提纯后具有沉淀蛋白质的效果。Striker Joerg、Arnold Manfred、Jost Renate 等发现适度磺化后的高分子木质素磺酸盐可用作蛋白质废水的絮凝剂。低分子量的木质素磺酸盐与蛋白质反应生成在酸性溶液中不溶解的复合体，而高分子量的则通过架桥作用使蛋白质形成絮体。木质素分子的空间构型为球体和密集卷曲体之间的中间形式，平均分子量偏低，活性吸附点少，这些直接影响了絮凝性能。人们通过交联反应、缩合反应等方法改变木质素的空间构型、增大分子量、引进具有絮凝性能的官能团，进一步改善木质素的絮凝性能。交联反应是在一定的距离上用柔软的键将木质素分子联结在一起形成大分子。当这种产物溶解在水介质中后，能形成一种疏松的柔软分子，从而增加木质素分子吸附和捕捉悬浮液中细小固体粒子或胶体粒子的面积，提高了絮凝效果。缩合反应可以在木质素分子上接上特定的官能团，如—$CH_2N(CH_3)_2$、—$CONH_2$、—$C(=NH)NH$—、—$OSO_3CH_3$、—$N(CH_3)_2$、—$NH$—$R$ 等基团，从而增加木质素分子上的活性吸附点，改善混凝性能。

金属离子对木质素磺酸盐的絮凝性能也有一定的影响。研究表明：分子量很高时，含铬的木质素磺酸盐分子比含其他金属离子木质素磺酸盐的絮凝作用强。

为了获得性能更好的絮凝剂，与木质素进行缩合反应的化学品种类较多。1988 年芬兰的 Erkki Pulkkinen 等提出，通过碱木质素与季胺化试剂如氯化三甲基胺、氯化缩水甘油基三甲基胺等反应制成碱木质素阳离子型絮凝剂，具有良好的絮凝性能。

Miller 等采用木质素作为絮凝剂，与多糖等天然高分子或合成聚合物配合使用，处理食品加工废水，并回收其中的蛋白质、脂肪和油类物质，在低 pH 值下具有很好的絮凝效果。Hoftiezer 等将碱木质素与甲醛、聚胺在水溶液中加热回流，通过曼尼希反应制备出一种阳离子木质素絮凝剂，通过调节木质素和聚胺的配比可制备出具有最佳絮凝性能的产物。这种新型的改性阳离子产物在酸性和碱性溶液中均能溶解，将其作为絮凝剂处理高岭土悬浊液时，对水中的悬浮颗粒物质具有很好的效果。Schilling 等将木质素、醛和聚胺反应，合成了含氮量高且在酸性和碱性溶液中均可溶解的木素胺，该产物可用作絮凝剂、助滤剂、沉淀剂、缓腐蚀阻垢剂、沥青乳化剂、油井添加剂、阳离子分散剂等，当用作絮凝剂时，可形成更佳的絮体状态。该合成反应可在有机溶剂中进行，通过加入一定量的交联剂来控制木素胺的分子量，使合成出的改性木素胺絮凝剂表现出两性特征，能在更宽的 pH 值范围内溶解。

雷中方等在国内较早地进行了木质素絮凝剂的研究，从厌氧处理前后的烧碱法草浆黑液中提取出的木质素作为絮凝剂，处理蒙脱土悬浊液、味精废水和印染废水，取得了良好的效果。结果发现，木质素絮凝剂能在低 pH 值下有效降低水的浊度，当木质素投加量为 25mg/L 时，对蒙脱土悬浊液的除浊率为 83.8%。该絮凝剂对味精废水具有很好的除浊和除 COD 作用，对活性染料废水有较好的脱色效果，脱色率可达 87%。

用亚硫酸盐-甲醛-蒽醌法对麦草制浆的废液生产的木质素磺酸盐具有磺化程度高、分子量低、水溶性和表面活性好的特点，并具有一定的分散性，可作为钻井液稀释剂、起泡剂和处理废钻井液的絮凝剂。向钻井液中添加一定量的这种木质素磺酸盐，对其中的固相颗粒有较显著的絮凝作用。

刘千钧等以木质素磺酸钙为原料，经接枝、胺甲基化制备了木素基絮凝脱色剂，并将其与硫酸铝复配，考察了它们对活性橙 K-G 和活性黄 X-R 两种活性染料的脱色处理效果。结果证实，单独使用木素基絮凝剂时效果欠佳，但与硫酸铝复配后脱色性能明显增强，用量减少，在适当的条件下，这种絮凝剂具有很好的脱色效果。此外，木质素磺酸钙还可以其絮凝作用和表面活性而作为磁铁矿浆助滤剂。

以碱木素为原料，使木质素和甲醛反应交联反应得到具有水溶性高分子骨架的木质素溶液，然后加入亚硫酸钠、氯化铁、过硫酸钠进行磺化反应，制备出一种阴离子型碱木素高分子絮凝剂。将该絮凝剂用于处理某煮蚕车间废水，回收其中的蛋白质，确定絮凝剂处理该废液在 pH=3.0 时的最佳投药量为 30mg/L。以 24r/min 的速度搅拌 2min 后，废水的 $COD_{Cr}$ 去除率可达到 62.3%，将絮凝沉降物干燥后测定其中蛋白质可达 60% 以上，可以用作动物精饲料，这说明该产品回收蚕茧废水中的蛋白质具有一定的实际意义。

吴冰艳等以三甲胺、环氧氯丙烷、氢氧化钠、从造纸黑液中提取的木质素和自制的季铵盐单体 $[(CH_3)_3(CH_2)_2CHON]^+Cl^-$ 为原料，合成木质素季铵盐絮凝剂。通过正交实验，研究了反应物料比、活化时间、催化剂浓度、反应时间等因素对合成的影响，优化出絮凝剂合成工艺条件。用高浓度、高色度（3000~5000 倍）的染料中间体废水对木质素季铵盐的絮凝脱色性能进行了研究。木质素季铵盐絮凝剂的最佳投加量为 20mg/L，废水色度去除率为 85%。通过红外光谱分析，推测通过木质素季铵盐的絮凝作用，使废水中带磺酸基团的分子减少，从而达到色度的去除。

张芝兰等以碱木素为混凝剂，处理味精液和染料合成废水，并与聚氯化铝、聚丙烯酰胺进行对比，结果证明木质素混凝剂具有优越的混凝性能。木质素处理味精废液的主要机理是静电吸引与电性中和作用，憎水卷扫和网捕沉降，而对染料合成废水的作用机理为氢键吸引作用，以及卷扫和网捕沉降作用。

方桂珍等以硫酸盐法制浆黑液中的木质素为原料，合成了阳离子型木质素季铵盐絮凝剂，对影响合成的反应温度、搅拌速度、投料方式等因素进行了定量分析，采用正交试验研究了反应物质量比、活化时间、反应时间和水的添加量等因素对絮凝剂木质素季铵盐合成的影响。结果表明，絮凝剂木质素季铵盐的合成适宜条件为：过硫酸铵催化，反应温度 70℃，搅拌速度 500r/min，一次性投料，活化时间 3min，木质素与单体质量比为 1:2.5，反应时间 4h，木质素与水质量比为 5:1。该法制备的木质素季铵盐为阳离子絮凝剂，比较适合在弱酸性条件下使用，这是由于在酸性条件下阳离子絮凝剂分子构型趋于伸展，能充分发挥大分子的桥连接作用。用合成的木质素季铵盐对酸性黑

ATT 进行絮凝脱色时，溶液的最适 pH 值为 2~3，脱色率可达 94.02%。

黄民生等采用聚丙烯酸钠作为主要絮凝剂、木质素作为助凝剂、天然沸石作为吸附剂预处理味精浓废水，取得了十分好的效果。预处理过程对 COD、SS、$SO_4^{2-}$ 的去除率分别达到 69%、91%和 43%，预处理药剂费用约 6.24 元/t 废水，分离的 SS 蛋白经济获益约 27 元/t 废水。

木质素是自然界赐给人类的宝贵资源，但至今还没有被广泛利用，在很多时候不但造成资源的浪费，还造成了环境污染。我国的木质素资源丰富，但对其的研究还远远不能满足实际需要，所以应该充分利用这种天然高分子资源，开发出新型高效的木质素混凝剂。

# 第六节　丹宁

丹宁（tannin）是人们对具有鞣革性、收敛性、水溶性的植物提取成分的统称。这种成分广泛存在于植物的树皮和种子之中，对植物来说具有防御外敌的作用。丹宁是一种多酚类物质，分子量一般限定在 400~3000 之间，丹宁易溶于水、醇、酮，不溶于醚、氯仿及石油醚。丹宁与蛋白质有强烈的相互作用，而且能与多种生物碱和重金属离子发生作用而生成沉淀物。丹宁与亚铁盐作用呈现黑绿色，多数丹宁具有酚羟基而呈弱酸性。丹宁的这些特性在工业上已经得到广泛应用。

丹宁与人们的生活关系密切，因此很早以来就有人在研究，但因其分离、精制都比较困难，所以是化学结构尚未明确的植物成分之一。进入 20 世纪 80 年代以后，结构化学取得了飞速发展，不少化学家对丹宁化合物进行了系统的研究，迄今为止已明确了约500 种丹宁类的结构。丹宁从化学结构来看可分为缩合型丹宁、加水分解型丹宁和新型丹宁。缩合型丹宁除了有黄烷-3-酚（图 6-11）外，还有恰尔康-$\beta$-酚的结构单元。缩合型丹宁根据结构单元的数量可分为二量体、三量体等。用酸处理单纯缩合型丹宁，可生成花色素，称为前花色素。加水分解型丹宁加水分解为酸，有仅生成没食子酸的没食子丹宁、生成鞣花酸的鞣花丹宁。新型丹宁，是以 c-葡糖基类黄酮为母核的新类型的丹宁。图 6-12 为用于固定化试验的市售丹宁 m-双没食子酸。

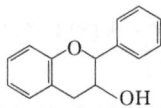

图 6-11　黄烷-3-酚结构　　　　图 6-12　双没食子酸结构

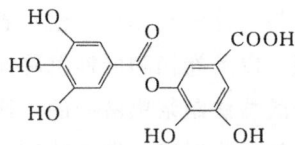

如此看来，丹宁是一个化学结构多样化的化合物群，但已知类型的丹宁中共同点就在于分子中存在着多个酚性的—OH 羟基团。

自 20 世纪 80 年代起，人们开始提出利用丹宁类化合物的阳离子产品作为絮凝剂用于水处理。Kelly 等将缩合丹宁与氨基化合物（如氨基乙醇、甲胺、氯化铵等）和甲醛反应，制得一种丹宁类絮凝剂，将该絮凝剂与无机铁盐或铝盐结合使用，絮凝处理水中的悬浮固体物。这种丹宁絮凝剂的 pH 值低于 3.0，其丹宁原料取自白雀木或金合欢树的树皮。丹宁絮凝剂的制备过程为：在 pH 值略低于 7.0 的弱酸性条件下，在液相中使丹宁、氨基化合物、甲醛发生反应，氨基化合物上 $NH_2$— 与丹宁结构单元的摩尔比为 1.5～3.0，加热反应混合物至温度升至 65～93℃，直至形成反应产物。反应过程中应适当控制中间体的黏度，以便生成的产物具有较长的保存期限，例如当温度为 82℃ 时用布氏黏度计测得的系统关键中间体黏度应该在 2～100mPa·s 之间。当中间产物黏度达到这一范围时，终止反应，调整溶液的固含量至 20%～60%，调节 pH 值低于 3.0，即可得到改性阳离子丹宁絮凝剂，其中含有大约 40% 的改性阳离子丹宁成分。将这种丹宁絮凝剂与无机絮凝剂混合使用时，二者的质量百分比为 9:1～2.33:1。美国专利 4558080 所述方法与此类似。

丹宁的羟基与酯化剂［如醋酸酐、二氯甲烷或 N-(3-氯-2-羟丙基) 三甲基氯化铵等季铵盐类］的基团发生反应生成酯，可得到改性的丹宁化合物。也可使丹宁与甲醛或乙醛和环己胺等含氮物质反应，生成的丹宁衍生物具有水溶性或者在 pH 值低于 7 时可溶于水，而在 pH 值高于 7 时不溶于水。这两种改性丹宁化合物对水中的颗粒物质具有凝聚作用，并能减少颗粒的黏附性能，还可对油/水乳液产生反乳化作用。

Reed 等发明了一种制备烷基化的丹宁曼尼希化合物的方法。该法是使丹宁曼尼希缩聚物与烷基化剂在 pH=5～14 下反应，丹宁曼尼希缩聚物由缩合的丹宁、胺和甲醛制备。烷基化丹宁曼尼希聚合物可与甲醛进一步反应以提高其黏度。具体方法为：将丹宁加到软化水中形成均匀的混合物后，一直搅拌使之溶解，然后加乙醇胺直至温度达到 350～400℃；将甲醛加到混合物中，然后加盐酸平衡其 pH 值；加软化水和甲基亚硫酸氢钠以使其黏度增大；将混合物冷却、稀释；将混合物与甲基氯化物反应以提高其黏度，使之形成可用于废水脱色的聚合物。丹宁可与甲醛和胺发生胺甲基化反应，生成的丹宁曼尼希聚合物由于甲醛和曼尼希碱交联而具有较高的分子量，并且由于在聚合物链上既存在阳离子胺又有阴离子酚因而具有两性特点。由于这种两性的特点，使得丹宁曼尼希聚合物在极端的 pH 值下具有高度的溶解性，但在 pH 值接近 7 时往往是不溶解的，因为此时已接近其等电点（在等电点时聚合物上的净电荷为 0）。丹宁曼尼希聚合物的储存期间会继续交链直至形成不溶性的凝胶，其存贮期大约为 3 个月。丹宁胺甲基化反应的方程式如下：

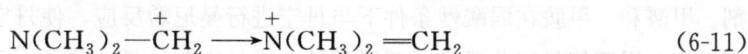

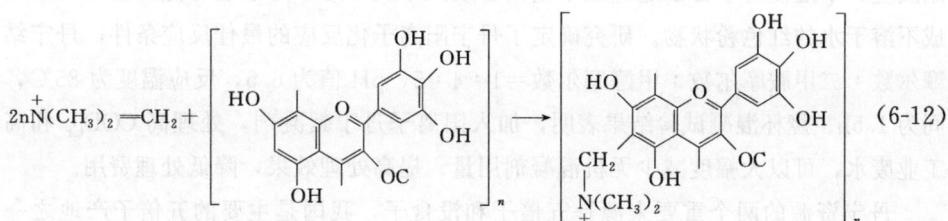

$$CH_2\!=\!O+H^+ \longrightarrow CH_2\!=\!\overset{+}{O}H \tag{6-9}$$

$$CH_2\!=\!\overset{+}{O}H+(CH_3)_2NH \longrightarrow \overset{+}{N}(CH_3)_2\!-\!CH_2+H_2O \tag{6-10}$$

$$\overset{+}{N}(CH_3)_2\!-\!CH_2 \longrightarrow \overset{+}{N}(CH_3)_2\!=\!CH_2 \tag{6-11}$$

$$\tag{6-12}$$

以 *Acacia mearnsii* 树皮的水性提取液中具有阳离子特性的邻苯二酚丹宁为原料，可制备出植物型絮凝剂，能用于处理饮用水、工业用水、锅炉和冷却塔用水，以及一般的生活和工业废水。将该絮凝剂与其他无机或有机絮凝剂进行对比试验，发现这种絮凝剂具有一些特殊性能，能得到更好的处理效果。例如，在应用时水的碱度不会降低，而且不需要为了活化絮凝剂而调整。如果以金属盐为絮凝剂，水的导电率常常会增加，但改性丹宁是植物来源的有机聚合物，不会增加导电率。此外，这种絮凝剂在较宽的 pH 值范围内具有活性，且能够促进与水中金属的螯合能力，使金属离子与絮凝剂反应固定，产生沉降。

丹宁是一种可生物降解的阴离子聚合物。将丹宁用作助凝剂可使其成为合成阴离子聚电解质的替代品，丹宁可避免无机混凝剂残余铝及合成聚合物对人体的健康影响，同时产生的污泥可生物降解。Mahmut Özacar 等研究了斛果壳中丹宁的混凝特性，确定了其是否可用作助凝剂的可能性，并通过烧杯混凝试验研究了它的混凝性能。这种丹宁取自一种生长在小亚细亚的橡树，斛果壳中丹宁的含量约为 35%，该研究中所提取的斛果壳中水解丹宁含量为 53.5%。由于丹宁是一种阴离子聚合物，因此在试验中选用了一种合成的阴离子聚电解质 AN913（SNF Floerger，France）作为对比，AN913 是丙烯酰胺和丙烯酸的共聚物，分子量在 $1×10^6 ～ 2×10^6$ 之间，其游离丙烯酰胺含量约为 0.1%，是一种最好的阴离子助凝剂。对不同 pH 值和浊度的人工配水进行了混凝对比试验，结果表明，硫酸铝与丹宁或 AN913 联合使用对浊度的去除率均比单独使用硫酸铝有了很大提高。但是，丹宁比 AN913 具有更好的混凝性能，形成的絮体粗大且沉降速度快，且能显著降低硫酸铝的用量。此外，研究还发现使用丹宁做混凝剂以后，所形成污泥更容易被过滤，使过滤工艺变得简单经济，在处理后的水中残余铝含量减少且未检出残余的丹宁物质。

研究者还对丹宁、AN913 和黏土作为助凝剂对水中磷酸盐去除的影响以 6 种药剂为对比：明矾、明矾＋黏土、明矾＋丹宁、明矾＋AN913、明矾＋丹宁＋黏土、明矾＋AN913＋黏土。结果表明，对于初始磷酸盐浓度为 5～15mg/L 的原水，明矾中加入丹宁或 AN913 这两种聚合物后，除磷效果比单独使用明矾显著提高。使用聚合物或黏土能提高除磷效率，减少明矾的加药量。采用 FTIR 光谱对除磷过程中所形成的铝物种进行检测，发现形成了羟基磷酸铝、羟基丹宁酸铝以及含有磷、丹宁和 AN913 的铝络合物。

国内也有研究者制备了丹宁的阳离子化产品，并以此作为絮凝剂处理钻井废水，对其性能进行了评价。采用丹宁含量为 45% 的落叶松栲胶为原料也可以制备阳离子丹宁絮凝剂。甲醛和二甲胺在弱酸性条件下与丹宁进行曼尼希反应，使丹宁胺甲基化。同时会发生副反应，甲醛使丹宁分子通过亚甲基结合成丹宁胶，丹宁分子也可能发生无规则缩合，生成不溶于水的红色粉状物。研究确定了丹宁阳离子化反应的最佳反应条件，丹宁结构单元摩尔数：二甲胺摩尔数：甲醛摩尔数＝1：4：5，pH 值为 6.5，反应温度为 85℃，反应时间为 1.5h。烧杯混凝试验结果表明，加入阳离子丹宁絮凝剂，处理高 $COD_{Cr}$ 和高色度的工业废水，可以大幅度减少无机混凝剂用量，提高处理效果，降低处理费用。

丹宁资源的两个重要来源是五倍子和没食子，我国是主要的五倍子产地之一，拥有丰富的丹宁资源。研究和开发这类资源，在水处理行业有非常广阔的前景。

# 第七节 微生物多糖

微生物多糖（microbial polysaccharide）是 20 世纪 60～70 年代开发的新型发酵产品，是由单糖合成（例如葡萄糖在含有非病原菌、酶、营养素、氧气和微量金属催化剂水溶液中发酵后制得）的高分子聚合物。图 6-13 显示了常用的微生物多糖试验工厂的生产和回收流程。

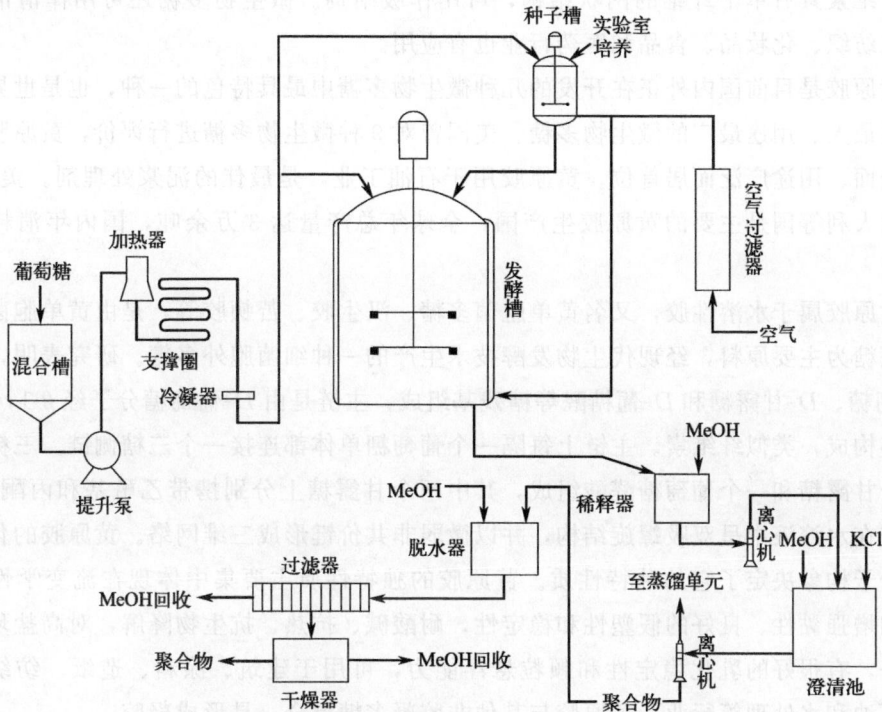

图 6-13 微生物多糖试验工厂的生产和回收流程

微生物多糖的组成与微生物菌种有关。表 6-4 列出了阴离子和细胞外微生物多糖。

表 6-4 阴离子、胞外微生物多糖的组成

| 微生物 | 成分 | 摩尔比 | 键 |
|---|---|---|---|
| 黄单胞菌 | $D$-甘露糖 | 3.0 | GA($\beta$,1→2)M |
| | $D$-葡萄糖 | 3.0 | M(1→4)G |
| | $D$-葡萄糖醛酸（钾盐） | 2.0 | G(1→4)GA |
| | $O$-乙酰基 | 1.7 | G($\beta$,1→4)G |
| | 丙酮酸 | 0.63 | |
| 黏节杆菌 | $D$-葡萄糖 | 1 | MA($\beta$,1→4)G |
| | $D$-半乳糖 | 1 | G($\beta$,1→4)Gal |
| | $D$-（钾盐） | 1 | Gal($\beta$,1→4)MA |
| | $O$-乙酰基 | 4 | |

续表

| 微生物 | 成分 | 摩尔比 | 键 |
|---|---|---|---|
| 隐球菌 | $D$-甘露糖 | 4 | $M(1{\rightarrow}3)M$ |
| | $D$-木糖 | 1 | $X(1{\rightarrow}c)M$ |
| | $D$-葡萄糖醛酸 | 1 | $GA(\beta,1{\rightarrow}2)M$ |
| | （K 盐） | | |
| | $O$-乙酰基 | 1.7 | |
| 汉逊酵母菌 | $D$-甘露糖 | 5 | $M(\alpha,1{\rightarrow})POK({\rightarrow})M$ |
| | 钾 | 1 | $M(1{\rightarrow}3)M$ |
| | 正磷酸盐 | 1 | $M(1{\rightarrow}2)M$ |

许多微生物多糖与植物多糖相比，结构具有多孔状且具有更大的比表面积，例如微生物纤维素具有单个纤维的网状结构，可用作吸附剂。微生物多糖还可用作清洁除垢剂，在纺织、化妆品、食品和医药行业也有应用。

黄原胶是目前国内外正在开发的几种微生物多糖中最具特色的一种，也是世界上生产规模最大、用途最广的微生物多糖。美国曾对 9 种微生物多糖进行评价，黄原胶以其功能全面、用途广泛而居首位。黄原胶用于石油工业，是最佳的泥浆处理剂。美、英、法、意大利等国是主要的黄原胶生产国，全球年总产量达 3 万余吨，国内年消耗 1 千余吨。

黄原胶属于水溶性胶，又名黄单胞菌多糖、汉生胶、苦顿胶等，是由黄单胞菌以淀粉或蔗糖为主要原料，经现代生物发酵技术生产的一种细菌胞外多糖。研究表明，它由 $D$-葡萄糖、$D$-甘露糖和 $D$-葡糖醛等糖残基组成，主链是由 $D$-葡萄糖分子经 $\beta$-1,4 糖苷键相连构成，类似纤维素。主链上每隔一个葡萄糖单体都连接一个三糖侧链。三糖侧链由两个甘露糖和一个葡萄糖醛酸组成，其中两个甘露糖上分别携带乙酰基和丙酮酸基。黄原胶在水溶液中呈双吸螺旋结构，并以微弱非共价键形成三维网络。黄原胶的化学结构及分子构象决定了它的独特性质。黄原胶的独特性质主要集中体现在流变学性质方面，如增强黏性、良好的假塑性和稳定性，耐酸碱、抗热、抗生物降解，对高盐环境忍受性好，有很好的乳化稳定性和颗粒悬浮能力，可用于建筑、涂料、造纸、纺织、陶瓷、石油和水处理等行业。黄原胶与其他非胶凝多糖混合，易形成凝胶。

# 第八节　动物胶和明胶

用于水和废水处理的胶来自于胶原质——动物皮肤、肌腱和骨头结缔体素的主要成分。动物胶与明胶（glue&gelatin）密切相关，是胶原质的一种水解产物，含有很多结构单元，这些结构单元大小不一，从简单的多肽到大的胶体分子，分子量为 3000～80000。起絮凝作用的官能团是氨基和羧基。动物胶不溶于冷水，但是当温度在其凝固点以下时，可吸收是其质量 6～8 倍的水分。在 60℃左右，膨胀的颗粒可通过溶液溶解。重金属离子可与动物胶反应形成不可逆的凝胶。胶通常以胶凝强度（在 Bloom 测试中以 g 计）和黏度为特征参数。明胶是一种水溶性高分子蛋白质的混合物，来自于胶原质的水解。

明胶分子是很大而且复杂的蛋白质，其分子量为 15000～250000。它们可能由 18 种不同的氨基自由基按照某种规则的方式连接在一起形成的。链属于多肽链。表 6-5 为明胶完全水解产生的氨基酸。

**表 6-5　明胶完全水解产生的氨基酸**

| 氨基酸 | 质量分数/% | 氨基酸 | 质量分数/% |
|---|---|---|---|
| 丙胺酸 | 11.0 | 蛋氨酸 | 0.9 |
| 精氨酸 | 8.8 | 苯基丙氨酸 | 2.2 |
| 天冬氨酸 | 6.7 | 脯氨酸 | 16.4 |
| 谷氨酸 | 11.4 | 丝氨酸 | 4.2 |
| 甘氨酸 | 27.5 | 苏氨酸 | 2.2 |
| 组氨酸 | 0.78 | 酪氨酸 | 0.3 |
| 羟基脯氨酸 | 14.1 | 缬氨酸 | 2.6 |
| 亮氨酸和异亮氨酸 | 5.1 | 胱氨酸 | 痕量 |
| 赖氨酸 | 4.5 | | |

自从照相工业发展的早期，明胶就被用作胶体保护剂。美国专利 5908921 讲述了制备明胶，特别是用于照相工业高纯明胶的方法。由于明胶的胶凝、黏结和浓缩特性，目前仍然广泛应用于食品和制药工业。美国法布罗根股份有限公司申请了一项专利，提供动物胶原和明胶及其组合物，以及它们的生产方法。

骨胶可以卤化形成絮凝剂，其分子通式为$[C_6H_{2n+1}O_nR_m]_x$，其中 R 为卤素，$n=1～5$，$m=1～5$，$x=400～2000$。采用硬性骨胶或中硬性骨胶和 $36\%～38\%$（质量）的 HR 溶液为原料，二者投料量之比为 $1:0.17～2$。骨胶在 25～55℃的温水中搅拌溶胀成胶体，胶体加热至 40～100℃下逐滴加入 HR 溶液，控制在 30～60min 内加完，保温 2～4h，冷至室温出料。该产品是用于水处理的高效无毒的絮凝剂，可单独使用，也可作为无机高分子混凝剂的助凝剂，加入 $2\%～6\%$，可提高絮凝剂效果 3～4 倍。

有研究者将絮凝剂用于中药水提取液的澄清，是基于絮凝剂与中药提取液中的较粗微粒发生共聚而沉淀。在中药提取中加入甲壳素，可使溶液中的胶质蛋白以及带负电的悬浮颗粒凝聚生成不溶于水的共聚沉淀物。中药提取液本身含有少量丹宁，丹宁可与明胶反应生成明胶丹宁络合物，可与提取液中悬浮颗粒共沉。甲壳素和明胶均可与提取液中的鞣质、蛋白质、蜡质等络合生成沉淀，若将二者联用，可使细小的絮状沉淀迅速交联，形成大的絮体，加速沉淀，在中药水提取液的澄清工艺中效果良好。Roberts 等发明了一种去除纸浆和造纸废水中有毒脂肪酸的方法，该法是在传统的净化处理工艺前，向废水中加入阴离子明胶（或清蛋白、褐藻酸、藻酸盐等），可明显提高脂肪酸的去除率。

与人工合成有机絮凝剂相比，天然（改性）高分子絮凝剂具有成本低、来源广、低毒害、易于生物降解等优点，越来越受到人们的重视，在水和废水处理中的研究和应用也日渐深入和广泛。开发新型高效的天然高分子絮凝剂，作为有机合成高分子絮凝剂的替代产品，从环境可持续发展角度来看，具有十分重要的意义和广阔的应用前景。

## 第九节　辣木籽提取物

辣木（moringa oleifera）已被证明是一种有效、安全、廉价的传统混凝剂替代品，可广泛用于饮用水处理。在一些发展中国家，如苏丹，农村居民习惯使用辣木籽粉末来去除浊度，其通常以悬浮有机和无机颗粒的形式存在，如黏土、微生物和其他分解的植物残留物。一些研究结果表明，辣木在处理水时不会释放有毒物质，对伤寒沙门氏菌、霍乱弧菌和大肠杆菌具有抗菌作用，是一种很有前景的天然抗菌剂，在控制水传播疾病的细菌方面具有潜在的应用前景。与化学混凝剂相比，其最大的优势在于混凝和絮凝过程中 pH 值的稳定性。然而，其他研究指出，辣木对水中 TOC 的浓度有消极影响，这可能是阻碍辣木大规模利用的原因之一。

在进行水处理时，絮体的形成和浊度的降低足以表明辣木籽提取物的混凝活性。有研究者采用絮凝器来比较辣木、PAC 及其组合的混凝活性。相应的水样初始浊度为 61NTU。水样特性见表 6-6。

**表 6-6　水样特性**

| 参数 | 值 |
|---|---|
| 浊度/NTU | 61 |
| pH 值 | 7.4 |
| 电导率/($\mu$S/cm) | 529 |
| TOC/(mg/L) | 4.143 |
| 温度/℃ | 28.5 |

结果表明，辣木籽提取物的混凝活性低于 PAC（$P \leqslant 0.01$）。但各半剂量的组合使用与 PAC 效果相同，并无显著差异（$P \leqslant 0.05$）。

辣木的效率随着水体浊度的增加而增加，其性能效果与无机混凝剂 PAC 相当。其性能效果如图 6-14 所示。

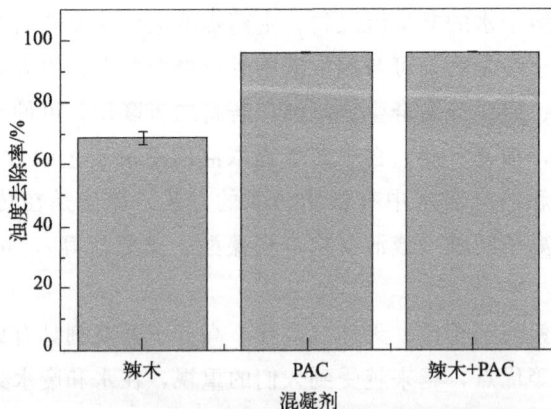

图 6-14　辣木、PAC 及其组合对浊度去除的影响

浊度去除率为 68.6%，水体最终浊度为 19.2NTU，这并未达到世界卫生组织

（WHO）标准规定。化学混凝剂 PAC 和辣木与 PAC 的复合混凝效果较好，除浊率分别为 96.1％和 95.7％，最终浊度分别为 2.4NTU 和 2.7NTU。

此研究中 TOC 分析发现，辣木剂量的增加也会提高水体 TOC 的浓度，不同剂量辣木提取物对 TOC 的影响见图 6-15。而辣木和 PAC 的组合使用明显降低了水样中的 TOC 含量，辣木和 PAC 对 TOC 的影响见图 6-16。

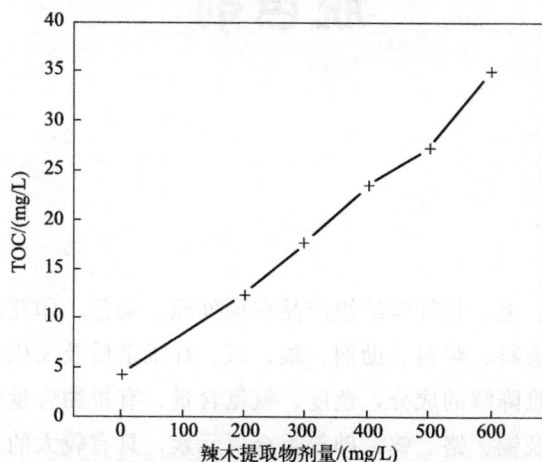

图 6-15　不同剂量辣木提取物对 TOC 的影响

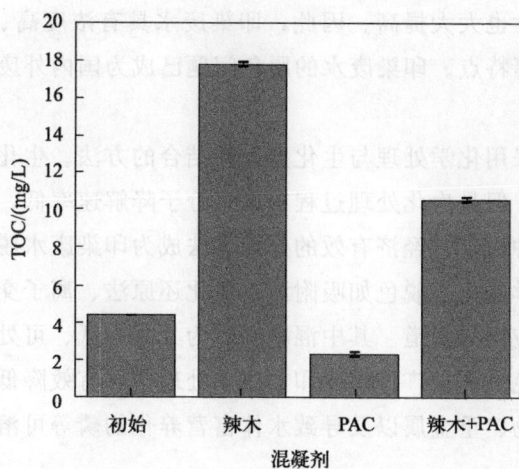

图 6-16　辣木和 PAC 对 TOC 的影响

# 第七章

# 脱色剂

印染废水是指棉、毛、化纤等纺织产品在预处理、染色、印花和整理过程中所排放的废水。废水中含有染料、浆料、助剂、酸、碱、纤维杂质及无机盐等。染料的组成十分复杂，包含了许多难降解的成分，色度、氨氮含量、有机物含量等非常高。染料结构中硝基和氨基化合物及铜、铬、锌、砷等重金属元素，具有较大的生物毒性。染色过程以水为介质，需要多次水洗，用水量大，加工过程中 $10\% \sim 20\%$ 的染料排入废水中，严重污染环境。随着染料工业的发展和印染加工技术的进步，染料的种类和功能日益增多，染料结构的稳定性也大大提高。因此，印染废水具有浓度高、色度大、成分复杂、变化大、处理难度大等特点。印染废水的脱色问题已成为国内外废水处理中亟需解决的一大难题。

目前多数印染厂采用化学处理与生化处理相结合的方法。生化处理采用微生物法降解染料分子和有机物，但是生化处理过程中有害分子降解速率低，设备投资大，运行费用高，因此，选择一种简单、经济有效的处理方法成为印染废水脱色的研究重点。除生化法外，其他物理化学或化学脱色如吸附法、氧化还原法、离子交换法、膜法、混凝法等，都有大量研究及应用的报道。其中混凝法因为其成本低、可处理量大、操作管理方便、对疏水性染料脱色率高被广泛用于印染废水处理，可有效降低废水的色度，去除多种高分子物质、胶状物、重金属以及导致水体富营养化的磷等可溶性无机化合物。

## 第一节　混凝脱色处理技术

染料种类繁多，按照是否溶于水分为两种类型：一是水溶性染料，主要包括直接染料、酸性染料、活性染料和阳离子染料等；二是非水溶性染料，主要包括分散染料、还原染料、硫化染料、不溶性偶氮染料等。水溶性染料分子中含较多能与水分子形成氢键的 $-SO_3H$、$-OH$、$-COOH$ 等亲水基团。非水溶性染料不含亲水基团或含少量亲水基团但分子量很大，通常以疏水悬浮颗粒或胶体形式存在于废水中。

混凝脱色是指在混凝剂的水解与水解产物的作用下，水中胶体颗粒和微小悬浮物发生凝聚沉降，或者通过破坏羧基、磺酸基等亲水基团，使染料分子失去亲水性，在混凝剂的作用下，凝结形成絮团，从而有效降低废水的色度。混凝脱色的机理主要包括以下几类。

(1) 吸附电中和

染料废水中的胶体粒子通常带有负电荷，总是以相互排斥状态悬浮于水中，当加入与胶体粒子带相反电荷的混凝剂后，胶体表面对异性离子、异性胶粒或链状离子带异性电荷的部位有强烈的吸附作用，从而中和部分电荷，使胶体与胶体之间的排斥力降低，原来的稳定状态被破坏，胶体颗粒聚集而沉降。

(2) 压缩双电层

当向废水中加入混凝剂后，在溶液中形成与胶粒带相反电荷的离子（反离子），随着反离子浓度增加，其中带有效成分的电荷与胶体颗粒表面部分反离子中和，发生交换，使双电层被压缩，扩散层厚度变薄，胶粒带电荷数减少，ζ 电位下降，当 ζ 电位达到临界电位时，胶体脱稳，形成逐渐下沉的胶体颗粒。

(3) 吸附架桥

当向废水中加入的混凝剂为高分子物质或铝铁化合物，经水解和缩聚反应可生成线型结构的高聚物，即使胶粒之间的距离较远，高聚物也可以通过静电引力、范德华力、氢键、配位键等，共同吸附胶体粒子，进行吸附架桥。胶粒之间由于架桥作用结合成絮状体，逐渐实现聚沉。

(4) 沉淀网捕

在废水处理过程中，带有金属盐类的混凝剂会因水解而生成沉淀，如金属氢氧化物、金属碳酸盐等，这些沉淀物具有较大的表面积，当继续搅拌时水中的胶体颗粒和悬浮颗粒物会被水解沉淀物卷扫而发生沉淀。

由于染料品种繁多，用同一种混凝剂并不可能对所有的染料均具有较好的脱色作用，必须根据染料的特征来选择合适的混凝剂。

## 第二节 脱色混凝剂的类型

用于印染废水处理的混凝剂可分为无机和有机两大类。无机混凝剂主要包括金属盐类和无机高分子聚合电解质，其中以铁盐、镁盐、铝盐以及硅、钙元素的化合物为主。有机絮凝剂主要有表面活性剂、天然高分子及其改性絮凝剂、合成有机高分子絮凝剂等。

## 一、无机混凝剂

### 1. 铝盐

常用的铝盐有硫酸铝和聚氯化铝。铝盐水解形成带有高正电荷的羟基化合物对分子量大的疏水性染料，如不溶性染料、直接染料、碱性染料、还原染料、硫化染料、分散染料等混凝脱色效果较好，但是对活性染料、酸性染料，特别是小分子量、单偶氮键及含有数个磺酸基的水溶性染料废水的脱色率不高。

### 2. 铁盐

常用的铁盐主要有硫酸铁、硫酸亚铁、氯化铁、聚硫酸铁等。铁盐与铝盐的水解过程及混凝作用机理相似，但铁比铝有更强的亲 $OH^-$ 能力，在溶液中水解速度更快，混凝能力强、脱色性能好，且安全无毒、可避免二次污染，特别对硫化和分散染料的脱色效果优于铝系混凝剂，因此被广泛使用。

在微酸性条件下，三价铁盐发生水解反应，生成的氢氧化铁具有选择性吸附作用，对具有酸性基团如磺酸基团、羧酸基团的染料分子具有良好的吸附作用，从而达到脱色效果。

与三价铁盐混凝脱色机理不同，$Fe^{2+}$ 具有还原性，对硝基、偶氮基等氧化性的含氮基团具有强烈的选择性还原作用，对带有 $-SO_3^-$、$-OH^-$、$-NH_2$ 等基团的染料分子，$Fe^{2+}$ 能同以上基团的未共用电子对发生配位反应形成大分子螯合物，增强染料分子的疏水性，从而使胶粒容易吸附在 $Fe^{2+}$ 产生的水解产物上，达到去除色度的效果。但由于硫酸亚铁脱色的机理是将生色基团还原，还原产物为有机小分子，不能被有效混凝去除，因此 COD 的去除率不高，且对溶液中碱度的消耗较大，混凝剂的用量也较大。

### 3. 镁盐

常用的镁盐主要有氧化镁、硫酸镁等。在我国，镁盐等含镁化合物作为混凝剂单独用在废水处理中并不广泛，但是在印染废水中相当多的研究表明，镁盐等含镁化合物比表面积大、脱色能力强、出水浊度好，是性能优良的混凝脱色剂，尤其对含有酸性基团（羧基、磺酸基）的水溶性染料具有良好的处理效果。在 pH 值为 11～12 的情况下，镁盐转化为氢氧化镁沉淀，而新产生的沉淀具有较强的吸附作用，可以吸附溶液中的染料分子，从而起到脱色的作用。因此在脱色的同时，其 COD 去除率也较高，这对 pH 值较高的某些废水较为适用。采用 $MgCl_2$ 和 $Ca(OH)_2$ 处理活性染料和分散染料废水，其效果好于 $Al_2(SO_4)_3$、PAC、$FeSO_4/Ca(OH)_2$。其机理是 $Mg^{2+}$ 与羟基、羧基或硫酸根离子反应生成稳定的螯合物，这些螯合物可通过混凝作用从废水中去除。但镁盐也存在 pH 值范围窄的缺点。

### 4. 其他无机混凝剂

很多地区都有生产乙炔的企业，碳化钙水解后形成的废渣中含有大量的氢氧化钙、亚铁和硅等物质，是一种非常好的印染废水脱色剂。活化硅酸由水玻璃为原料，用各种活化剂（一般为硫酸）处理而得，可看作一种阴离子型无机高分子电解质。通常与铝盐铁盐等常规混凝剂一起使用，促进混凝脱色过程。

无机复合混凝剂通过将无机铁盐、硅酸盐和无机铝盐等进行复合而形成各种复合高分子混凝剂。如聚硫酸铝铁、聚氯化铝铁，既能克服铝盐处理的矾花生成慢、矾花轻、沉降慢的缺点，又能克服铁盐的出水不清、色度高的缺点，脱色效果明显优于传统无机混凝剂。

## 二、有机絮凝剂

### 1. 表面活性剂

由于长链阳离子表面活性剂的极性基团带有正电荷，能中和染料分子的负电荷，同时具有孤立电子对的核心原子与染料分子的极性基团发生络合，其非极性端为憎水基，能吸附在絮凝体的憎水基团上，从而使染料以絮体形式去除，因此分子量越大，碳链越长则表面自由能越高，越易发生络合反应。

表面活性剂用于印染废水处理的报道很多，醇性醋酸十八胺可用于处理不溶性染料，如处理含硫化黑 B 染料的染棉布废水，染料去除率可达 99.2%。Stoical 用十八烷基三甲基氯化铵和十六烷基溴化吡啶盐结合 $Al_2(SO_4)_3$ 在 pH 值为 4~11 时对含酸性和直接染料的丝绸印染废水进行混凝气浮处理，脱色率可达 90%~100%。但阳离子表面活性剂与染料分子的络合作用具有较强的选择性，因此单独使用往往难以达到很好的效果，需要和铝盐复配使用。

### 2. 天然高分子及其改性混凝剂

天然有机高分子絮凝剂由于原料来源广泛，价格低廉，无毒，易于生物降解等特点显示了良好的应用前景。用于印染废水处理的天然高分子絮凝剂主要有甲壳素衍生物、天然淀粉及其衍生物、木质素衍生物三大类。

甲壳素是仅次于纤维素的第二大天然聚合物，广泛存在于虾、蟹等节肢动物的外骨骼与一些真菌的细胞壁中。壳聚糖是甲壳素的脱乙酰基产物，分子链上分布着许多羟基、氨基，以及部分残余的 N-乙酰基，它们的存在使壳聚糖可以通过静电引力、氢键、范德华力等作用吸附溶液中的染料。同时壳聚糖分子结构中含有—$NH_2$、—OH 基团，均具有较强的反应活性，在适当条件下可进行多种化学改性。如对壳聚糖进行羧基化改性得到的水溶性羧甲基壳聚糖，对水溶性染料废水具有优良的脱色效果，尤其是对水溶性的阴离子型染料脱色效果更好。

淀粉是由葡萄糖组成的多糖类高分子化合物，其大分子的每个链节单元含有三个游离的羟基，可进行多种化学改性。天然木质素是一类无定型、具有巨大网状空间结构的高分子，也是制浆造纸工业蒸煮废液中的主要组分。木质素分子中含有酚羟基、醇羟基、甲氧基、醛基、酮基、羧基等活性基团，可以进行多种化学改性。废水处理中大部分微细颗粒和胶体都带有负电荷，为了提高淀粉和木质素分子对这些小分子物质的作用能力，进行阳离子改性是一个重要研究方向。阳离子离子化淀粉和木质素可以用于处理阳离子染料、直接染料和酸性染料废水，脱色率均超过 90%。

### 3. 合成有机高分子絮凝剂

合成有机高分子絮凝剂分子量高，分子链中所带的活性官能团多，因此在水中的伸展度大，絮凝性能好，用量少，pH 值范围广，同时在过滤、脱水等固液分离操作方面都具有优越的性能。根据所带电荷的不同，有机合成高分子絮凝剂可分为阳离子型、阴离子型、两性型和非离子型絮凝剂。由于胶体和悬浮物经常带负电荷，所以在处理印染废水时常使用阳离子型絮凝剂。

聚丙烯酰胺（PAM）是应用最多的合成有机高分子絮凝剂，占合成有机高分子絮凝剂总产量的 80% 左右。在印染废水处理中采用的主要是阳离子型 PAM 和两性 PAM。

聚二甲基二烯丙基氯化铵是一种水溶性阳离子聚合物，二甲基二烯丙基氯化铵的均聚物和共聚物具有正电荷密度高，水溶性好，分子量易于控制，高效无毒等优点，可用于石油开采、造纸、纺织印染、日用化工以及水处理领域。

目前应用效果最好的是高分子絮凝剂 PAN-DCD，它是以聚丙烯腈为主链，用二氰二胺在碱性条件下进行侧链改性，使之变为水溶性的、带多种活性基团的两性聚电解质。PAN-DCD 对中性染料、活性染料、酸性染料的脱色效果良好，脱色率均达 90% 以上，对印染废水兼有脱色和去除 COD 的双重效果，若与聚合铝复合使用，去除效果更佳，最高 COD 去除率为 63%。另一类值得注意的脱色剂是近年来出现的双氰胺甲醛缩聚物，它对于印染废水具有优异的脱色效果，但是投加量大会提高处理成本。

## 第三节　双氰胺甲醛缩聚物脱色效果和机理

双氰胺甲醛缩聚物（dicyandiamide formaldehyde condensate）由双氰胺与甲醛在强酸或盐的存在下缩聚而成，是一种黏稠透明的胶状液体，其黏稠度取决于双氰胺与甲醛的聚合度。双氰胺甲醛缩聚物自 1891 年 E. Benberge 首先报道以来，至今已有 100 多年历史。它可用作融合剂、纸张和玻璃纤维润滑剂、轻革剂、固色剂、电镀添加剂等。在 20 世纪 50 年代初，其广泛用于印染固色剂。

在絮凝剂的开发应用过程中，发现双氰胺甲醛缩聚物在一定条件下有良好的絮凝能力。除对染色废水有处理效果外，对含油污水、造纸废水、屠宰废水也有良好的处理效果，从而引起人们的重视。在 20 世纪 60 年代就有多篇专利将双氰胺甲醛缩聚物用于造纸废水和染料、染整废水的处理，如 1960 年日本专利昭 35-6652 就报道用双氰胺甲醛缩聚物处理纸浆废水。1961 年日本专利昭 36-23231 阐述了双氰胺甲醛缩聚物用于造纸工业、肉食品加工厂、油脂厂废水的处理。

双氰胺甲醛缩聚物作为脱色剂的应用始于 20 世纪 90 年代初，目前已经在国内外作为脱色剂和造纸施胶剂得到广泛使用。双氰胺甲醛缩聚物通过提供大量阳离子，使染料分子上所带的负电荷被中和而失稳，与此同时，加入的双氰胺甲醛缩聚物因水解生成大量的絮状物，可吸附、网罗脱稳后的染料分子，使其从水中分离，达到脱色的目的。

日本专利昭 51-29116 报道生产制备双氰胺甲醛缩聚物，是采用"一步法缩合"工艺，即将反应物一次性投入，迅速进行反应，但其存在温升过快、反应不易控制、易爆沸等严重问题。此外，双氰胺与甲醛反应得到的产品，其分子量较低，与染料分子形成的絮体细小，沉降速度慢。因此，近年来对双氰胺甲醛的合成、改性以及与其他混凝剂复配进行了广泛的研究。

## 一、制备方法

一般认为双氰胺与甲醛反应，首先是甲醛与氨基（—NH$_2$）或亚氨基（=NH）反应生成羟甲基（—CH$_2$OH），然后羟甲基与氨基、亚氨基上的氢脱水生成醚键（—C—O—C—）形成线型或带有支链的高分子缩聚物。这个过程可用下列方程式表示。

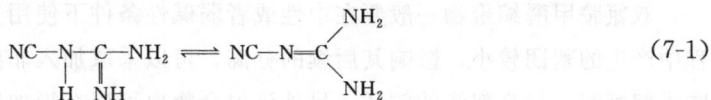

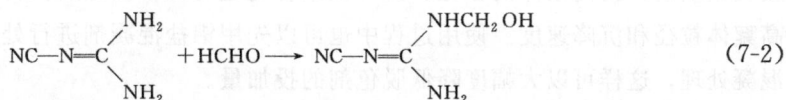

$$NC-N-C-NH_2 \rightleftharpoons NC-N-C\begin{subarray}{l} NH_2 \\ NH_2\end{subarray} \qquad (7\text{-}1)$$

$$NC-N-C\begin{subarray}{l} NH_2 \\ NH_2\end{subarray} + HCHO \rightarrow NC-N-C\begin{subarray}{l} NHCH_2OH \\ NH_2\end{subarray} \qquad (7\text{-}2)$$

反应时加入氯化铵与羟甲基双氰胺发生如下反应：

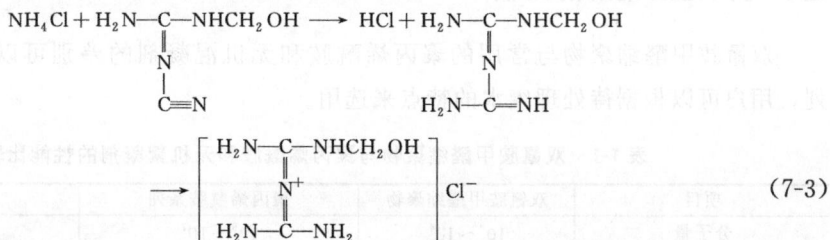

$$NH_4Cl + H_2N-\underset{\underset{C\equiv N}{|}}{C}-NHCH_2OH \longrightarrow HCl + H_2N-\underset{\underset{H_2N-C=NH}{|}}{C}-NHCH_2OH$$

$$\longrightarrow \left[ H_2N-\underset{N^+}{C}-NHCH_2OH \atop H_2N-C-NH_2 \right] Cl^- \qquad (7\text{-}3)$$

进一步与甲醛反应生成：

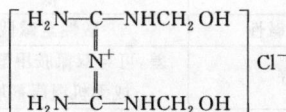

$$\left[ H_2N-\underset{N^+}{C}-NHCH_2OH \atop H_2N-C-NHCH_2OH \right] Cl^-$$

上述中间产物上的羟甲基与另一个分子上的胺及氨基进行反应，生成次甲基键，形成如下结构的缩聚物：

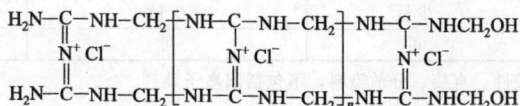

$$H_2N-\underset{N^+Cl^-}{C}-NH-CH_2\!\!-\!\!NH-\underset{N^+Cl^-}{C}-NH-CH_2\!\!-\!\!NH-\underset{N^+Cl^-}{C}-NHCH_2OH \atop H_2N-C-NH-CH_2\!-\!NH-C-NH-CH_2\!-\!NH-C-NHCH_2OH$$

目前国内普遍采用"两步法缩合"工艺，产品质量较为稳定，易于控制，并通过原料选择和工艺条件的优化，使制备的双氰胺甲醛具有广谱高效的应用效果。两步法以甲醛为主要原料，由于残余甲醛对水体生物有潜在的危害，因此可以采用乙二醛、双氰胺及氯化铵为原料生产缩聚物。

## 二、生产工艺

在工业化生产中曾经采用"一步法"反应，即一次将全部原料投入反应釜中进行反应。由于此反应是较强的放热过程，在放热高峰时每分钟温升可达 10 ℃ 以上，温度可以升高到接近 100 ℃，因此操作困难，且容易发生沸锅、喷料事故，生产极不安全。改进后的"两步法"分两步加入甲醛或氯化铵，以缓解放热过程。即先加入一半以上物料，待反应到一定阶段后再缓慢加入剩下的另一部分物料。这是目前广泛采用的生产工艺。由于双氰胺的价格比较高，有些企业采用尿素代替双氰胺，以降低成本。产品耐低温性能差，在冬季气温低时会变浑浊甚至分层。虽然经过加温、搅拌后可以复原，不会影响处理效果，但仍然会给用户的使用带来不便。经过改进可以生产固体聚合物，其存贮不受温度和存储时间的影响，而且固体聚合物的溶解性非常好，10min 内可以全部溶解。

双氰胺甲醛缩聚物一般要在中性或者弱碱性条件下使用。在某些条件下，在脱色过程中产生的絮团较小，影响其后续的分离，可以采取加入非离子型或阳离子型聚丙烯酰胺类絮凝剂，提高絮体的粒径。另外该聚合物也可以在投加后，再加入聚丙烯酰胺，提高絮体粒径和沉降速度。使用过程中也可以先用铝盐混凝剂进行处理，再用聚合物进行混凝处理，这样可以大幅度降低脱色剂的投加量。

### 三、与其他混凝剂的比较

双氰胺甲醛缩聚物与常用的聚丙烯酰胺和无机混凝剂的差别可以归纳如表 7-1 所列，用户可以根据待处理废水的特点来选用。

表 7-1　双氰胺甲醛缩聚物与聚丙烯酰胺和无机絮凝剂的性能比较

| 项目 | 双氰胺甲醛缩聚物 | 聚丙烯酰胺系列 | 无机混凝剂 |
|---|---|---|---|
| 分子量 | $10^3 \sim 10^4$ | $10^6 \sim 10^7$ | $10^2$ |
| 水溶性 | 易溶 | 难溶 | 易溶 |
| 工作溶液浓度 | 低 | 低 | 高 |
| 适合的 pH 值范围 | 中性至碱性 | 酸性至碱性 | 弱酸性至弱碱性 |
| 对水溶性染料废水的处理效果 | 良好 | 差，可与双氰胺甲醛缩聚物或无机混凝剂联用 | 有一定效果，比双氰胺甲醛缩聚物差，可与之联用 |
| 对含悬浮、胶体状态的染料废水的处理效果 | 良好 | 有一定效果，可与双氰胺甲醛缩聚物或无机混凝剂联用 | 有一定效果，比双氰胺甲醛缩聚物差，可与之联用 |
| 价格 | 高 | 最高 | 低 |
| 用量 | 中量 | 微量 | 大量 |
| 出渣量 | 少量 | 少量 | 大量 |
| 废渣焚烧的可能性 | 可 | 可 | 不宜，并且会放出酸性气体 |

注：适用染料为活性、酸性、直接、分散染料，不包括阳离子染料。

处理印染废水常用的无机混凝剂有铁盐、铝盐和镁盐等。选取 4 种使用广泛、具代表性的无机混凝剂，即硫酸铝、硫酸亚铁、聚氯化铝（PAC）和聚硫酸铁（PFS）。其中 $Al_2(SO_4)_3 \cdot 18H_2O$ 和 $FeSO_4 \cdot 7H_2O$ 为分析纯试剂，PAC 和 PFS 的主要参数如下：PAC 为液体，$Al_2O_3$ 含量为 18%，盐基度为 60%；PFS 为液体，$Fe^{3+}$ 含量为 11%，盐基度为 12%，密度为 1.47g/cm³。将上述 4 种混凝剂与双氰胺甲醛脱色絮凝剂作比较，5 种混凝剂的最佳混凝条件与相应的脱色率如表 7-2 所列。

表 7-2　5 种混凝剂最佳混凝条件与脱色率的比较

| 混凝剂 | $Al_2(SO_4)_3$ | PAC | $FeSO_4$ | PFS | 双氰胺甲醛脱色剂 |
|---|---|---|---|---|---|
| pH 值 | 6.5~7 | 6.5~7 | 11 | 6.5~7 | 7~10 |
| 用量（与染料浓度的比值） | 1:8 | 1:2 | 1:4 | 1:2 | 1:1 |
| 脱色率/% | 33.1 | 66.8 | 90.5 | 45.4 | 99.9 |

由表 7-2 可知，比较铝、铁两大类混凝剂的脱色率，不难发现 $FeSO_4$ 混凝效果要好于 PFS、硫酸铝和 PAC。当染料溶液的 pH 值为 9~11 时，加入铁盐混凝剂有一定的脱色效果，硫酸亚铁的效果要好于聚硫酸铁。在试验中还观察到投加了 $FeSO_4$ 后的染料水样会发生变色，溶液由红色变为淡黄色，其原因可能是发生了强还原性氢氧化亚铁将染料还原的结果。而使用脱色剂后的样品可以达到完全无色，并且在相同投加量时，脱色效果随时间延长脱色率升高。因此在实际生产和应用中可以采用复合的方式，制备聚氯化铝与亚铁离子的复合混凝剂，以提高脱色效果。

## 第四节　双氰胺甲醛缩聚物混凝脱色效果的影响因素

### 一、染料分子结构的影响

选用双氰胺甲醛脱色剂对活性黑 5、酸性红 1、Van 金黄 RK 和分散蓝 60 染料的模拟废水进行混凝脱色实验，其脱色率均可达到 99% 以上。但由于各种染料结构的不同，混凝脱色效果有一定差别。实验所用染料的结构式见图 7-1。

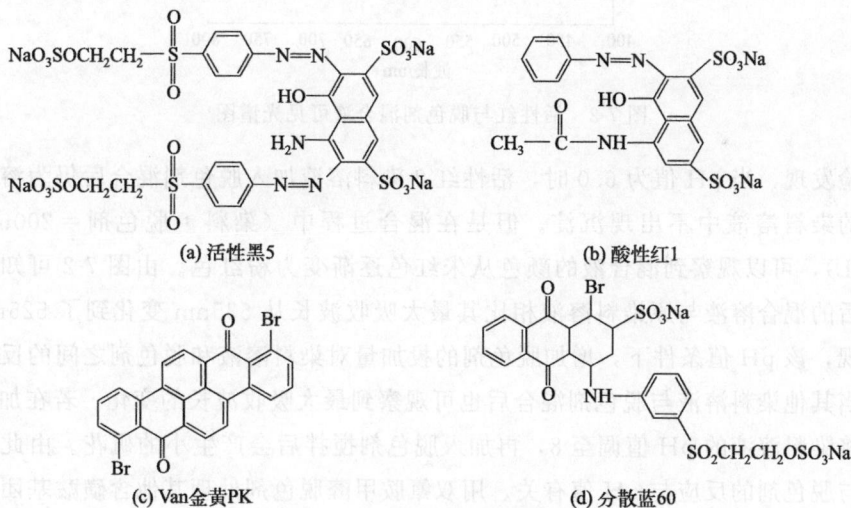

图 7-1　实验所用染料的结构式

除活性染料外，所有的酸性和分散性染料都具有良好的水溶性，这是因为在这些染料分子结构中都含有磺酸基团。由于染料分子的骨架是憎水性的，如果没有羧基或磺酸基的存在，染料分子溶解性非常差。弱酸性染料一般为单偶氮或双偶氮类，结构较为复杂，分子中含—$SO_3H$、—OH 等亲水基团，常温下在水溶液中以接近胶体的状态存在。

还原性染料分子结构的基本骨架是分子量较大的多环芳香族化合物，含多个—C＝O 及—NH—基团，因疏水的芳香环多而亲水基团少，主要以疏水性的悬浮微粒存在，稳定性较差，加入一般混凝剂，例如硫酸铝等，很容易发生凝聚而被去除。

活性染料、直接染料、分散染料一般属双偶氮、三偶氮结构，分子中—$SO_3H$、—OH 等亲水性基团含量较高，水溶性好，溶解度大，多以接近真溶液的状态存在，采用一般混凝剂，即使投加量较大，脱色率也很低。

## 二、染料溶液或者废水 pH 值的影响

双氰胺甲醛脱色剂分子链上的正电荷来自亚胺基团，溶液中的 $OH^-$ 影响脱色剂与染料分子中负电荷结合的概率，此外，最佳 pH 值还与脱色剂的分子量有关。图 7-2 是 pH 值为 6 时活性红 2 溶液与双氰胺甲醛脱色剂混合的 UV-可见光谱图。其中曲线 A 为染料溶液，曲线 B 为加入脱色剂后的混合溶液。

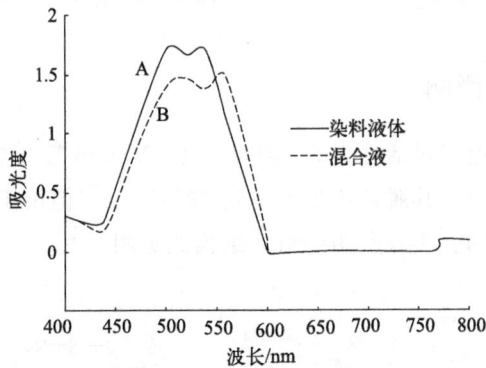

图 7-2 活性红与脱色剂混合液可见光谱图

试验发现，当 pH 值为 6.0 时，活性红 2 染料溶液加入脱色剂混合后仍为溶液，被处理后的染料溶液中不出现沉淀。但是在混合过程中（染料：脱色剂＝200mg/L：200mg/L），可以观察到混合液的颜色从朱红色逐渐变为粉红色。由图 7-2 可知，加入脱色剂后的混合溶液与原染料溶液相比其最大吸收波长从 535nm 变化到了 525nm。试验还发现，该 pH 值条件下，增加脱色剂的投加量对染料溶液和脱色剂之间的反应没有影响。当其他染料溶液与脱色剂混合后也可观察到最大吸收波长的变化。若在加入脱色剂之前将染料溶液的 pH 值调至 8，再加入脱色剂搅拌后会产生小的矾花。由此可知活性红 2 与脱色剂的反应与 pH 值有关。用双氰胺甲醛脱色剂处理其他含磺酸基团的染料如活性黑 5、酸性红 1 的水溶液时，也可得到同样的结果。

由上述试验可知，pH 值对该阳离子脱色絮凝剂的脱色效果有较大的影响。这可能与聚合物的分子结构有关。聚合物在弱碱性条件下比较稳定，而在强酸性和强碱性条件下聚合物中的某些基团有可能发生离解而不稳定，导致了染料溶液色度去除率不够理想。pH 值不仅对阳离子絮凝剂有影响，而且对染料间的氢键也有影响。试验中用到的活性红 2、活性黑 5 和酸性红 1 染料，分子结构中都含有—OH 或—$NH_2$ 基团，与染料分子作用时还有分子氢键作用。由于分子间的氢键受 pH 值的影响，在酸性介质中分子间氢键作用减弱，反应生成的小分子难以聚集沉降，使得染料溶液的脱色率不如在中性及偏碱性介质中高。但是若碱度过高（pH＞11），脱色率会有所下降。其原因很可能是

pH 值过高使得絮凝剂中的—$NH_3^+$ 减少，影响其与磺酸基团的结合。

　　研究表明，在弱碱性的条件下，脱色剂分子以较稳定的阳离子形式存在，与染料分子中所含的羧基或磺酸基团发生反应，使可溶性染料分子脱稳，并进一步絮凝沉淀。图 7-3 所示为当 pH 值为 8 时活性红 2 染料溶液的剩余浓度与脱色絮凝剂投量的关系。由图中的曲线可知：该脱色剂可有效地去除活性红 2 溶液的色度，脱色率可达 99% 以上。

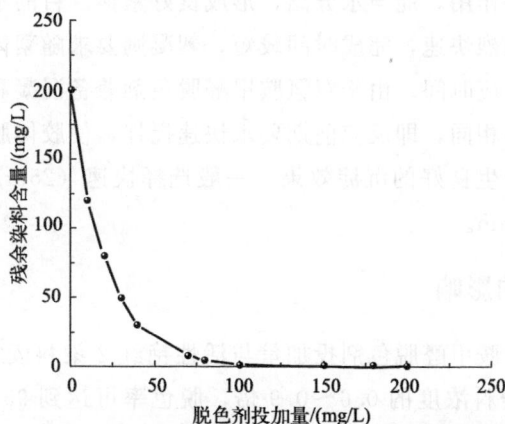

图 7-3　活性红 2 染料溶液的剩余浓度与脱色絮凝剂投量的关系

　　在试验中发现，活性红 2 溶液经处理后的残余色度很难通过光谱仪测得。在试验中很容易用肉眼和光谱仪分辨浓度为 0.5mg/L 的活性红 2 的溶液和去离子水，但是却很难区别经脱色剂处理后的染料溶液与去离子水的色度差别。图 7-4 所示为经脱色剂处理后的染料与标准溶液的波长-吸收值关系，其中曲线 A 为空白样，曲线 B 和 C 分别为活性红 2 染料浓度为 0.5mg/L 和 1.0mg/L 的溶液，曲线 D 为脱色剂处理后的溶液。

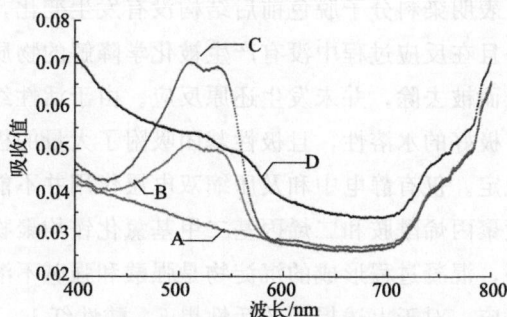

图 7-4　经脱色剂处理后的染料溶液与标准溶液的波长-吸收值关系

　　图中处理后的样品虽然其峰底高于标准的 0.5mg/L 的活性红 2 溶液，但在试验中实际可观察到前者已接近无色，而 0.5mg/L 的标准溶液仍有颜色。曲线 D 的峰底高的原因可能是由残余的盐类和氯化钠引起的。当 pH 值为 8 时，双氰胺甲醛脱色剂对活性红 2 溶液色度的去除率可达到 98% 以上。使用该脱色剂处理其他活性和酸性染料溶液也可达到同样的效果。

### 三、搅拌速度的影响

混凝过程分混合和絮凝两个阶段。混合的目的是使药剂迅速而均匀地扩散于水中，以便与染料分子发生反应并创造好的絮凝条件。与此同时，胶体开始脱稳，并借助颗粒布朗运动和紊流作用进行混凝，但并不要求形成大的絮体。絮凝的目的是使凝聚的微粒通过粒间架桥、网捕等作用，能与水分离，形成良好絮体。目的不同对搅拌的要求也不一样。混合阶段要求剧烈快速，完成时间较短，絮凝则要求随絮体的成长，搅拌速度逐渐降低且具有较长的反应时间。由于双氰胺甲醛脱色剂兼备混凝和絮凝的作用，因此其使用方法与普通混凝剂相同，即反应前期要求快速搅拌，使胶体脱稳；后期要求慢速混合，以便絮体长大，产生良好的沉淀效果。一般选择快速（250r/min）搅拌 1min，慢速（50r/min）搅拌 5min。

### 四、脱色剂投加量的影响

根据前面所述双氰胺甲醛脱色剂投加量与活性艳红 2 染料废水去除率的关系得出，当脱色剂的投加量为染料浓度的 0.6～0.9 倍，脱色率可达到 95％以上，COD 去除率＞70％。当脱色剂的投加量约为染料浓度的 1 倍时，脱色率可达到 99％～100％，因此推测脱色剂与染料溶液发生等量络合反应。但是由于该脱色剂含有大量双键和氨基，如果投加量超过絮凝染料所需的量往往会造成溶液 COD 升高的现象，因此使用过程中必须适当控制投加量。

### 五、脱色剂的结构与絮凝机理初探

测定脱色剂、活性红 2 染料和两者反应后生成的沉淀物的拉曼光谱，发现沉淀物和染料的谱线基本相似，表明染料分子脱色前后结构没有发生变化，完全去除后的溶液中不再存在染料分子，并且在反应过程中没有产生被化学降解的物质。这表明染料是通过絮凝生成不溶性大分子而被去除，并未发生还原反应。由于活性红 2 等染料分子中含有亲水性磺酸基团，具有极好的水溶性，且极性基团吸附了大量的极性分子后会在胶粒表面形成水膜，通常很稳定。仅有静电中和及压缩双电层作用并不能使染料脱稳去除，这一点可以从高阳离子度聚丙烯酰胺和二烯丙基二甲基氯化铵均聚物对于活性染料没有脱色效果得到反证。此外，混凝过程形成的沉淀物是强酸和强碱不溶的，这进一步证明了这种混凝是一种化学反应。对于上述提到的活性黑 5、酸性红 1、分散蓝 60 和活性染料的脱色机理完全是相同的，但是由于不同染料的亲水性或亲水基团数目的差异，脱稳脱色需要的混凝剂的量仍有一定差别。对于还原性染料，例如 Van 金黄 RK，由于其亲水性较差，采用一般铝盐混凝剂就可以达到非常好的效果，采用脱色剂虽然可以达到非常好的效果，但是处理成本较高。

由于脱色剂合成过程中加入了丙烯酰胺形成了连接阳离子单元的聚丙烯酰胺分子链，将分子量较小的阳离子铵盐缩聚物连接在一起，从而使脱色剂具有良好的架桥作用。正是由于脱色剂的这种特殊结构赋予它良好的沉淀和絮凝效果。因此脱色剂既可以单独使用，又可以配合铝盐混凝。

## 第五节　混凝脱色剂研究新进展及其他脱色处理技术

针对活性染料和直接染料分子结构中含有的强亲水性磺酸基和羧基，在水中溶解后都带有负电荷的特点，关键是破坏或封闭染料的亲水基团，降低其水化作用，然后在絮凝剂的作用下脱稳、混凝、絮凝，达到从溶液中分离出来的目的。同时针对双氰胺与甲醛反应得到产品的分子量比较小，与染料分子形成的絮体细小，沉降缓慢，絮凝性能欠佳等问题，国内外学者进行了一系列改性研究。如通过加入一定量多胺类交联剂后能够提高产品的分子量和絮凝效果。通过加入氯化铝、硫酸铝、丙烯酰胺、脲等催化剂及改性剂，以及与聚氯化铝、氯化镁等进行复配，均可大大提高絮凝效果。同济大学污染控制与资源化研究国家重点实验室研制成功 TJ 系列脱色剂，具有絮凝和沉淀双重作用，可以有效脱除各种活性、酸性等可溶性染料，脱色率达到 98％以上，为我国印染废水处理提供了一条良好的途径。此系列脱色剂是采用胍类聚合物，封闭染料的亲水基团，将染料沉淀出来。在生化处理后或预处理过程中均可以使用此脱色剂，对于水处理设施没有特定的要求。

除混凝脱色外，吸附和高级氧化技术也是常用的脱色方法。常用吸附剂主要有活性炭、焦炭、硅聚合物、硅藻土、高岭土和工业炉渣等。吸附法存在吸附剂容易饱和，处理效果随时间的延长而下降，吸附剂再生困难，再生废液以及饱和废弃的吸附剂容易造成二次污染等问题。因此，一般用于浓度较低的印染废水处理或深度处理。基于高氧化还原电位的羟基自由基的 Fenton 氧化技术通常用于印染废水的高效预处理或深度处理。Fenton 法存在铁泥产量较大，且调节 pH 值的酸碱用量使运行成本大幅度增加等问题。近年来，在 pH 值中性或近中性条件下实现非均相 Fenton 氧化，减少铁泥的产生和酸碱的消耗已经得到了广泛的关注。臭氧氧化和曝气生物滤池（BAF）相结合的方法已用于我国印染废水的深度处理及回用，其对印染废水二级生化出水有机物去除率可达30％～40％，以催化剂强化臭氧氧化是未来的发展方向。此外，国内外对离子交换脱色、超滤膜脱色及生物脱色技术也进行了一定的研究。其中，对常规方法难以脱色的水溶性染料采用离子交换的方法处理进行了研究，并取得一定的进展。其研究集中在离子交换树脂和离子交换脱色纤维的开发研制两个方面。

对于微溶性染料和分子量较大的染料组分可以采用超滤或反渗透技术进行脱色处理，但考虑到经济可行性，目前超滤技术多用于高浓度染料及染色废水处理，尤其是对不溶性染料的回收利用。

由于印染废水中染料组分的可生化性差，常规生化法在脱色方面一直不能令人满意。目前的解决方法除采取预处理改善废水可生化性外，主要是筛选优良脱色菌和强化生物处理过程。强化生物过程、优化生化工艺等以厌氧-好氧系统、生物炭法、生物铁法、强制充氧等为典型代表，在一定程度上提高了其脱色效率。另外，目前各城市都有大量生产乙炔废弃液，采用酶催化的方法可以将其有效分解，但是降解速度慢，目前仍看不到近期应用前景。总体而言，生物脱色尚无突破性进展，还必须与其他处理方法结合使用。

# 第八章

# 吸附剂

## 第一节 吸附原理

### 一、吸附现象

正常情况下，任意两相接触时，相界面处受力不平衡，分子间会发生相互作用，使得处于界面的分子失去平衡而发生吸附。这种当固体与液体接触时，液体中的某些组分在固体表面处自动发生累积或浓集的现象称为吸附。具有吸附能力的物质称为吸附剂，被吸附的物质称为吸附质。如在废水中用活性炭吸附悬浮颗粒，活性炭是吸附剂，溶解性物质或者更细的悬浮颗粒被吸附，称为吸附质。吸附过程如下。

① 吸附质首先从溶液中以分子或者离子形式，通过对流扩散穿过边界层传递到吸附剂的外表面，即外扩散传质过程。

② 然后吸附质通过孔扩散从吸附剂的外表面传递到微孔结构的内表面，即内扩散传质过程。

③ 吸附质沿孔的表面扩散。

④ 最后吸附质被吸附在孔表面上。

固相吸附剂在生产和科学实验中有着广泛的应用。在废水处理中，主要利用固体物质表面对废水中物质的吸附作用来去除废水中的微量污染物，达到净化水质的目的，如废水中少量重金属离子的去除、少量有害的生物难降解有机物的去除、脱色除臭等。

### 二、物理吸附与化学吸附

按吸附剂与吸附质作用本质的不同，吸附可分为物理吸附与化学吸附。物理吸附时，吸附剂与吸附质分子间以范德华力相互作用；而化学吸附时，吸附剂与吸附质分子间发生化学反应，以化学键相结合。由于物理吸附与化学吸附在分子间作用力上有本质的不同，所以表现出许多不同的吸附性质。物理吸附与化学吸附的性质比较见表8-1。

表 8-1　物理吸附与化学吸附的性质比较

| 性质 | 物理吸附 | 化学吸附 |
|---|---|---|
| 吸附力 | 范德华力 | 化学键力 |
| 吸附层数 | 单层或多层 | 单层 |
| 吸附热 | 小(近于液化热) | 大(近于反应热) |
| 选择性 | 无或很差 | 较强 |
| 可逆性 | 可逆 | 不可逆 |
| 吸附平衡 | 易达到 | 不易达到 |

由于物理吸附是由分子间力引起的，所以吸附热较小，一般在 41.9kJ/mol 以内。由于分子间力是普遍存在且无选择性的，所以一种吸附剂可吸附多种吸附质。但吸附剂和吸附质的极性强弱不同，某一种吸附剂对各种吸附质的吸附量不同。分子通过热运动，吸附质与吸附剂可发生分离，所以物理吸附是可逆的。

化学吸附一般在较高温度下进行，所以吸附热较大，相当于化学反应热，一般为 83.7~418.7kJ/mol。一种吸附剂只能对某种或几种吸附质发生化学吸附，所以化学吸附具有选择性。化学吸附是靠吸附剂和吸附质之间的化学键力进行的，吸附只能形成单分子吸附层。化学键键能较大，一般无法自发断裂，所以化学吸附是不可逆的。

物理吸附和化学吸附并不是孤立的，往往相伴发生。在水处理中大部分的吸附往往是两种吸附综合作用的结果。由于吸附质、吸附剂及其他因素的影响，可能某种吸附是主要的。

## 三、吸附等温线与吸附等温式

### 1. 吸附等温线

在物理吸附中，当废水与吸附剂充分接触后，一方面，吸附质被吸附剂吸附；另一方面，一部分已被吸附的吸附质由于分子热运动的结果，能够脱离吸附剂的表面，又回到液相中去。前者称为吸附过程，后者称为解吸过程。当吸附速率和解吸速率相等时，即单位时间内吸附的数量等于解吸的数量时，吸附质在溶液中的浓度和吸附剂表面上的浓度都不再改变而达到平衡，此时吸附质在溶液中的浓度称为平衡浓度，即所谓的吸附平衡。

吸附剂吸附能力的大小以吸附量 $q$ 表示。吸附量是指单位质量的吸附剂吸附的吸附质的质量。取一定体积 $V$ 吸附质浓度为 $C_0$ 的水样，向其中投加活性炭的质量为 $W$。当达到吸附平衡时，废水中剩余的吸附质浓度为 $C$，则吸附量可用下式计算：

$$q = \frac{V(C_0 - C)}{W} \tag{8-1}$$

式中　$q$——吸附量，g/g；

$V$——废水体积，L；

$C_0$——原水吸附质浓度，g/L；

$C$——吸附平衡时水中剩余的吸附质浓度，g/L；

$W$——活性炭投加量，g。

恒温条件下，吸附量随吸附平衡浓度的提高而增加。吸附量随平衡浓度而变化的曲线称为吸附等温线，常见的吸附等温线有两种类型，如图 8-1 所示。

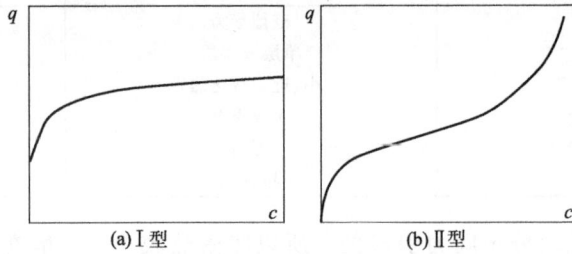

(a) I 型　　　　　　　(b) II 型

图 8-1　吸附等温线类型

为了更好地描述吸附等温线以及获得最大吸附量等信息，多种模型被用来拟合吸附等温线数据。常见的吸附等温线模型如表 8-2 所列。

表 8-2　常见的吸附等温线模型

| 模型名称 | 公式 | 符号说明 |
| --- | --- | --- |
| 线性模型 | $q_e = KC_e$ | $K$ 为吸附亲和系数，L/g |
| Langmuir 模型 | $q_e = \dfrac{q_m C_e}{\dfrac{1}{b} + C_e}$ | $q_m$ 为最大吸附量，mg/g；$b$ 为吸附平衡常数，L/mg |
| Freundich 模型 | $q_e = K_f C_e^{\frac{1}{n}}$ | $K_f$ 为 Freundich 亲和系数 $(mg/g)/(mg/L)^{\frac{1}{n}}$；$n$ 为 Freundich 常数 |
| Langmuir-Freundich 模型 | $q_e = \dfrac{q_m (bC_e)^n}{1 + (bC_e)^n}$ | $q_m$ 为最大吸附量，mg/g；$b$ 为吸附平衡常数，L/mg；$n$ 为 Freundich 常数 |
| BET 模型（气体吸附） | $\dfrac{V}{V_m} = \dfrac{cp}{(p_0 - p)\left[1 + (c-1)\dfrac{p}{p_0}\right]}$ | $V$ 为吸附气体的体积，$cm^3/g$；$V_m$ 为单分子层吸附时的吸附量，$cm^3/g$；$p_0$ 为在吸附温度下吸附质的饱和蒸气压，Pa；$c$ 为常数，与吸附质的汽化热有关 |

### 2. 朗缪尔单分子层吸附理论及吸附等温式

1916 年朗缪尔（Langmuir）根据大量的实验事实，从动力学的观点出发，提出固体对气体的吸附理论，称为单分子层吸附理论。Langmuir 模型是最常用的吸附等温线方程，它有以下假设条件。

① 吸附质只能在固体表面上呈单分子层吸附。

② 固体表面的吸附作用是均匀的。

③ 被吸附分子之间无相互作用。

④ 吸附平衡是动态平衡。

也就是说，Langmuir 吸附模型对于当固体表面的吸附作用相当均匀且吸附限于单分子层时，能够较好地模拟实验结果。该模型的假设并不是严格成立的，它对实验条件的变化比较敏感，具有相当的局限性。实际吸附过程中，特别是液相吸附时，影响因素多，被吸附分子之间往往存在作用力，导致很多吸附过程不能被该模型很好拟合。因此，该模型只能解释单分子层吸附的情况。尽管如此，Langmuir 模型仍不失为一个重要的吸附等温线模型，它的推导过程中考虑了吸附机理，为其他吸附模型的建立奠定了基础。

由于液相吸附很复杂，至今还没有统一的吸附理论，因此液相吸附的吸附等温式一直沿用气相吸附等温式。表示 I 型吸附等温式有朗缪尔（Langmuir）公式和费兰德利希（Freundich）公式，表示 II 型吸附等温式有 BET（Brunauer-Emett-Teller）公式，现分述如下。

（1）朗缪尔公式

朗缪尔公式是从动力学观点出发，通过一些假设条件而推导出来的单分子吸附公式：

$$q = \frac{abC}{(1+aC)} \tag{8-2}$$

式中    $q$——吸附量，mg/g；

$C$——吸附质平衡浓度，mg/L；

$a$、$b$——常数。

为计算方便，可将上式改为倒数式，即

$$\frac{1}{q} = \frac{1}{ab} \times \frac{1}{C} + \frac{1}{b} \tag{8-3}$$

从上式可看出，$\frac{1}{q}$ 与 $\frac{1}{C}$ 成直线关系，利用这种关系可求 $a$、$b$ 的值。

（2）费兰德利希公式

$$q = KC^{\frac{1}{n}} \tag{8-4}$$

式中    $K$、$n$——常数。

将上式改写为对数式：

$$\lg q = \lg K + \frac{\lg C}{n} \tag{8-5}$$

把 $C$ 和与其对应的 $q$ 点绘在双对数坐标纸上，便得到一条近似的直线。这条直线的截距为 $K$，斜率为 $\frac{1}{n}$。$\frac{1}{n}$ 越小，吸附性能越好。一般认为 $\frac{1}{n}=0.1\sim0.5$ 时，容易吸附；$\frac{1}{n}>2$ 时，则难以吸附。当 $\frac{1}{n}$ 较大时，即吸附质平衡浓度越高，则吸附量越大，吸附能力发挥得也越充分，这种情况最好采用连续式吸附操作；当 $\frac{1}{n}$ 较小时，多采用间歇式吸附操作。

（3）BET 公式

BET 公式是表示吸附剂上有多层溶质分子被吸附的吸附模式，各层的吸附符合朗缪尔单分子吸附公式。公式如下：

$$q = \frac{BCq_0}{(C_S - C)\left[1 + (B-1)\dfrac{C}{C_s}\right]} \tag{8-6}$$

式中    $q_0$——单分子吸附层的饱和吸附量，mg/g；

$C_s$——吸附质的饱和浓度，g/L；

$B$——常数。

为计算方便，可将上式改为倒数式，即

$$\frac{C}{(C-C_s)q}=\frac{1}{Bq_0}+\frac{B-1}{Bq_0}\times\frac{C}{C_s} \tag{8-7}$$

从上式可看出，$\dfrac{C}{(C-C_s)q}$ 与 $\dfrac{C}{C_s}$ 呈直线关系，利用这个关系可求 $q_0$、$B$ 值。

吸附量是选择吸附剂和设计吸附设备的重要数据，吸附量的大小决定吸附剂再生周期的长短，吸附量越大，再生周期就越长。虽然吸附等温线所得的吸附量与实际的吸附量并不完全一致，但是，通过吸附等温线所得吸附量的方法简便易行，为选择吸附剂提供了可比较的数据，具有一定参考性。

## 四、吸附速率

### 1. 吸附速率定义

吸附剂对吸附质的吸附效果，一般用吸附容量和吸附速率来衡量。所谓吸附速率是指单位质量的吸附剂在单位时间内所吸附的物质质量。固相自废水中的吸附可分为 4 个过程。

① 吸附质从液相主体向固相表面液膜的扩散，称为外扩散。

② 吸附质通过固相表面液膜向固相外表面的扩散，称为膜扩散。液膜是固相表面的滞留边界层，其厚度和搅拌强度或流速有关。

③ 吸附质在颗粒内部的扩散，污染物从吸附剂的外表面进入吸附剂的内部孔道内，然后扩散到固体的内表面，由孔隙内溶液中的扩散和孔隙内表面上的二维扩散两部分组成，称为内扩散。

④ 吸附质在吸附剂固相内表面上被吸附的过程，称为表面吸附过程。内扩散经常是整个吸附过程的限速步骤，决定了吸附速率。

另外，通常认为物理吸附速率快，化学吸附速率慢，化学吸附的速率和吸附剂表面的官能团以及吸附机理都有密切关系。

一系列的试验证明，颗粒外部扩散速率与溶液浓度成正比，溶液浓度越高，吸附速率越快。对一定质量的吸附剂，外扩散速率还与吸附剂的比表面积的大小成正比，所以颗粒直径越小，扩散速率就越大，越容易发生吸附。另外，外扩散速率还与搅动程度或者速度有关。增加溶液和颗粒之间的相对速率，会使液膜变薄，可提高外扩散速率。颗粒内部扩散比较复杂，扩散速率与吸附剂细孔的大小、构造、吸附质颗粒大小、构造等因素有关。因此对于活性炭之类的吸附剂的差别，往往内部空隙的状态是影响吸附性能的主要因素。颗粒大小对内扩散的影响比外扩散要大些。可见吸附剂颗粒或者分子与离子大小对内部扩散和外部扩散都有很大影响，颗粒越小，吸附速率就越快。因此，从提高吸附速率角度来看，颗粒直径越小越好。但是在实际应用过程中，多重离子都可能发生吸附，从而存在吸附的竞争作用。

## 2. 吸附动力学及模型拟合

测定不同吸附时间下吸附质在吸附剂上的吸附量，可以得到动力学曲线，得到吸附平衡时间。吸附动力学是重要的吸附特性，不仅为其他吸附实验提供了吸附所需的平衡时间，而且能为动态吸附实验所需的床层接触时间提供参考。另外，研究动力学也能为解析吸附过程和吸附机理提供依据。动力学数据可以用多种动力学方程进行拟合，常见的吸附动力学方程如表 8-3 所列。

表 8-3 常见的吸附动力学方程

| 方程名称 | 公式 | 符号说明 |
| --- | --- | --- |
| 拟一级动力学方程 | $q_t = q_e[1 - \exp(-k_1 t)]$ | $q_t$ 为在时间 $t$ 时的吸附量，m/mg；$q_e$ 为平衡吸附量，mg/g；$k_1$ 为一次方程吸附速率常数 |
| 拟二级动力学方程 | $\dfrac{t}{q_t} = \dfrac{1}{k_2 q_e^2} + \dfrac{t}{q_e} = \dfrac{1}{v_0} + \dfrac{t}{q_e}$ | $q_e$ 为平衡吸附量，mg/g；$k_2$ 为二次方程吸附速率常数；$v_0$ 为初始吸附速率，mg/(g·min) |
| Elovich 方程 | $q_t = a + b\ln t$ | $a$ 和 $b$ 为 Elovich 吸附动力学速率常数 |
| 颗粒内扩散模型 | $q_t = k_p t^{0.5} + C = \dfrac{6q_e}{R}\sqrt{\dfrac{D}{\pi}} t^{0.5} + C$ | $k_p$ 为颗粒内扩散速率常数；$R$ 为颗粒半径，cm；$D$ 为扩散系数；$q_e$ 为平衡吸附量，mg/g；$C$ 为常数 |
| Freundich 修正式 | $q_t = KC_e t^{\frac{1}{m}}$ | $K$ 和 $m$ 为常数，$m < 1$；$C_e$ 为平衡浓度，mg/L |
| 抛物线扩散方程 | $q_t = Rt^{\frac{1}{2}} + C_1$ | $R$ 为总扩散系数；$C_1$ 为常数 |

## 五、影响吸附的因素

### 1. 温度对吸附量的影响

根据 Langmuir 假设，吸附是动态平衡的，温度的变化会使吸附速率发生变化，平衡会发生移动，吸附量随之改变。一般吸附过程为放热过程，因此温度升高使吸附量减少，吸附能力减弱。但是在实际工作体系中，要根据不同的情况综合考虑温度的影响。

### 2. pH 值

对于非离子型的吸附质，其吸附量与 pH 值没有太大的关系；对于阳离子型的吸附质，其吸附量随着 pH 值的升高而增加；对于阴离子型的吸附质，其吸附量随着 pH 值的升高而减少。

### 3. 吸附剂

由于吸附现象发生在吸附剂表面上，所以在一定情况下，吸附剂的比表面积越大，吸附能力就越强。另外，吸附剂的物质组成、浓度大小、颗粒形状等也会对吸附效果产生影响。

### 4. 吸附质

吸附质的浓度、分子极性、分子量大小对吸附性能都有一定影响。固定吸附剂的剂量，增加吸附质的浓度，开始时吸附量随着吸附质的浓度增加而增大，成一条直线，然后缓慢增大，达到一定的吸附量后将不再改变。能够使液体表面自由能降低越多的吸附质，越容易被吸附。吸附质分子的大小和不饱和度对吸附效果也有影响。例如活性炭与沸石相比，前者易吸附分子直径较大的饱和化合物。而合成沸石易吸附分子直径小的不饱和（碳碳双键，碳碳三键等）化合物。应该指出的是活性炭对同族有机化合物的吸附能力，虽然随有机化合物的分子质量的增大而增加，但分子质量过大，会影响扩散速度。所以当有机物分子量超过 1000 时，需进行预处理，将其分解为小分子质量物质后再用活性炭进行处理。其他吸附剂对吸附质的选择性如表 8-4 所列。

表 8-4　吸附剂的选择性

| | | 非极性 ←→ 极性<br>饱和 ←→ 不饱和 |
|---|---|---|
| 大<br>↑<br>分子<br>↓<br>小 | 碳素吸附剂 | 二氧化硅<br>氧化铝 |
| | 活性炭 | 氧化铝胶<br>活性白土 |
| | 分子筛 | 合成沸石 |

## 六、静态吸附与动态吸附

### 1. 静态吸附

吸附法通常包括吸附、分离和再生三个步骤。按不同的操作方式，吸附法可分为静态吸附和动态吸附两种。将适量固相吸附剂与适量废水充分搅拌混合，两者组成的体系会发生吸附现象，每隔一定时间测定吸附量，直至吸附量不再变化达到吸附平衡，该过程即为静态吸附。静态吸附相关理论简述如下。

① 朗缪尔（Langmuir）公式。

② 费兰德利希（Freundich）公式。

③ BET（Brunauer-Emmett-Teller）公式。

相关理论模型参数见于本节中的郎缪尔单分子层吸附理论及吸附等温式。

### 2. 动态吸附

静态吸附研究是研究吸附材料性能的研究方法，具有成熟的表征体系，也可依据各参数的情况调整活化和改性方法来优化吸附性能。但在水处理领域实际应用时，多数情况并不符合静态吸附的实验条件，如饮用水厂的深度处理。相当部分应用场景面对的是连续进水、连续出水的模式，静态吸附的吸附性能无法等同或者折算表征其实际用于水处理的性能。因此，就有了动态吸附的研究模式，通过对吸附材料在水体流动情况下的各参数表征来考察其实际应用的背景。将废水按一定流量通过填有吸附剂的吸附柱，吸附剂持续地吸附流动废水中杂质的过程，即为动态吸附。动态吸附是在流动条件下进行吸附，相当于连续进行多次吸附，即在废水连续通过吸附剂填料层时，吸附去除其中的污染物。常见于固定床、膨胀床和移动床等装置中，各种吸附装置可单独、并联或串联运行，得到广泛使用的是固定床吸附系统，根据水流方向可分为上向流和下向流两种。动态吸附相关理论简述如下。

（1）穿透曲线

穿透曲线是依据吸附柱试验数据绘制而成的。按吸附柱出水溶质浓度或出水与进水溶质浓度之比 $C_t/C_0$ 对过滤时间或过滤水量 $V$ 的关系作图。吸附柱的穿透曲线如图 8-2 所示。

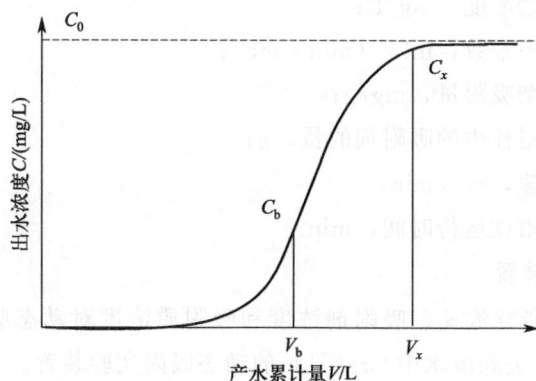

图 8-2　吸附柱的穿透曲线

出水浓度达到最大允许值 $C_b$ 时称为穿透。出水浓度等于 95% 时的点 $C_x$ 称为耗竭。从穿透到耗竭时的一段 S 形曲线称为穿透曲线。在该曲线的上方，表示不同过滤时间吸附柱的饱和区、吸附区和未吸附区的变动情况。动态吸附试验开始时，大部分污染物在柱上部的吸附区内去除，出水中污染物浓度很低。过滤一定水量后，上层吸附剂趋于饱和。吸附区接近柱的底部时，出水污染物浓度渐渐增大，一旦吸附柱趋于饱和，出水的污染物浓度快速上升，最终等于出水浓度。出水浓度达到允许最高出水浓度 $C_b$ 时称为吸附柱的泄漏浓度，所产生的总水量为 $V_b$，相应的运行时间 $t_b$ 称为吸附周期。

穿透曲线的形状和进水水质、水量及吸附剂的容积有关。流量和吸附床容积一定，接触时间一定时，若污染物与吸附剂的种类不同，曲线的斜率和穿透时间也随之发生变化，表现为 S 形曲线，有时很陡，有时则延伸很长。如吸附床的出水水质要求不同，则达到穿透的时间也会发生变化。吸附剂堆积厚度一定时，出水水质要求越高，则穿透越早，吸附柱运行时间越短，相应的再生频率增大。利用穿透曲线可知废水溶液在通入吸附柱的初始阶段去除率较高，随着时间的增加吸附效率逐渐降低直至达到吸附平衡。

（2）Thomas 模型

Thomas 模型、Yoon-Nelson 模型、Adams-Bohart 模型、Clark 模型、Wolborska 模型是对动态吸附固定床进行动力学研究的常用模型。特别是对于动态吸附，常结合穿透曲线用 Thomas、Yoon-Nelson 等模型来研究其吸附动力学。

Thomas 于 1944 年提出了著名的 Thomas 模型，可估计吸附质的平衡吸附量和吸附速率常数，其表达式如下：

$$\frac{C_t}{C_0} = \frac{1}{1 + \exp\left(\dfrac{K_{Th} q_0 x}{v} - K_{Th} C_0 t\right)} \tag{8-8}$$

其线性形式为：

$$\ln\left(\frac{C_0}{C_t}-1\right)=\frac{K_{\mathrm{Th}}q_0x}{v}-K_{\mathrm{Th}}C_0t \tag{8-9}$$

式中　$C_t$——取样时的浓度，mg/L；

　　　$C_0$——初始浓度，mg/L；

　　$K_{\mathrm{Th}}$——速率常数，mL/（min·mg）；

　　　$q_0$——平衡吸附量，mg/g；

　　　$x$——吸附柱中的吸附剂的量，g；

　　　$v$——流速，mL/min；

　　　$t$——吸附柱运行时间，min。

（3）吸附柱实验装置

一般用吸附柱来研究流速、吸附剂浓度和吸附质浓度对动态吸附效果的影响，图 8-3 是常见的以活性炭去除废水中 Cr（Ⅵ）的动态吸附实验装置。

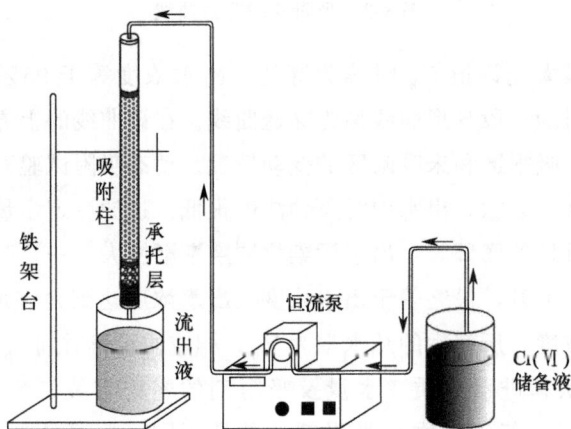

图 8-3　以活性炭去除废水中 Cr（Ⅵ）的动态吸附实验装置

以活性炭吸附废水中的重金属 Cr（Ⅵ）为例，在室温下，将水样用恒流泵按照一定的流速抽水，使得水样通过吸附柱，通过考察流速、总流量、总时长、吸附柱长（含吸附质）、吸附柱内径、进水浓度、滤除物质含量等参数得到最佳流速、最佳吸附剂和吸附质浓度，从而分析得到吸附剂材料对吸附质的动态吸附性能。

## 第二节　吸附剂与活性炭

### 一、吸附剂

按照孔型特征可将常用吸附材料分为多孔、无孔、与纳米吸附材料等三类，本书主要介绍其结构特性、吸附特性及其在水处理中的应用特性与研究进展。

### 1. 多孔吸附材料

**(1) 活性炭**

活性炭是一种碳基吸附材料，以果壳、木材等高有机质含量物质为原料，经过碳化和活化等一系列工艺制备而成。因其比表面积大、孔隙丰富、吸附能力强且成本低，是一种理想的吸附材料。其主要元素为碳，也含有少量氧、硫、氮等非金属元素，整体结构为类石墨微晶。可以通过其丰富的微孔以物理吸附的方式截留吸附质，还可以通过其表面的含氧官能团吸附一定含量的极性物质。活性炭原本属于非极性吸附剂，但通过对其表面官能团进行改性（如氧化、还原、负载等）可以调控其表面官能团的含量和性质，强化对特定极性物质的吸附。

在水处理工艺中，活性炭被广泛应用于饮用水的深度处理以去除消毒副产物、藻毒素等微量污染物，也可用于各类废水的重金属、色度、氨氮去除。活性炭的结构、性能、制备工艺和表征方法等内容将在本章活性炭部分中详述。

**(2) 活性氧化铝**

活性氧化铝（activated alumina）是具有多孔结构、高分散性和很大比表面积的氧化铝。已知有 9 种氧化铝晶体类型，其中 $\gamma\text{-}Al_2O_3$ 是最重要的活性氧化铝的晶体类型。因为它具有高活性和优良的吸附性能，因此，活性氧化铝也多指 $\gamma\text{-}Al_2O_3$，是一种廉价而高效的吸附材料。

$\gamma$ 型氧化铝可以在 450～550℃的温度下对薄水铝石进行脱水制备。$\gamma\text{-}Al_2O_3$ 的结构由随机分散在八面体和四面体之间的空隙中的 $Al^{3+}$ 组成，空隙则是由 $O^{2-}$ 立方面心密堆积形成的。$\gamma\text{-}Al_2O_3$ 具有更大的孔隙体积和分散性，使其内表面积可高达 $10^2 m^2/g$，并具有更好的活性和吸附作用。但是，因为前驱体的制备方法有差异，活性氧化铝的形态、比表面积和孔体积也有区别，吸附能力也有差别。$\gamma\text{-}Al_2O_3$ 是一种过渡态氧化铝，具有低密实度、缺陷尖晶石结构和优良的反应活性，主要用于石油化工、有机化工、橡胶、化肥和环保工业。

在水处理过程中，为提高水处理效率，降低运行成本，吸附剂需要具有吸附能力强、反应速度快、成本低、易再生、易回收、回用性能好等特点。活性氧化铝产品具有较大的比表面积（50～300$m^2/g$），在水中表面羟基化可产生活性位点，微孔表面具有较强的吸附能力，对大多数无机离子和一些有机物具有较强的吸附能力，易于用酸碱溶液再生，且成本低。活性氧化铝广泛应用于水处理过程，主要用于去除水中的无机离子，如五价砷、六价硒、五价磷和氟离子。工业活性氧化铝一般指各种类型的过渡氧化铝和无定形氧化铝的混合物，一般由氢氧化铝脱水获得。Jiang Haiyu 等使用直径为 2～4mm 的活性氧化铝小颗粒作为吸附剂，对活性氧化铝吸附水中的砷进行研究，当水体砷浓度为 10mg/L 时，砷的去除率均高于 90%，最高可达 99.2%。Jiemin Cheng 等使用工业活性氧化铝吸附处理氟离子，粒径为 0.38mm，呈颗粒状，对氟离子的吸附能力为 2.74mg/g，经镧改性后，性能提升至 244%，升至 6.70mg/g。

**(3) 沸石**

沸石是一种水合硅酸盐矿石，特点是具有 $SiO_4$ 和 $AlO_4$ 四面体的三维笼状框架，每个氧原子同时被两侧的两个硅（铝）氧四面体所共有，四面体以共顶角的形式在三维空间中无限延伸。图 8-4 为沸石形状及平面结构式。

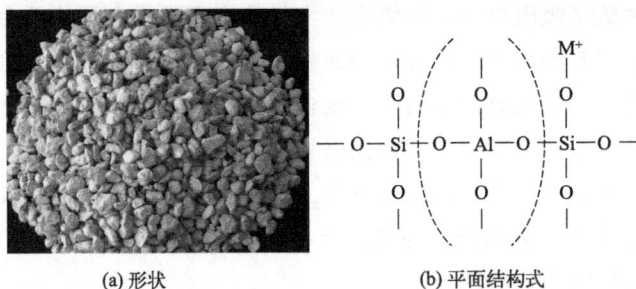

(a) 形状　　　　　(b) 平面结构式

图 8-4　沸石形状及平面结构式

沸石的优点包括：离子交换能力强，空腔内的可交换阳离子不会造成二次污染；相对较大的比表面积；热稳定性较高；物化特性较稳定，耐磨损、耐酸碱、耐高温、耐腐蚀；具有一定机械强度；具有吸附选择性；在保持初始性能的同时容易再生；成本低。天然沸石也可以被激活和改性，以进一步提高其吸附和离子交换能力。主要的活化改性方法包括高温焙烧、酸化、盐/碱化、表面改性和骨架改性。沸石通常用作水处理过程中的吸附剂以去除氨氮、无机氟离子、极性有机物、重金属和含氧阴离子。

饶力等使用天然沸石作为吸附剂来处理氧化铁红厂吹脱处理后的含氮废水，实验结果表明天然沸石在一定工况下对氨氮的吸附能力约为 $4kg/t$，处理水量高达 $16t$，氨氮去除率约在 $67\%$，并且天然沸石具有高再生性，再生后其吸附性能保持稳定。

（4）膨润土

膨润土是一种主要由蒙脱石组成的黏土，其主要的矿物成分是 $SiO_2$、$Al_2O_3$ 以及少量 $MgO$、$CaO$、$K_2O$、$Na_2O$、$Fe_2O_3$ 等，蒙脱石是一种 $2:1$ 层型的水合层状铝硅酸盐，1 个 Al-O 八面体被 2 个 Si-O 四面体夹在中间构成。图 8-5 为膨润土的晶胞结构。

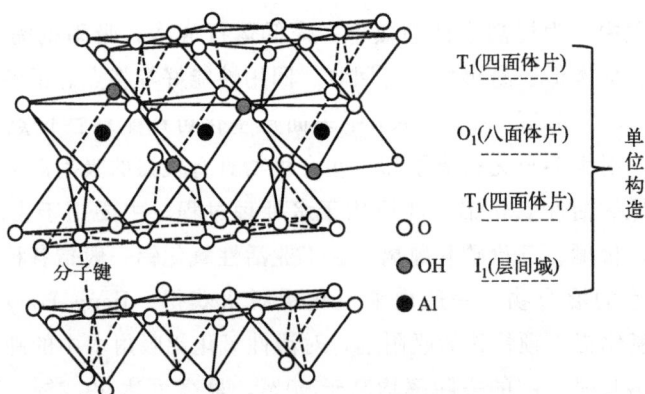

图 8-5　膨润土的晶胞结构

膨润土对水体中的金属离子显现出良好的吸附性能，可以吸附去除废水中的 $Co^{2+}$、$Zn^{2+}$，受污染天然水体中的 $Pb^{2+}$、$Cd^{2+}$、$Ni^{2+}$ 还有其他共存金属离子如 $Cu^{2+}$、$Mn^{2+}$、$Cr^{3+}$ 等。然而，由于其亲水结构，膨润土对疏水的有机污染物的亲和性较低，因此可使用有机修饰剂通过表面活性剂交换法制备修饰膨润土。Vojkan 等研究了用羧甲基纤维素钠改性的黏土从水中吸附去除 $Pb^{2+}$，使用含 $50\sim150mg/L$ $Pb^{2+}$ 的溶液分析了吸附酸的初始浓度对铅去除的影响，并测量了用于去除 $Pb^{2+}$ 的吸附剂用量，当初始 $Pb^{2+}$ 浓度为 $100mg/L$ 时，除铅效率为 $86.19\%$。

（5）硅藻土

硅藻土是一种无定形的蛋白质矿物，由硅藻的遗骸在自然环境的长期作用下形成，相对密度较小，仅为 $0.4\sim0.9g/cm^3$。其化学成分主要是二氧化硅，还有少量的其他氧化物，如 $Al_2O_3$ 和 $Fe_2O_3$。硅藻土的颜色主要呈灰色、白色或者灰白色，由于氧化铁和有机物的存在，通常颜色较深。硅藻土质量轻、多孔、化学性质稳定，具有大量的纳米级微孔结构和较大的比表面积，这使其具有很强的吸附能力，在煅烧后可以有效地去除水中的污染物，如染料和重金属离子。由于其独特的物理和化学特性，硅藻土可以通过物理吸附的方式结合水中的重金属离子，但物理吸附是一个可逆过程，其实际应用并不理想。为了提高硅藻土的吸附能力，通常在硅藻土表面引入金属氧化物，改变其表面结构特性，增加其比表面积和表面负电荷，从而达到去除重金属离子的目的。

在水处理工艺中，硅藻土可以作为一种助滤剂，用于过滤水中的固体悬浮物、胶体物质、藻类、腐殖酸，并去除色度等。在去除重金属离子方面，硅藻土对 $Pb^{2+}$、$Cu^{2+}$、$Cd^{2+}$ 和 $Ag^+$ 有很强的吸附能力，也可用于处理城镇生活污水、含油废水、印染或造纸废水等各类废水。李晓颖等用氢氧化钠和氯化铝对硅藻土进行改性以除磷，在 $12g/L$ 的用量下，浓度为 $20mg/L$ 的模拟含磷废水除磷率可以达到 $89.45\%$。

### 2. 无孔吸附材料

无孔吸附材料以矿物粉中的海泡石为例。

海泡石（sepiolite）是一种富含镁的纤维状硅酸盐黏土矿物，具有链状结构的水铝镁硅酸盐矿物。链状结构包含小单元，呈 2∶1 的层状片状结构，单元层之间有不同的孔道。海泡石的单位层孔隙范围为 $0.38\sim0.98nm$，可扩展至 $0.56\sim1.10nm$，使海泡石具有优异的物化性能以及加工性能。海泡石晶体结构示意图如图 8-6 所示。

海泡石的主要化学成分是硅和镁，其化学式为 $Mg_8(H_2O)_4[Si_6O_{16}]_2(OH)_4 8H_2O$。$SiO_2$ 含量一般为 $54\%\sim60\%$，MgO 含量主要在 $21\%\sim25\%$ 内波动，它含有少量的交换性阳离子，如 $Mg^{2+}$ 可被 $Fe^{2+}$ 或 $Fe^{3+}$、$Mn^{2+}$ 等置换。海泡石具有较强的吸附能力，良好的机械和热稳定性，以及分子筛功能，可以吸附大量的水或极性物质，包括弱极性物质。同时，海泡石可以作为絮凝剂的载体，促进絮凝剂的沉淀和脱水。

### 3. 纳米吸附材料

（1）碳纳米管

碳纳米管（carbon nanatubes，CNTs）在 20 世纪 90 年代初由 NEC 实验室（日本筑波）的物理学家 S. Iijima 首先发现。碳纳米管是通过将石墨片卷成单层到几十层制成的空心管。按照层数不同可分为单壁（SWCNTs）和双壁（MWCNTs）两类。SWCNTs 直径一般为 $1\sim6nm$，小管径使其高度均匀，并防止结构缺陷的存在。MWCNTs

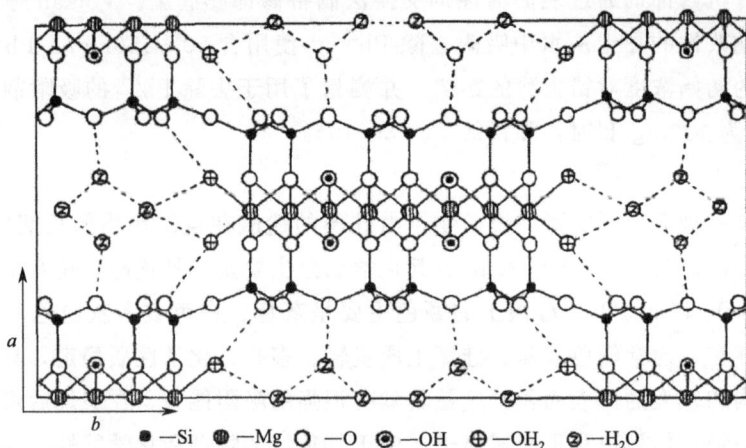

图 8-6　海泡石晶体结构示意图

直径一般为几纳米到几十纳米，层数为 2～50，层间距约为 0.335nm，与石墨的层间距相当。一般来说，碳纳米管聚集成束状且两端封口。单壁碳纳米管和多壁碳纳米管结构示意图如图 8-7 所示。

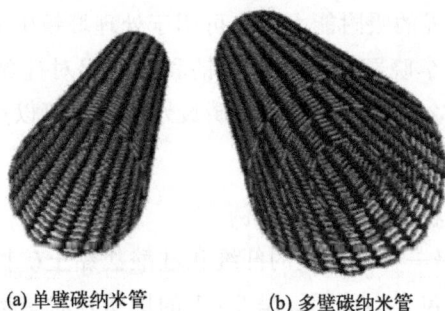

(a) 单壁碳纳米管　　　　(b) 多壁碳纳米管

图 8-7　单壁碳纳米管和多壁碳纳米管结构示意图

众多研究表明，CNTs 对气体、有机污染物和重金属的吸附能力和亲和力都远大于其他碳质材料（如活性炭、C18 等），其优越的吸附能力主要是由于两个因素：大比表面积和丰富的纳米孔结构。理论计算表明 CNTs 的比表面积为 $10～315m^2/g$。普通多孔碳材料的孔隙主要是由其自身的结构缺陷形成的，孔隙大小体系具有一定的随意性，而 CNTs 的出现使得碳结构中形成了完全有序的纳米级孔隙结构，这使得 CNT 与普通多孔碳的孔隙结构有很大的不同；CNTs 的出现使得在碳结构中形成完全规则的纳米级孔隙结构成为可能，并且具有高度的均匀性。六边形纳米级孔隙可以有更大的比表面能和吸附势能，由此可以大量吸附气体和液体以及金属离子。

由于其完整、光滑的表面和极其惰性的性质等因素，CNTs 表现出极强的疏溶剂性，极容易在溶液中聚集成束，因此可通过物理或化学手段改性修饰表面化学成键方式，改善在溶剂中的分散性，增强与基体的界面结合力，提高应用性。

在水污染处理中，用于含重金属如铅、铬等或非金属毒物如氟以及苯和酚类等有机化学毒物的水体处理。Tofighy 等研究了使用 $HNO_3$ 处理的 CNT 去除 $Pb^{2+}$ 的最大吸附容量为 101.5mg/g。Kabbashi 等也研究了使用 CNT 作为吸附剂去除 $Pb^{2+}$ 的方法。在 80min，$Pb^{2+}$ 浓度为 40mg/L，pH 值为 5，搅拌速度为 50r/min 时，$Pb^{2+}$ 的最大去除率是 96.03%。

(2) 石墨烯

石墨烯是一种二维碳纳米材料，其中的碳原子以 $sp^2$ 杂化的蜂窝状结构点阵排列。理想的石墨烯只有 0.335nm 厚，具有 $2630m^2/g$ 的大理论比表面积，使其成为构建其他尺寸碳质材料的基本单元。石墨烯主要是苯六元环结构，碳碳双键是最基本的化学键，结构相对稳定，其苯环结构难以用常规化学方法打破。由于其独特的二维结构和优异的物理化学性质，石墨烯被广泛应用于电学、光学、能源以及环境领域。

氧化石墨烯（graphene oxide，GO）是石墨烯的一种氧化物，它保留了石墨烯比表面积大的优势，自身含有丰富的含氧官能团（羟基、羧基和环氧基等），在水中具有良好的分散性，GO 在水溶液中的溶解度为 712g/L，远大于石墨烯在水中的溶解度 0.175g/L，因而得到广泛应用。

由于 GO 片层中存在大量的极性基团，它能强烈地吸附含氨基等成氢键作用基团的物质，能高效地吸附极性有机分子，并能通过静电引力和配位键结合不同价态的金属离子（$Cu^{2+}$、$Pb^{2+}$、$Cd^{2+}$、$Cr^{6+}$）。在水处理中，其良好的亲水特性使其在吸附后的分离具有很大的挑战性，需要在应用前进行改性修饰。

## 二、活性炭

### 1. 理化性质

(1) 物理结构

① 晶体结构。活性炭是一种碳基吸附材料，具有复杂的结构，与石墨和金刚石具有碳原子以固定模式排列的分子结构不同，也与大多数碳化物具有复杂大分子结构不同。活性炭一般被认为是由石墨状的碳微晶和无定形碳组成，它们相互连接形成活性炭的块状和孔状结构。然而，活性炭既包含石墨微晶，也包含无定形碳，由石墨微晶和无定形碳组成的多相物质决定了活性炭的独特结构。石墨与活性炭的基本结构和区别如图 8-8 所示。

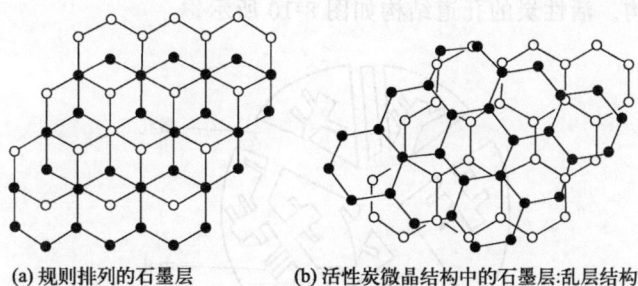

(a) 规则排列的石墨层　　　　(b) 活性炭微晶结构中的石墨层：乱层结构

图 8-8　石墨与活性炭的基本结构和区别

在石墨结构中，碳原子通过 $sp^2$ 杂化结合，剩下的一个 p 轨道平行重叠形成一个大 π 键，这就形成了石墨的平面网状结构，这种平面结构以固定的间隔平行排列（面网之间的作用力为范德华力），形成规整的三维结构，其中，面网的 C—C 键长为 0.142nm，间距为 0.335nm，其结构如图 8-8(a) 所示，所以石墨具有导电、导热和润滑性能等特性。

活性炭基本上是非结晶碳，由类似石墨的微晶体和将其固定在一起的碳氢化合物部分组成。活性炭的初始原料木材和煤炭经过碳化和活化后，在活性炭的一些碳原子之间形成了微晶碳（活性炭的基本晶体），但其表面网络结构并没有采取类似石墨的积层结构的规律性，形成了如图 8-8（b）所示的乱层结构。除了微晶碳之外，在碳化和活化之后，非结晶碳仍然留在活性炭前体中，这表明活性炭是一种多相材料，由微晶簇、不形成平行层的个别网状表面和不规则碳组成。

根据 X 射线衍射分析，现在已经在活性炭中发现了两种具有类似石墨结构的微晶碳。碳的大小随碳化温度的变化而变化，由 3 个平行的石墨层组成，其宽度大约是碳六角形宽度的 9 倍。Riley 认为这两种类型的结构都存在于大多数碳材料中，包括活性炭，而活性炭的最终属性取决于哪种类型的结构占主导地位。

富兰克林将金刚石以外的碳质材料分为两类：易石墨化的碳质材料和难石墨化的碳质材料（图 8-9）。他还提出，难石墨化的碳比较软，而易石墨化的碳比较硬。易石墨化的碳可能具有无序层结构，而不易石墨化的碳则具有交叉连锁的晶格结构。

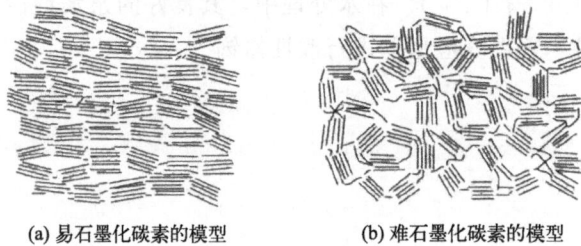

(a) 易石墨化碳素的模型　　(b) 难石墨化碳素的模型

图 8-9　易石墨化和难石墨化碳素的结构

② 孔隙结构。

a. 孔隙结构的形态。1960 年，杜比宁将活性炭孔隙分为三类：大孔（孔径＞50nm）、中孔（或过渡孔，孔径为 2～50nm）和微孔（孔径＜2nm），这一方案被国际纯粹与应用化学联盟（IUPAC）采用。在活性炭中，这三种不同大小的孔隙相互穿插，形成一个树状结构。活性炭的孔道结构如图 8-10 所示。

图 8-10　活性炭的孔道结构

杜比宁分类的大孔的内表面可以引起多层吸附，不过对于活性炭来说，大孔的含量很低,它主要是作为吸附质分子进入吸附位点的通道。因此,它也具有实际的重要作用,不完全是越少越好。过渡孔通常也像大孔一样作为吸附质的通道,从而决定了吸附速率。除此之外,它也可以作为不能进入微孔的大分子的吸附点。活性炭的吸附能力主要由微孔决定,不仅大部分的吸附是通过微孔进行的,而且活性炭非常大的比表面积就是由微孔贡献的。

　　b. 孔容积的计算。在活性炭中,活化会增加孔隙体积。微孔的增多可以被认为是微孔体积的增加。如果孔的形状是裂缝状的,而且由平行的平面组成,那么孔半径就等于平面间隔,如果确定了比表面积($S$)和孔容积($V$),并假设孔形状为圆筒,可用下式计算孔半径($r$):

$$r = \frac{2V}{S} \tag{8-10}$$

式中　$r$——孔半径,cm;

　　　　$V$——孔容积,cm$^3$/g;

　　　　$S$——比表面积,m$^2$/g。

　　c. 孔径分布的确定。研究孔径分布是掌握孔结构的最佳手段。孔径分布也可以表示相当多的活性炭性能。孔径分布通常通过压汞法、电子显微镜法、毛细管凝结法、分子筛法、X射线小角散射法等获得。压汞法是较常用的方法,其原理是汞不会润湿活性炭的细孔壁,因此可以把汞相应压入细孔中,则下式成立:

$$RP = -2\gamma\cos\theta \tag{8-11}$$

式中　$R$——圆筒形细孔半径,cm;

　　　　$P$——加在汞上的压力,Pa;

　　　　$\theta$——汞的接触角;

　　　　$\gamma$——汞的表面张力,N/m。

　　在压力$P$下,汞应该进入半径在$\gamma$以上的所有细孔中,所以可以测定由于压力的增加而进入的汞量,由此测定各个孔径大小,进而确定孔径分布。

　　③ 比表面积。吸附发生在固体的表面,一个物体吸附能力的强弱主要取决于其比表面积的大小。常用于测量比表面积的分析方法包括BET法、流通法、液相吸附法、润湿热法。此外,比表面积也可以通过小角度X射线散射法来测定,不过BET法是测定活性炭比表面积的最常用方法,这种方法测量的活性炭的比表面积通常为1000m$^2$/g。

　　(2) 化学性质

　　① 元素组成。活性炭的元素组成可以用元素分析仪测定(表8-5)。

表8-5　活性炭的元素组成

| 活性炭 | 碳/% | 氢/% | 硫/% | 氧/% | 灰分/% |
|---|---|---|---|---|---|
| 水蒸气法 A | 93.31 | 0.93 | 0.00 | 3.25 | 2.51 |
| 水蒸气法 B | 91.12 | 0.68 | 0.02 | 4.48 | 3.70 |

续表

| 活性炭 | 碳/% | 氢/% | 硫/% | 氧/% | 灰分/% |
|---|---|---|---|---|---|
| 氯化锌法 C | 90.88 | 1.55 | 0.00 | 6.27 | 1.30 |
| 氯化锌法 D | 93.88 | 1.71 | 0.00 | 4.37 | 0.05 |
| 氯化锌法 E | 92.20 | 1.66 | 1.21[①] | 5.61 | 0.04 |

①试验性的，试制的加硫炭。

注：氮含量均为痕迹程度。

活性炭含有 90% 以上的碳，这在很大程度上导致它成为一种疏水性的吸附剂。氧的元素存在方式有两种，一部分存在于灰分中，另一部分以羧基之类的表面官能团形式存在于碳的表面。由于含氧官能团的存在，活性炭并不完全是疏水的，而是在有限程度上亲水。由于该有限的亲水性，活性炭可用于水处理，用水取代孔隙中的空气，并吸附溶解在水中的有机物质。

植物来源的原料通常含有非常低的氮和硫。原材料中的大部分蛋白质和硫化物在碳化和活化过程中被热解，并以气体形式蒸发，但也可能有少量残留。残留的氮原子在一定条件下可以提高活性炭的催化性能。活性炭的灰分含量因原料和制备过程不同而有很大差异。一般来说，木质活性炭的灰分含量低（一般<5%）。如果原料的灰分含量高，在制备活性炭之前必须对原料进行脱矿处理。

活性炭中的微量杂质必须保持在最低水平，其中砷是最重要的杂质。如果土壤中的砷浓度过高，原料中的砷浓度就会增加，用这些原料生产的活性炭中的砷浓度就会超过标准值。严格控制活性炭生产中的砷含量是必要的，如果在活性炭生产中使用了各种废弃原料，也应重点检测它们的重金属污染情况。

② 表面特性。

a. 表面官能团。活性炭的主要成分是碳，它是非极性的，具有疏水特性。然而，碳材料的表面特性会因制造过程和使用环境的不同而改变。因为碳材料的表面很容易被氧化剂（如氧气和水）氧化，从而在表面形成官能团。这些官能团的形成导致了碳材料中界面化学性能的多样性。

碳材料中的官能团可以通过有机化学和 X 射线光电子能谱学来确定。一般来说，碳材料中的主要官能团是羧基、内酯类羧基、酚羟基和羰基（图 8-11）。

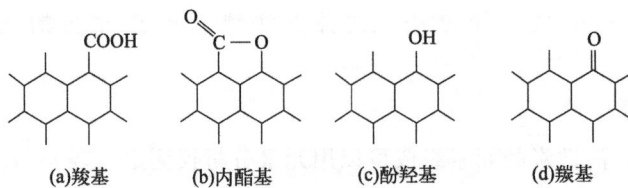

(a)羧基　　(b)内酯基　　(c)酚羟基　　(d)羰基

图 8-11　活性炭表面含氧官能团

含氮官能团也可以存在于活性炭的表面，这些官能团一般来自于含氮原料的制备或活性炭与人工引入的含氮试剂的化学反应。

b. 功能。活性炭的表面化学性质是由存在于表面的化学官能团、表面杂原子和化合物决定的，表面化学决定了活性炭的吸附性能。由于吸附量因表面官能团、杂原子和化合物的不同而有很大差异，因此对活性炭表面官能团的研究对其实际的应用有很大帮助。

活性炭是一种非极性吸附剂，一般来说，由于其疏水性，只吸附水溶液中的各种非极性有机物，不具备吸附极性溶质的能力。然而，它的吸附性能可以通过在其表面引入和修改官能团而得到加强。通常，活性炭表面的含氧官能团中的酸性化合物倾向于吸附极性化合物，而碱性化合物则吸附极性较弱和非极性物质。

活性炭的吸附性能可通过修改表面官能团而改变。增加表面官能团的极性会增加对极性物质的吸附能力。相应地，增加活性炭表面的非极性会增加对非极性物质的吸附能力。因此，通过改变活性炭的表面化学性质，可以发生更有选择性和更多量的吸附。

### 2. 产品分类

活性炭可根据制造方法、外观和形状、使用功能和孔径大小分为不同类型。根据形状的不同，活性炭可分为颗粒状活性炭和粉状活性炭，颗粒状活性炭可分为无定形和非定形；根据原料的不同，活性炭可分为焦木、石油、煤和树脂活性炭；根据使用功能的不同，活性炭可分为液体吸附活性炭、催化性能活性炭、气体吸附活性炭；根据生产方法的不同，可分为物理法、化学法和物理化学法。具体分类见表 8-6～表 8-9。

从外观形状上分类，不同外观形状市售的活性炭分类如表 8-6 所列。

表 8-6　不同外观形状市售的活性炭分类

| 形状 | 特征 |
| --- | --- |
| 粉末状 | 含有大量外径为 0.18nm(约 80 目)或以下的颗粒状活性炭,包括由木屑生产的粉末状活性炭,以及颗粒状活性炭的粉末产品 |
| 颗粒状 | 含有大量外径为 0.18nm(约 80 目)以上的颗粒状活性炭。就形状而言,它们可以分为破碎、球和中空微球状 |
| 破碎状 | 如椰壳活性炭、煤质活性炭。此类活性炭的外表面由于被压碎而呈棱角状 |
| 球状 | 球形碳化物或树脂制备的活性炭 |
| 中空微球状 | 主要由树脂制成,有时直径<50μm,在使用过程中产生的粉末很少 |
| 纤维状 | 由纤维状原料制成的活性炭,纤维直径为 8～10μm,有丝状、布状、毡状几种 |
| 蜂巢状 | 受挤压造成蜂巢状的活性炭 |
| 活性炭成型物 | 将活性炭粉末黏附在纸、无纺布和海绵等基材上制成的产品,以及由活性炭单独或与其他材料结合制成并加工成各种形状的成型产品 |

根据原料的不同，不同原料的市售活性炭分类如表 8-7 所列。

表 8-7　不同原料的市售活性炭分类

| 种类 | 原料 |
| --- | --- |
| 木质 | 木屑、木炭 |
| 果壳 | 椰子壳、核桃壳、杏核等 |
| 煤质 | 褐煤、泥煤、烟煤、无烟煤等 |
| 石油类 | 沥青等 |
| 再生炭 | 废炭活化炭 |

根据制造方法的不同，不同制造方法的活性炭分类如表 8-8 所列。

**表 8-8　不同制造方法的活性炭分类**

| 活化方法 | 活化剂 |
| --- | --- |
| 化学药品活化法 | 氯化锌、磷酸、氢氧化钾、氢氧化钠等 |
| 强碱活化法 | 氢氧化钾、氢氧化钠等 |
| 气体活化法 | 水蒸气、二氧化碳、空气等 |
| 水蒸气活化法 | 水蒸气 |

根据活性炭机能的不同，不同机能的活性炭分类如表 8-9 所列。

**表 8-9　不同机能的活性炭分类**

| 活性炭 | 机能 |
| --- | --- |
| 高比表面积活性炭 | 通过强碱性活化产生的高比表面积活性炭，比表面积为 $2500m^2/g$ 或以上 |
| 分子筛活性炭 | 用于分离气体的细孔活性炭 |
| 添载活性炭 | 以除臭、催化等为目的，在其表面附着金属盐或其他化学品的活性炭 |
| 生物活性炭 | 使活性炭表面形成微生物膜，通过微生物的分解作用进行净化。与臭氧处理配合，用于净水的深度处理 |

### 3. 功能特性

（1）重金属吸附

处理重金属污水的主要方法包括电化学方法、化学沉淀、膜分离和吸附法。其中，吸附法是处理重金属废水的最广泛使用的技术之一，具有处理效率高、操作简单、投资少等优点。大量的研究和工程应用表明，活性炭吸附在处理重金属废水方面是十分有效的。研究表明，活性炭对单一 $Ni^{2+}$、$Cr^{3+}$、$Zn^{2+}$、$Cd^{2+}$、$Pb^{2+}$ 和 $Cr^{6+}$，以及它们的混合废水有良好的去除效果。

活性炭对重金属的吸附可分为两种类型：物理吸附和化学吸附。图 8-12 是活性炭重金属阳离子吸附机理。

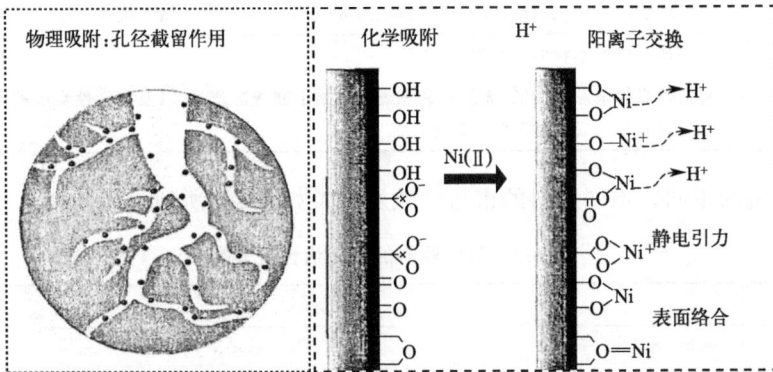

图 8-12　活性炭重金属阳离子吸附机理

物理吸附是基于活性炭的孔隙结构，重金属离子在范德华力的作用下很容易通过大孔和中孔被微孔吸附。化学吸附则有 3 种。

① 发生阳离子交换反应，活性炭表面未去质子化的酸性官能团如羟基、羟基氢和重金属阳离子以化合价为依据发生离子交换吸附；

② 表面极性含氧官能团如去质子化的羧基、内酯基和酚羟基因为极性强易电离，显电负性，与重金属阳离子之间由静电引力结合吸附；

③ 表面的中性官能团，如醚基、酯基、酮基和醇羟基等能够与部分重金属发生络合反应吸附。

另外，碱性官能团（离域 $\pi$ 电子对）通过与—$C_\pi$—$H_3O^+$ 官能团的离子交换作用和与—$C_\pi$ 的电子供体-受体络合作用将重金属阳离子吸附。

（2）有机化合物吸附

在水处理工艺中，活性炭对有机物的吸附主要是物理吸附。除活性炭的孔隙结构和表面性质外，吸附质的性质也有差异化的影响。当活性炭吸附水中的有机物时，大分子物质比小分子物质更容易被吸附，疏水的吸附质比亲水吸附质更容易在水中被吸附。有机物分子大小和疏水性还与活性炭粒径对吸附容量的影响有关。有研究表明小分子物质，如苯酚（MW 为 98Da），活性炭的吸附容量与粒径大小无关；对于饱和大分子物质，若 MW<3kDa，如聚乙烯二醇类，吸附容量与粒径大小无关，MW=8kDa 时，如聚乙二醇，吸附容量与粒径大小有微弱关系；对于不饱和大分子物质，如高分子聚合物——聚苯乙烯磺酸盐，粒径大小对吸附容量存在明显影响；对于各种天然有机物（NOM）而言，活性炭对高紫外吸收的物质的吸附容量受炭粒径影响显著。因此，具有不饱和发色团的大分子的吸附受到粒径大小的显著影响。

对于一些小分子疏水性物质，活性炭对其吸附容量同样也受炭粒径的影响。Matsui 等研究了活性炭对环境水中两种嗅味有机物（土臭素和二甲基异冰片）的吸附性能影响因素，研究发现，这两种物质均为小分子有机物（MW 分别为 182Da 和 168Da），活性炭对二者的吸附容量受炭粒径的影响归因于它们的疏水性。前者疏水性强于后者，活性炭对土臭素的吸附容量受影响程度大于二甲基异冰片，这是因为这两种物质属于低极性有机物，依靠物理作用进入活性炭孔内，且仅能穿透一定的距离，当活性炭粒径远大于这个穿透距离时，炭粒内部区域就没有起到吸附作用，因此平衡吸附容量会随着炭粒径的减小而增加，直到粒径小于这个穿透距离。

吸附质若属于芳香族有机物，相对非芳香族来说，更容易被吸附；有机分子中含有烯键的更容易被吸附；有机物含有无机元素或无机基团的不容易被吸附；非极性有机物更易被吸附。多种吸附质共存时，有机物之间会相互影响，可能会发生相互竞争，降低各自吸附容量，也可能产生相互诱发，增加其吸附容量。

（3）抗生素吸附

随着抗生素的大规模生产和应用，研究人员自 20 世纪 40 年代以来一直致力于处理含有抗生素的废水。快速的工业发展和更严格的排放标准使传统的一级废水处理难以达到现有的污水排放标准。传统的生化和物理处理过程对高浓度的抗生素污水仍是有效的，但对低浓度的抗生素水体则不符合预期。因此又衍生出离子交换法、膜滤法、化学氧化法、吸附法等处理方法。活性炭吸附法适合于高浓度和低浓度抗生素水的深度处理，因为该方法设备简易且投资成本低。对于氯霉素这种典型抗生素，李一再研究发现，香蒲活性炭对氯霉素的吸附是由于 π-π 电子供体-受体（π-πEDA）与活性炭中的石墨结构作为 π 电子供体的相互作用。π-πEDA 复合物主要是由活性炭表面富含 π 电子的芳香烃结构或石墨烯结构与吸附质中缺 π 电子的苯环相互作用形成的。同时，酚羟基作为给电子基团可以促进活性炭的石墨结构与氯霉素苯环间的 π-πEDA 作用。

（4）色度去除

色素分子也是有机化合物，与其他有机化合物相比，其特点是有大量的致色基团和助色基团来表现颜色。在众多染料中，偶氮和蒽醌结构是最常见的发色团。其中，前者（以反应型染料为代表）占到了总量的 70%。在此基础上，各种助色基团的引入决定了染料的色调和色强。一般来说，蒽醌比偶氮结构更难被破坏，后者在降解过程中可能会生成苯胺类化合物。由于色素的分子结构复杂，大多数染料尤其是水解后的反应型染料的可生化性很差，生化处理脱色率约 10%。

活性炭对色素分子的吸附基于物理吸附和化学吸附两类。物理吸附是指色素分子通过扩散进入活性炭的孔隙结构，并在吸附活性部位发生吸附。在这种情况下，较小的色素分子可以到达活性炭的更深位置，并可以利用更多的活性位点进行固定吸附。因此，为不同类型的颜料分子选择具有合适的孔径分布特征的活性炭是很重要的。另外，活性炭本身含有的某些含氧官能团也具有化学吸附能力，具有强极性的色素分子可以通过化学吸附机制被去除。然而，由于活性炭本身是一种非极性吸附剂，其对极性物质的吸附能力相对较弱。因此，需要进行特定的活化（主要是氯化锌和磷酸的活化）和改性，以提高其脱色能力。

### 4. 制备工艺

（1）活化方法

活性炭的活化制备方法分为物理活化和化学活化两类，其区别在于是否加入了化学试剂。物理活化法是一种环境友好的方法，但制备时需要高温和长时间的加热，不仅消耗大量能源，而且产量低，均匀性差，吸附性能低。因此，本书主要介绍化学活化法。

化学活化被广泛用于制备活性炭。在原料被研磨后，活化剂按一定比例与原料混合，根据活化剂的情况，可以在惰性气氛中选择性地加热，以同时完成碳化和活化。使用的活化剂主要是氯化锌、磷酸、碱（如氢氧化钾、氢氧化钠）、碱金属的碳酸盐等。这些化学活化剂在碳化和活化过程中的作用尚不清楚，但一般认为，一方面活化剂是与原料化学反应的反应物，另一方面，活化剂的催化作用也非常重要。这些活化剂在活化过程中的作用可能不同，但这些活化剂具有的脱水作用可以大大降低碳化的活化温度。

$ZnCl_2$ 法是制备活性炭最早的化学活化方法之一。由于其强烈的脱水作用，大大降低了木质素碳化的活化温度至 $150\sim300℃$，改变了木质素热解的过程，减少了焦油的形成，有利于孔隙的生成。然而，在制备过程中，$ZnCl_2$ 的挥发会造成严重的环境污染，许多国家已经禁止使用 $ZnCl_2$ 来制备活性炭。

碱活化法是采用氢氧化钾、氢氧化钠等碱类物质。该方法最初主要是针对石油焦，但对其他如煤和果壳类作为前驱物生产活性炭也同样有效。在这种方法中，将碱按一定的混合比例加入原料中，进行粉碎和混合，然后在惰性气体中或封闭系统中将碳加热到 700～800℃使其炭化活化，能得到具有大量笼状微孔结构的比表面积在 3000m²/g 左右的活性炭。

$H_3PO_4$ 活化法是制备活性炭比较成熟的工艺。该方法活化机理与氯化锌法类似，有利于热解反应过程，降低活化温度。磷酸在原料中分布并占据固定位置，这可以防止颗粒在高温条件下收缩，抑制焦油的形成，当磷酸被洗涤后活性炭就具有了发达的孔隙结构。磷酸活化法制备的产品拥有较宽的孔径分布、发达的中孔和广泛的应用范围。

（2）改性方法

活性炭具有丰富的微孔结构和巨大的比表面积，因此对大多数污染物具有良好的吸附性能。活性炭是一种广谱吸附材料，因此选择性较低，这影响了它对某些污染物的吸附性能。根据要去除的污染物的类型，可以通过改性灵活改变活性炭的结构或修改其表面，以有效提高对特定物质的选择性吸附。

① 表面氧化改性。在适当的条件下，活性炭的表面可以用氧化剂进行氧化，以增加其表面的含氧官能团（如羧基、酚羟基、酯基等）的含量，增强活性炭表面的亲水性即极性，提高对极性物质的吸附能力。氧化改性是改性活性炭的常用方法，常用的氧化剂有 $HNO_3$、$H_2O_2$、$H_2SO_4$、$O_3$、$(NH_4)_2S_2O_8$。根据所使用的氧化剂，含氧官能团的含量和类型将发生变化，改性活性炭的孔隙结构、比表面积、体积和孔径也将发生变化。

硝酸是最常用的强氧化剂，氧化处理后的活性炭提高对金属离子的吸附能力，主要是由于表面的酸性官能团（能解离出质子）可以通过静电吸引与金属离子形成络合物。刘文宏等在不同温度下使用浓硝酸对活性炭进行表面处理，结果显示，在常温和沸腾两种改性条件下都使活性炭表面产生更多的含氧基团，但活性炭经常温浓硝酸改性后，比表面积和孔容都显著增加，而经沸腾浓硝酸改性后，比表面积和孔容却显著降低。经常温浓硝酸改性后，提高了 $[Ag(NH_3)_2]^+$ 在活性炭表面的吸附还原反应，当银离子浓度为 600mg/L 时，改性活性炭上吸附的银量是原炭的 5 倍以上。

② 表面还原改性。表面还原改性主要是利用合适的还原剂在适当的温度下还原活性炭表面的官能团，增加活性炭表面的碱性官能团含量，以增加表面的非极性，提高对非极性物质的吸附能力。常用的还原剂有 $N_2$、$H_2$、NaOH、KOH、氨水等。

制备碱性活性炭的最简单方法是在生产过程中引入惰性气体氢气和氨气。在 400～900℃时，引入 $NH_3$ 后活性炭表面可生成碱性含氮官能团。在 400～900℃时可生成在酰胺类、芳香胺类和质子化的酰胺类，这些活性炭表面的物质均会增强活性炭表面碱性。高尚恩等研究表明，氢气改性的活性炭对苯酚和苯磺酸的吸附能力明显增加。在还原反应过程中，一些含氧官能团在高温下被分解成二氧化碳、一氧化碳和水等产物，这使得含氧官能团的总量，特别是含氧的酸性官能团明显减少。Chen 等研究表明，用氨水对活性炭进行高温改性可以提高其对高氯酸根（$ClO_4^-$）的吸附能力。特别在 650～700℃时，改性活性炭吸附能力最强，可达到原炭的 4 倍。这主要是由于活性炭表面的正电荷增加以及活性炭和 $ClO_4^-$ 静电引力的增强。

当用氨水浸渍活性炭时也可得到富含氮的官能团。Shaarani 和 Hameed 的研究证实，用氨水改性的活性炭表面更偏碱性，活性炭表面带有更多的正电荷，对 2，4-DCP 的吸附能力从 232.56mg/g 提高至 285.71mg/g，增加了 22.86%。

③ 负载物质改性。活性炭负载改性是利用活性炭巨大的比表面积和孔隙容量，将金属离子和其他不同原子吸附到活性炭的孔道中，利用金属离子和不同原子对吸附剂的强大结合力，提高活性炭对吸附物的吸附效果。常用的金属离子包括铜、铁、铝和银离子，负载活性炭已被证明对重金属、氟化物离子、氰化物和砷酸盐有很好的吸附能力。

铁盐溶液是最常用的负载改性活性炭的浸渍液，朱慧杰等采用三价铁盐改性负载型纳米铁制备的活性炭在 pH＝6～9 内对 As（Ⅲ）有很高的去除率。室温下，As（Ⅲ）初始浓度为 2mg/L，吸附剂投加量为 1.0g/L 时，As（Ⅲ）的去除率为 99.86%，负载活性炭的砷吸附量为 1.997mg/g。Leyva Ramos 等利用铝盐改性活性炭并用于对氟离子的吸附，与原碳相比，负载的活性炭对负离子的吸附能力增加了 3～5 倍。pH 值对铝吸附的影响很大，最佳负载 pH 值为 3.5，pH 值＜3.5 或＞4.0 时，铝盐开始沉淀，无法负载到活性炭表面。Maruyama 和 Abe 的研究表明，负载有铂的活性炭在氧化还原过程中可提高对有机酸的吸附能力。Chen 等报道了腐殖酸与铜离子有特异的结合力，若利用铜离子改性活性炭后处理腐殖酸废水，可以提高活性炭对腐殖酸的吸附能力。

**5. 表征方法**

（1）活性炭表征

① 表面形貌观察。活性炭的微观表面形态可以具象反映活性炭的结构和形状，并且可以通过观察光滑度判断活化程度等。扫描电子显微镜（scanning electron microscope，SEM）被用来观察活性炭样品的表面形态。为了提高活性炭的导电性，在测量前必须对活性炭进行喷金处理。

② 比表面积和孔径分布。有两种模型常用于计算比表面积：Langmuir 模型和 Brunauer-Emmett-Teller（BET）模型。Langmuir 模型是单分子层吸附等温式，仅适用于微孔材料的吸附，对于结构中不仅含有微孔，而且含有中孔和大孔的多孔材料，BET 模型将单层吸附的理论扩展到多层吸附上，可根据 BET 模型计算比表面积。

活性炭样品的比表面积和孔径分布可以用静态氮气吸附系统来确定。在温度 77K 下，以液态氮为吸附介质，完成氮气吸附/脱附实验。测定前，活性炭样品需在 200℃ 下真空干燥 2h，确保样品管中无其他杂质气体。比表面积选点区为 0.05～0.3。比表面积测定选用 BET 法，介孔分布选用 BJH 模型，微孔分布选用 t-plot 法。

③ 红外光谱分析。傅里叶红外光谱法（fourier transform infrared spectrometry，FT-IR）被用来确定活性炭表面的官能团类型。作为一种经典的定性分析，可以得知制备的活性炭是否具有所需的表面官能团修饰，并且可以半定量地反映官能团的含量。通过红外光谱仪对样品进行红外光谱分析，首先将约 5mg 活性炭置于玛瑙研钵中，加入高纯溴化钾，经充分研磨后用压片机压成透明薄片，放入红外光谱仪中进行测定。测定条件：分辨率 2cm，扫描的区间范围为 400～4000cm$^{-1}$，扫描 60 次。

④ 表面酸性含氧官能团含量测定。表面酸性含氧官能团的含量直接决定了活性炭

对极性物质的吸附性能强弱，一定程度上也决定活性炭的亲水/疏水特性和在水中的分散性。

通过贝姆滴定法测定活性炭表面官能团。贝姆滴定法基于以下的假设：NaOH 可中和活性炭表面的羧基、内酯基和酚羟基，$Na_2CO_3$ 可中和羧基和内酯基，$NaHCO_3$ 只中和羧基，故羧基含量即为 $NaHCO_3$ 消耗的 HCl 的量，内酯基含量等于 $Na_2CO_3$ 减去 $NaHCO_3$ 消耗的 HCl 的量，酚羟基含量等于 NaOH 减去 $NaHCO_3$ 消耗的 HCl 的量，通过计算可得出各种官能团的含量。具体的操作步骤为：首先，配制浓度分别为 0.1mol/L 的 $NaHCO_3$、$Na_2CO_3$、NaOH 的标准碱液，然后，称取 0.5g 活性炭样品，放入可密封的装有 25mL 0.1mol/L 标准碱液的锥形瓶中，在 20℃下振荡 24h，静置 2h 后过滤，取 10mL 滤液，用 0.1mol/L 的 HCl 溶液回滴，记录滴定终点时消耗的 HCl 的量，平行测定 3 次，取平均值。

⑤ 表面等电点的测定。可根据水溶液 pH 值和活性炭表面等电点得知活性炭在溶液中呈现的表面电性。若溶液 pH 值低于等电点，则呈现负电性，反之亦然。

通过滴定法测定活性炭表面的等电点，将 0.5g 活性炭加入一系列可密封的装有 50mL 一定浓度的 NaCl 溶液中，初始 pH 值用 NaOH 或者 HCl 调节，放在振荡器上振荡 2h 后，静置 24h，取上清液，测定溶液的平衡 pH 值，等电荷点就是加入活性炭前后 pH 值没有变化的点。

⑥ Zeta 电位测定。Zeta 电位是表征胶体分散系稳定性的重要指标，可得知微粒在溶液中呈现的电性，并依据绝对值大小判断胶体分散系的稳定程度，当绝对值越大，则分散系越稳定。在水处理中，Zeta 电位的绝对值越小越易于聚集，便于施加各种工艺处理。

活性炭表面 Zeta 电位值可通过微电泳仪进行测定，采用的玻璃样品池的厚度为 0.5cm。测定步骤如下：先将活性炭样品磨碎至 200 目以下，使其能均匀分散于 NaCl 溶液中，测量时每次取约 0.5mL 于样品池中，并保证无气泡存在其中。仪器采用计算机多媒体技术，对分散体系中的颗粒施加电压，通过颗粒位移的大小计算表面 Zeta 电位值，通过移动的方向，确定表面的电性。每个样品平行测定 3 次，计算平均值，即为活性炭在该 pH 值下的 Zeta 电位。通过测定不同 pH 值下的 Zeta 电位值，同样可实现对活性炭表面等电荷点的测定。

⑦ X 射线衍射分析。X 射线衍射分析（X-ray diffraction，XRD）是晶体结构定性分析的有效方法。X 射线在结晶内遇到规则排列的原子或离子而发生散射，散射的 X 射线在某些方向上相位得到加强，从而显示与结晶结构相对应的特有的衍射现象。活性炭是由石墨微晶构成的非晶态碳材料，不同活性炭的石墨化程度各不相同。以 X 射线衍射技术对活性炭材料中的石墨微晶的大小和结构进行研究，有助于更加深入了解活性炭材料的结构特征。在活性炭制备过程中，不同的制备条件如加热方式、活化剂类别、原料及活化条件等都可能对活性炭的结构和相关性质产生影响，因此利用 X 射线衍射技术研究不同制备条件下活性炭产品的微晶结构炭化是非常有必要的。在标准石墨射线衍射谱图中存在（002）、（100）、（101）、（004）、（102）、（103）、（110）、（112）和（006）等高强度的石墨特征衍射峰。特征峰出现的个数可代表石墨化程度的高低，在石

墨化程度较低时，一般不会同时出现这些特征衍射峰，谱图中出现的衍射峰越多，说明碳材料的石墨化程度越高，有序性越好。

⑧ X射线光电子能谱分析。X射线光电子能谱（X-ray photoelectronic spectroscopy，XPS）分析是利用软X射线激发样品电子能量谱，可提供样品表面元素组成信息，并通过分峰拟合结果，对元素存在价态进行分析。

（2）吸附试验表征

① 模拟废水配制及标准曲线的绘制。本书列出3种废水配制方法以供参考，可根据表征需要自行配制各类废水并按照相应国家标准规定的实验方法进行含量测定。

a. 含抗生素废水的配制及标准曲线的绘制。称取一定质量的抗生素，溶解于1L去离子水中，混合均匀，取不同体积的溶液与比色管中，定容至刻度线，配制成一系列不同浓度的抗生素（环丙沙星、土霉素）模拟废水，以去离子水作为参比溶液，取一系列浓度的抗生素废水在其最大吸收波长处（环丙沙星最大吸收波长为275nm，土霉素最大吸收波长为275nm）测定其吸光度，可得到环丙沙星或土霉素吸光度和浓度的关系式。

b. 含铬酸根废水的配制及标准曲线的绘制。称取一定质量的经干燥处理后的重铬酸钾，溶解于1L去离子水中，混合均匀，浓度以元素铬酸根计，取不同体积的溶液于比色管中，依据《水质　六价铬的测定　二苯碳酰二肼分光光度法》（GB 7467—1987）中二苯碳酰二肼分光光度法测定六价铬的浓度，可得到吸光度和浓度的关系式。

c. 含镍废水的配制及标准曲线的绘制。称取一定质量的经干燥处理后的硝酸镍，溶解于1L去离子水中，混合均匀，浓度以元素镍计，取不同体积的溶液于比色管中，依据《水质　镍的测定　丁二酮肟分光光度法》（GB 11910—1989）中丁二酮肟分光光度法测定镍离子的浓度。

② 吸附动力学实验。吸附动力学实验可以表征活性炭对特定吸附质的吸附动力学类型，参照本章第一小节中的内容，可以判断活性炭对吸附质的吸附类型以分析吸附机理，为调整活化改性方案以改善特定吸附性能提供依据。

配制一定浓度的吸附质溶液于锥形瓶中，加入吸附剂后，移至振荡器中振荡，速度为150r/min，在预先设定的时间内取样，经$0.45\mu m$滤膜过滤后，采用上述对应的测定方法测定吸附质的浓度，直至浓度不再发生变化。分别用式(8-12)和式(8-13)计算$t$时刻的去除率$H$和$t$时刻的吸附量$q_t$：

$$H(\%) = \frac{C_0 - C_t}{C_0} \times 100 \tag{8-12}$$

$$q_t = \frac{(C_0 - C_t) \times V}{W} \tag{8-13}$$

式中　$H$——$t$时刻的去除率，%；

　　　$q_t$——$t$时刻的吸附量，mg/g；

　　　$C_0$——吸附质的初始浓度，mg/L；

　　　$C_t$——$t$时刻时的浓度，mg/L；

　　　$V$——吸附质的体积，L；

　　　$W$——活性炭的质量，g。

③ 吸附平衡实验。吸附平衡实验可以表征活性炭对特定吸附质的单一饱和吸附量，用以检验活性炭是否满足特定的需求。并可与吸附动力学实验相结合确定该活性炭的最优工艺条件。

采用平衡实验探讨不同的实验条件下对吸附效果的影响。具体操作方法如下：取一定浓度的吸附质溶液 100mL 于 250mL 的锥形瓶中，加入 0.1mg 活性炭，按照设定好的温度，在水浴振荡器中以 150r/min 的速度下振荡，确保吸附达到平衡后，用 0.45μm 滤膜过滤，测定滤液中吸附质的浓度。分别用式(8-14) 和式(8-15) 计算去除率 $H$ 和吸附量 $q_e$：

$$H(\%) = \frac{C_0 - C_e}{C_0} \times 100 \tag{8-14}$$

$$q_e = \frac{(C_0 - C_t) \times V}{W} \tag{8-15}$$

式中　$q_e$——吸附量，mg/g；

$C_e$——平衡浓度，mg/L；

$V$——溶液体积，L；

$W$——活性炭的质量，g。

## 第三节　强化混凝与吸附剂

### 一、强化混凝

混凝是水处理工艺中最重要的技术单元之一，包括加药混合、凝聚、絮凝等过程。作为实现污染物固液分离/去除（如沉淀、过滤等工艺）的前处理过程，混凝技术一般用在水处理工艺的前端。混凝处理的效果直接影响其至很大程度上决定了整个净化工艺的处理效果、运行效率和综合成本。因此，混凝处理的终极目标是针对不同水质，以最低的药剂用量（成本）获得最佳的净化能力，得到最佳的处理水水质。

目前，地表水和地下水的水质污染状况仍然较为严重，国家对供水和排水水质的要求仍在不断提高。这就要求混凝过程发挥更多的作用，其目标污染物已经由传统的颗粒物拓展到溶胶、高分子、生物大分子甚至溶解性有机物。传统浊度和色度等感官指标的内涵也逐步延伸到颗粒物所吸附的痕量污染物和带有光学效应的溶解性污染物等层面。此外，各类组合工艺（混凝-超滤，微絮凝-过滤）的实施都对前置混凝处理工艺提出了更高的技术要求，关于混凝工艺出水浊度、色度以及有机物的标准也在不断提高。因此，越来越广泛的功能需求已经超出了混凝工艺主要用于去除水中悬浮物和胶体颗粒的历史范畴，混凝需要承担越来越多更精细、更高效的水质净化功能。

基于上述背景，强化混凝、优化混凝等概念相继出现。在 20 世纪 90 年代，美国水工协会首次提出"强化混凝"概念。强化混凝技术是以混凝工艺为基础进行的改进，主要基于混凝化学和混凝动力学两方面对混凝过程进行改进从而提高混凝效果。混凝化学是从胶体的表面电荷问题出发进行研究，通过增加混凝剂的投加量、改善混凝剂化学反应条件、使用新型混凝剂等方式降低胶体间势垒，进一步破坏胶体稳定性；而混凝动力学是关于微粒间的相互碰撞问题，通过改善水力条件、改进混凝设备条件等措施在絮凝过程中提供更大的动能，增加絮体颗粒的碰撞次数，降低胶体动力学稳定。与上述机理相对应，强化混凝的方法有很多。概括起来，混凝强化包括研发新型高效混凝剂、提升常规混凝剂的应用潜力、投加助剂三类主要方法。

### 1. 研制新型高效混凝剂

受限于传统混凝剂对有机物、溶解性小分子等污染物种类的局限性，研发新型混凝剂是实现强化混凝的根本性出路。新型混凝剂在保持稳定高效的去浊脱色性能同时加强其他水质净化功能，对解决水污染问题有重要的意义。中国科学院生态环境研究中心王东升研究员曾提出高效纳米混凝剂，着眼于 $Al_b(Al_{13})$ 等有效成分的提高。山东大学高宝玉团队提出有机-无机复合混凝剂概念，着力提升无机混凝剂对污染物的去除性能。同济大学李风亭课题组在肯尼亚水务部与中国科技部支持下针对非洲雨季高浊度、高冲击负荷下的水库原水进行新药剂研发，由王洪涛、李杰等成功研发出系列高效 PAC、PFSS 等新型铁/铝盐混凝剂，并实现规模化稳定生产，保证了内罗毕等核心城市的稳定供水与提质增效。水质波动条件下高效铝盐混凝剂对原水浊度的强化去除效果见图 8-13。

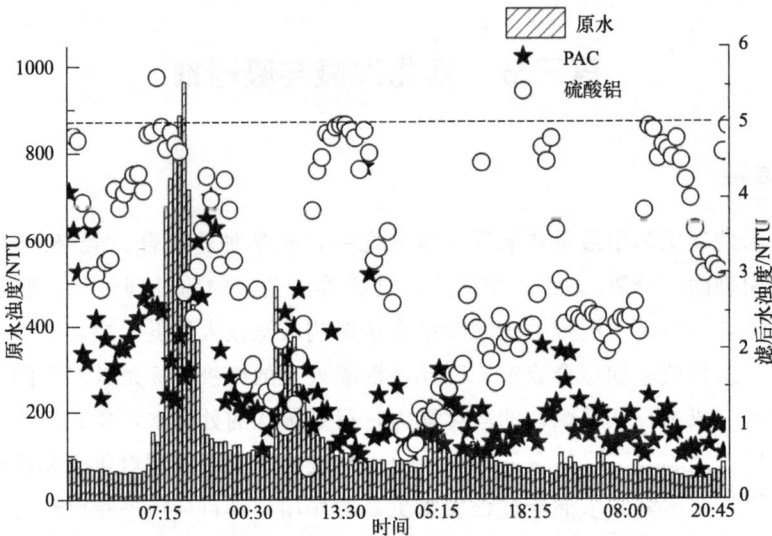

图 8-13　水质波动条件下高效铝盐混凝剂对原水浊度的强化去除效果

### 2. 提升常规混凝剂的应用潜力

针对样本的水质特点和目标污染物种类，优选混凝剂的种类、改变混凝剂的投加量、优化运行参数都能进一步提升现有混凝剂的使用效率，提升处理效果。

（1）优选混凝剂的种类

不同种类的混凝剂水解特性不同，适用的水质情况也不完全相同，因此需要根据原水的水质进行试验，筛选出效果最好的混凝剂。针对原水类型、水质特点和场地自然条件，可以对铁盐/铝盐、低分子/高分子类混凝剂、盐基度、合成工艺等诸多细分条件中选用效果最佳的混凝剂产品。比如上海杨树浦水厂在夏秋季节使用硫酸铝即能达到良好的处理效果，而在冬天通常需要选用聚氯化铝。也有学者认为，无机混凝剂对天然有机物（NOM）的强化去除效果优于有机混凝剂，因为无机金属离子形成的难溶络合物能提供更多的表面吸附位点，增强对有机物的吸附去除能力。也有文献报道在去除天然有机物时，铁盐的混凝效果比铝盐好。

（2）改变混凝剂的投加量

加大混凝剂的投加量，一方面可以使水中的胶体颗粒更多地参与吸附架桥，大大增加颗粒被网捕卷扫等的机会，有助于压缩有机物的水化壳；另一方面，水解过程中会产生阳离子，与有机物阴离子发生电性中和，消除有机物对无机胶体的影响，从而使无机胶体脱稳，达到去除胶体的目的。刘成等针对黄浦江原水，分别采用两种混凝剂和进行试验，考察强化混凝的效果。结果表明，增加混凝剂的投加量，均能在大幅度降低浊度的基础上，提高水中有机物的去除率。徐勇鹏等通过对不同浊度、不同有机物含量的原水水样进行试验，对比探讨了混凝剂投加量对有机物去除效果的影响。试验结果表明，随着混凝剂投加量的增加，浊度和有机物的去除率也随之相应地提高。当浊度的去除率达到最大值80%时，继续增加混凝剂的投加量，$COD_{Mn}$、$UV_{254}$ 的去除率仍有提高。

但是，需要说明的是，投加过多的混凝剂会使胶体再稳，降低混凝效果，并且导致沉淀过程中产生大量的污泥，造成二次污染，不仅影响出水效果，而且为沉淀池的运行和管理增加困难。此外，铝盐的过量使用会引起铝残留量超标，所以混凝剂的用量需要控制在最佳范围之内，在保证出水效果的同时，节约制水成本。

（3）改变 pH 值

原水 pH 值（碱度）是影响混凝效果的核心因素之一。其作用原理主要包括影响混凝剂的水解反应（化学特性）和胶体颗粒的表面电位（物化特性），进而对混凝效果产生综合影响。董秉直等研究发现 pH 值是影响黄浦江水混凝效果的决定性因素，pH 值在 3～6 范围内有机物的去除效果最好。Jiang 等发现 pH 值为 6 时有机物的去除效果最好。

（4）投加助剂

单一的混凝难以满足更高的出水水质要求，于是针对某一个复杂的水处理问题，采用以混凝为主导的几种工艺进行耦合，即通过投加其他药剂改变混凝条件，具体包括助凝剂强化、氧化剂强化和吸附剂强化。使用方法包括复配使用以及药剂联用。复配使用即按照优化比率进行复配生产，工艺较复杂，但使用方便，效果稳定，有利于在技术管理水平较弱的项目使用。药剂联用，则是指将不同种类的药剂在混凝阶段联合使用，运行管理较为复杂，涉及加药顺序（模式）的优化，但成本相对较低。需要说明的是，复配药剂以及药剂的联合使用都是以混合接触式进行反应，药剂直接投加，总体仍保持混凝工艺的运行模式，不同于工艺的叠加和分别使用。

（5）助凝剂强化

助凝剂主要包括活化硅酸、海藻酸钠、骨胶等。助凝剂与混凝剂配合使用，有益于胶体颗粒稳定性的破坏，提高或者改善混凝效果。通过投加助凝剂，可以有效提高目标污染物的去除率，降低混凝剂的最佳投加量。常用的助凝剂有聚丙烯酰胺、活化硅酸、海藻酸钠、骨胶等。研究发现，在原水中先投加混凝剂，再投加形成的矾花颗粒较大、均匀、下沉速度快，在提高混凝沉淀效果的前提下，节省了混凝剂的用量。刘之杰等对颐和园昆明湖水的研究表明：壳聚糖絮凝剂可以用作处理地表水的助凝剂，对浊度和有机物的去除率均高于单独使用，并能降低水中残留铝的浓度。

（6）氧化剂强化

氧化剂强化主要包括二氧化氯、臭氧、高铁酸盐、高锰酸盐强化。主要用于提高难降解物质的去除率，并进一步改善后续混凝效果。霍立敬等用二氧化氯预氧化联合聚氯化铝强化混凝处理燃煤发电厂废水时，可实现 TOC 达 50%、$COD_{Cr}$ 达 73% 的去除率。臭氧（$O_3$）作为一种替代氯的氧化剂，具有杀灭抗药性病原体的能力，是一种在水和废水处理中广泛使用的强氧化剂，既可以直接氧化，也可以生成自由基间接反应。姜婷婷研究表明，臭氧强化混凝的效果要明显优于常规混凝对城市污水深度处理的效果。

高锰（铁）酸盐将预氧化与混凝相结合也能提高混凝出水的效果。杨艳玲等在处理冬季黄河低温低浊水时，发现高锰酸钾与氯胺联合预氧化能够显著提高混凝沉淀的效果和过滤效果，在最佳质量浓度时沉后水及滤后水的浊度去除率分别达到 94% 和 98% 以上。张锦等通过对某富营养化严重的湖泊水进行的试验，发现预处理对含藻水具有较高的强化净水作用，能明显降低出水中的含藻量，对藻类引起的臭味及有机污染物具有更显著的去除效果，强化效果明显高于单纯混凝。

（7）吸附剂强化

吸附剂主要包括粉末活性炭、硅藻土、黏土等。本书主要介绍吸附剂强化。吸附剂强化是一种用投加吸附剂来处理不易用混凝去除的污染物的有效方法。相比于增加深度处理方法以及生物预处理方法，采用吸附剂强化混凝属于强化常规水处理的典型方式。吸附剂强化混凝成本低，不会产生消毒副产物、藻毒素等有害产物，而且也不会占用土地，十分适合对于原有体系进行改造。采用粉末状吸附剂还可以达到提高颗粒间的碰撞速率，改善絮凝效果的作用。利用吸附剂强化混凝可以在保证水处理效果的前提下显著节约混凝剂的投加量，整体上减少净污泥量。

## 二、吸附强化混凝

经过常规混凝处理工艺后，绝大部分溶解性有机物没有得到去除，这部分有机物可以通过吸附进行去除。硅藻土、粉煤灰、凹凸棒土、活性炭等材料都可以作为吸附剂应用于水处理中。

### 1. 吸附强化混凝常用吸附剂

（1）硅藻土

硅藻土（diatomite）是由硅藻及其他单细胞水生浮游生物遗骸为主要成分的硅质生物沉积岩，是一种黏土类非金属矿物质材料。其主要化学成分为 $SiO_2$，含量通常在 80% 以上。硅藻土化学性质稳定，耐磨、耐酸，具有多孔结构和较大比表面积，具有良好的吸附性能。硅藻土储量丰富，廉价易得。在强化混凝中，硅藻土的应用不仅吸附水体中污染物，还可以改善絮体的沉降性能。

近年来，硅藻土作为吸附强化混凝材料屡见报道，尤其在强化混凝除藻方面显现出较好的性能。Jiang 等研究了硅藻土强化混凝技术，以改善藻类和其他污染物的去除。硅藻土和铝盐的用量为 40mg/L，配比为 1∶1，藻类去除率达到 98.8%±0.65%，推测硅藻土强化混凝的机理主要为吸附架桥和卷扫絮凝。杨玘研究了硅藻土强化混凝除藻与处理污染原水的性能。结果表明，硅藻土投加强化混凝絮体形成，硅藻土强化硫酸铝去除铜绿微囊藻性能比 PAC 更优，硅藻土/硫酸铝投加配比 20mg/L∶20mg/L 条件下强化混凝除藻率超 95%；此外，硅藻土/硫酸铝强化混凝还可有效去除 TOC（89%）藻悬浮液类蛋白以及腐殖酸等藻类有机物（AOM），并推测硅藻土强化混凝是通过增强铝盐水解产物在藻细胞表面的聚集，破坏藻细胞稳定的双电层结构以及吸附架桥、网捕成絮等实现强化混凝作用。

硅藻土强化混凝还可以应用于含油废水及城市河道水的处理。Zhao 等评估了聚氯化铝（PAC）、聚硫酸铁（PFS）和聚丙烯酰胺（PAM）与硅藻土结合处理含油废水的可行性，并从成本和性能两方面考察，优选 PAC/硅藻土强化混凝方案，研究其强化混凝处理含油废水的机理，硅藻土通过与有机分子之间形成化学键进行吸附。PAC 对硅藻土的强化混凝效果优于 PFS/PAM，在 COD/浊度去除和絮体沉降特性方面表现优异。王赛赛等研究了硅藻土和 PAC 强化混凝处理城市河道水的应用，考察了硅藻土对 PAC 混凝去除水中浊度、有机物、磷的影响及对沉降性能的改善作用。结果表明，硅藻土能有效强化 PAC 的混凝效能，提升浊度、DOC、TP 去除率分别达到 12.8%、15.5% 和 10.7%。硅藻土具有非常好的脱色效果，可以作为前置吸附剂与处理的带色废水混合搅拌，5~10min 后，再加入铝盐混凝剂混凝。这种方法不仅对印染废水处理效果非常好，同时对各种带色的原水处理效果非常明显。其唯一的缺陷是泥量会有所增加。除了良好的吸附性能外，由于硅藻土的特殊空穴结构，它可以有效负载水体中的微生物，可以起到缓冲和强化微生物处理的作用，无论对于市政污水还是工业废水，这种强化作用都非常突出。

（2）粉煤灰

粉煤灰（coal ash）指由燃料（主要是煤）燃烧过程中排出的微小灰粒。其粒径一般为 1~100μm。粉煤灰在絮凝过程中发挥协同效应。粉煤灰作为助凝剂，为絮凝提供了凝聚晶核，为絮体的快速增长提供了有利条件。粉煤灰密度较大，当粉煤灰颗粒卷入矾花后，能增加絮体的相对密度，加速絮体的沉降速度。利用粉煤灰处理废水契合"以废治废"的污染治理思路，能有效解决粉煤灰环境污染的问题，且具有一定的经济效益。粉煤灰强化混凝方法在矿井水、油田聚驱污水、皮蛋废水等工业废水处理中应用广泛。

刘芳池等报道了一种以粉煤灰为加载材料，通过加载絮凝处理含悬浮物矿井水的方法。与传统絮凝相比，粉煤灰加载絮凝的药剂（PAC、PAM）投加量较少，去除率高，投加粉煤灰可调节矿井水 pH 值并促进絮凝过程。李柏林等制备了一种高效低价新型混凝剂，以粉煤灰和铝土矿为原料的新型铝铁复合混凝剂，并研究了其除磷性能。在投加量为 0.40g/L 时对 TP 有 99.58% 的去除率。黄星验证了粉煤灰强化混凝处理油田聚驱污水的可行性，结果表明，粉煤灰强化 PFS 实验比单独使用 PFS 的除油效果提高了近一倍，由 53.6％提高到 96.2％，SS 去除率从 37.5％提升到了 51.2％。吴少林等以采用 PAC＋PAM 为絮凝剂、粉煤灰为吸附剂强化混凝工艺处理无铅皮蛋废水，获得较为理想的废水处理效果。废水中剩余 COD 的去除率达到 81.25％，SS、色度、重金属离子 $Cu^{2+}$ 及 $Zn^{2+}$ 的去除率也分别达到 92.1％、98.3％、92.1％和 99.2％，符合了污水处理厂纳管标准。粉煤灰，尤其是在鄂尔多斯区域的粉煤灰，其氧化铝含量超过 40％，有的甚至高于 45％，可以作为生产硫酸铝和聚氯化铝的材料，在分离重金属和铁盐后，可以生产白色无铁的硫酸铝和聚氯化铝。

（3）凹凸棒土

凹凸棒土（attapulgite）又称坡缕石，在矿物学上隶属海泡石族，是一种以硅酸镁为主要成分，并含有铝、铁等元素的黏土矿。凹凸棒土的理论化学式为 $Mg_5Si_8O_{20}(OH)_2(OH_2)_4 \cdot 4H_2O$，其化学成分质量分数为 $SiO_2$56.96％，（Mg，Al，Fe）O23.83％，$H_2O$19.21％。凹凸棒土具有独特的分散、耐高温、抗盐碱等良好的胶体性质和较高的吸附脱色能力，具备独特层状、链式结构，拥有发达的内孔通道和较大的比表面积，拥有良好的吸附性能，被广泛应用于水处理及环保行业，如除藻除浊、去除腐殖酸、去除重金属、去除湖泊中氮磷等。

凹凸棒土与聚氯化铝、聚丙烯酰胺等混凝剂联合或复合使用起到强化混凝的作用。凌慧诗等以改性凹凸棒土联合絮凝剂 PAC，探究强化混凝去除富营养化河水中的藻类效果。研究表明，在 PAC 混凝过程中投加凹凸棒土可明显增加絮体密度，改善絮体的沉降性能，与单用 PAC 相比，与凹凸棒土联用对絮体中藻类上浮的抑制效果、除藻除浊效果显著。谭唯研究了改性凹凸棒土作为吸附剂和助凝剂处理含六价铬溶液的效果。结果表明，向水溶液中投加改性凹凸棒土做助凝剂较单独投加 PAC 效果更好，能明显提高六价铬以及色度、浊度的去除率。凹凸棒土对 $Cr^{6+}$ 符合 Langmuir 等温模型。晗桢等通过提纯-酸热联合改性的凹凸棒土复配 PAC，混凝去除水中腐殖酸，当投加 5mg/L PAC 时，腐殖酸去除率比单投 12mg/L PAC 的腐殖酸去除率提升 3％，达 92.03％。王爱勤等以凹凸棒土与丙烯酸为原料，添加引发剂与交联剂，在水溶液中经接枝共聚、交联、干燥制成网络型凹凸棒土复合吸附剂，可应用于湖泊中氮磷的动态去除。吸附的产物可用于荒漠化治理，具有缓释氮磷的功能。

（4）活性炭

活性炭在环境领域的应用主要有粉末活性炭和颗粒活性炭两种形式，其中颗粒活性炭应用比较广泛，但是价格昂贵，粉末活性炭应用便捷、场景广泛。粉末活性炭的比表面积大，吸附速度快，吸附容量高，对污染物的去除效果好，特别是对水体中溶解性有机物的净化率较高。在使用过程中，根据要去除的污染物的种类选择适宜的处理条件，同时要考虑沉淀和过滤阶段粉末活性炭的分离效果。因此，在使用粉末活性炭进行吸附预处理时，既要考虑它对水中污染物的吸附去除作用，也要考虑后续处理的可行性。

① 重金属。活性炭主要通过表面的羧基等酸性官能团及含硫官能团与金属离子发生络合反应以达到吸附的目的。Rosińska 对粉末活性炭 CWZ-30 和聚氯化铝强化混凝去除地表水污染物的可行性进行了评价，用 30mg/L 的粉状活性炭 CWZ-30 强化混凝，

对重金属 Cu、Cd、Ni、Pb 的去除率分别提高了 79%、53%、26% 和 95%。Li 等研究了混凝/絮凝与粉末活性炭吸附联合工艺对稳定垃圾渗滤液的处理效果，在最佳工艺条件下，混凝/絮凝-吸附复合工艺对垃圾渗滤液的 COD、Pb、Fe 和毒性的去除率分别达到 86%、97.6%、99.7% 和 78%。

刘桂梅等采用强化混凝-吸附耦合处理气田高浓度含汞采出水，以生物质活性炭为吸附剂，汞的去除率为 98.8%，相比于单独投加混凝剂的去除率（80%）明显提升。残余汞浓度低于 0.05mg/L，可达到国家二级排放标准的要求。陈炜等研究高锰酸钾氧化和粉末活性炭吸附组合工艺强化混凝对铅的去除效果，在聚氯化铝的最佳投加量 12mg/L 下，确定高锰酸钾氧化和粉末活性炭最佳配比，对 $Pb^{2+}$ 去除率达 99.77%，沉淀后水 $Pb^{2+}$ 含量达到 0.0049mg/L 以下直至未检出，完全满足国家饮用水水质标准《生活饮用水卫生标准》（GB 5749—2022）对铅含量的要求。Linstedt 等证实，经过石灰混凝沉降-砂滤-颗粒活性炭吸附处理后，银、镉、铬和硒的去除率分别为 91.7%、99.9%、96.0% 和 99.7%。对于重金属的去除有时候很难达标，其中一个非常重要的原因是形成的重金属沉淀物微小絮体悬浮于液体中，尤其是在控制残留浓度比较低的情况下，例如对于 $Cr^{3+}$ 控制在 0.05mg/L 以下时，如果在加入重金属捕捉剂的同时加入少量的粉末活性炭，促进混凝沉淀，这对于去除重金属起到事半功倍的效果。如果选择各种聚胺改性的硫代硫酸盐，对于重金属的吸附效果会更强。

② 有机物。活性炭对水中难降解的天然有机物和人工合成有机物也具有较强的吸附能力。活性炭强化混凝法对水体中有机物，尤其是消毒副产物等的去除屡有报道。Kristiana 等将粉末活性炭为吸附剂强化混凝应用于去除天然有机物（NOM）并控制水处理厂的消毒副产物（DBP）形成。添加活性炭有助于将 NOM 的整体去除率提高 70%，从而显著减少 DBPs 的形成（80%～95%）。Uyak 等对通过强化混凝和粉末活性炭吸附去除湖水中的 DBPs 前体进行了研究。结果显示，混凝和粉末活性炭吸附对湖水中溶解性有机碳（DOC）和 DBPs 前体的去除效果是互补的。氯化铁强化混凝对 DOC 的最大去除率为 45%，且该类天然有机物（NOM）优先为带负电荷官能团的大型有机分子。补充 PAC 吸附增强混凝可使 DOC 的去除率提高到 76%，活性炭吸附主要去除低分子量和未带电的 NOM 物质。结果表明，粉末活性炭吸附强化混凝比单纯强化混凝更能满足三卤甲烷（THM）150µg/L 的要求。

李振华等研究了混凝-碳化污泥吸附对城市污水深度处理，结果表明，通过三氯化铁混凝-碳化污泥吸附联合应用于城市污水深度处理中，处理效果明显优于仅使用碳化污泥吸附或单一采用三氯化铁絮凝剂混凝时的效果，出水各污染物指标可达到《城镇污水处理厂污染物排放标准》（GB 18918—2002）一级 A 标准。战晓等采用粉末活性炭和改性麦草吸附剂与混凝剂联用，提升有机物的去除率，增强絮体的沉降性能，获得较好处理效果，且出水含有较多的游离性余氯可以保持持续的消毒效果。贺建栋开展了聚硫酸铁（PFS）与粉末活性炭强化混凝去除为污染水体多氯联苯（PCBs）的实验，并发现 PFS 与活性炭强化混凝对 PCBs 及浊度均有良好的去除效果。聂小保采用强化混凝与活性炭联用技术处理微污染水源水，显著提高了有机物的去除率，并减小出水浊度，有效控制出水余铝含量。

③ 氨氮。活性炭强化混凝还可以应用于氨氮的去除。Bashir 采用混凝/絮凝-预处理-吸附法处理垃圾渗滤液，研究发现 $FeCl_3$ 与粉末活性炭吸附强化混凝-对色度、COD 和 $NH_3-N$ 具有较高除效率。Liao 等对粉末活性炭（PAC）和粉末沸石（PZ）的组合性能进行了评估，结果表明，粉末活性炭与粉末沸石之间表现出协同效应，提高氨氮去除效果。宋相松等报道了用活性炭联合聚氯化铝去除原水中总氮的研究，结果表明，强化混凝工艺对原水中的氨氮去除率可达到 88.64%，同时原水的浊度也有明显的下降，由原来的 3.2NTU 降到 0.18NTU。国内在很多场合，尤其是黑臭水体的应急处理方面，很多施工单位为了快速消除氨氮，往往向水体投加氨氮去除剂，其多为含氯的氧化剂，例如次氯酸钙、优氯净等。如果投加过量，往往会发生大量死鱼问题。

对于一些应急的突发事故，可以采用多元复合的药剂，采用复合铁盐或者铝盐，或者二者兼用，同时辅以颗粒物质例如硅藻土、聚丙烯酰胺等，在投加固体后快速搅拌，使得水体指标和透明度在几个小时内得到大幅度改善。

### 2. 吸附强化混凝处理工业废水典型案例

#### (1) 低温低浊水

我国北方寒冷地区水质在冬季呈现低温低浊特性。低温低浊水的混凝效果差，处理难度较大，因此，处理低温低浊水一直以来是专家学者研究的重要课题。李星等研究粉末活性炭与高锰酸钾联用，结合 PAC 强化混凝处理水库低温低浊水，$UV_{254}$ 和 $COD_{Mn}$ 去除率较单独使用 PAC 提高 12%～18%。高锰酸钾具有一定的强化助凝作用，但效果一般。投加粉末活性炭能够增强混凝去除有机物的效果，随着投加量的增加有机物去除率不断提高。刘帅霞等采用活性炭吸附预处理，联合聚硫酸铁、聚氯化铝铁强化混凝技术处理冬季低温、低浊、高色度黄河水获得良好效果。色度的平均去除率为 57.5%，氨氮平均去除率为 32%，COD 平均去除率为 32%，浊度平均去除率为 91.1%。低温低浊度原水处理十几年前是一个很大的难题，但是由于有机和无机聚合物的出现，当有机和无机聚合物与常规的铝盐、聚氯化铝和硫酸铝复合后，处理低温低浊度水就变得非常容易。2010 年李风亭教授团队与苏州的生产水处理药剂企业合作，采用复合聚氯化铝处理长江水，取得了良好的效果，这一技术一直沿用至今。冬季在长江下游千吨水的药剂消耗量可以低到 7kg，而且处理效果非常好。

#### (2) 含氟废水

钙盐是最便宜的除氟剂。对于含高浓度氟离子的废水（例如 20～1000mg/L），常采用钙盐沉淀法进行处理。但是由于受限于溶度积（$K_{sp}$）的限制，当氟离子降低到一定程度，例如降低到 20mg/L 左右时，用钙盐就没有明显的去除效果。对于低浓度的氟离子，铁铝复合混凝剂是良好的除氟剂，尤其是对于电子、电池和光伏产业产生的废水，都有良好的去除效果，仅仅采用混凝沉淀的方法，就可以将氟离子的浓度控制在 1mg/L 之下，而不需要反渗透、离子交换等手段，这样可以大量节省投资，而且处理效率非常高。李风亭教授团队在煤化工、电子、光伏等行业多个工业废水工程中推广了这一技术，可以大幅度降低工程投资，达到稳定处理的效果。萤石氟化钙被国家归为战略矿石资源，因此在很多除氟工程中，解决从沉淀物氟化铝和氟化钙中回收氟元素将是未来的一个资源化的热点。

（3）市政污水

王东红等在混凝反应池中混合阶段投入混凝剂，絮凝阶段投入吸附剂助凝，可以实现混凝和吸附作用在同一反应单元发生。150mg/L 的 PAC 负载 FeOOH 粉质吸附剂与 50mg/L 的 PAC 协同去除二级出水中有机污染物、TP、荧光类污染物效果良好，可以实现出水符合景观回用水标准、超低浓度排磷（低于 0.05mg/L）。

（4）焦化废水深度处理

焦化废水曾经是最典型的高浓度难降解有机废水。针对焦化废水氰化物、$COD_{Cr}$、苯并 [a] 芘等特征性污染物难以达标排放的难题，李风亭教授团队采用了改性活性炭与铁盐复合的方法，通过强化吸附协同作用，处理焦化废水，氰化物和 COD 的去除率分别达到 99% 和 90%，色度可以控制在 15 倍以下。

活性炭强化混凝对焦化废水 COD 和氰化物的强化去除效果如图 8-14 所示。图中 CP-PFS 即 carbon partical-PFS，活性炭细粉-聚硫酸铁复合药剂。这一技术在全国 30 多个焦化企业得到推广。

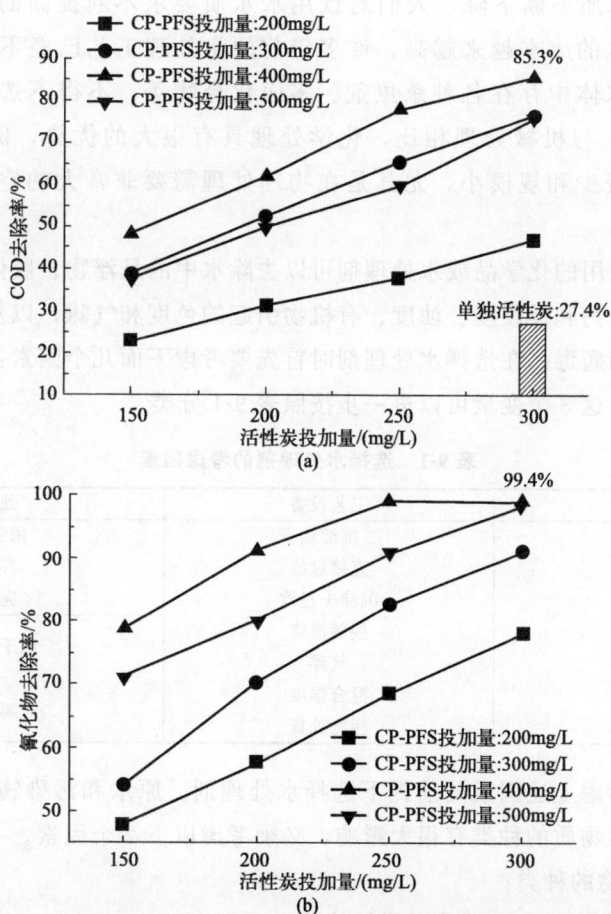

图 8-14　活性炭强化混凝对焦化废水 COD 和氰化物的强化去除效果

# 第九章

# 混凝剂或絮凝剂的选择与配置方法

## 第一节　化学处理的目的和内容

目前在原水水质不断下降，人们对饮用水水质要求不断提高的形势下，获得安全、优质的饮用水的成本越来越高，许多年前的水处理工艺已经不能适应现代人们的要求。尤其是水体中存在各种杀虫剂、多卤化合物等，不得不选择深度处理工艺去除上述污染物。与机械处理相比，化学处理具有很大的优势，例如处理成本低、效率高、设备投资少和规模小，尤其是在物理处理需要非常大的空间时，就必须选用化学处理。

化学处理中采用的化学品或水处理剂可以去除水中的悬浮物、胶体和部分溶解性物质，例如可以去除钙和镁硬度、浊度、有机物引起的色度和气味，以及可能引起人类健康问题的微生物和病毒。在选择水处理剂时首先要考虑下面几个因素：原水水质、工艺设备和处理对象。这 3 个变量可以进一步按照表 9-1 分类。

表 9-1　选择水处理剂的考虑因素

| 原水水质 | 工艺设备 | 处理对象 |
| --- | --- | --- |
| 碱度 | 沉淀池 | 用于饮用水 |
| pH 值 | 直接过滤 | 部分软化 |
| 浊度 | 沉淀＋过滤 | 完全软化 |
| 色度 | 接触澄清 | 用于工业用水 |
| 温度 | 气浮 | 一般使用 |
| 硬度 | 混合强度 | 离子交换 |
| 气味 | 污泥处置 | |

应该在充分考虑上述因素的前提下选择水处理剂。原水和污染物的种类对于固-液分离中所使用化学物质的种类有很大影响，必须考虑以下 2 个因素。

① 水中污染物的种类；

② 浊度值（只能确定需要的混凝剂的量）。

原水和污水水质一般会随季节或者生产工艺发生变化，因此在选择水处理剂时必须考虑水质随时间的变化。

## 一、碱度

　　天然水体的碱度在 $10 \sim 500 \mathrm{mg/L}$ 范围内，生活污水往往呈碱性。在生活中往往使用洗涤剂和肥皂，从而将碱性物质引入水体。酸雨对水体的碱度影响非常大，南方地区很多地表水呈酸性。水体的碱度多数是以碳酸盐和碳酸氢盐的形式存在，而硬度是以碳酸钙和碳酸镁的形式存在。由于碱度没有列入饮用水的污染指标，因此各国饮用水标准中都没有碱度的限定，但是碱度对于鱼类和水生物具有重要的意义，因为它反映了水体缓冲 pH 值剧烈变化的能力。向水中加入混凝剂往往会消耗一定的碱度。图 9-1 为用硫酸滴定碱度曲线。

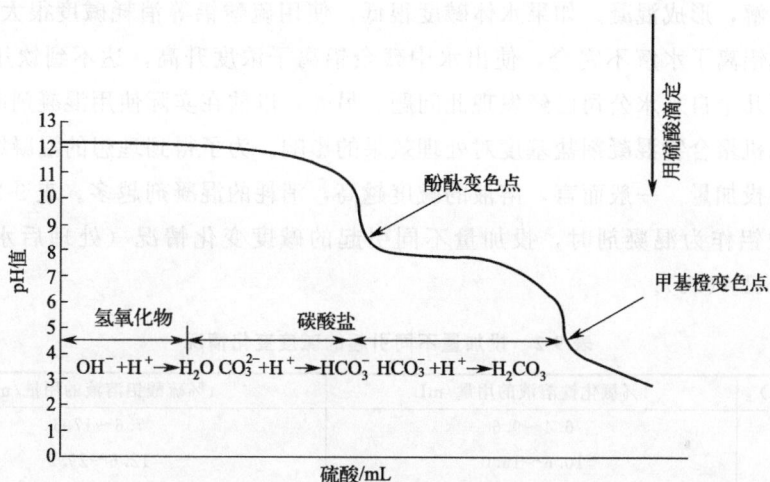

图 9-1　用硫酸滴定碱度曲线

　　常用混凝剂包括硫酸铝、硫酸铁、氯化铁、硫酸亚铁和铝酸钠。在混凝过程中，前 4 种混凝剂会降低溶液的碱度和 pH 值。为了保证混凝的完全和避免残余铝离子的存在，必须保证要处理水体具有充足的碱度。一般混凝后的水体中的碱度应在 $25 \sim 50 \mathrm{mg/L}$（以碳酸钙计算）。铝酸钠会增加这两个指标。混凝剂在水体中的反应如下：

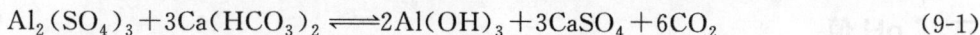

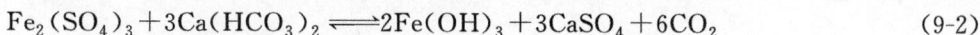

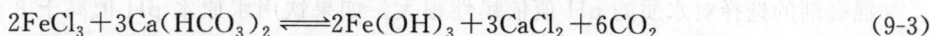

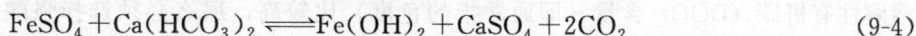

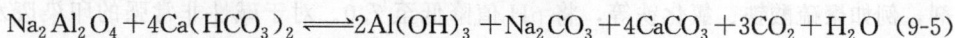

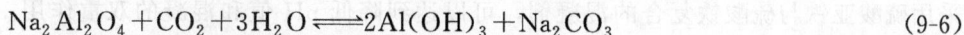

$$Al_2(SO_4)_3 + 3Ca(HCO_3)_2 \Longrightarrow 2Al(OH)_3 + 3CaSO_4 + 6CO_2 \tag{9-1}$$

$$Fe_2(SO_4)_3 + 3Ca(HCO_3)_2 \Longrightarrow 2Fe(OH)_3 + 3CaSO_4 + 6CO_2 \tag{9-2}$$

$$2FeCl_3 + 3Ca(HCO_3)_2 \Longrightarrow 2Fe(OH)_3 + 3CaCl_2 + 6CO_2 \tag{9-3}$$

$$FeSO_4 + Ca(HCO_3)_2 \Longrightarrow Fe(OH)_2 + CaSO_4 + 2CO_2 \tag{9-4}$$

$$Na_2Al_2O_4 + 4Ca(HCO_3)_2 \Longrightarrow 2Al(OH)_3 + Na_2CO_3 + 4CaCO_3 + 3CO_2 + H_2O \tag{9-5}$$

$$Na_2Al_2O_4 + CO_2 + 3H_2O \Longrightarrow 2Al(OH)_3 + Na_2CO_3 \tag{9-6}$$

$$Na_2Al_2O_4 + MgCO_3 \Longrightarrow MgAl_2O_4 + Na_2CO_3 \tag{9-7}$$

　　反应过程中消耗的碱度计算如下：

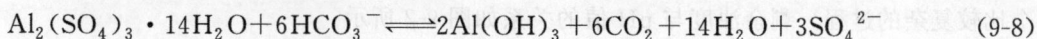

$$Al_2(SO_4)_3 \cdot 14H_2O + 6HCO_3^- \Longrightarrow 2Al(OH)_3 + 6CO_2 + 14H_2O + 3SO_4{}^{2-} \tag{9-8}$$

$$\underset{594\mathrm{mg}}{} \qquad\qquad \underset{366\mathrm{mg}}{}$$

　　如果向水中加入 $200 \mathrm{mg/L}$ 硫酸铝可完成混凝过程。

200mg $Al_2(SO_4)_3 \cdot 14H_2O$ 消耗 $HCO_3^-$：$(366/594) \times 200 = 123(mg)$

则消耗碱度（以 $CaCO_3$ 计）：$123 \times (50/61) = 101(mg/L)$

在选择聚氯化铝（PAC），硫酸铝（PAS）或聚硫酸铁等金属盐混凝剂时，碱度是非常重要的。所有这些物质需要一些碱度来促进水解反应，使混凝剂发挥作用。如果水的碱度低，在50mg/L以下，一般不使用酸度很强的金属盐类。在这样的情况下，有两种选择。

① 增加碱度，例如投加石灰溶液。

② 选择高盐基度的混凝剂，例如聚氯化铝（盐基度60%～90%）。

如果欲处理水碱度很低，有必要增加碱度，国外有联合使用酸性或碱性的铝盐的案例，在加入硫酸铝的同时投加铝酸钠。如果碱度高于50mg/L，就有足够的碱度促使金属盐发生水解，形成混凝。如果水体碱度很低，使用硫酸铝等消耗碱度很大的混凝剂，往往会造成铝离子水解不完全，使出水中残余铝离子浓度升高，达不到饮用水出水标准。我国有几个自来水公司已经发现此问题。另外，以前在实际使用混凝剂时大家并没有意识到无机聚合物混凝剂盐基度对处理效果的影响。为了得到理想的混凝结果，必须确定混凝剂投加量。一般而言，溶液的碱度越高，消耗的混凝剂越多。表9-2是使用氯化铁和硫酸铝作为混凝剂时，投加量不同引起的碱度变化情况（处理后水的碱度为40mg/L，pH=6.0）。

**表9-2 投加量不同引起的碱度变化情况**

| 碱度/(mg/L) | 1%氯化铁溶液的用量/mL | 1%硫酸铝溶液的用量/mL |
|---|---|---|
| 60 | 6.4～9.6 | 7.6～17.6 |
| 80 | 10.6～16.0 | 12.6～29.2 |
| 100 | 15.0～22.4 | 17.6～41.0 |
| 120 | 19.2～28.8 | 22.6～52.6 |
| 140 | 23.6～35.2 | 27.6～64.4 |
| 160 | 27.8～41.6 | 32.6～76.0 |
| 180 | 32.0～48.0(建议不要超过40mL) | 37.6～92.6(建议不要超过60mL) |
| >180 | — | — |

## 二、 pH值

混凝剂的选择对水质的pH值依赖性很大。如果饮用水原水pH值高于8.5，而且溶解性有机碳（DOC）含量（即通常指的色度）比较高，那么必须选择强酸性的混凝剂，例如聚硫酸铁、氯化铁等，将pH值降低至7.0。对于碱性非常强的印染废水可以采用硫酸亚铁与硫酸铁复合的混凝剂，可以达到降低pH值和混凝的双重作用。如果pH值呈酸性，为了确保混凝反应的产生，铁盐的混凝效果要优于铝盐。即使对于同样pH值的原水，由于碱度、离子强度等多种因素有很大的差别，因此混凝剂的选择是一个比较复杂的过程。剩余浊度与pH值的关系如图9-2所示。

根据图9-2，可以看出剩余浊度与pH值有密切关系，在pH值为6.2处，剩余浊度达到最低值。

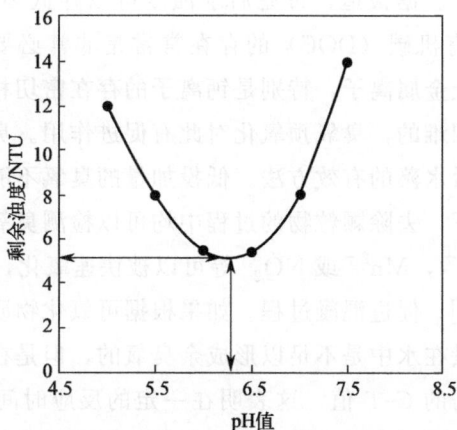

图 9-2　剩余浊度与 pH 值的关系（最佳 pH 值为 6.2）

碱度、pH 值相关性：碱度表示中和酸的能力，并体现了水体的缓冲能力。碱度和 pH 值是相关的，高碱度则高 pH 值。金属混凝剂是酸性的，并消耗额外的碱度。对低碱度的水，混凝剂可能消耗所有的碱度，降低水体 pH 值并导致混凝效果下降。高碱度的水需要更多的混凝剂来降低碱度到合适的范围。硫酸铁、氯化铁酸度高于聚铝，因而需要更多的额外碱度消耗。对 PAC 而言，碱度消耗与盐基度有关。高盐基度的 PAC 将比中、低盐基度的 PAC 消耗更少的碱度。

pH 值在是影响混凝过程最重要的因素，其影响了以下方面：

① 胶体的表面电荷；

② 水体中有机物官能团的电荷；

③ 可溶性混凝剂所带的电荷；

④ 絮凝颗粒物所带的表面电荷；

⑤ 混凝剂的溶解性等。

## 三、浊度

所有的地表水都含有不同来源、粒径及种类的颗粒物，这些物质必须在供水之前去除。传染性胞囊和寄生虫卵囊（*Giardia* 贾第虫属，*Cryptosporidium* 隐孢虫属）粒径一般为 $3\sim12\mu m$，这些颗粒物会带来卫生问题，因此人们对改进颗粒分离过程产生了新的兴趣。根据原水水质，典型的颗粒物去除包括以下工艺：

① 快滤或慢滤；

② 混凝/絮凝/深床过滤或混凝/絮凝/絮体分离；

③ 沉降或浮选以及快滤。

30 年前人们已经发现，在颗粒物去除之前进行预臭氧化可以显著提高颗粒去除率，降低混凝剂用量，提高流速，例如在深床过滤中就是如此。应当在加入混凝剂（铁盐、铝盐混凝剂或阳离子型聚合物）之前或同时加入少量的臭氧，为 $0.5\sim2mg/L$。在实际中用微絮凝（microflocculation）或臭氧诱导颗粒物脱稳过程（ozone-induced particle destablization）等术语来描述这一过程。与不用臭氧氧化去除颗粒物相比，采用臭氧氧化后的改进效果变化很大。据报道，过滤后水浊度可以降低 20％～90％，颗粒物数量也会减少。水中溶解性有机碳（DOC）的存在常常是非常必要的，至少应为 1mg/L。臭氧预氧化的效果与碱土金属离子，特别是钙离子的存在密切相关。

去除藻类通常是很困难的，臭氧预氧化对此有促进作用。臭氧预氧化可以与气浮联用，成为一种分离凝聚后水藻的有效方法。低投加量的臭氧不能破坏水藻细胞。在投加与不投加混凝剂的情况下，去除颗粒物的过程中均可以检测臭氧预氧化效果。

还原性物质，如 $Fe^{2+}$，$Mn^{2+}$ 或 $NO_2^-$ 等可以被快速氧化，也可以形成沉淀［形成 $Fe(OH)_3$，$MnO(OH)_2$］，促进混凝过程。如果根据可氧化物质的量来确定预臭氧化的臭氧剂量，那么这种剂量在水中是不足以形成余臭氧的，但是在较清洁的水中，可以满足对水进行有效消毒所需的 $C$-$T$ 值，这表明在一定的反应时间内，溶解臭氧的浓度可维持足够高的水平。臭氧预氧化反应器必须处理原水中的颗粒物，有时应与混凝剂混合反应池联合使用。

浊度是与水中悬浮颗粒浓度有关的一个特性参数，能够简便且相当准确地测定水质状况。浊度指标可用于衡量单个处理工艺和整个水处理系统。通过传统的混凝和絮凝工艺可以去除常规的浊度。混凝剂的投加量对混凝效果有很大影响，混凝剂投加量与剩余浊度的关系如图 9-3 所示。在投加量为 12.1mg/L 时，剩余浊度降至最低。

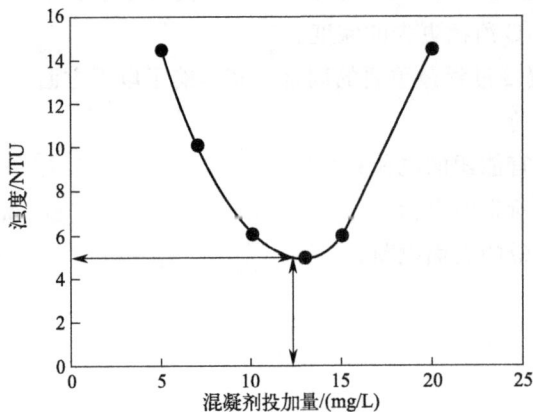

图 9-3　混凝剂投加量与剩余浊度的关系

图 9-4 为不同 pH 值下硫酸铝投加量与剩余浊度的关系。

在原水中由于胶体颗粒的电离作用和颗粒吸附有机物后的电离作用，绝大多数颗粒和胶体都带负电荷。在低浊度（<10NTU）水中，一般是采用脱稳为主、絮凝为辅，因此经常采用无机混凝剂与有机高分子絮凝剂配合使用。一般不能用有机聚合高分子电解质，例如高分子量聚丙烯酰胺，因为在没有脱稳的条件下，絮凝剂无法发挥作用。投加无机混凝剂后应该能够很快形成絮体，并在絮凝剂的作用下，进一步形成大的絮体。目前国内开发了无机有机复合的混凝剂，对于处理低温低浊度水效果很好。另外，采用阳离子有机混凝剂对于处理低温低浊度水效果也非常好，例如聚二烯丙基二甲基氯化铵，但是处理成本要比无机混凝剂高。国外有些水厂使用这类混凝剂时往往采用直接过滤的工艺。在中等浊度（<100NTU）水中，最好使用一般的无机盐，如果其他条件合

适，大多数会取得好的效果。在高浊度的情况下，或者在地表水浊度增加很快的时候，最好的选择是将 PAC 和聚丙烯酰胺或者聚胺混合加入。污泥床高度、污泥体积、脱水效率及 pH 值降低，这些都是考虑将 PAC 和大量硫酸铝或硫酸铁混合使用的原因。

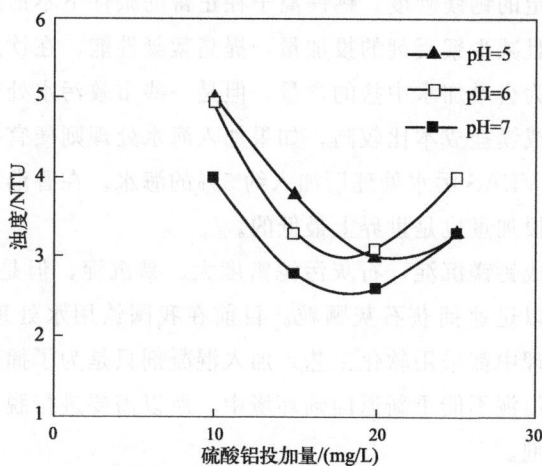

图 9-4　不同 pH 值下硫酸铝投加量与剩余浊度的关系

## 四、色度

在天然水体中形成色度的物质主要是腐殖质，它们是构成溶解性有机碳的主要成分。亲水的色度总是比疏水的矿物浊度更难以去除。色度的复杂性取决于水的 pH 值，产生色度胶体的种类，混凝剂破坏氢键的能力。选择的水处理剂必须使水中产生色度的物质的稳定性最低（通常 pH=5.5～7.0）。

在很多应用中，一种物质本身很难取得好的效果，对于无机金属盐尤其如此。这种情况下，添加少量聚二甲基二烯丙基氯化铵（PDADMAC），可以达到很好的去除效果。使用时 PDADMAC 可以与无机混凝剂分别投加，也可以选择 PAC 与 PDADMAC 复合的产品。另外，也可以投加粉末活性炭或其他的无机物吸附剂，同样可以达到非常理想的去除效果。

## 五、温度

无机金属盐的性能主要依赖于化学反应，而温度对混凝性的影响非常大。温度越低，反应越慢、黏性越高。较低的温度（<5℃）会对铝盐和铁盐产生影响，在冬季低温下混凝效果不佳。尤其是无机低分子盐的混凝效果更差，例如硫酸铝等。在冬季多数地区雨水很少，因此低温水往往又是低浊度水，这就更增加了处理难度。在处理过程中可以选择复配的混凝剂，或者采用无机低分子混凝剂与有机高分子絮凝剂或活性硅酸等复配使用的方法。另外，国内市场上已经有机无机复合混凝剂和含硅混凝剂，它们对于低温低浊度水的处理效果都比较好。国外还采用加热原水的方法，但是目前在国内还没有工厂采用加热的方式。几乎所有的混凝剂在温水（10℃≤T≤25℃）中，性能都较好。山东淄博供水管理局以聚硫酸铝和阴离子聚丙烯酰胺联用处理来自黄河的低温低浊

水，取得了很好的效果，积累了丰富的经验。

## 六、硬度

所有的水都有一定的钙镁硬度。钙镁离子在正常的条件下不形成絮凝体，但它们能改进表面中和作用并且减少絮凝剂的投加量，提高絮凝性能。在饮用水处理中不能使用提高硬度的方法，因为会增加水中盐的含量，但是一些市政污水处理厂可以使用这个方法。在水中加入石灰或镁盐成本比较高，如果加入海水处理则便宜得多，而且海水中含有大量的镁。挪威的 VEAS 污水处理厂加入约 5% 的海水。在香港用海水冲洗厕所，在后续处理中絮凝剂的投加量也是世界上最低的。

一般加入石灰形成钙镁沉淀，石灰污泥密度大、易沉淀，但是最好在加完石灰后，投加少量混凝剂，可以迅速捕获石灰颗粒。目前在我国饮用水处理厂没有采用软化工艺，而在电厂用水处理中都采用软化工艺。加入混凝剂只是为了捕获石灰颗粒，而不是凝聚原水浊度。石灰污泥不能重新返回到环境中，所以需要进行脱水处理，应根据水厂装置选择合适的絮凝剂。

控制处理水的 pH 值可以满足不同软化程度的要求，一般控制 pH 值为 $10.0\pm0.2$。金属盐混凝剂会降低碱度，影响软化效果。因此，最好选择预先水解的高盐基度混凝剂。高盐基度的聚氯化铝，尤其是含钙型聚氯化铝，比较适合于石灰软化，投加量也比较小。另外，也可采用聚合硫酸铝作混凝剂，由于形成的硫酸钙和氢氧化铝存在共沉淀作用，混凝效果会更理想。

## 七、嗅味

嗅味可以通过很多方法来控制，最常用的方法是加入粉末活性炭。粉末活性炭还可以有效去除原水中其他有机物和色度。大多数混凝剂可以沉降粉末活性炭或有机颗粒，由于这些物质非常细小，所选择的混凝剂最好能够形成密实的污泥，达到很高的沉降速度和很低的残留絮体。

# 第二节　水体中的残余铝问题

在采用混凝剂时都不同程度存在残留混凝剂离子的问题，目前人们对于饮用水中残留铝离子问题研究比较多。铝的毒性日益引起人们的关注，虽然阿尔茨海默病与铝在大脑的累积关系还存在很大的争议，但是世界卫生组织、多数发达国家和我国对残余铝离子都制定了限制标准。世界卫生组织和我国规定饮用水中铝离子不能超过 0.2mg/L。另外，目前对于废水中残留铝离子和铁离子并没有限定，它们对于受纳水体生物和生态的影响至今仍在研究中，有研究表明游离和聚合铝离子对于植物根系、水生生物和鱼类都有一定的影响。因此我们在使用混凝剂时必须谨慎，尽量减少铝盐的排放。

对于残余铝离子的影响，国外也做过一定的研究，例如，给小白鼠口服 2.5mg/kg

铝，6个月后，动物呈现轻微的中毒症状。若水生动物生存于 0.07～17.8mg/L 的铝污染水中，也将受到不同程度的毒害。例如，水体中铝含量超过 0.2～0.5mg/L 时，可使鲑鱼致死；在弱碱性条件下（pH＝8～9），水中铝酸根离子浓度高于 0.5mg/L，同样可以导致鲑鱼死亡；另外新沉淀形成的氢氧化铝胶体也会导致鲑鱼中毒。

药剂过量投加时，Zeta 电位的变化可以很好地指示药剂的过量投加问题，工厂一般都应该控制 Zeta 电位在－5mV 左右。加药量与 Zeta 电位、浊度、余铝的对应关系如图 9-5 所示。混凝剂的过量将会导致 Zeta 电位上升到＋5mV，并且伴随着最终水体剩余铝的显著增加。对于一个工厂来说，由于在絮凝和过滤之间存在几个小时的滞后时间，因此只监测水体的浊度来控制剩余铝含量的做法是不足的，而控制 Zeta 更及时有效。氯化铁剂量与废水混凝效果对应曲线图如图 9-6 所示。从图 9-6 可以看出，在利用氯化铁处理城市污水时，最佳 Zeta 电位为－11mV，此时污水的 COD 去除率最高，但是如果多加入 5mg/L 氯化铁，则混凝会迅速恶化。

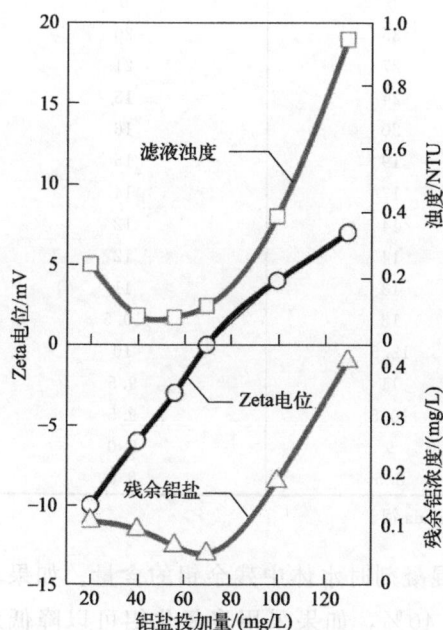

图 9-5 加药量与 Zeta 电位、浊度、余铝的对应关系

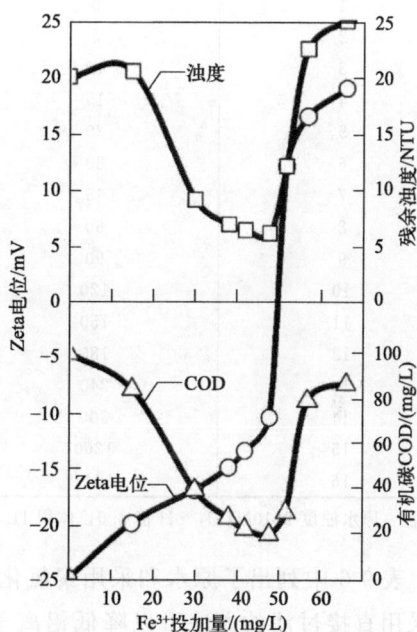

图 9-6 氯化铁剂量与废水混凝效果对应曲线图

表 9-3～表 9-5 分别比较了明矾和 PAC 处理污水的残余铝含量和污泥量。

**表 9-3 明矾和 PAC 处理后剩余铝的比较**

| 序号 | 明矾/PAC(用量)/(mg/L) | 处理后剩余铝含量/(mg/L) | | 处理后 pH 值 | |
|---|---|---|---|---|---|
| | | 明矾 | PAC | 明矾 | PAC |
| 1 | 0 | 0.05 | 0.05 | 8.0 | 8.0 |
| 2 | 200 | 0.10 | 0.05 | 6.5 | 7.3 |
| 3 | 300 | ＞0.80 | 0.05 | 5.0 | 7.1 |
| 4 | 400 | ＞0.80 | 0.05 | 4.8 | 7.0 |

注：原水浊度由 150NTU 降到 5NTU。

**表 9-4    明矾和 PAC 所产生污泥量对比（一）**

| 序号 | 时间/min | 污泥容积/mL | |
|---|---|---|---|
| | | 明矾（120mg/L） | PAC（80mg/L） |
| 1 | 0 | 0 | 0 |
| 2 | 30 | 35 | 31 |
| 3 | 60 | 31 | 27 |
| 4 | 90 | 28 | 24 |
| 5 | 120 | 26 | 21 |
| 6 | 150 | 25 | 20 |
| 7 | 180 | 23 | 18 |
| 8 | 210 | 20 | 18 |

注：原水浊度 1250NTU，pH 值 8.1，体积 1L，来源 Solapur 水厂（原水）。

**表 9-5    明矾和 PAC 所产生污泥量对比（二）**

| 序号 | 时间/min | 污泥容积/mL | |
|---|---|---|---|
| | | 明矾（80mg/L） | PAC（50mg/L） |
| 1 | 0 | 0 | 0 |
| 2 | 5 | 35 | 30 |
| 3 | 10 | 27 | 21 |
| 4 | 15 | 24 | 15 |
| 5 | 20 | 20 | 16 |
| 6 | 30 | 19 | 15 |
| 7 | 45 | 17 | 14 |
| 8 | 60 | 14 | 12 |
| 9 | 90 | 14 | 12 |
| 10 | 120 | 13 | 11 |
| 11 | 150 | 13 | 10.5 |
| 12 | 180 | 12.5 | 10 |
| 13 | 240 | 11 | 9.5 |
| 14 | 300 | 10.5 | 9.5 |
| 15 | 1260 | 9 | 9.0 |
| 16 | 1440 | 8.5 | 8.5 |

注：原水浊度 2010NTU，pH 值 8.0，体积 1L，来源 Narmada 河。

表 9-6 中列出了原水和采用聚氯化铝作为混凝剂时水体中残余铝的含量。如果单纯采用直接过滤的方法可以降低铝离子含量约 40%，如果采用聚氯化铝可以降低水体中铝离子含量的 96%，如果进一步采用过滤工艺，则可以将铝离子含量降低 97.5%。

**表 9-6    聚氯化铝作混凝剂水处理过程中残余铝含量**

| 原水（地表水） | 处理后水/（mg/L） | | |
|---|---|---|---|
| 总铝/（mg/L） | 不加药直接过滤 | 加药后取上清液 | 过滤后 |
| 1.20 | 0.68 | 0.045 | 0.030 |
| 0.93 | 0.71 | 0.054 | 0.033 |
| 总铁/（mg/L） | 不加药直接过滤 | 加药后取上清液 | 过滤后 |
| 0.25 | 0.17 | 0.14 | 0.07 |

如表 9-7 所列，如果采用铁盐作混凝剂也可以有效降低原水中残余铝的含量。

表 9-7　铁盐作混凝剂水处理过程中残余铝含量

| 原水(地表水) | 原水/(μg/L) | 处理后水/(μg/L) |
| --- | --- | --- |
| 总铝 | 245 | 45 |
| 总溶解性铝 | 140 | 40 |
| 不稳定铝 | 67 | 32 |
| 低分子铝 | 95 | 35 |

## 第三节　烧杯混凝实验

烧杯混凝试验（jar test 或 beaker test）是应用最广泛和最有效的评价混凝处理的方法。通过烧杯试验可以了解混凝剂和混凝效果，确定使用混凝剂或絮凝剂的最佳投加量，以及动力学影响因素，例如搅拌强度、反应时间等。烧杯实验还可以为初步设计提供依据。在进行烧杯试验之前，必须对实验进行计划，并初步确定以下几点：

① 仪器的选择；

② 混凝剂的种类与供应商；

③ 初步实验方案与实际方案的区别；

④ 处理水的测定指标和方法；

⑤ 搜集数据的种类和计算方法。

### 一、烧杯实验仪器的选择

在一个烧杯混凝试验过程中，最重要的仪器是搅拌设备，包括烧杯和混凝搅拌仪。

#### 1. 烧杯的类型

可用的烧杯有两种类型，最普通的两种烧杯是 1L 圆形烧杯和 1L 方形烧杯。国内目前几乎都是 1L 圆形烧杯，但是圆形效果最差，最不具有混凝代表性，有条件时应该尽可能避免使用这种烧杯，优选带有取样孔的 1L 或 2L 方形烧杯。1L 圆形烧杯的缺陷有以下几点：

① 根据烧杯试验放大到实际工程时，误差很大；

② 搅拌过程中，水会随着烧杯中的叶轮而旋转，降低了混合的有效速率；

③ 在一个 1L 烧杯中很难得到好的沉降数据，而且可供的测试水样量很少，不得不进行多次实验获得足够水样量。

图 9-7(a) 是 1LHudson 烧杯的示意图，图 9-7(b) 是 2LGator 烧杯的示意图，它们在距离液面 10cm 的水下有一个取样孔。Gator 烧杯克服了 Hudson 烧杯的缺陷，具有以下优点：

① 体积大，减少了放大误差；

② 方形壁减少了水的旋转；

③ 有大量的上清液可供分析。

#### 2. 搅拌器驱动装置

有 3 种基本类型的搅拌器驱动装置可以使用。

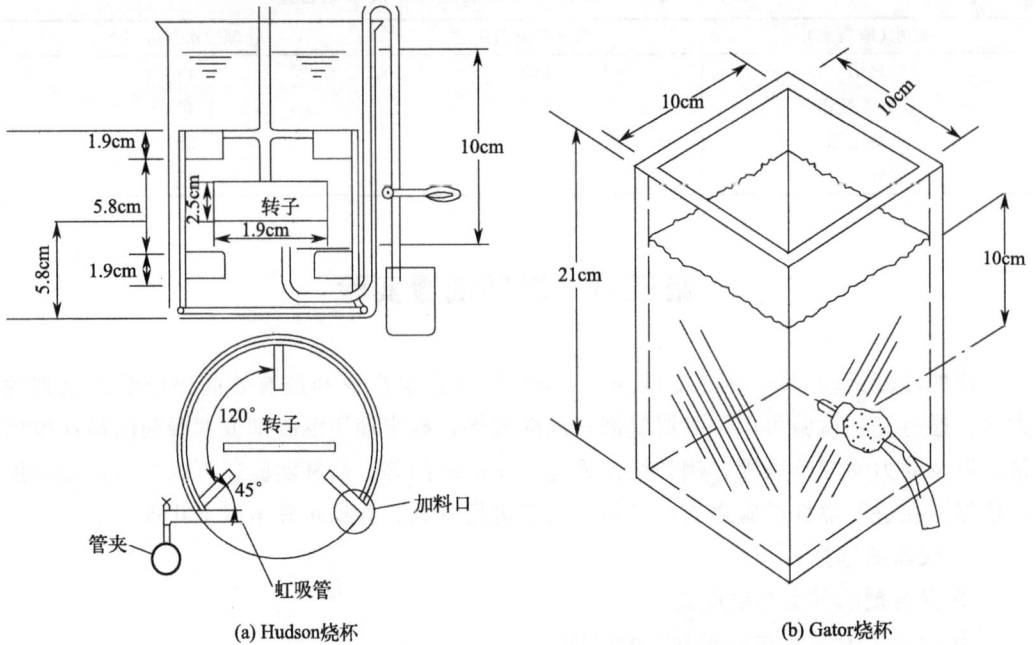

(a) Hudson烧杯　　　　　　　(b) Gator烧杯

图 9-7　Hudson 烧杯和 Gator 烧杯

① 通过一个电机和传动装置向六联或者八联搅拌器提供搅拌的能量，电机速度可以调整，但是向搅拌器传递的搅拌速度相同。因此在一个烧杯试验中，所有的叶轮都在同样的速度下运转，速度可以在 $0\sim800r/min$ 之间变动。

② 通过置于烧杯上方的独立的电机驱动搅拌器进行调节，可以使每个烧杯的搅拌速度不同。另外，每个烧杯的电机驱动可以做到计算机控制，可以进行多程序多速度运行。例如可以进行编程，使烧杯中的原水在 $300r/min$ 混合 $1min$；加入混凝剂，以 $250r/min$ 再搅拌 $1min$；加入助凝剂，以 $20r/min$ 再搅拌 $1min$；以 $50r/min$ 再搅拌 $10min$，最后混凝自动停止、报警，提醒混凝结束。这样每个烧杯可以用不同的程序运行，并且可以实现多次加药，混合与添加混凝剂可以同时进行，而且可以在同一时间加入 6 种不同的混凝剂。因此这种搅拌设备对于考察不同的动力学条件和不同混凝剂的效果非常方便。另外，这种搅拌仪还可以显示混凝过程的 $G$ 值和 $G\text{-}T$ 值。目前几个公司已经将此产品投入市场，产品的稳定性也非常好，而且可以提供圆形和方形烧杯。

③ 采用磁力搅拌的方式。这样每个烧杯在计算机控制下也可以独立运行，具有第二种方式的优点，而且磁搅拌器不占据烧杯上部的空间，从而对于观察、取样等都比较方便，但磁力搅拌的强度往往不够。

### 3. 叶轮形式

目前有几种叶轮形式可供选择。最常见的是平板叶轮、框式、磁搅拌棒、涡轮。每种搅拌方式都有各自的特点，最重要的是混合能量或速度梯度 $G$。一般而言，平板叶轮有最好的速度梯度，在一个 2L 的方形烧杯中，在转速为 $200r/min$ 时，可以获得 $350s^{-1}$ 的 $G$ 值。对于大多数处理厂，这是足够的。磁搅拌棒的强度较小，在转速为 $200r/min$ 时，可以达到 $200s^{-1}$ 的 $G$ 值。涡轮的效率最低，在一个 2L 的 Gator 烧杯中，

转速为 $200r/min$ 时，速度梯度为 $70s^{-1}$。对于大多数水处理厂，叶轮是不适合的。

### 4. 温度调整

在模拟不同温度下混凝效果时，必须对水温进行调整。此时必须对要处理的水进行加热和冷却，但是目前上市场上提供的烧杯实验装置都不带有加热和冷却装置。一般都是在混凝前调整水温。正如在本书前面介绍的那样，水温影响混凝剂的水解过程和水动力学条件，因此水温的影响是不能忽略的。

### 5. 分析仪器

根据水处理的目的，不同的水处理单位可以配备相应的测试仪器。由于饮用水处理涉及的指标比较多，因此需要的仪器也很多。大型饮用水处理厂除了一般常用的化学分析仪器外，还要配备液相色谱、气相色谱、原子吸收光谱等仪器。有些水处理厂已经实现在线监测 COD、TP、SS、pH 值、$UV_{254}$ 等指标。多数污水处理厂由于控制指标比较少，因此相应仪器也比较少，一般常规的化学分析仪器就足够了，但目前污水排放的在线控制监测已经在很多污水处理厂实施。

## 二、烧杯混凝试验的确定

### 1. 初步拟定试验方案

在烧杯混凝试验中，重要的是混凝剂的选择和实际操作。如果混凝剂选择不当，操作步骤再准确都毫无意义。因此实验人员应根据水质和相关文献、市场可以提供混凝剂的种类，首先确定几种优选的混凝剂，再进行实验筛选。这一点非常重要，往往实验人员通过正交实验确定了一种混凝剂的种类和最佳投药量，但是选择的混凝剂的种类却不是最好的，所以这种正交实验是没有任何意义。尤其是在污水处理中常常会出现这样的情况，可以根据混凝剂性质，初步确定混凝剂的种类，再进行细致的筛选工作。

### 2. 制备储备溶液

目前市场上提供的混凝剂或絮凝剂一般是液体（原液）或固体形式，它们必须稀释或溶解后使用。储备溶液的制备应该基于两点考虑，一是在实验期间储备溶液必须是稳定的，不能发生任何性质的变化；二是储备溶液必须使用和计量方便。

混凝剂和絮凝剂在溶解后或多或少都会发生性能降低的现象，尤其是在储备液浓度很低时，因此使用浓度很高的储备液或者原液，用微量调节注射器投加效果最好。但是由于药剂的投加量很低，因此不得不稀释后投加。如果需要稀释，为便于计量最好制备 1%（质量比）的混凝剂和 0.1%（质量比）的絮凝剂。

### 3. 混凝剂

对于硫酸铝、PAC、PFS、氯化铁和硫酸亚铁等，进行简单的稀释，就可以制备储备液。一般制备 1% 的溶液是指质量比为 1%。但是在这里容易产生混淆的是 1% 的溶液中的 1g 混凝剂的形态，例如聚氯化铝可以是液体也可以是固体，因此必须指明 1g 固体还是液体。国家标准中聚氯化铝固体产品含氧化铝 29%～30%，液体产品含氧化铝 10%，因此同样是 1% 的浓度，有效成分相差 2 倍。

如果配制 1% 的储备液，则取 1g 样品，溶解到 99mL 水中。1mL 这样的 1% 溶液含有 $1/100 \times 1000mg = 10mg$ 混凝剂。如果在 1L 中加入 1mL 即为 10mg/L 或 10kg/$1000m^3$（或 10mg/L），如果加入 2mL，则投加量为 20mg/L。在此没有考虑加入样品的状态是固体还是液体，因为它的密度并不是与水相同，上述取样过程中完全忽略这一误差，在实际测试中这种误差完全是可以允许的。

（1）聚氯化铝

目前使用的聚氯化铝多数是固体产品，可以取 1g 固体样品，溶解在 99g 水中，就得到 1% 的 PAC 溶液，则 1mL 储备液含固体聚氯化铝 $1 \times 1000mg/100mL = 10mg/mL$。

如果固体聚氯化铝含氧化铝 29%，则 1mL 储备液含氧化铝 $10mg/mL \times 29\% = 2.9mg/mL$。如果采用液体聚氯化铝，其氧化铝含量为 10%，则 1% 的储备液制备如下。

取 1g 液体聚氯化铝溶解于 99mL 水中，则 1mL 储备液含液体聚氯化铝 $1 \times 1000mg/100mL = 10mg/mL$。如果液体聚氯化铝含氧化铝 10%，则 1mL 储备液含氧化铝 $10mg/mL \times 10\% = 1.0mg/mL$。

由于目前没有统一的混凝剂投加标准，有的使用固体聚氯化铝，有的使用液体聚氯化铝，也有使用氧化铝的，所以在使用过程中必须指明聚氯化铝样品的状态。

（2）聚硫酸铁

为了制备 1% 的聚硫酸铁溶液，可以直接称取 1g 液体聚硫酸铁，溶解到 99mL 水中，如果知道溶液的密度，也可以量取一定体积的液体再稀释。如果聚硫酸铁的密度为 1.490g/mL，$Fe^{3+}$ 含量为 11.2%。因此 $1g = 1/1.490g/mL = 0.671mL$，0.671mL 的质量为 1g。

取 0.671mL 液体聚硫酸铁加入 99mL 水中，就得到 10g/mL 液体聚硫酸铁的储备液。储备液含 $Fe^{3+}$ 含量为 1.12g/mL。

聚硫酸铁和其他铁盐的水解倾向都比较大，一般为 1% 的溶液可以稳定 10h，并且稳定会随生产原料有所变化。实际使用过程中可以将聚硫酸铁配成 5%～10% 的溶液，以提高稳定时间。

（3）有机高分子聚合物

由于聚合物溶液的黏度很大而且使用量很低，一般配制 0.1%～0.5% 的溶液。称取 0.1g，溶解于 99.9mL 水中，则 1mL 储备液含聚合物 1mg。如果将 0.5mL 0.1% 溶液加入 1L 的试验体积中，则加入的投加量为 0.5mg/L。如果将 1mL 0.1% 溶液加入 1L 的试验体积中，则加入的投加量为 1.0mg/L。

对于乳液型聚合物其稀释溶解非常容易，对于干粉状聚合物，为了避免出现"鱼眼"现象，可以先用少量乙醇润湿干粉，然后再定容到 100mL。阴离子聚丙烯酰胺 0.1% 的储备液可以稳定 24h，并随时间延长发生降解；阳离子聚丙烯酰胺的稳定性相对较差，0.1% 的储备液可以稳定 10h。另外，储备液的稳定性与温度有关，温度低稳定性好，温度高稳定性差。对于阳离子聚丙烯酰胺可以配制浓度稍高的储备液，例如 0.5% 溶液。

#### 4. 实验方案的确定

在选定了混凝剂种类后，应该考虑水动力学因素对于混凝效果的影响，这包括混合强度、混合时间（絮凝池停留时间）和沉降时间。

##### (1) 混合强度

表征混合强度的主要参数是速度梯度（$G$ 以 $s^{-1}$ 表示）。在一个烧杯混凝实验中，速度梯度对应于搅拌速度。搅拌速度越大，速度梯度越高。混凝搅拌仪中可以在确定的搅拌速度下显示对应的 $G$ 值。一旦确定了速度梯度，重要的步骤就是在 $300s^{-1}$ 下模拟同样的混合强度，而慢速混合是在 $15\sim150s^{-1}$ 下，一般为 $40s^{-1}$。当购买烧杯混凝试验仪器时，一般能找到有关烧杯叶轮转速、叶轮设计和速度梯度的表格。如果知道运行工况下的 $G$ 值，就可以确定叶轮的转速。

##### (2) 絮凝池停留时间

计算停留时间非常简单，可用下列公式来计算：

$$T_d = V/Q \tag{9-9}$$

式中　$T_d$——理论停留时间，min；

$\quad\quad V$——反应池容积，$m^3$；

$\quad\quad Q$——流速，$m^3/min$。

一般快速混合时间为 $20\sim60s$，而絮凝过程设计为 $30min$。由于混凝剂的性能有一定的差别，实际混合时间和反应时间必须通过实验确定。

##### (3) 沉降时间

在进行烧杯混凝试验时，沉降时间是最大的误差来源之一。主要的误差产生是由于沉降时间往往过长。如果沉降时间长，可以得出好的结果，但常常不是很有价值的。给定时间下，所有混凝与絮凝的颗粒会沉降到静止的烧杯底部。所以，沉降时间是一个必须准确测量的操作参数。

模拟沉降时间的最好方法是确定一个颗粒在澄清池中沉降 $10cm$ 所需要的时间。这可以通过计算和实际检验来证实。一个絮凝颗粒沉降 $10cm$ 的时间一旦被确定，烧杯的沉降时间也就确定了。可以选择带有一个与水面相距 $10cm$ 取水孔的 2L Gator 烧杯。

为了计算沉降时间，必须确定澄清池或沉淀池的表面负荷。如果表面负荷已知，则可以确定沉降速率，然后可以直接计算沉降 $10cm$ 所需的时间。表 9-8 总结了表面负荷率与沉降时间的关系。

**表 9-8　表面负荷率与沉降时间的关系**

| 表面负荷率/(m/h) | 沉降速率/(cm/min) | 10cm 的采样时间/min |
| --- | --- | --- |
| 0.3 | 0.5 | 20 |
| 0.6 | 1.0 | 10 |
| 1.2 | 2.0 | 5 |
| 2.4 | 4.0 | 2.5 |
| 6.0 | 10.0 | 1 |

从澄清池中取水样并测定 $80\%$ 的颗粒沉降到 $10cm$ 的时间可以证实沉降时间的计

算。一般来说，这里估计的沉降时间与计算的采样时间非常接近，在烧杯混凝试验中可以作为指导。

（4）过滤介质的选择

几乎在所有的情况下，沉降后的水在进入配水系统之前，都要通过一个滤池。所以在一个烧杯试验程序中，应该有一个过滤步骤。如果烧杯试验已经运行良好，从水面下 10cm 处取沉降后的水样进行过滤，会得出有价值的结果。近来，由于对致命微生物孢子类物质的担心，人们更加关注过滤性这一概念，混凝过后，可以进一步分离水体中的絮体，降低浊度。

（5）初步实验方案的相容性研究

一旦试验参数已知，快速混合与絮凝搅拌的混合强度、混合时间和沉降时间也已经计算出来，就可以初步确定处理过程。另外还要进行相关性研究，比较烧杯试验和水厂实际规模应用的差别。

根据水厂沉降实验结果和烧杯试验结果，分析得出数据。一般要分析浊度、色度、pH 值、$UV_{254}$ 等。可以画一个简单的柱形表，比较实际水厂和烧杯试验的结果。

（6）化学处理方法的选择

按照工作要领可以避免很多试验中的麻烦，另外必须做到下列几点：

① 充分了解水厂的操作过程；

② 已经对混凝剂进行初步筛选，混凝剂具有很好的性能；

③ 分析参数已经完全确定，分析仪器准备就绪；

④ 已制定出一个烧杯试验方案，可以得到有价值的结果；

⑤ 过滤方案已经确定；

⑥ 试验相关性。

现在只存在 3 个问题：哪种混凝剂/絮凝剂的配合具有最好的效果？混凝剂/絮凝剂的投加量是多少？处理总成本是多少？

（7）混凝剂的选择

首先选择混凝剂，并估计合适的投加量。混凝剂的选择和投加量的确定是通过观察和测量得到的。目的在于生成"絮体"，凝聚疏水的矿物浊度和亲水的有机色度。根据混凝剂的选择和投加量，DOC 含量往往是决定性的因素。开始时，对每 1.0mg/L DOC 可加入 5mg/L $Al_2O_3$ 或 2mg/L 的 $Fe^{3+}$。建议程序如下。

① 叶轮的转速设置为 10r/min，如果必要，加入氧化剂。在需要的投加量下，加入混凝剂，如果必要，加入 pH 值调节剂。将叶轮设置为快速混合所需要的速度以及随后的预定的混合时间，观察混凝剂在快速混合阶段去除色度的性能。将叶轮设置为絮凝所需的速度以及随后的预定的混合时间，观察絮体的形成，记录形成的时间。

② 如果絮体形成很快，但是在最初形成以后没有再生长，做记录。观察絮体之间水的颜色，做记录，观察烧杯中是否有任何漂浮物质存在。将叶轮的转速调整到零，并从烧杯中取出，开始沉降阶段。

③ 根据絮体的大小对其进行分类，根据絮体的沉降速率对其进行分类，观察是否

有絮体漂浮到水面，并做记录。记录是否有温度升高以及是否引起气体的释放，观察是否有任何絮体悬浮在烧杯中央，并做记录。

④ 在预定的时间后，在距液面 10cm 处取样。对样品进行所有必需的分析试验，重新观察烧杯中后来的悬浮物。

⑤ 缓慢放入叶轮，增加转速，直到污泥床升高，记录每种化学体系的转速。

⑥ 关闭叶轮，观察污泥床的沉降速率。

⑦ 分析一个由接触时间决定的反应，例如三氯甲烷（THMs）的形成，如果必要，可能要先放置样品，使样品经过完整的停留时间，可能要几个小时。在此情况下，需要几个 500mL 的烧杯。

⑧ 选择几种最好的混凝剂，以最佳投加量加入。

（8）絮凝剂的选择

阳离子助凝剂在不同浓度时对应的 Zeta 电位如图 9-8 所示。阳离子助凝剂对应的 Zeta 电位曲线可以用来评价阳离子聚合物的电中和性质。

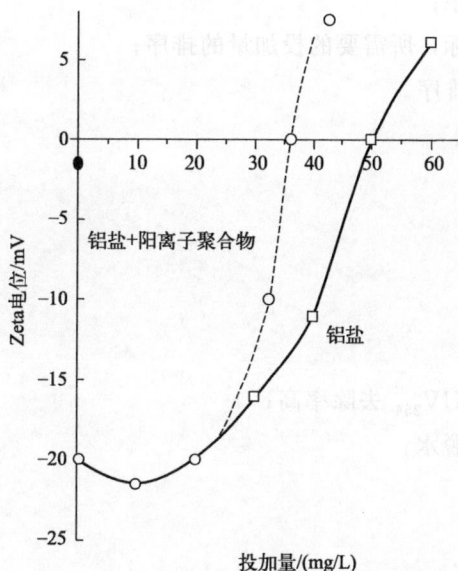

图 9-8 阳离子助凝剂在不同浓度时对应的 Zeta 电位

混凝过程中可能需要也可能不需要絮凝剂。一旦确定了混凝剂及其最佳投加量，上述的步骤可以确定一种絮凝剂能否显著增加混凝效果或降低处理成本。最近国内开发的低温低浊水混凝剂多元聚氯化铝（例如同济大学 820 系列聚氯化铝）具有非常好的絮凝效果，完全可以免除使用絮凝剂。另外，絮凝剂使用过程中应该避免在溶解之后长时间存放导致溶液变质，避免溶解时间过长或过度搅拌，避免出现"鱼眼"现象。

## 三、最终处理过程的选择

如果确定了化学处理过程，应进行一系列的最终试验以确定这种絮凝剂的优点。一组 8 个试验应该按如下所述进行。

① 厂内沉降水；

② 未加絮凝剂的烧杯中的沉降水；

③ 加过絮凝剂的烧杯中的沉降水；

④ 经过现有化学处理程序后烧杯中的沉降水；

⑤ 厂内过滤水；

⑥ 未加絮凝剂的烧杯中的过滤水；

⑦ 加过絮凝剂的烧杯中的过滤水；

⑧ 经过现有化学处理程序后烧杯中的过滤水。

在此阶段，应制定出化学处理程序。如果方法正确，烧杯混凝试验是很有用的。关键在于考虑处理对象和制定出的方案能够达到处理目标。烧杯混凝试验可以提供下列信息：

① 在厂内应使用哪种混凝剂；

② 哪些混凝剂是不合适的；

③ 混凝剂效率的排序；

④ 为了达到处理目标，所需要的投加量的排序；

⑤ 混凝剂经济性的排序。

## 四、混凝剂的评价

① 沉降性好；

② pH 值适应性强；

③ 温度适应性强；

④ 色度低；

⑤ 有机物、COD、$UV_{254}$ 去除率高；

⑥ 污泥密实、容易脱水；

⑦ 性能比高。

# 第四节　药液的配制、计量和投加

在水处理中，向原水中投加混凝剂可破坏水中胶体颗粒的稳定性，在一定的水力条件下，通过胶粒之间和其他微粒间的相互碰撞和聚集，从而形成易于从水中分离的絮体。混凝效果是由混凝剂的性能和构筑物的流体动力学作用两方面来决定的。在工程实践中，混凝常常分为凝聚和絮凝两个阶段，随后进行分离。混凝设备包括混合设备、反应设备和分离设备，凝聚和絮凝这两个阶段分别在混合设备和反应设备中完成。这三种设备可以是独立的，也可以是一体化的（例如澄清池），而且在混合设备之前通常还需设置药液存储设备和计量设备。分离设备包括沉淀、气浮、过滤等设备。

## 一、药液的配制、计量和投加

混凝剂投加到待处理的水中通常有两种方法，即干法投加和湿法投加。干法投加是指将固体混凝剂破碎成粉体后向水中定量投加，其流程通常为：药剂输送——→粉碎——→提升——→计量——→加药混合。湿法投加是指先将混凝剂溶解，配制成一定浓度的溶液，然后向待处理的水中定量投加，药液的配制和投加流程如图 9-9 所示。

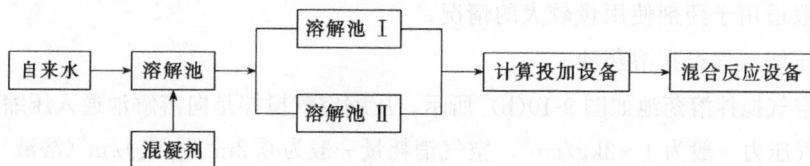

图 9-9　药液的配制和投加流程

从操作上来看两种投加方式各有优缺点。干投法设备占地面积小、投配设备无腐蚀问题、药剂质量也较好（受污染变质较少）。但是，干投法存在不可避免的缺点：用药量大时需要配套破碎设备，用药量小时又不易调节，药剂与水混合接触条件差，劳动条件较差，不适用于吸湿性、慢溶性混凝剂。对于微污染水，目前液体混凝剂的去除率比较低，$UV_{254}$ 的去除率仅为 10%，但如果投加固体复合混凝剂（有时掺加吸附剂）往往会取得更好的效果。例如，在太湖蓝藻暴发期间投加固体吸附混凝剂的脱臭和去除有机物的效果远远好于常规的 Al、Fe。湿投法则适用于多种混凝剂，投加量便于控制和调节，易于与水充分混合，运行方便。其缺点是设备面积较大且占地面积大，设备也易于腐蚀。目前，通常采用湿投法，而干投法使用较少。本书重点介绍湿投法。

## 二、药液的配制

混凝剂药液的配制主要考虑混凝剂浓度和投加量这两个方面。无机混凝剂溶液的浓度通常配制成 5%~20%，有机高分子溶液的浓度通常配制成 0.5%~1.0%。混凝剂的日投加量可以按照下式计算：

$$W = 24QC \tag{9-10}$$

式中　$W$——每天所需要的混凝剂量，kg/d；

$Q$——原水水量，$m^3/h$；

$C$——混凝剂加入量，$kg/m^3$。

溶液的配制设备包括溶解池和溶液池，选择时应该主要考虑设备容积和搅拌方式两个方面。溶液池的容积可按下式计算：

$$V = \frac{24 \times 100aQ}{1000 \times 1000bn} = \frac{aQ}{417bn} \tag{9-11}$$

式中　$V$——溶解池的有效容积，$m^3$；

$a$——混凝剂的最大投加量，mg/L；

$b$——药液含量，%；

$n$——每天配制溶液次数，一般为 2~6 次。

溶解池的容积可按下式计算：

$$V' = (0.2 - 0.3)V \qquad (9\text{-}12)$$

为了加速固体混凝剂的溶解，并使药液浓度均匀，溶液池中需要设置搅拌设备。常见搅拌方式有 3 种：机械搅拌、压缩空气搅拌和水力循环搅拌。

（1）机械搅拌溶药池

机械搅拌溶药池如图 9-10(a) 所示。机械搅拌是采用电动机带动桨板或涡轮进行工作的，一般适用于药剂使用量较大的情况。

（2）压缩空气搅拌溶药池

压缩空气搅拌溶药池如图 9-10(b) 所示。压缩空气搅拌是向溶解池通入压缩空气进行搅拌，空气压力一般为 $1\sim2\text{kg/cm}^2$，空气消耗量一般为 $0.2\text{m}^3$(空气)$/\text{m}^3$(溶液)·min。

（3）水力循环搅拌溶药池

水力循环搅拌溶药池如图 9-10(c) 所示。水力搅拌直接用水泵从溶解池内抽取药液再循环到溶解池，这种搅拌方式结构简单，使用方便，适用于药剂使用量较小的情况。

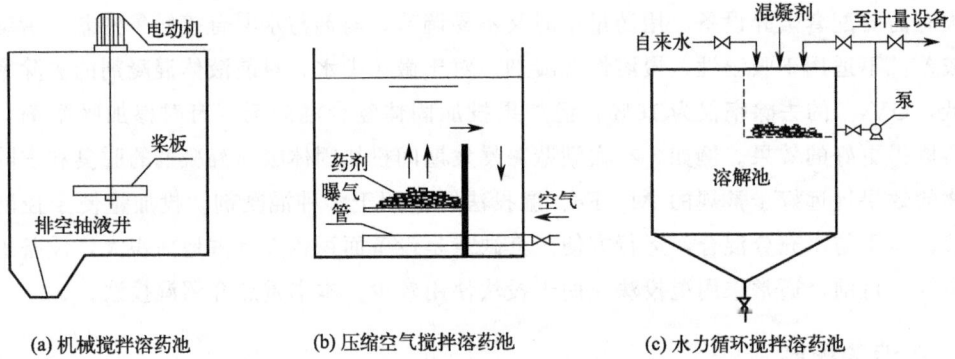

(a) 机械搅拌溶药池　　　(b) 压缩空气搅拌溶药池　　　(c) 水力循环搅拌溶药池

图 9-10　混凝剂溶解搅拌方式

必须注意，药液的配制设备及管道都应该考虑防腐或采用防腐材料，在使用三价铁盐混凝剂时应特别注意。

# 参考文献

[1] 汤鸿霄，钱易，文湘华．水体颗粒物和难降解有机物的特性与控制技术原理 ［M］．北京：中国环境科学出版社，2000.

[2] H. Helmholtz, Uber die auf das innere magnetischoder dielektrisch polarisierte korperwirkenden krzfte ［J］. Annalen der Physik und Chemie. 1881, 13：385-406.

[3] Gouy, G. Sur la constitution de la charge electrique a la surfaced' un electrolyte ［J］. Journal de Physique et le Radium. 1910, 9：457-468.

[4] Chapman, D. L. A contribution to the theory of electrocapillarity ［J］. Philosophical Magazine, 1913, 25：475-481.

[5] Stern O., Zür theorie der electrolytischen doppelschicht, Z ［J］. Electrochemistry, 1924, 132, 508-516.

[6] Johnson P. N., Amirtharajah A. Ferric chloride and alum as single and dual coagualants jour ［J］. Journal AW-WA, 1983, 75：5：232.

[7] Juske, Horita, and, et al. Liquid-vapor fractionation of oxygen and hydrogen isotopes of water from the freezing to the critical temperature ［J］. Geochimica Et Cosmochimica Acta, 1994, 58 (16)：3425.

[8] Amirtharajah A. & Mills, K. M. Rapid-mix design for mechanisms of alum Coagulation Jour ［J］. Journal AW-WA, 1992, 74：4：210.

[9] 李风亭，王铮，王森，等．低温低浊水专用混凝剂——多元聚合氯化铝铁．2004 全国水处理技术研讨会暨第 24 届年会论文集 ［C］．2004：742.

[10] 李风亭，李梓彤，李杰．中国无机铝铁盐水处理剂行业 60 年发展历程及未来发展趋势 ［J］．无机盐工业，2020, 52 (10)：25-29.

[11] 王志勇，徐学，张世东，等．一种工业硫酸分解铝土矿法生产硫酸铝的清洁生产新工艺．CN 111137913A ［P］．2020-05-12.

[12] 刘艳玲，卫艳丽．二段种分法制备氢氧化铝微粉的工艺 ［J］，河北大学学报（自然科学版），2021, 41 (4)：378-383.

[13] 夏举佩，辜芳．一种高效利用高铝煤矸石的方法．CN 108975367A ［P］．2018-12-11.

[14] 汤伟真，李风亭，王家雷，等．污水处理厂出水的聚硅硫酸铝铁混凝除磷研究 ［J］．水处理技术，2011, 37 (4)：72-75.

[15] 余红发，武金永，吴成友，等．一种粉煤灰生产高纯低铁硫酸铝及其综合利用的工艺方法．CN 102101689A ［P］．2011-06-22.

[16] 胡秋明，徐仁义，张金彬，等．医药级硫酸亚铁的工业化生产方法．CN 110894081A ［P］．2020-03-20.

[17] GB/T 10531—2016．水处理剂硫酸亚铁 ［S］．北京：中国标准出版社，2016.

[18] 田庆华，张磊，李栋．一种高酸度含镍三氯化铁蚀刻废液的再生处理方法．CN 106958021A ［P］．2017-07-18.

[19] 梁锡明．一种利用酸洗废液生产氯化铁的方法．CN 103073067B ［P］．2015-09-02.

[20] HG/T 4538—2022．水处理剂氯化亚铁 ［S］．北京：中国标准出版社，2022.

[21] 路光杰，曲久辉．电渗析法合成高效聚合氯化铝的研究 ［J］．中国环境科学，2000, 20 (3)：4.

[22] 康艳，李风亭．聚合氯化铝的聚合物种类影响混凝效果的研究 ［J］．化工科技市场，2008, 31 (9)：4.

[23] 栾兆坤，曲久辉，汤鸿霄．聚合铝的形态稳定性及其动电特性的研究 ［J］．环境化学，1997, 16 (6)：9.

[24] 李风亭，何艳，潘宏杰，等．聚合氯化铝混凝性能的影响因素研究 ［J］．工业水处理，2008, 28 (10)：4.

[25] Parker D R, Bertsch P M. Identification and quantification of the "Al13" tridecameric aluminum polycation using ferron ［J］. Environmental Science & Technology, 1992, 26 (5)：908-914.

[26] 徐祖信，陈璇，李霞. 聚氯化铝及其在工业废水处理中的应用与展望 [J]. 上海环境科学，2003，22（5）：5.

[27] 汤鸿霄. 无机高分子絮凝剂的几点新认识 [J]. 工业水处理，1997，17（004）：1-5.

[28] 汤鸿霄. 羟基聚合氯化铝的絮凝形态学 [J]. 环境科学学报，1998，18（1）：1-10.

[29] Johansson G，Dorm E，Seleborg M，et al. The crystal structures of $[Al_2(OH)_2(H_2O)_8](SO_4)_2 \cdot 2H_2O$ and $[Al_2(OH)_2(H_2O)_8](SeO_4)_2 \cdot 2H_2O$ [J]. Acta Chemica Scandinavica，1962，16：403-420.

[30] Brosset C，Biedermann G，Sillén L G，et al. Studies on the hydrolysis of metal ions. XI. The aluminium ion，$Al^{3+}$ [J]. Acta Chemica Scandinavica，1954，8（10）：1917-1926.

[31] Van Cauwelaert F H，Hall W K. Studies of the hydrogen held by solids. XX. The chromatographic separation of the isotopic and allotropic hydrogens on alumina and fluorided alumina [J]. Journal of Colloid and Interface Science，1972，38（1）：138-151.

[32] Vermeulen A C，Geus J W，Stol R J，et al. Hydrolysis-precipitation studies of aluminum（Ⅲ）solutions. I. Titration of acidified aluminum nitrate solutions [J]. Journal of Colloid and Interface Science，1975，51（3）：449-458.

[33] Matijević E，Mathai K G，Kerker M. Detection of metal ion hydrolysis by coagulation. V. Zirconium [J]. The Journal of Physical Chemistry，1962，66（10）：111-114.

[34] Hsu P H，Bates T F. Fixation of hydroxy-aluminum polymers by vermiculite 1 [J]. Soil Science Society of America Journal，1964，28（6）.

[35] Rausch W V，Bale H D. Small-angle X-ray scattering from hydrolyzed aluminum nitrate solutions [J]. The Journal of Chemical Physics，2004，40（11）：3391-3394.

[36] Letterman R D，Iyer D R. Modeling the effects of hydrolyzed aluminum and solution chemistry on flocculation kinetics [J]. Environmental Science & Technology，1985，19（8）：673-681.

[37] Akitt J W，Greenwood N N，Khandelwal B L，et al. $^{27}$Al nuclear magnetic resonance studies of the hydrolysis and polymerisation of the hexa-aquo-aluminium（Ⅲ）cation [J]. Journal of the Chemical Society，Dalton Transactions，1972，（5）：604-610.

[38] Seichter W，Moegel H J，Brand P，et al. Crystal structure and formation of the aluminum hydroxide chloride $[Al_{13}(OH)_24(H_2O)_{24}]Cl_{15} \times 13H_2O$ [J]. Berichte der deutschen chemischen Gesellschaft，1998（6）：795-797.

[39] Bottero J Y，Cases J M，Fiessinger F，et al. Studies of hydrolyzed aluminum chloride solutions. 1. Nature of aluminum species and composition of aqueous solutions [J]. Chemischer Informationsdienst，1981，84（22）：2933-2939.

[40] 李风亭，朱茜，刘畅. 我国聚氯化铝的生产技术与质量控制问题 [J]. 工业水处理，2014，34（12）：3.

[41] 张学金. 高盐基度聚合氯化铝的制备研究 [J]. 中国氯碱，1995，（4）：29-32.

[42] 宁寻安，李凯，李润生.《水处理剂聚氯化铝》国家标准的修订 [J]. 给水排水，2005，31（3）：5.

[43] 罗资琴，陈世前，周锦. 聚合氯化铝的制备和性能 [J]. 内蒙古石油化工，2006，（09）：29-30.

[44] 鲁秀国，翟建，焦玲，等. 铝灰一步酸溶法制备聚合氯化铝的试验研究 [J]. 供水技术，2007，（04）：17-19.

[45] 刘细祥，吴启琳，史兵方，等. 利用铝型材厂废铝渣制备聚合氯化铝的研究 [J]. 无机盐工业，2014，46（04）：53-55.

[46] 晁曦，张廷安，张宇斌，等. 二次铝灰酸浸制备聚合氯化铝的研究 [J]. 有色金属科学与工程，2021，12（05）：1-9.

[47] 张业岭，郑先强，孙雅男，等. 一种铝灰制备聚合氯化铝的系统 [Z]. 2022.

[48] 李风亭，周秋涛，王颖，等. 一种聚合氯化铝类系列盐类的干燥设备及其干燥方法 [Z]. 2018.

[49] 李风亭，陶孝平，高燕，等. 聚合氯化铝的生产技术与研究进展 [J]. 无机盐工业，2004，36（6）：4.

[50] 张漱洁. 饮用水化学处理剂生产企业卫生规范探讨 [J]. 江苏卫生保健, 2001, 3 (1): 2.

[51] 《生活饮用水用聚氯化铝》(GB 15892—2020) 强制性国家标准实施 [J]. 净水技术, 2021, 40 (9): 118-118.

[52] Association A. AWWA standard for liquid polyaluminum chloride [J]. AWWA Standards, 1993, ANSI/AWWA B408-93.

[53] 李风亭. 我国混凝剂聚合硫酸铁的技术发展现状 [J]. 工业水处理, 2002, (01): 5-8.

[54] 李风亭, 陈辅君, 杜锡荣, 等. 混凝剂聚合硫酸铁反应机理的探讨 [J]. 给水排水, 1994, (08): 39-40 +35.

[55] US 4284611 [P/OL]. 1981-08-18.

[56] US 4536665 [P/OL]. 1985-08-20.

[57] CA 1123306 [P/OL]. 1979-11-14.

[58] CA 1203664 [P/OL]. 1986-04-29.

[59] CA 1203665 [P/OL]. 1986-04-29.

[60] US 4877597 [P/OL]. 1989-10-24.

[61] US 3544476 [P/OL]. 1970-12-01.

[62] US 3909439 [P/OL]. 1975-09-30.

[63] US 4082685 [P/OL]. 1978-04-04.

[64] US 5069893 [P/OL]. 1991-12-03.

[65] US 5149400 [P/OL]. 1992-09-22.

[66] 李风亭. 我国混凝剂应用现状及问题探讨 [J]. 净水技术, 2018, 37 (07): 1-3.

[67] 王洪涛, 李风亭, 张路, 等. 一种赤泥吸附剂及其制备方法和应用, CN 109107524B [P/OL]. 2020-05-08.

[68] Fengt Li, Yun Lu, Qi Xue. The Preparation of inorganic coagulant—poly ferric sulfate [J]. Journal of Chemical Technology & Biotechnology: International Research in Process, Environmental and Clean Technology, 1997, 68, 219-221.

[69] EP 1385972 [P/OL], 2004-2-4.

[70] US 4929655 [P/OL], 1990-05-29.

[71] US 5006590 [P/OL], 1991-04-09.

[72] US 5605970 [P/OL], 1997-02-25.

[73] US 5171783 [P/OL], 1992-12-15.

[74] Ruchhoft C C, Mcnamee P D, Butterfield C T. Studies of sewage purification: Ⅶ. biochemical oxidation by activated sludge [J]. Public Health Reports (1896-1970), 1938, 53 (38): 1690-1718.

[75] Nakamura J, Miyashro S, Hirose Y. Screening, isolation and some properties of microbial cell flocculants [J]. Agricultural and Biological Chemistry, 1976, 40 (2): 377-383.

[76] Takagi H, Kadowki K. Flocculant production by peacilomyces sp. taxonomic studies and culture conditions for production [J]. Agricultural and Biological Chemistry, 1985, 49 (11): 3151-3157.

[77] 熊星滢. 淀粉废水培养黑曲霉产微生物絮凝剂及应用研究 [D]. 成都: 成都理工大学, 2016.

[78] 蒋智, 易小畅, 覃柳, 等. 高絮凝活性酿酒酵母菌株筛选及其培养条件研究 [J]. 环境科学与技术, 2014, 37 (01): 53-55.

[79] 万鹰昕, 徐婧, 杨雪静, 等. 絮凝剂产生菌 Geotrichum candidum 的絮凝特性研究 [J]. 地球与环境, 2013 (2): 6.

[80] 武晓畅, 郑靖凡, 李日强, 等. 微生物絮凝剂产生菌的鉴定及絮凝特性研究 [J]. 山西大学学报 (自然科学版), 2019, 42 (02): 435-442.

[81] 王博, 王虹, 欧阳晓芳, 等. 紫外诱变选育高原环境絮凝菌及其絮凝条件优化 [J]. 环境科学研究, 2018, 31 (09): 1603-1611.

[82]  Yu X，Wei X，Chi Z，et al. Improved production of an acidic exopolysaccharide，the efficient flocculant，by Lipomyces starkeyi U9 overexpressing UDP-glucose dehydrogenase gene [J]．International Journal of Biological Macromolecules，2020，165（Pt B）：1656-1663.

[83]  邢洁. 蛋白型微生物絮凝剂对卡马西平的去除效能和机制解析 [D]．哈尔滨：哈尔滨工业大学，2014.

[84]  陈婷. 多糖型微生物絮凝剂去除水中重金属离子的效能及机制 [D]．哈尔滨：哈尔滨工业大学，2017.

[85]  李宁杰，兰琪，陈中维，等. 黄孢原毛平革菌 BKMF-1767 产絮凝剂 PCF-1767 的絮凝特性及其机理解析 [J]．微生物学通报，2020，47（02）：431-439.

[86]  Crabtree K，Mccoy E，Boyle W C，et al. Isolation，identification，and metabolic role of the sudanophilic granules of zoogloea ramigeral [J]．Applied Microbiology，1965，13（2）：218.

[87]  Friedman B A，Dugan P R，Pfister R M，et al. Structure of exocellular polymers andtheir relationship to bacterial flocculation. [J]．Journal of bacteriology，1969，98（3）：1328-1334.

[88]  王坤. 微生物絮凝剂产生菌的筛选及其絮凝性的研究 [D]．济南：齐鲁工业大学，2015.

[89]  张薇. 一株高效微生物絮凝剂产生菌的分离、鉴定及其对富营养化水体的处理研究 [D]．成都：四川师范大学，2015.

[90]  李宁杰，兰琪，陈中维，等. 黄孢原毛平革菌 BKMF-1767 产絮凝剂 PCF-1767 的絮凝特性及其机理解析 [J]．微生物学通报，2020，47（02）：431-439.

[91]  田连生，陈秀清. 生物絮凝剂产生菌的人工选育及污水处理试验 [J]．工业水处理，2016，36（03）：47-50.

[92]  刘杰伟，马俊伟，刘彦忠，等. 克雷伯氏菌生产絮凝剂 M-C11 的培养优化及其在污泥脱水中的应用 [J]．环境科学，2014，35（03）：1183-1190 [2].

[93]  李梦茜，龙洁云，蔡承儒，等. 多黏类芽孢杆菌微生物絮凝剂的制备及其性能试验研究 [J]．湿法冶金，2020，39（05）：424-428.

[94]  张晓飞，孙云龙，韩国红，等. 一株絮凝剂产生菌死谷芽孢杆菌 Z11 的筛选和鉴定 [J]．工业微生物，2020，50（06）：18-24.

[95]  彭翠珍，宗绪岩，徐勇，等. 酿酒废水产微生物絮凝剂菌株的筛选及发酵条件优化 [J]．中国酿造，2017，36（09）：92-97.

[96]  郭俊元，信欣，能子礼超，等. 猪场废水生产微生物絮凝剂发酵特性及动力学特征 [J]．中国环境科学，2014，34（10）：2588-2592.

[97]  鲁翠. 类芽孢杆菌 B69 产胞外多糖絮凝剂优化、组成分析及其在污水处理中的应用 [D]．杭州：浙江大学，2014.

[98]  罗来鹏. Raoultella ornithinolytica 160-1 产生物絮凝剂的特性及其发酵优化 [D]．合肥：安徽医科大学，2020.

[99]  唐家毅. 胶质芽孢杆菌多糖型絮凝剂的发酵优化、分离、理化特性及其应用研究 [D]．广州：华南理工大学，2014.

[100]  张美萍. 节杆菌 Arthrobacter ps-5 胞外多糖的生物絮凝和吸附金属离子性能的研究 [D]．大连：大连工业大学，2012.

[101]  封培，王世梅，周立祥. 生物絮凝剂产生菌的分离鉴定及其在饮用水除浊上的作用 [J]．环境科学学报，2009，29（8）：1666-1671.

[102]  张龙颜. 一种新型微生物絮凝剂处理高硬度高矿化度地下水的应用研究 [D]．太原：山西大学，2015.

[103]  亓华，田顺，谢恩亮. 微生物絮凝剂 B-16 用于给水处理的试验研究 [J]．供水技术，2008，2（3）：10-12.

[104]  Xia X，Lan S，Li X，et al. Characterization and coagulation-flocculation performance of a composite flocculant in high-turbidity drinking water treatment [J]．Chemosphere，2018，206（SEP.）：701-708.

[105]  Li Z，Zhong S，Lei H Y，et al. Production of a novel bioflocculant by Bacillus licheniformis X14 and its appli-

cation to low temperature drinking water treatment. [J] . Bioresource Technology, 2009, 100 (14): 3650-3656.

[106] 张超, 栾兴社, 陈文兵, 等. 新型生物絮凝剂处理生活污水的实验研究 [J] . 工业水处理, 2013, 33 (09): 31-33.

[107] 王兰, 唐静, 刘云洁. 微生物絮凝剂 XM09 与 PAC 复配处理生活污水 [J] . 天津大学学报, 2011, 44 (11): 984-988.

[108] 章沙沙, 徐健峰, 柳增善. 微生物絮凝剂产生菌筛选及其对猪场污水絮凝效果分析 [J] . 黑龙江畜牧兽医, 2021, (13): 10-16.

[109] 彭桂香, 卢秋雁, 孔慧清, 等. 生物絮凝高活性菌株筛选及发酵优化 [J] . 华南农业大学学报, 2014, 35 (02): 66-72.

[110] 熊星滢. 淀粉废水培养黑曲霉产微生物絮凝剂及应用研究 [D] . 成都: 成都理工大学, 2016.

[111] 石春芳, 冷小云. 微生物絮凝剂在制药废水处理中的应用研究 [J] . 现代化工, 2015, 35 (09): 85-87+89.

[112] 李文鹏, 任晓莉, 项学敏, 等. 微生物絮凝剂对造纸废水的处理效果研究 [J] . 工业水处理, 2013, 33 (11): 13-16.

[113] Kaur R, Roy D, Yellapu S K, et al. Enhanced composting leachate treatment using extracellular polymeric substances as bioflocculant [J] . Journal of Environmental Engineering, 2019, 145 (11) .

[114] 叶春松, 郝洪铎, 王天平, 等. 微生物菌剂处理循环冷却水的作用原理及其工业应用试验 [J] . 环境工程, 2019, 37 (08): 42-46.

[115] 房亚玲. 煤化工废水的微生物絮凝剂研究及其廉价制备 [D] . 太原: 中北大学, 2016.

[116] 覃敏杰. 铅锌-Chryseobacterium sp. 絮凝剂的制备及其特性研究 [D] . 桂林: 桂林理工大学, 2018.

[117] Murugesan, Kumarasamy, Yu, et al. Sludge conditioning using biogenic flocculant produced by acidithiobacillus ferrooxidans for enhancement in dewaterability [J] . Bioresource Technology: Biomass, Bioenergy, Biowastes, Conversion Technologies, Biotransformations, Production Technologies, 2016.

[118] 代星宝. 菌丝球用于调控丝状菌膨胀污泥的效能研究 [D] . 邯郸: 河北工程大学, 2021.

[119] 郭俊元, 周心甜. 屠宰废水制备微生物絮凝剂及改善污泥脱水性能的研究 [J] . 中国环境科学, 2017, 37 (07): 2615-2622.

[120] Li Y, Xu Y, Song R, et al. Flocculation characteristics of a bioflocculant produced by the actinomycete on microalgae biomass [J] . BMC Biotechnology, 2018, 18 (1) .

[121] 曾思钰, 潘雪珊, 沈亮, 等. 一种富集高温栅藻 Desmodesmus sp. F51 的新型生物絮凝剂 [J] . 微生物学通报, 2020, 47 (01): 35-42.

[122] Sirasit S, Arunothai C, Supavadee C, et al. A rapid method for harvesting and immobilization of oleaginous microalgae using pellet-forming filamentous fungi and the application in phytoremediation of secondary effluent [J] . International Journal of Phytoremediation, 2018, 20 (10): 1017-1024.

[123] Li Y, Xu Y, Liu L, et al. Flocculation mechanism of Aspergillus niger on harvesting of Chlorella vulgaris biomass [J] . Algal Research, 2017, 25: 402-412.

[124] Yang L, Zhang H Y, Cheng S Z, et al. Enhanced microalgal harvesting using microalgae-derived extracellular polymeric substance as flocculation aid [J] . Acs Sustainable Chemistry & Engineering, 2020, 8 (10): 4069-4075.

[125] Yang J, Wu D, Li A, et al. The addition of N-hexanoyl-homoserine lactone to improve the microbial flocculant production of agrobacterium tumefaciens strain F2, an exopolysaccharide bioflocculant-producing bacterium [J] . Appl Biochem Biotechnol, 2016, 179 (5): 728-739.

[126] Chen Z, Liu P, Li Z, et al. Identification of key genes involved in polysaccharide bioflocculant synthesis in bacillus licheniformis [J] . Biotechnology and Bioengineering, 2016, 114 (3) .

[127] Ma L，Liang J，Liu Y，et al. Production of a bioflocculant from enterobacter sp. P3 using brewery wastewater as substrate and its application in fracturing flowback water treatment [J]. Environmental Science and Pollution Research，2020，27 (15)：18242-18253.

[128] Guo H，Hong C，Zhang C，et al. Bioflocculants' production from a cellulase-free xylanase-producing Pseudomonas boreopolis G22 by degrading biomass and its application in cost-effective harvest of microalgae [J]. Bioresource Technology，2018：171.

[129] Liu W，Dong Z，Sun D，et al. Bioconversion of kitchen wastes into bioflocculant and its pilot-scale application in treating iron mineral processing wastewater [J]. Bioresource Technology，2019，288：121505.

[130] Ndikubwimana T，Zeng X，Murwanashyaka T，et al. Harvesting of freshwater microalgae with microbial bioflocculant：a pilot-scale study [J]. Biotechnology for Biofuels，2016，9 (1)：1-11.

[131] Liu C，Wang K，Jiang J H，et al. A novel bioflocculant produced by a salt-tolerant，alkaliphilic and biofilm-forming strain bacillus agaradhaerens C9 and its application in harvesting chlorella minutissima UTEX2341 [J]. Biochemical Engineering Journal，2015，93：166-172.

[132] Chen Z，Meng T，Li Z，et al. Characterization of a beta-glucosidase from bacillus licheniformis and its effect on bioflocculant degradation [J]. AMB Express，2017，7 (1)：1-7.

[133] Zhang C，Wang X，Wang Y，et al. Synergistic effect and mechanisms of compound bioflocculant and AlCl₃ salts on enhancing chlorella regularis harvesting [J]. Applied Microbiology & Biotechnology，2016，100 (12)：5653-5660.

[134] Guo J，Chen C. Sludge conditioning using the composite of a bioflocculant and PAC for enhancement in dewaterability [J]. Chemosphere，2017，185 (oct.)：277-283.

[135] 王伊娜，王向东，张望，等. 制酒废水培养复合型生物絮凝剂产生菌的研究 [J]. 中国给水排水，2007 (01)：38-42.

[136] 周迟骏，许威，任小英，等. 微生物絮凝剂-阳离子型无机微粒体系的混凝脱色研究 [J]. 工业水处理，2006 (04)：50-53.

[137] Carvajal-Zarrabal O，Nolasco-Hipolito C，Barradas-Dermitz D M，et al. Treatment of vinasse from tequila production using polyglutamic acid [J]. Journal of Environmental Management，2012，95 (suppl)：S66-S70.

[138] 马放，段姝悦，孔祥震，等. 微生物絮凝剂的研究现状及其发展趋势 [J]. 中国给水排水，2012，28 (02)：14-17.

[139] 杨建洲，林里，张荣莉. 高取代度阳离子淀粉处理造纸白水的研究 [J]. 工业用水与废水，2003，34 (6)：37-39.

[140] 王琛，陈杰镕，宗刚，等. 微波干法制备阳离子淀粉絮凝剂及其应用 [J]. 化工进展，2003，22 (11)：1217-1221.

[141] 马永梅. 天然改性阳离子絮凝剂的制备与应用 [J]. 四川化工与腐蚀控制，2003，6 (5)：17-21.

[142] 威海. SAH 阳离子天然高分子改性絮凝剂 [J]. 日用化学工业信息，2003 (8)：1.

[143] 刘明华，张宏. 一种复合絮凝剂的絮凝性能及应用研究 [J]. 化学研究与应用，2003，15 (4)：475-478.

[144] 谭凤芝，管剑锋，马希晨. 玉米淀粉基阴离子高分子絮凝剂的合成及应用 [J]. 大连轻工业学院学报，2001，20 (4)：254-256.

[145] US 89716497A [P]. 1999-11-23.

[146] 郭玲，金志浩. 淀粉改性絮凝剂的合成及其在污水处理中的应用 [J]. 山西师范大学学报（自然科学版），2003，17 (4)：58-62.

[147] 杨波，段云彪，赵榆林. 淀粉-丙烯酰胺接枝共聚物对黄磷废水的絮凝净化作用 [J]. 化工环保，2002，(06)：367-370.

[148] 冯云生，赵欣，董国文. 马铃薯淀粉改性阳离子絮凝剂的制备及其絮凝效果 [J]. 科技进步，2002，10：

39-41.

[149] 庄云龙，石秀春. 淀粉接枝聚丙烯酰胺用于造纸废水处理 [J]. 纸和造纸，2002，3：60-61.

[150] 张世军，李思健. 芋艻淀粉-丙烯酰胺接枝共聚物的合成及其对酒槽废水的处理 [J]. 环境保护，2000，5：45-46.

[151] 常文越，韩雪. 接枝淀粉高分子絮凝剂的合成及其应用 [J]. 环境保护科学，1996，22（4）：4-7.

[152] 张淑媛，李自法. 含铬废水的处理 [J]. 水处理技术，1993，19（5）：4.

[153] US 4560416 [P]. 1985-12-24.

[154] US 4564004 [P]. 1986-01-14.

[155] US 20030145763 [P]. 2003-07-08.

[156] I. Dogu, A. I. Arol, Separation of dark-colored minerals from feldspar by selective flocculation using starch [J]. Powder Technology，2004，139：258~263.

[157] US 4678585 [P]. 1987-07-07.

[158] US 6726845 [P]. 2004-04-27.

[159] US 4269975 [P]. 1981-05-26.

[160] 张玉霞，李玉玲，薛灵芬. 芝麻秆纤维素改性及其对废水中苯胺的吸附研究 [J]. 信阳师范学院学报（自然科学版），2004，17，（1）：38-39.

[161] US 5990216 [P]. 1999-11-23.

[162] 龚盛昭，云智勉. 纤维素黄原酸盐处理重金属废水的条件优化研究 [J]. 工业用水与废水，2002，33（3）：30-31.

[163] 程建国，章乐琴. 豆渣纤维素黄原酸酯（IPX）制备及吸附重金属离子性能和应用研究 [J]. 杭州化工，2001，（01）：17-19.

[164] Dao Zhou, Lina Zhang, Jinping Zhou, et al. Cellulose/chitin beads for adsorption of heavy metals in aqueous solution [J]. Water Research，2004（38）：2643-2650.

[165] 万军民，胡智文，陈文兴，等. 负载 $\beta$-环糊精纤维素纤维在污水处理中的应用 [J]. 环境污染与防治，2004，26（1）：57-59

[166] 王青蕾，郭娟娟，宋沁峰，等，腐殖酸与纤维素的复合物对废水中重金属离子络合性能的研究，山西师范大学学报（自然科学版），2003，17（1）：69-71.

[167] 蒋挺大. 甲壳素 [M]. 北京：化学工业出版社，2003.

[168] 胡家震，陈东辉，陈亮. 壳聚糖在水处理中的应用 [J]. 中国纺织大学学报，2000，26（5）：124-127.

[169] Ravi Divakaran, V. N. Sivasankara Pillai, Mechanism of kaolinite and titanium dioxide flocculation using chitosan—assistance by fulvic acids [J]. Water Research，2004（38）：2135-2143.

[170] US 5543056 [P]. 1996-08-06.

[171] AU6865901A [P]. 2002-01-08.

[172] H. Ganjidoust, K. Tatsumi, T. Yamagishi and R. N. Gholian, Effect of synthetic and natural coagulant on lignin removal from pulp and paper wastewater [J]. Water Science and Technology. 1997（35）：291-296.

[173] Jill Ruhsing Pan, Chihpin Huang, Shuchuan Chen, et al. evaluation of a modified chitosan biopolymer for coagulation of colloidal particles [J]. Colloids and Surfaces，1999（147）：359-364.

[174] Chihpin Huang, Shuchuan Chen, Jill Ruhsing Pan. Optimal condition for modification of chitosan: a biopolymer for coagulation of colloidal particles [J]. Water Research，2000（34）：1057-1062.

[175] Gruber James V. Synthesis of N-[（3'-Hydroxy-2',3'-dicarboxy)-ethyl] chitosan: a new water-soluble amphoteric chitosan derivative [J]. Advances in Chitin Science，1996，（1）：230-235.

[176] 曾德芳，李娟，袁继组. 天然高分子絮凝剂在工业污水处理中的应用 [J]. 工业水处理，2004，24（2）：20-22.

[177] 李玉玲，杨海霞. 絮凝法提纯钙基膨润土的研究 [J]. 信阳师范学院学报（自然科学版），2002，15（4）：

443-444.

[178] 陈建初. 壳聚糖制备及其应用研究 [J]. 淀粉与淀粉糖, 1994, 1: 24-30.

[179] 陈建初. 用甲壳素制取蛋白质絮凝剂及其应用研究 [J]. 使用技术市场, 1994, 12: 12-13.

[180] L. Guerrero, F. Omil, R. Méndez, et al. Protein recovery during the overall treatment of wastewaters from fish-meal factories [J]. Bioresource Technology, 1998, 63 (3): 221~229.

[181] US 5433865 [P]. 1995-07-18.

[182] Galo Cardenas, Parra Orlando, Taboada Edelio. Synthesis and applications of chitosan mercaptanes as heavy metal retention agent [J]. International Journal of Biological Macromoleacules, 2001, 28 (2): 167-174.

[183] John J. Lenhart, Linda A. Figueroa, Byuce D. Honeyman, et al. Modeling the adsorption of U (VI) onto animal chitin using coupled mass transfer and surface complexation [J]. Colloids and Surfaces A: Physicochernical and Engineering Aspects, 1997, 120 (1-3): 243-154.

[184] 曲荣君, 刘庆俭. 天然高分子吸附剂研究Ⅲ. 改性壳聚糖的制备及其特性 [J]. 天然产物研究与开发, 1996, 8 (2): 49-53.

[185] 程建国, 章乐琴. 豆渣纤维素黄原酸酯 (IPX) 制备及吸附重金属离子性能和应用研究 [J]. 杭州化工, 2001, (01): 17-19.

[186] US 5543058 [P]. 1996.

[187] US 4455257 [P]. 1984-06-19.

[188] US 4775744 [P]. 1988-10-04.

[189] US 4781840 [P]. 1988-03-28.

[190] 雷中方, 陆雍森. 烧碱法草浆木质素的混凝作用试验研究 [J]. 同济大学学报, 1995, 23 (5): 547-551.

[191] 刘千钧, 詹怀宇, 刘梦茹, 等. 木素基絮凝脱色剂的制备及其应用性能 [J]. 造纸科学与技术, 2003, 22 (6): 125-127.

[192] 陈俊平. 碱木素阴离子型高分子絮凝剂的合成与应用 [J]. 湖北工学院学报, 1994, 9 (2): 90-93.

[193] 吴冰艳, 余刚. 新型脱色絮凝剂木素季胺盐的研制及其絮凝性能与机理的研究 [J]. 化工环保, 1997, (05): 12-16.

[194] 张芝兰, 陆雍森. 木质素混凝剂的性质及其应用研究 [J]. 水处理技术, 1997, 23 (1): 38-44.

[195] 方桂珍, 吴陈亮, 宋湛谦. 阳离子型絮凝剂木素季胺盐的合成条件优选 [J]. 中国造纸, 2003, 22 (11): 24-27.

[196] 黄民生, 朱莉. 味精废水的絮凝-吸附法预处理试验研究 [J]. 水处理技术, 1998, 24 (5): 299-302.

[197] US 4734216 [P]. 1988-03-29.

[198] US 5659002 [P]. 1997-08-19.

[199] Mitchell, David Brian, Minnis et al. Treatment of aqueous systems using a chemically modified tannin, US5, 830, 315, 1998.

[200] 纪永亮. 改性的丹宁曼尼希聚合物 [J]. 水处理信息报导, 1999, 2: 33-36.

[201] 张淑云. 用于除去水中胶体物质的植物性絮凝剂 [J]. 水处理信息报导, 2003, 3: 18-19.

[202] Mahmut Özacar, I. Ayhan Sengil. Evaluation of tannin biopolymer as a coagulant aid for coagulation of colloidal particles [J]. Colloids and Surfaces A: Physicochemical and Engineering Aspects. 2003 (229): 85~96.

[203] Mahmut Özacar, I. Ayhan Sengil. Effectiveness of tannins obtained from as a coagulant aid for dewatering of sludge [J]. Water Research. 2000, 34 (4): 1407-1412.

[204] Özacar M, Sengil I A. Enhancing phosphate removal from wastewater by using polyelectrolytes and clay injection [J]. Journal of Hazardous Materials 2003, 100 (1/3): 131-146.

[205] 赵立志, 赵永鹏, 代加林. 阳离子丹宁絮凝剂的制备及其性能评价 [J], 重庆环境科学, 1993, 15 (6): 33-36.

[206] US 5908921 [P]. 1999-06-01.

[207] M・P・贝尔，T・B・内夫. 动物胶原和明胶. CN 1420892A［P］. 2003-05-28.

[208] 马俊，唐明辉，关建宁. 卤化骨胶絮凝剂及其制造方法. CN 1243808A［P］. 2000-02-09.

[209] 秦腊梅，张壮，牛福玲，等. 絮凝剂在中药提取工艺过程中的应用研究［J］，中国实验方剂学杂志，2000，6（3）：3-5.

[210] Yasuhiko Tabata, Yoshito Ikada, Protein release from gelatin matrices［J］. Advanced Drug Delivery Reviews, 1998（31）：287-301.

[211] 李风亭，陆雪非，张冰如. 印染废水脱色技术发展近况［Z］. 首届二氧化氯与水处理技术国际研讨会论文集. 上海. 2001：22-26.

[212] 林丰. 双氰胺甲醛缩聚物类絮凝剂的发展与展望［J］. 工业水处理，2004，（01）：1-4+11.

[213] 林丰，邵青，王伟. 高效脱色絮凝剂的制法及应用［J］. CN 1129676A，1996-02-20.

[214] 孙希孟. 双氰胺-甲醛系列高分子脱色絮凝剂的合成、表征及性能研究［D］；河南大学，2003.

[215] 黎载波. 双氰胺-甲醛絮凝脱色剂的合成与应用研究［D］；广州：广东工业大学，2003.

[216] Javaid Mughal M, Saeed R, Naeem M, et al. Dye fixation and decolourization of vinyl sulphone reactive dyes by using dicyanidiamide fixer in the presence of ferric chloride［J］. Journal of Saudi Chemical Society, 2013, 17（1）：23-28.

[217] 袁霄，李风亭. 工业废水的脱色方法研究与应用展望［J］. 山东化工，2016，45（04）：129-132.

[218] Yang, K., L. Z. Zhu, B. S. Xing. Adsorption of polycyclic aromatic hydrocarbons by carbon nanomaterials［J］. Environmental Science & Technology, 2006. 40（6）：1855-1861.

[219] Langmuir I. The adsorption of gases on plane surfaces of glass, mica and platinum［J］. Journal of American Chemistry Society, 1918, 40：1361-1403.

[220] Freundlich H. Concerning adsorption in solutions［J］. Zeitschrift fur Physikalische Chemie-Stochiometrie und Verwandtschaftslehr. 1906. 57：385-470.

[221] Nestle N F E I, Kimmich R. NMR imaging of heavy metal absorption in alginate, immobilized cells, and kombu algal biosorbents［J］. Biotechnology and Bioengineering. 1996, 51（5）：538-543.

[222] Guibal E, Saucedo I, Roussy J. Uptake of uranyl ions bynew sorbing polymers：discussion of adsorption isotherms and pH effect［J］. Reactive Polymer. 1994. 23（2-3）：147-156.

[223] Jossens L, Prausnitz J M, Fritz W. Thermodynamics of multi-solute adsorption from diluteaqueous-solutions［J］. Chemical Engineering Science, 1978, 33（8）：1097-1106.

[224] Hill T L. Theory of multimolecular adsorption from a mixture of gases［J］. Journal of Chemical Physics, 1946, 14：268-275.

[225] Polanyi M. Adsorption of gases by a non-volatile adsorbent［J］. Verhandlungen der Deutschen Physikalischen Gesellschaft. 1916. 18（2-3）：55-80.

[226] Leborans G F, Novillo A. Toxicity and bioaccumulation of cadmium in olisthodiscus luteus（raphidophyceae）［J］. Water Resources, 1996, 30（1）：57-62.

[227] Trivedi H C, Patel V M, Patel R D. Adsorption of cellulose triacetate on calcium silicate［J］. European Polymer Journal, 1973, 9（6）：525-531.

[228] Pan B, Xing B S. Adsorption kinetics of 17α-ethinyl estradiol and bisphenol A on carbon nanomaterials. I. Several concerns regarding pseudo-first order and pseudo-second order models［J］. Journal of Soils Sediment, 2010, 10（5）：838-844.

[229] Garg V. Oliveira L C A, Rios R V R A, et al. Activated carbon/iron oxide magnetic composites for the adsorption of contaminants in water［J］. Carbon, 2002, 40（12）：2177-2183.

[230] Jiang H Y. Study of adsorption of the aquatic arsenate by activated alumina in dynamic conditions［J］. Journal of Qingdao Technological University, 2014, 35（2）：53-58.

[231] Cheng J, Meng X, Jing C, et al. La$^{3+}$-modified activated alumina for fluoride removal from water［J］. Journal of

Hazardous Materials, 2014, 278: 343-349.

[232] 魏瑞霞, 庞睿智, 李艳霞. 树脂吸附法回收焦化废水中的酚 [J]. 工业水处理, 2008, 28 (12): 65～69.

[233] 朱兆连, 陈金龙, 李爱民, 等. 树脂吸附法处理邻苯甲胺生产废水的研究 [J]. 环境污染与防治, 2004, 26 (1): 60～62.

[234] 饶力, 汪晓军. 天然沸石处理氨氮废水的中试研究 [J]. 水处理技术, 2016, 42 (04): 104-106+111.

[235] Miljkovic V. The removal of lead (Ⅱ) ions from aqueous solutions by acid-activated clay modified with sodium carboxymethyl cellulose [J]. Applied Ecology and Environmental Research, 2017, 15: 1461-1472.

[236] 李晓颖. 改性硅藻土处理含磷废水的研究 [J]. 辽宁化工, 2013, 42 (06): 598-600.

[237] 唐心红, 宋敏, 孙飞. 活性炭纤维对有机废水的吸附研究 [J]. 工业用水与废水, 2016, 47 (04): 53-57.

[238] 孟洁, 李兰, 陈攀. 活性炭纤维在石化废水处理中的应用研究 [J]. 中国农村水利水电, 2015 (05): 81-84+90.

[239] Tofighy M A, Mohtammadi T. Adsoption of dlivalent heavy metal ions from water using caron nanotute sheets [J]. Journal of Cleaner Production, 2011. 230 (2019) 783-793.

[240] Kabbashi N A, Atieh M A, Al-Mamun A, et al. Kinetic adsorption of application of carbon nanotubes for Pb (Ⅱ) removal from aqueous solution [J]. Journal of Environmental Sciences, 2009, 21 (4): 539-544.

[241] Matsui Y, Nakao S, Sakamoto A, et al. Adsorption capacities of activated carbons for geosmin and 2-meth-ylisoborneol vary with activated carbon particle size: Effects of adsorbent and adsorbate characteristics [J]. Water Research, 2015, 85: 95-102.

[242] 李一冉. 香蒲活性炭的制备、原位改性及对抗生素和重金属的吸附机理研究 [D]. 济南: 山东大学, 2018.

[243] 刘文宏, 袁怀波, 吕建平. 不同温度下 $HNO_3$ 改性对活性炭吸附银的影响 [J]. 中国有色金属学报, 2007, 17 (4): 663-667.

[244] Chen, W., F. S. Cannon, J. R. et al. Ammonia-tailoring of GAC to enhance perchlorate removal. Ⅱ: perchlorate adsorption [J]. Carbon, 2005. 43 (3): 581-590.

[245] Shaarani, F. W. B. H. Hameed, Ammonia-modified activated carbon for the adsorption of 2, 4-dichlorophe-nol [J]. Chemical Engineering Journal, 2011. 169 (1-3): 180-185.

[246] 朱慧杰, 贾永锋, 吴星, 等. 负载型纳米铁吸附剂去除饮用水中 As (Ⅲ) 的研究 [J]. 环境科学, 2009, 30 (06): 1644-1648.

[247] Leyva Ramos, R., J. Ovalle-Turrubiartes, M. A. Sanchez-castillo. Adsorption of fluoride from aqueous solu-tion on aluminum-impregnated carbon [J]. Carbon, 1999. 37 (4): 609-617.

[248] Maruyama, J. I. Abe, Enhancement effect of an adsorbed organic acid on oxygen reduction at various types of activated carbon loaded with platinum [J]. Journal of Power Sources, 2005. 148 (0): 1-8.

[249] Chen, J. P. S. Wu, Simultaneous adsorption of copper ions and humic acid onto an activated carbon [J]. Journal of Colloid and Interface Science, 2004. 280 (2): 334-342.

[250] 霍立敬, 张玉玲, 魏晗笑, 等. ClO2-PAC 联合去除脱硫废水中水质稳定剂的研究 [J]. 工业水处理, 2019, 39 (11): 54-57.

[251] Jiang C, Ding W, Zhu W, et al. Diatomite-enhanced coagulation for algal removal in polluted raw water: performance optimization and pilot-scale study [J]. Environmental Science and Pollution Research, 2021, 28 (36): 50204-50216.

[252] 杨玘. 硅藻土强化混凝处理微污染原水及除藻性能研究 [D]. 杭州: 浙江大学, 2015.

[253] Zhao S, Huang G, Fu H, et al. Enhanced coagulation/flocculation by combining diatomite with synthetic polymers for oily wastewater treatment [J]. Separation Science and Technology, 2014, 49 (7): 999-1007.

[254] 王赛赛, 张振亚, 温小栋. 硅藻土强化混凝处理城市河道水的试验研究 [J]. 工业水处理, 2019, 39 (06): 52-56.

[255] 刘芳池，戚凯，李向东．粉煤灰加载絮凝处理煤矿矿井水的试验研究［J］．能源环境保护，2022，36（01）：44-50.

[256] 李柏林，梁亚楠，张程琛，等．粉煤灰-铝土矿改性制备铝铁复合混凝剂的除磷性能及混凝机理研究［J］．环境科学学报，2016，36（7）：2503-2511.

[257] 黄星．粉煤灰沸石强化混凝处理油田聚驱污水［D］．东北石油大学，2021.2021.000295.

[258] 吴少林，李海珠，马明．新型复合混凝吸附药剂对无铅皮蛋废水的处理［J］．环境工程学报，2011，5（02）：369-372.

[259] 凌慧诗，王志红，何晓梅，等．基于改性凹凸棒土的强化混凝处理高藻低浊原水工艺［J］．环境工程学报，2014，8（07）：2765-2771.

[260] 谭唯．改性凹凸棒土强化去除水中六价铬研究［D］．成都：西南交通大学，2016.

[261] 晗桢．矿物复配PAC混凝去除给水中腐殖酸研究［D］．青岛：青岛科技大学，2009：41-47.

[262] 王爱勤，郑易安，张俊平．网络型凹凸棒黏土复合吸附剂及其制备方法．CN 101664666 A［P］，2010-03-10.

[263] 曲久辉．饮用水安全保障技术原理［M］，北京：科学出版社，2007：103-104.

[264] Rosińska A，Dąbrowska L．Enhancement of coagulation process with powdered activated carbon in PCB and heavy metal ions removal from drinking water［J］．Desalination and Water Treatment，2016，57（54）：26336-26344.

[265] Li W，Hua T，Zhou Q，et al．Treatment of stabilized landfill leachate by the combined process of coagulation/flocculation and powder activated carbon adsorption［J］．Desalination，2010，264（1-2）：56-62.

[266] 刘桂梅，曾玉彬，彭梦娇，等．强化混凝-吸附耦合法对气田水中汞的去除研究［J］．水处理技术，2020，46（07）：16-19.

[267] 陈炜，李星，庞雅丽，等．高锰酸钾与粉末活性炭组合强化混凝去除水中铅污染［J］．土木工程学报，2010，43（S2）：457 460.

[268] Linstedt K D，Houck C P，O'Connor J T．Trace element removals in advanced wastewater treatment processes［J］．Water Pollution Control Federation，1971：1507-1513.

[269] Kristiana I，Joll C，Heitz A．Powdered activated carbon coupled with enhanced coagulation for natural organic matter removal and disinfection by-product control：Application in a Western Australian water treatment plant［J］．Chemosphere，2011，83（5）：661-667.

[270] Uyak V，Yavuz S，Toroz I，et al．Disinfection by-products precursors removal by enhanced coagulation and PAC adsorption［J］．Desalination，2007，216（1-3）：334-344.

[271] 李振华，杨开，吴艳华．混凝-碳化污泥吸附深度处理城市污水［J］．环境工程学报，2012，6（7）：2356-2360.

[272] 战晓．混凝及其与吸附联用处理引黄水库水的研究［D］．济南：山东大学，2011.

[273] 贺建栋．强化混凝工艺对微污染水体中多氯联苯的处理效能研究［D］．兰州：兰州交通大学，2017.

[274] 聂小保，张鹏．强化混凝与活性炭联用处理赣江微污染水源水试验［J］．环境工程，2007，25（3）：90-91，74.

[275] Bashir M J K，Xian T M，Shehzad A，et al．Sequential treatment for landfill leachate by applying coagulation-adsorption process［J］．Geosystem Engineering，2017，20（1）：9-20.

[276] Liao Z，Chen H，Zhu B，et al．Combination of powdered activated carbon and powdered zeolite for enhancing ammonium removal in micro-polluted raw water［J］．Chemosphere，2015，134：127-132.

[277] 宋相松，吴朝阳，朱铁群．几种无机材料对废水中氨氮的吸附特性研究［J］．广东化工，2015，22：109-110.

[278] 刘帅霞，汪蕊．强化混凝技术处理冬季黄河水生产性研究［J］．环境科学与技术，2005，28（1）：32-33，116.

[279] 王东红，陈志强，温沁雪 . 羟基氧化铁系列吸附剂去除二级出水中污染物的研究 [J] . 环境科学与管理，2021，46（07）：105-109.

[280] 刘之杰，余刚 . 壳聚糖对地表水中污染物的净化作用 [J] . 环境污染与防治，2004（05）：338-340＋357-316.

[281] 姜婷婷 . 臭氧强化混凝深度处理城市污水处理厂二级出水试验研究 [D] . 青岛：青岛理工大学，2010.

[282] 杨艳玲，李星 . 高锰酸钾与氯胺联合预氧化强化低温低浊水处理 [J] . 安全与环境学报，2007（05）：57-59.

[283] 张锦，陈忠林，范洁，等 . 高锰酸钾及其复合药剂强化混凝除藻除嗅对比 [J] . 哈尔滨工业大学学报，2004（06）：736-738.

[284] 李风亭，赵艳，张冰如 . 饮用水和污水处理混凝剂质量与标准 . 上海标准化 . 2003（11）：32-34.

[285] 胡万里 . 混凝·混凝剂·混凝设备 [M] . 北京：化学工业出版社，2001.